高等职业教育系列教材

S7-300 PLC、变频器与触摸屏综合应用教程

主　编　侍寿永
副主编　居海清　于建明　史宜巧
参　编　王　玲　吴会琴　薛　岚　毕洁廷
主　审　成建生

机械工业出版社

本书介绍了西门子 S7-300 PLC、G120 变频器、TP177B 触摸屏的基本知识及其综合应用。通过大量实例和实训项目，通俗易懂地介绍了 S7-300 PLC 的编程、仿真及应用，变频器多种功能参数的设置及调试，组态软件 WinCC flexible 的常用元件组态技术，以及它们的综合应用。

本书对每个实训项目均配有电路原理图、控制程序及调试步骤，并且项目容易操作与实现，旨在让读者通过对本书的学习，能尽快地掌握工控设备的基本知识及综合应用技能。

本书可作为高等职业院校电气自动化、机电一体化等相关专业及技术培训的教材，也可作为工程技术人员自学或参考用书。

本书配套授课电子课件，需要的教师可登录 www.cmpedu.com 免费注册、审核通过后下载，或联系编辑索取（QQ：1239258369，电话：010-88379739）。

图书在版编目（CIP）数据

S7-300 PLC、变频器与触摸屏综合应用教程 / 侍寿永主编. —北京：机械工业出版社，2015.7（2024.3 重印）
高等职业教育系列教材
ISBN 978-7-111-50552-5

Ⅰ. ①S… Ⅱ. ①侍… Ⅲ. ①plc 技术－高等职业教育－教材②变频器－高等职业教育－教材③触摸屏－高等职业教育－教材 Ⅳ. ①TM571.6②TN773③TP334.1

中国版本图书馆 CIP 数据核字（2015）第 133873 号

机械工业出版社（北京市百万庄大街 22 号 邮政编码 100037）
策划编辑：李文轶 责任编辑：李文轶
责任校对：张艳霞 责任印制：郜 敏
北京富资园科技发展有限公司印刷

2024 年 3 月第 1 版 • 第 11 次印刷
184mm×260mm • 18.25 印张 • 449 千字
标准书号：ISBN 978-7-111-50552-5
定价：55.00 元

电话服务
客服电话：010-88361066
010-88379833
010-68326294

网络服务
机 工 官 网：www.cmpbook.com
机 工 官 博：weibo.com/cmp1952
金 书 网：www.golden-book.com
机工教育服务网：www.cmpedu.com

前　言

PLC 已成为自动化控制领域不可或缺的设备之一，它常常与传感器、变频器、人机界面等设备配合使用，构造成功能齐全、操作简单方便的自动控制系统。为此，编者结合多年的工程经验及电气自动化的教学经验，并在企业技术人员大力支持下编写了本书，旨在使学生或具有一定电气控制基础知识的工程技术人员能较快地掌握西门子 S7-300 PLC、G120 变频器和 TP177B 触摸屏综合应用技术。

本书共分为 3 篇，分别介绍了西门子 S7-300 PLC、G120 变频器、TP177B 触摸屏的应用。

在第 1 篇中，重点介绍了 S7-300 PLC 的基本指令、功能指令、功能块与组织块、模拟量与脉冲量、网络通信（MPI、PROFIBUS-DP、PROFINET）相关编程及应用等。

在第 2 篇中，重点介绍了 G120 变频器的面板及操作，调试软件 STARTER 的应用，开关量的输入与输出，模拟量的输入与输出，PROFINET 网络通信等功能的参数设置及 PLC 与变频器的联机调试。

在第 3 篇中，重点介绍了 WinCC flexible 组态软件的使用，TP177B 触摸屏的按钮、开关、指示灯、域（文本域、IO 域、符号 IO 域、图形 IO 域）、图形对象（滚动条、棒图、量表）等元件的组态技术及与 PLC 和变频器的综合应用。

为了便于教学和自学，并能激发读者的学习热情，本书中的实例和实训项目均较为简单，且易于操作和实现。为了巩固、提高和检阅读者所学知识，各章均配有习题与思考。

本书是按照项目教学的思路进行编排的，具备一定实验条件的院校可以按照编排的顺序进行教学。本书电子教学资料包中提供了很多项目参考程序、参考资料和应用软件，为不具备实验条件的学生或工程技术人员自学提供方便，本书除变频器知识外，都可以使用仿真软件进行对项目的模拟调试，可在机械工业出版社教材服务网（www.cmpedu.com）下载。

本书是机械工业出版社组织出版的“高等职业教育系列教材”之一。本书的编写得到了淮安信息职业技术学院领导和电气工程系领导的关心和支持，同时，朱静、崔秦州、秦德良三位高级工程师在本书编写中给予了很多的帮助并提供了很好的建议，在此表示衷心的感谢。

本书由淮安信息职业技术学院侍寿永担任主编，居海清、于建明、史宜巧担任副主编，王玲、吴会琴、薛岚、毕洁廷参编，成建生担任主审。侍寿永编写本书的第 1、2、3、4、5、8、9、11、12 章，居海清、于建明、史宜巧共同编写第 6 章和第 10 章，王玲和吴会琴共同编写第 7 章，薛岚、毕洁廷编写附录。

由于篇幅限制，还有一些应用知识没有涉及，如 S7-300 PLC 的顺序功能图语言 Graph 的应用、PID 闭环控制、触摸屏的报警与趋势视图组态等。

由于编者水平有限，加之时间仓促，书中难免有疏漏之处，恳请读者批评指正。

编　者

目　　录

第2篇　西门子G120变频器的应用

第3篇 西门子TP177B触摸屏的应用

第1篇　西门子 S7-300 PLC 的编程及应用

可编程序控制器（PLC）在工业控制领域中应用较广，本篇以西门子 S7-300 PLC 作为讲授对象，重点讲述 PLC 的基础知识及工作原理，STEP 7 编程软件和 PLCSIM 仿真软件的应用，S7-300 PLC 的基本指令、功能指令、功能块与组织块、模拟量与脉冲量以及网络通信等方面的编程及应用。

第1章　S7-300 PLC 基本指令的编程及应用

1.1　PLC 简介

1.1.1　PLC 的定义及特点

PLC 是可编程序逻辑控制器的英文（Programmable Logic Controller）缩写，随着科技的不断发展，现已远远超出逻辑控制功能，应称之为可编程序控制器 PC，为了与个人计算机（Personal Computer）相区别，故仍将可编程序控制器简称为 PLC。几款常见的 PLC 外形如图 1-1 所示。

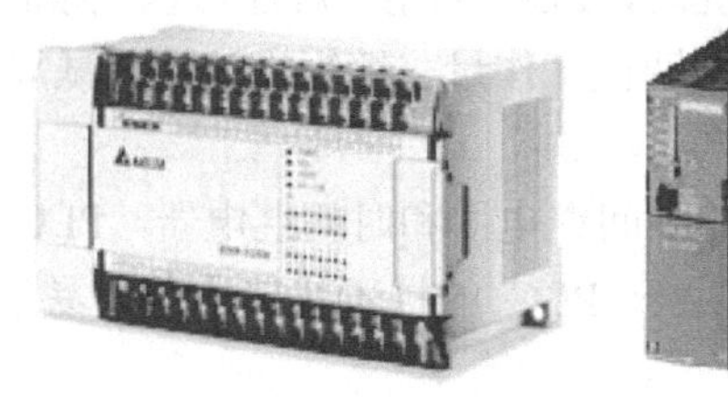

图 1-1　几款常见的 PLC 外形

1．PLC 的定义

由于传统的继电器——接触器组成的控制系统存在设备体积大，调试维护工作量大，通用性、灵活性差，可靠性低，且不具备数据通信功能等诸多缺点，已不能满足工业发展的要求。1968 年，美国通用汽车制造公司（GM）提出把计算机的完备功能、灵活及通用等优点和继电器控制系统的简单易懂、操作方便、价格便宜等优点结合起来，制成一种适合于工业环境的通用控制装置的设想。1969 年，美国数字设备公司（DEC）根据通用汽车的要求首先研制成功第一台可编程序控制器，并在通用汽车公司的自动装置线上试用成功，从而开创了工业控制的新局面。

1985 年国际电子委员会（IEC）对 PLC 作了如下定义：“可编程序控制器是一种数字运

算操作的电子系统，专为工业环境下应用而设计。它作为可编程序的存储器，用来在其内部存储执行逻辑运算、顺序控制、定时、计数和算术运算等操作指令，并通过数字式、模拟式的输入和输出，控制各种类型的机械或生产过程。可编程序控制器及其有关设备，都应按易于使工业控制系统形成一个整体，易于扩充其功能的原则设计。”

2．PLC 的特点

（1）编程简单，容易掌握

梯形图是使用最多的 PLC 编程语言，其电路符号和表达式与继电器电路原理图相似，梯形图语言形象直观，易学易懂，熟悉继电器电路图的电气技术人员很快就能学会用梯形图语言，并用来编制用户程序。

（2）功能强，性价比高

PLC 内有成百上千个可供用户使用的编程元件，有很强的功能，可以实现非常复杂的控制功能。与相同功能的继电器控制系统相比，具有很高的性价比。

（3）硬件配套齐全，用户使用方便，适应性强

PLC 产品已经标准化、系列化和模块化，配备有品种齐全的各种硬件装置供用户选用，用户能灵活方便地进行系统配置，组成不同功能、不同规模的系统。硬件配置确定后，可以通过修改用户程序，方便快速地适应工艺条件的变化。

（4）可靠性高，抗干扰能力强

传统的继电器控制系统使用了大量的中间继电器、时间继电器。由于触点接触不良，容易出现故障。PLC 用软件代替大量的中间继电器和时间继电器，PLC 外部仅剩下与输入和输出有关的少量硬件元件，因触点接触不良造成的故障大为减少。

（5）系统的设计、安装、调试及维护工作量少

由于 PLC 采用了软件来取代继电器控制系统中大量的中间继电器、时间继电器等器件，控制柜的设计、安装和接线工作量大为减少。同时，PLC 的用户程序可以先模拟调试通过后再到生产现场进行联机调试，这样可减少现场的调试工作量，缩短设计、调试周期。

（6）体积小、重量轻、功耗低

复杂的控制系统使用 PLC 后，可以减少大量的中间继电器和时间继电器，PLC 的体积较小，且结构紧凑、坚固、重量轻、功耗低。并且由于 PLC 的抗干扰能力强，易于装入设备内部，是实现机电一体的理想控制设备。

1.1.2 PLC 的分类及应用

1．PLC 的分类

PLC 发展很快，类型很多，可以从不同的角度进行分类。

1）按控制规模分：微型、小型、中型和大型。

微型 PLC 的 I/O 点数一般在 64 点以下，其特点是体积小、结构紧凑、重量轻和以开关量控制为主，有些产品具有少量模拟量信号处理能力。

小型 PLC 的 I/O 点数一般在 256 点以下，除开关量 I/O 外，一般都有模拟量控制功能和高速控制功能。有的产品还有多种特殊功能模板或智能模块，有较强的通信能力。

中型 PLC 的 I/O 点数一般在 1024 点以下，指令系统更丰富，内存容量更大，一般都有可供选择的系列化特殊功能模板，有较强的通信能力。

大型 PLC 的 I/O 点数一般在 1024 点以上，软、硬件功能极强，运算和控制功能丰富。具有多种自诊断功能，一般都有多种网络功能，有的还可以采用多 CPU 结构，具有冗余能力等。

2）按结构特点分：整体式、模块式。

整体式 PLC 多为微型、小型，特点是将电源、CPU、存储器、I/O 接口等部件都集中装在一个机箱内，结构紧凑、体积小、价格低和安装简单，输入/输出点数通常为 10～60 点。

模块式 PLC 是将 CPU、输入和输出单元、电源单元以及各种功能单元集成一体。各模块结构上相互独立，构成系统时，则根据要求搭配组合，灵活性强。

3）按控制性能分：低档机、中档机和高档机。

低档 PLC 具有基本的控制功能和一般运算能力，工作速度比较低，能带的输入和输出模块数量比较少，输入和输出模块的种类也比较少。

中档 PLC 具有较强的控制功能和较强的运算能力，它不仅能完成一般的逻辑运算，也能完成比较复杂数据运算，工作速度比较快。

高档 PLC 具有强大的控制功能和较强的数据运算能力，能带的输入和输出模块数量很多，输入和输出模块的种类也很全面。这类 PLC 不仅能完成中等规模的控制工程，也可以完成规模很大的控制任务。在联网中一般作为主站使用。

2．PLC 的应用

（1）数字量控制

PLC 用“与”“或”“非”等逻辑控制指令来实现触点和电路的串、并联，代替继电器进行组合逻辑控制、定时控制与顺序逻辑控制。

（2）运动量控制

PLC 使用专用的运动控制模块，对直线运行或圆周运动的位置、速度和加速度进行控制，可以实现单轴、双轴、三轴和多轴位置控制。

（3）闭环过程控制

过程控制是指对温度、压力和流量等连续变化的模拟量的闭环控制。PLC 通过模拟量 I/O 模块，实现模拟量和数字量之间的相互转换，并对模拟量实行闭环的 PID 控制。

（4）数据处理

现代的 PLC 具有数学运算、数据传送、转换、排序、查表和位操作等功能，可以完成数据的采集、分析与处理。

（5）通信联网

PLC 可以实现 PLC 与外设、PLC 与 PLC、PLC 与其他工业控制设备、PLC 与上位机、PLC 与工业网络设备等之间通信，实现远程的 I/O 控制。

1.1.3 PLC 的结构与工作过程

1．PLC 的组成

PLC 一般由 CPU（中央处理器）、存储器和输入/输出模块三部分组成，PLC 的结构框图如图 1-2 所示。

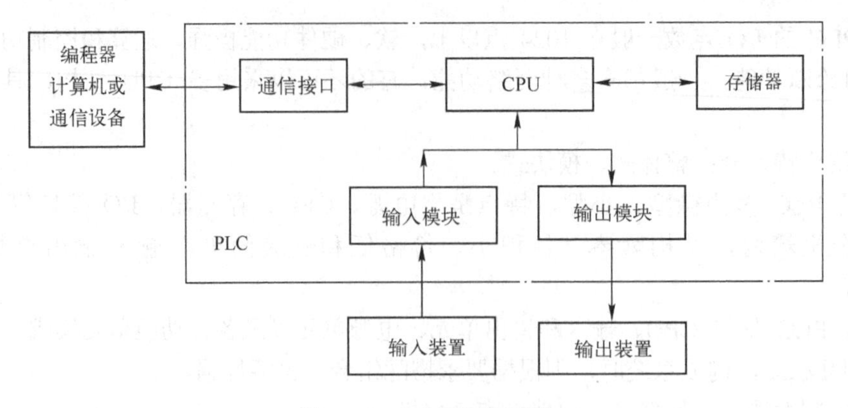

图 1-2　PLC 的结构框图

（1）CPU

CPU 的功能是完成 PLC 内所有的控制和监视操作。中央处理器一般由控制器、运算器和寄存器组成。CPU 通过控制总线、地址总线和数据总线与存储器、输入/输出接口电路连接。

（2）存储器

在 PLC 中有两种存储器：系统程序存储器和系统存储器。

系统程序存储器是用来存放由 PLC 生产厂家编写好的系统程序，并固化在 ROM 内，用户不能直接更改。存储器中的程序负责解释和编译用户编写的程序、监控 I/O 口的状态、对 PLC 进行自诊断、扫描 PLC 中的用户程序等。用户程序存储器是用来存放用户根据控制要求而编制的应用程序。目前大多数 PLC 采用可随时读写的快闪存储器（Flash）作为用户程序存储器，它不需要后备电池，掉电时数据也不会丢失。

系统存储器属于随机存储器（RAM），主要用于存储中间计算结果和数据、系统管理，主要包括 I/O 状态存储器和数据存储器。

（3）输入/输出接口

PLC 的输入/输出接口是 PLC 与工业现场设备相连接的端口。PLC 的输入和输出信号可以是开关量或模拟量，其接口是 PLC 内部弱电信号和工业现场强电信号联系的桥梁。接口主要起到隔离保护作用（电隔离电路使工业现场和 PLC 内部进行隔离）和信号调整作用（把不同的信号调整成 CPU 可以处理的信号）。

2．PLC 的工作过程

PLC 是采用循环扫描的工作方式，其工作过程主要分为三个阶段：输入采样阶段、程序执行阶段和输出刷新阶段，PLC 的工作过程如图 1-3 所示。

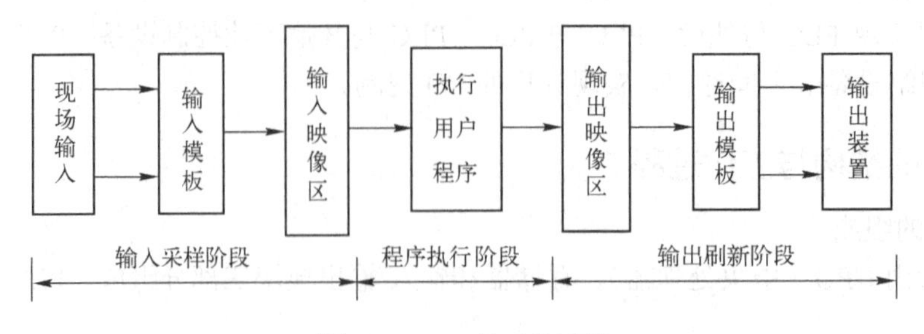

图 1-3　PLC 的工作过程

（1）输入采样阶段

PLC 在开始执行程序之前，首先按顺序将所有输入端子信号读入到寄存输入状态的输入映像区中存储，这一过程称为采样。PLC 在运行程序时，所需要的输入信号不是取现时输入端子上的信息，而是取输入映像寄存器中的信息。在本工作周期内这个采样结果的内容不会改变，只有到下一个输入采样阶段才会被刷新。

（2）程序执行阶段

PLC 按顺序进行扫描，即从上到下、从左到右地扫描每条指令，并分别从输入映像寄存器、输出映像寄存器以及辅助继电器中获得所需的数据进行运算和处理。再将程序执行的结果写入到输出映像寄存器中保存。但这个结果在全部程序未被执行完毕之前不会送到输出端子上。

（3）输出刷新阶段

在执行完用户所有程序后，PLC 将输出映像区中的内容送到寄存输出状态的输出锁存器中进行输出，驱动用户设备。

PLC 重复执行上述 3 个阶段，每重复一次的时间称为一个扫描周期。PLC 在一个工作周期中，输入采样阶段和输出刷新阶段的时间一般为毫秒级，而程序执行时间因用户程序的长度而不同，一般容量为 1KB 的程序扫描时间为 10ms 左右。

1.1.4 PLC 的编程语言

PLC 有 5 种编程语言：梯形图（Ladder Diagram，LD）、语句表（Statement List，STL）、功能块图（Function Black Diagram，FBD）、顺序功能图（Sequential Function Chart，SFC）、结构文本（Structured Text，ST）。最常用的是梯形图和语句表。

1．梯形图

梯形图是使用最多的 PLC 图形编程语言。梯形图与继电器控制系统的电路图相似，具有直观易懂的优点，很容易被工程技术人员所熟悉和掌握。梯形图程序设计语言具有以下特点：

1）梯形图由触点、线圈和用方框表示的功能块组成。

2）梯形图中触点只有常开和常闭，触点可以是 PLC 输入点接的开关也可以是 PLC 内部继电器的触点或内部寄存器、计数器等的状态。

3）梯形图中的触点可以任意串、并联，但线圈只能并联不能串联。

4）内部继电器、寄存器等均不能直接控制外部负载，只能作中间结果使用。

5）PLC 是按循环扫描事件，沿梯形图先后顺序执行，在同一扫描周期中的结果留在输出状态寄存器中，所以输出点的值在用户程序中可以当作条件使用。

2．语句表

语句表是使用助记符来书写程序的，又称为指令表，类似于汇编语言，但比汇编语言通俗易懂，属于 PLC 的基本编程语言。它具有以下特点：

1）利用助记符号表示操作功能，容易记忆，便于掌握。

2）在编程设备的键盘上就可以进行编程设计，便于操作。

3）一般 PLC 程序的梯形图和语句表可以互相转换。

4）部分梯形图及另外几种编程语言无法表达的 PLC 程序，必须使用语句表才能编程。

3．功能块图

功能块图采用类似于数学逻辑门电路的图形符号，逻辑直观、使用方便。该编程语言中的方框左侧为逻辑运算的输入变量，右侧为输出变量，输入、输出端的小圆圈表示“非”运算，方框被“导线”连接在一起，信号从左向右流动，图 1-4 的控制逻辑与图 1-5 相同。图 1-4 所示为梯形图与语句表，图 1-5 所示为功能块图。功能块图程序设计语言有如下特点：

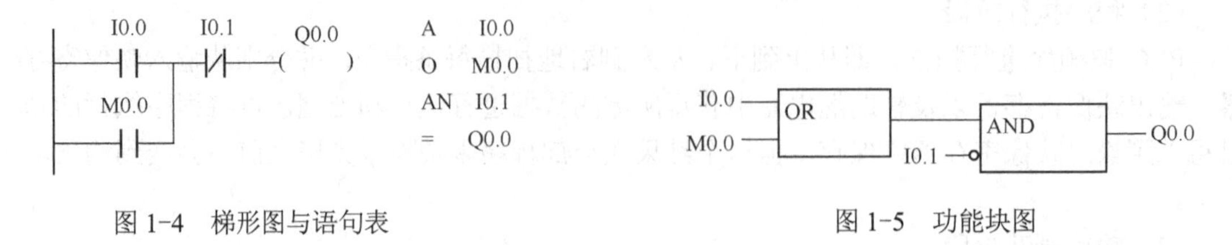

图 1-4　梯形图与语句表　　图 1-5　功能块图

1）以功能模块为单位，从控制功能入手，使控制方案的分析和理解变得容易。

2）功能模块是用图形化的方法描述功能，它的直观性大大方便了设计人员的编程和组态，有较好的易操作性。

3）对控制规模较大、控制关系较复杂的系统，由于控制功能的关系可以较清楚地表达出来，因此，编程和组态时间可以缩短，调试时间也能减少。

4．顺序功能图

顺序功能图也称为流程图或状态转移图，是一种图形化的功能性说明语言，专用于描述工业顺序控制程序，使用它可以对具有并行、选择等复杂结构的系统进行编程。顺序功能图程序设计语言有如下特点：

1）以功能为主线，条理清楚，便于对程序操作的理解和沟通。

2）对大型的程序，可分工设计，采用较为灵活的程序结构，可节省程序设计时间和调试时间。

3）常用于系统规模较大，程序关系较复杂的场合。

4）整个程序的扫描时间较其他程序设计语言编制的程序扫描时间要大大缩短。

5．结构文本

结构文本是一种高级的文本语言，可以用来描述功能、功能块和程序的行为，还可以在顺序功能流程图中描述步、动作和转换的行为。结构文本程序设计语言有如下特点：

1）采用高级语言进行编程，可以完成较复杂的控制运算。

2）需要有计算机高级程序设计语言的知识和编程技巧，对编程人员要求较高。

3）直观性和易操作性较差。

4）常被用于采用功能模块等其他语言较难实现的一些控制功能的实施。

1.1.5　S7-300 PLC 的硬件模块

本书以西门子公司 S7-300 系列的 PLC 为讲授对象。S7-300 系列 PLC 采用背板总线结构，直接将总线集成在每个模块上，所有安装在机架（DIN 导轨）上的模块均通过总线连接器进行级联扩展。S7-300 模块安装示意图如图 1-6 所示。S7-300 由多种模块部件组成，包括导轨（RACK）、电源模块（PS）、CPU 模块、接口模块（IM）、信号模块（SM）、功能模块（FM）、通信模块（CP）等。各种模块能以不同方式进行组合，以实现不同的控制要求。

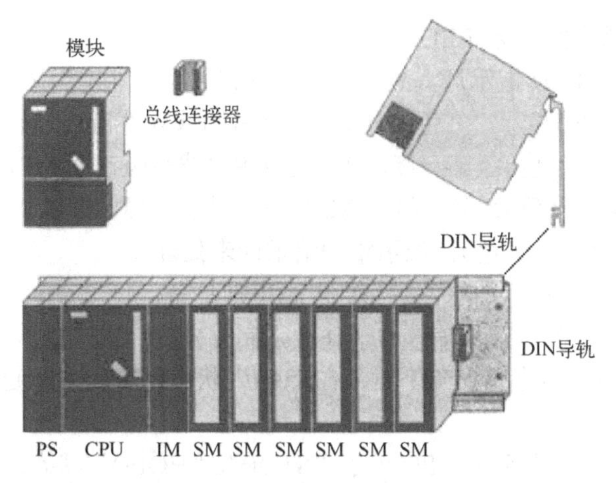

图 1-6　S7-300 模块安装示意图

1．导轨

导轨是安装 S7-300 PLC 各类模块的机架，它是特制的异形板，其标准长度有 160mm、482mm、530mm、830mm 和 2000mm，可以根据实际选用。

2．电源模块

电源模块用于向 CPU 及其扩展模块提供 24V 直流电源，也可以向需要 24V 直流电源的传感器/执行器供电，如 PS 305、PS 307。PS 305 电源模块是直流供电，PS 307 电源模块是交流供电。应根据工业现场负载要求，选择不同输出电流能力的电源模块。

3．中央处理器模块

S7-300 的 CPU 模块主要有 CPU312、CPU313、CPU314、CPU315、CPU316、CPU317、CPU318、CPU319 等型号。同一子系列的 CPU 还有不同型号（如 CPU314、CPU314 IFM、CPU314C-2DP、CPU314C-2 PN/DP、CPU314C-2 PtP 等），有的型号还有不同的版本号。每种 CPU 有其不同的性能，本书以 CPU314C-2 PN/DP 型号为讲授对象，CPU314C-2 PN/DP 是一款紧凑型（或称为经济型）的 CPU，本机集成有 24DI/16DO 数字量模块，5AI/2AO 模拟量模块，计数、定位、通信等，CPU314C-2PN/DP 的外形如图 1-7 所示。

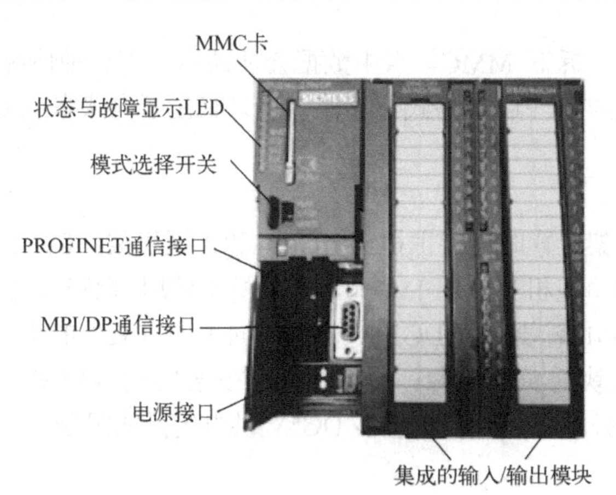

图 1-7　CPU314C-2 PN/DP 的外形图

（1）CPU 的状态和故障显示 LED

CPU 上安装有 8 个 LED 指示灯，显示运行状态和故障，具体含义如下。

- SF（系统出错/故障显示，红色）：CPU 硬件故障或软件错误时亮。
- BF1（总线故障，红色）：第一接口 X1 处发生总线故障，即 MPI/DP 网络错误。
- BF2（总线故障，红色）：第二接口 X2 处发生总线故障，即以太网网络错误。
- MAINT（维护请求，黄色）：表示维护请求尚未处理。
- DC 5V（+5V 电源指示，绿色）：5V 电源正常时亮。
- FRCE（强制，黄色）：至少有一个 I/O 被强制时亮。
- RUN（运行方式，绿色）：CPU 处于“RUN”状态时亮；重新起动时以 2Hz 的频率闪亮。
- STOP（停止方式，黄色）：CPU 处于“STOP”、“HOLD”状态或重新起动时常亮。

（2）模式选择开关

- RUN 模式，CPU 执行用户程序，刷新输入和输出，处理中断和故障信息服务等。
- STOP 模式，CPU 通电后自动进入 STOP 模式，在该模式下不执行用户程序。
- MRES，CPU 存储器复位，带有用于 CPU 存储器复位功能的模式选择器开关位置。通过模式选择器开关进行 CPU 存储器复位需要特定操作顺序。

复位存储器操作：通电后将模式选择开关从“STOP”位置扳到“MRES”位置，“STOP”灯 LED 熄灭 1s，亮 1s，再熄灭 1s 后保持常亮。放开开关，使它回到“STOP”位置，然后又扳到“MRES”位置，“STOP”灯 LED 以 2Hz 的频率至少闪动 3s，表示正在执行复位，最后“STOP”灯 LED 一直亮时复位完成。

（3）微存储卡 MMC

Flash EPROM 微存储卡用于在断电时保存用户程序和某些数据，MMC 如图 1-8 所示。它可以扩展 CPU 的存储容量，也可以将有些 CPU 的操作系统包括在 MMC 中，这对系统升级比较方便。MMC 用做装载存储器或便携式保存媒体，它的读、写直接在 CPU 内进行，不需要专用的编程器。由于 CPU31×C 没有安装集成的装载存储器，在使用 CPU 时必须插入 MMC。

图 1-8　MMC

如果在写访问过程中拆下 MMC，卡中数据会被破坏。在这种情况下，必须将 MMC 插入 CPU 中并删除它，或在 CPU 中格式化存储卡。只有在断电状态或 CPU 处于“STOP”状态时才能取下 MMC。

4．接口模块

接口模块用于多机架配置时连接主机架（CR）和扩展机架（ER）。使用 IM360/361 接口模块可以扩展 3 个机架，主机架使用 IM360，扩展机架使用 IM361，各相邻机架之间的电缆最长为 10m。每个 IM361 需要一部 DC24V 电源，向扩展机架上的所有模块供电，可以通过电源连接器连接电源模块的负载电源。每个机架上安装的信号模块、功能模块和通信处理器，除了不能超过 8 块外，还受到背板总线 DC5V 供电电流的限制。

5．信号模块

信号模块也称为输入/输出模块，是 CPU 模块与现场输入/输出元件和设备连接的桥梁，它是数字量 I/O 模块和模拟量 I/O 模块的总称。

（1）数字量模块

S7-300 PLC 有多种型号的数字量 I/O 模块供用户选择，主要有 SM321（数字量输入）、SM322（数字量输出）、SM323（数字量输入/输出）等。

数字量输入模块是将现场送来的数字信号电平转换成 S7-300 内部信号电平。数字量输入模块有直流输入和交流输入两种。

数字量输出模块是将 S7-300 内部信号电平转换成过程所要求的外部信号电平，可直接用于驱动接触器、继电器、电磁阀和灯等，有直流电源驱动晶体管输出型、交流电源驱动的晶闸管输出型、交/直流电源驱动的继电器输出型之分。

（2）模拟量模块

S7-300 PLC 的模拟量信号模块有 SM331（模拟量输入模块 AI）、SM332（模拟量输出模块 AO）和 SM334（模拟量输入/输出模块 AI/AO）等。

模拟量输入模块是将工业现场各种模拟量测量传感器输出的直流电压或电流信号转换成 PLC 内部处理用的数字量信号，输入一般采用屏蔽电缆，最长为 100m 或 200m。

模拟量输出模块是将 S7-300 PLC 的数字量信号转换成系统所需要的模拟量信号，控制模拟量调节器或执行机构。

以上信号模块的接线按模块盖板背面的接线示例进行连接。

6．功能模块

功能模块主要用于对实时性和存储量要求高的控制任务。如计数模块 FM350、定位模块 FM353 等。

7．通信处理模块

通信处理模块用于 PLC 之间、PLC 与计算机和其他智能设备之间的通信，可以将 PLC 接入工业以太网、PROFIBUS 和 AS-I 网络，或用于串行通信。它可以减轻 CPU 处理通信的负担，并减少用户对通信功能的编程工作。

1.1.6 用户存储区及状态字

1．用户存储区

S7-300 PLC 的用户存储区集成在 CPU 中，不能被扩展，主要包括输入映像存储区、输出映像存储区、位存储区、外设输入/输出存储区、定时器、计数器、数据块和临时数据区等。

（1）输入映像存储区

输入映像存储区又称为输入继电器（I），在扫描循环开始，操作系统从现场读取控制按钮、行程开关和传感器等送来的输入信号，并存入输入映像存储区。其每一位对应数字量输入模块的一个输入端子，按位寻址范围为 I0.0～65535.7，按字节寻址范围为 IB0～65535，按字寻址范围为 IW0～65534，按双字寻址范围为 ID0～65532。

（2）输出映像存储区

输出映像存储区又称为输出继电器（Q），在扫描循环期间，逻辑运算的结果存入输出映像存储区。在循环扫描结束前，操作系统从输出映像存储区读出最终结果，并将其送到数字量输出模块，控制 PLC 外部的指示灯、接触器等控制对象。其每一位对应数字量输出模块的一个输出端子，按位寻址范围为 Q0.0～65535.7。

（3）位存储区

位存储区又称为辅助继电器或中间继电器（M），位存储区与 PLC 外部对象没有任何关系，其功能类似于继电器控制系统中的中间继电器，主要用来存储程序运算过程的临时结果，可为编程提供无数量限制的触点，可以被驱动但不能直接驱动任何负载，按位寻址范围为 M 0.0～255.7。

（4）外设输入/输出存储区

外设输入/输出存储区（PI/PQ）是用来直接访问本地 PIB 或 PQB0～65535 和分布式的输入模块及输出模块，如可直接访问模拟量输入/输出模块，按字节寻址范围为 PIB0～65535。

（5）定时器

定时器（T）为定时器指令提供相应的存储单元，访问该存储区可以获得定时器的剩余时间，每个定时器存储单元由 16 位组成，寻址范围为 T0～2047。

（6）计数器

计数器（C）为计数指令提供相应的存储单元，可实现加减计数功能，访问该存储区可以获得计数器的当前值。每个计数器单元由 16 位组成，寻址范围为 C0～2047。

（7）数据块

数据块存储区用于存储所有数据块的数据，此区数据是由用户根据需要自己创建并定义其内部参数，用 OPEN 指令最多可以同时打开一个共享数据块 DB 和一个背景数据块 DI。按位寻址范围为 DBX0.0～65535.7。

（8）局部数据

局部数据（L）又称为本地数据，这一区域用来存储逻辑块（OB、FB 或 FC）中所用的临时数据，一般用做中间暂存器。因为这些数据实际存放在本地数据堆栈（又称为 L 堆栈）中，所以当逻辑块执行结束时，数据自然丢失。按位寻址范围为 L0.0～65535.7。

2．状态字

状态字用于表示 CPU 执行指令时所具有的状态信息。一些指令是否执行或以何种方式执行可能取决于状态中的某些位，执行指令时也可能改变状态字中的某些位，在位逻辑指令或字逻辑指令中可以访问并检测这些位。状态字的结构如图 1-9 所示。

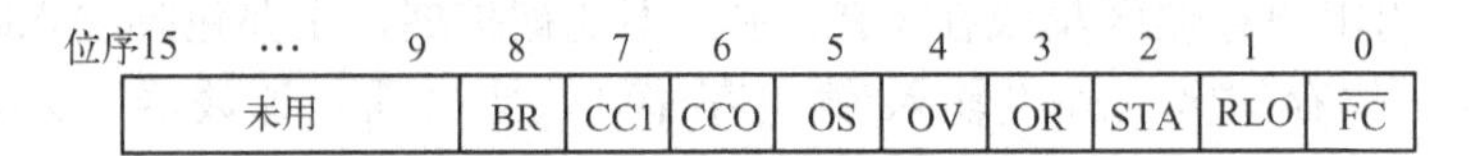

图 1-9　状态字的结构

（1）首位检测位

状态字的位 0 为首位检测位（$\overline{FC}$）。该位的状态为 0 表示一个梯形逻辑程序段的开始，或指令为逻辑串（即串并联电路块）的第一条指令。在逻辑串指令执行过程中该位为 1，输出指令（=、R、S 等）或与 RLO 有关的跳转指令将该位清零，表示一个逻辑串的结束。

（2）逻辑操作结果

状态字的位 1 为逻辑运算结果（Result of Logic Operation，RLO）。该位用来存储执行位逻辑指令或比较指令的结果。RLO 的状态为 1 时，表示有能流流到梯形图中的运算点处；为 0 则表示没有能流流到该点。

（3）状态位

状态字的位 2 为状态位（STA）。执行位逻辑指令时，STA 与指令中位变量的值一致，可以通过状态位了解位逻辑指令的位状态。

（4）或位

状态字的位 3 为或位（OR）。在先逻辑“与”后逻辑“或”的逻辑运行中，OR 位暂存逻辑“与”的运行结果，以便进行后面的逻辑“或”运算。输出指令将 OR 位复位，编程时并不直接使用 OR 位。

（5）溢出位

状态字的位 4 为溢出位（OV）。溢出位被置“1”，表明一个算术运算或浮点数比较指令执行时出现错误。如果后面的算术运算或浮点数比较指令执行结果正常，OV 位就被清“0”。

（6）溢出状态保持位

状态字的位 5 为溢出状态保持位（OS，或称为存储溢出位）。OV 被置“1”时 OS 也被置“1”；OV 被清“0”时 OS 仍保持。所以它保存了 OV 位，可用于指明在先前的一些指令执行中是否产生过错误。只有 JOS（OS=1 时跳转）、块调用指令和块结束指令才能复位 OS 位。

（7）条件码

状态字的位 6 和位 7 为条件码 0（CC0）和条件码 1（CC1）。这两位综合起来用于表示在累加器 1 中执行的数学运算或字逻辑运算的结果与 0 的大小关系、比较指令的执行结果，移位和循环移位指令移出的位用 CC1 保存。用户程序一般不直接使用条件码。

（8）二进制结果位

状态字的位 8 为二进制结果位（BR）。它将字处理程序与位处理联系起来，在一段既有位操作又有字操作的程序中，用于表示字操作结果是否正确。将 BR 位加入程序后，无论字操作结果如何，都不会造成二进制逻辑链中断。在 LAD 的方块指令中，BR 位与 ENO 有对应关系，用于表明方块指令是否被正确执行。如果执行出现了错误，BR 位为“0”，ENO 也为“0”；如果功能被正确执行，BR 位为“1”，ENO 也为“1”。

1.1.7 编程及仿真软件

1．STEP 7 编程软件

STEP 7 是一种用于对西门子 PLC 进行组态和编程的专用集成软件包，它是西门子工业软件的一部分。

（1）SIMATIC Manager 主窗口

STEP 7 软件安装完成后，用鼠标双击打开桌面上图标或通过 Windows 的“开始”→“SIMATIC”→“SIMATIC Manager”菜单命令起动 SIMATIC 管理器，SIMATIC 管理器运行窗口如图 1-10 所示。

在 SIMATIC 管理器窗口内可以同时打开多个项目，所打开的每个项目均用一个窗口进行管理。项目管理分为左右两个窗口，左边为项目结构视窗，显示项目的层次结构；右边为项目对象视窗，显示左侧项目结构对应项的内容。在右视图内用鼠标双击对象图标可立即起动与对象相关联的编辑工具或属性窗口。

（2）HW Config 硬件组态窗口

S7-300 PLC 必须要为系统硬件进行组态，在“HW Config（硬件组态）”窗口中方可为控制项目硬件进行组态和参数设置，HW Config 硬件组态窗口如图 1-11 所示。

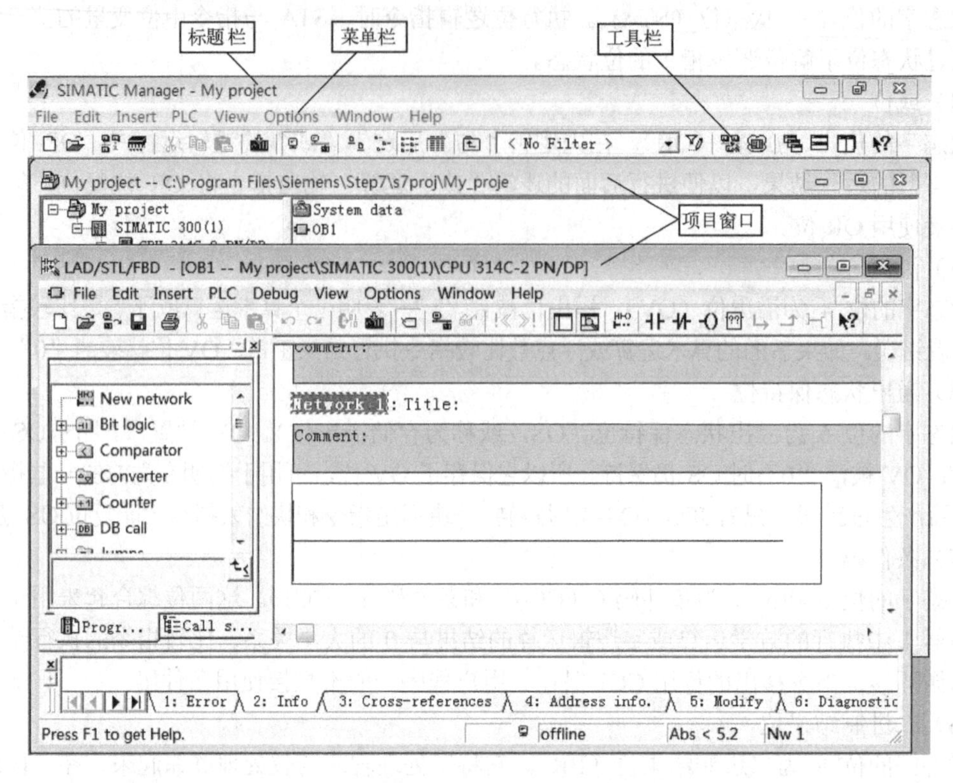

图 1-10　SIMATIC 管理器运行窗口

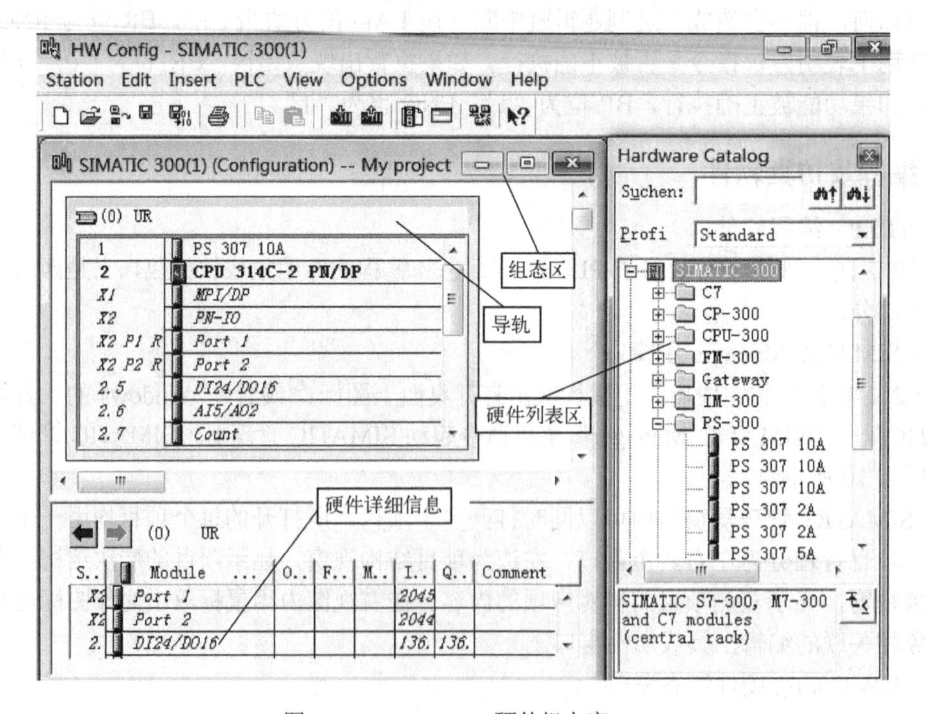

图 1-11　HW Config 硬件组态窗口

（3）编程窗口

该工具集成了梯形图 LAD、语句表 STL、功能块图 FBD 3 种编程语言的编辑、编译和调试功能，在此以梯形图 LAD 为例，LAD 编程窗口如图 1-12 所示，三种编程语言可相互切换。程序编辑器的窗口主要由编程元素列表器、变量声明区、代码编辑区和信息区等构成。

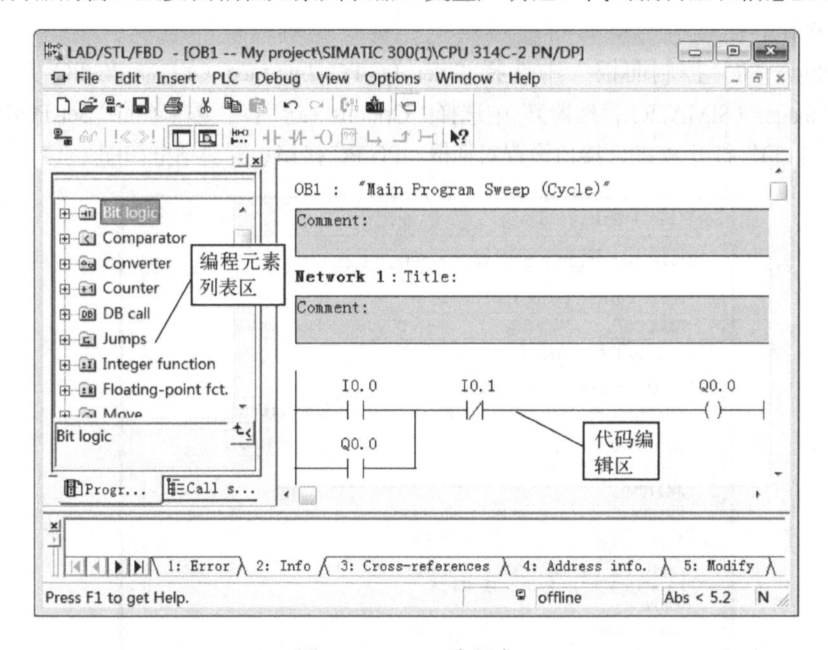

图 1-12 LAD 编程窗口

（4）符号编辑器窗口

符号有局部符号和全局符号之分，局部符号的名称是在程序块的变量声明区中定义的，全局符号是通过符号表来定义的。符号表的创建和修改由符号编辑器实现，使用这个工具生成的符号表是全局有效的，可供其他所有工具使用，因而一个符号的任何改变都能自动被其他工具识别。

用鼠标双击“Symbols（符号）”图标，在符号编辑器中打开符号表，符号编辑器窗口如图 1-13 所示。

Symbol Editor - S7 Program(1) (Symbols)

Symbol Table Edit Insert View Options Window Help

S7 Program(1) (Symbols) -- 125\SIMATIC 300(1)\CPU 314C-2 PN/DP

	Stat	Symbol	Address		Data typ	Comment
1		起动	I	0.0	BOOL	
2		停止	I	0.1	BOOL	
3		电动机	Q	0.0	BOOL	
4						

Press F1 to get Help. NUM

图 1-13 符号编辑器窗口

符号表包括全局符号的名称（符号地址）、绝对地址、类型和注释。定义好名称和绝对地址对应关系后，可在代码编辑区中显示该符号相关联的其他信息，可使编程者和维护者读代码时一目了然。

（5）通信接口设置对话框

PG/PC 接口是 PG/PC 和 PLC 之间进行通信连接的接口。PG/PC 支持多种类型的接口，每种接口都需要进行相应的参数设置，要实现 PG/PC 和 PLC 之间的通信连接，必须正确地设置 PG/PC 接口。

在 Windows 的“控制面板”中选择“Set PG/PC Interface（设置 PG/PC 接口）”或在“SIMATIC Manager（SIMATIC 管理器）”中选择“Options（选项）”菜单项的“Set PG/PC Interface（设置 PG/PC 接口）”打开 PG/PC 接口设置对话框，PG/PC 接口设置对话框如图 1-14 所示。

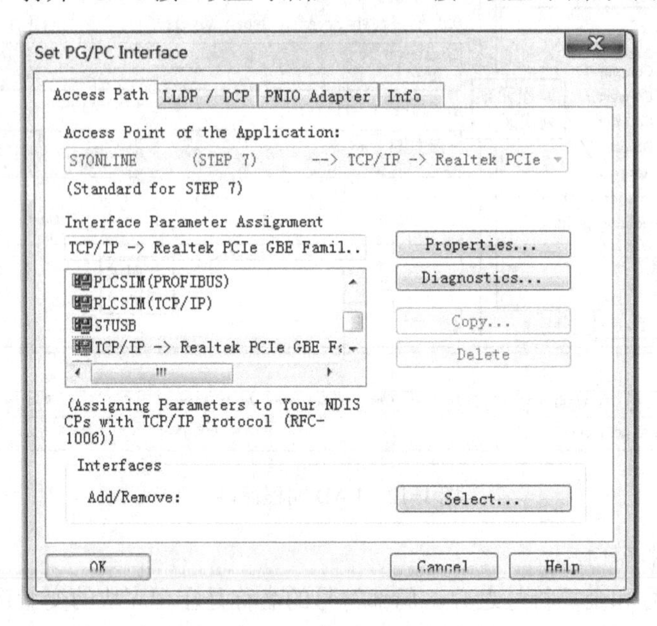

图 1-14　PG/PC 接口设置对话框

将“Access Point of the Application（应用访问节点）”设置为“S7ONLINE（STEP 7）”，在“Interface Parameter Assignment Used（接口参数）”的列表中，选择所需要的接口类型，如果没有所需要的类型，可以通过单击“Select（选择）”按钮安装相应的模块和协议，选中一个接口后，单击“Properties（属性）”按钮，在弹出的对话框中对该接口的参数进行设置，

（6）NETPro 网络组态对话框

该工具用于组态通信网络连接，包括网络连接的参数设置和网络中各个通信设备的参数设置，在该对话框中可以清楚地看到控制系统中各设备的网络连接情况。

2．PLCSIM 仿真软件

STEP 7 中 PLCSIM 工具是一个仿真软件，它能够在 PG/PC 上模拟 S7-300 系列 CPU 的运行，如果安装上 PLCSIM 后，“SIMATIC Manager（SIMATIC 管理器）”工具栏中的模拟按钮“Simulation（仿真）”处于有效状态，否则处于无效状态。

用鼠标单击“Simulation（仿真）”按钮，起动 PLCSIM 仿真软件，弹出图 1-15 所示的 PLCSIM 窗口，窗口中有一个“CPU”窗口，它模拟了 CPU 的面板，具有状态指示灯和模式选择开关。

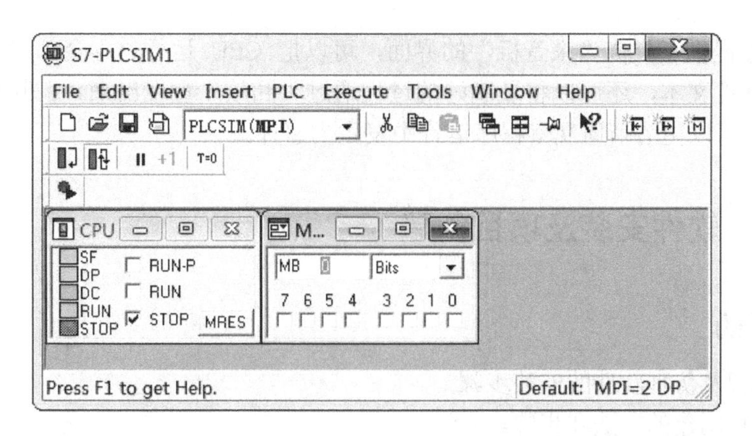

图 1-15　PLCSIM 窗口

（1）显示对象工具栏

通过显示对象工具栏的按钮，可以显示或修改各类变量的值，显示对象工具栏如图 1-16 所示。

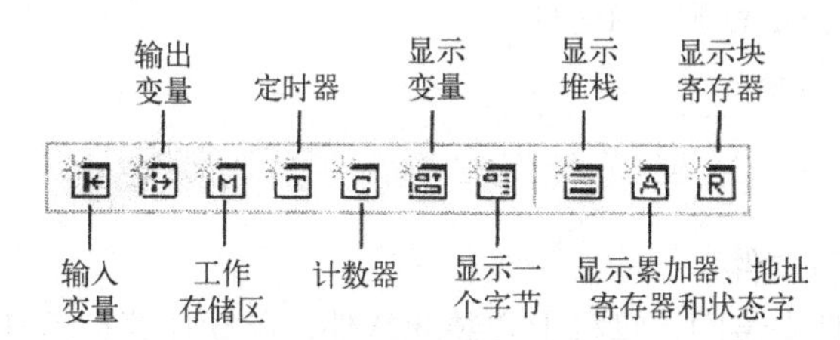

图 1-16　显示对象工具栏

用鼠标单击其中某个按钮，就会出现一个相应窗口，在该窗口中可以输入要监视、修改的变量名称。

（2）CPU 模式工具栏

在 CPU 模式工具栏中可以选择 CPU 中程序的执行模式，CPU 模式工具栏如图 1-17 所示。

连续循环模式与实际 CPU 正常运行状态相同；单循环模式下，模拟 CPU 只执行一个扫描周期，用户可以单击按钮进行下一次循环。无论在何种模式下，都可以通过单击按钮暂停程序的执行。

（3）录制/回放工具栏

录制/回放工具栏上只有一个按钮，按下该按钮会弹出图 1-18 所示的“录制/回放”工具栏。

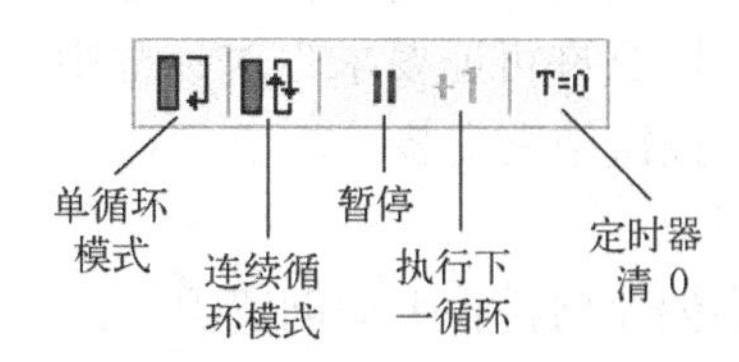

图 1-17　CPU 模式工具栏

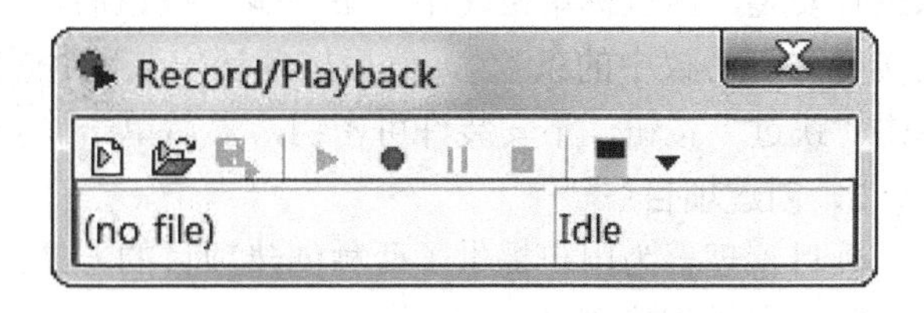

图 1-18　录制/回放工具栏

该工具栏中提供了类似“录音机”的界面，可以把 CPU 运行过程全部“录制”下来，并保存为一个文件文本，还可以将录制好的过程通过“回放”重现出来。在回放过程中通过调整回放速度，可以更清晰地观察程序运行中发生的事件。

1.2 实训 1 软件安装及项目创建

1.2.1 实训目的

1）掌握编程及仿真软件的安装步骤。

2）掌握项目创建的方法和步骤。

3）掌握简单控制系统的硬件组态。

1.2.2 实训任务

1）安装编程及仿真软件。

2）使用向导和直接方法创建一个项目。

3）简单项目的硬件组态。

1.2.3 实训步骤

1．安装 STEP 7 编程软件

在满足 STEP 7 软件安装的计算机上安装此软件，起动计算机后打开 STEP 7 安装文件夹，用鼠标双击安装文件“Setup.exe”开始安装，在每次出现的对话框操作完成后，单击“下一步”按钮，进入下一步骤。有的对话框没有什么操作，直接单击“下一步”按钮确认即可。在“许可证协议”对话框中，勾选“我接受上述许可证协议以及开放源代码许可证协议的条件”，否则不能继续安装。在“要安装的程序”对话框中，采用默认选择即可。在“系统设置”对话框中，勾选“我接受对系统设置的更改”。在“安装类型”对话框中，建议采用默认的安装类型和安装路径，接下来在选择要安装的语言后，根据提示信息单击“安装”按钮，开始安装 STEP 7。安装快好时，出现“安装/删除接口”对话框，读者根据计算机与 PLC 通信类型选择安装，安装好后也可以通过该软件安装或删除相关接口。STEP 7 安装结束后，将开始自动安装“自动化许可证管理器”，然后系统提示重新起动计算机，单击“完成”按钮结束安装过程。

2．安装 PLCSIM 仿真软件

安装完 STEP 7 软件后，双击仿真软件文件夹下安装文件“Setup.exe”，读者根据提示信息进行安装，用鼠标单击几个“下一步”按钮后，在出现的“许可协议”对话框中勾选“本人接受许可协议中的条款”，然后按默认安装路径安装。在“同意许可证要求”对话框中，单击“跳过”按钮，不安装许可密钥，最后单击“安装完成”按钮结束安装。

3．创建项目

项目管理器为用户提供了两种创建项目的方法：使用向导创建项目和手动创建项目。

（1）向导创建项目

使用菜单命令“File（文件）”→“New Project Wizard...（新建项目向导）”打开“新建

项目”向导，如勾选“Display Wizard on starting the SIMATIC Manager（在起动 SIMATIC 管理器时显示向导）”选项，则每次起动 SIMATIC 管理器时将自动显示“新建项目”向导；用鼠标单击“Preview（预览）”按钮可在项目向导下方预览项目结构，用鼠标单击“Next（下一步）”按钮进入 CPU 选择对话框，必须按 CPU 实物选择相应的 CPU，并配置相应的 MPI（多点接口）地址，以便于 CPU 与编程设备（PG/PC）通信，同时对 CPU 进行命名，然后用鼠标单击“Next（下一步）”按钮进入组织块（OB）和编程语言（STL、LAD、FBD）选择对话框，再用鼠标单击“Next（下一步）”按钮进入向导的最后一步，在“Project name（项目名称）”区域输入 PLC 项目名称。项目名称最长由 8 个 ASCII 字符组成，它们可以是大小写英文字母、数字或下划线，第一个符号必须为英文字母，名称不区分大小写，最后用鼠标单击“Finish（完成）”按钮完成新项目创建，并返回到 SIMATIC 管理器窗口。向导创建项目整个过程如图 1-19～图 1-23 所示。

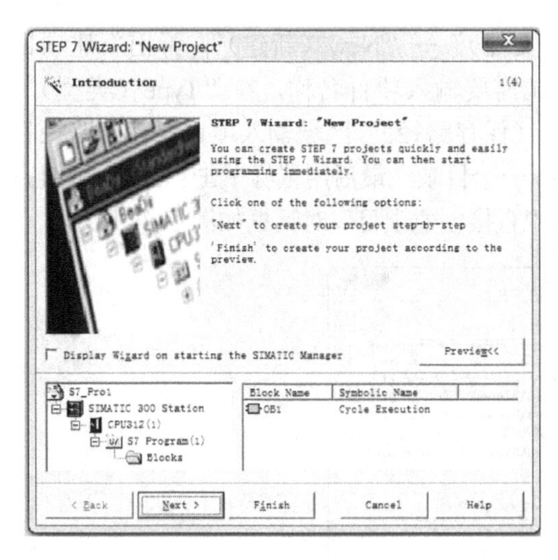

图 1-19　新建项目向导及预览对话框

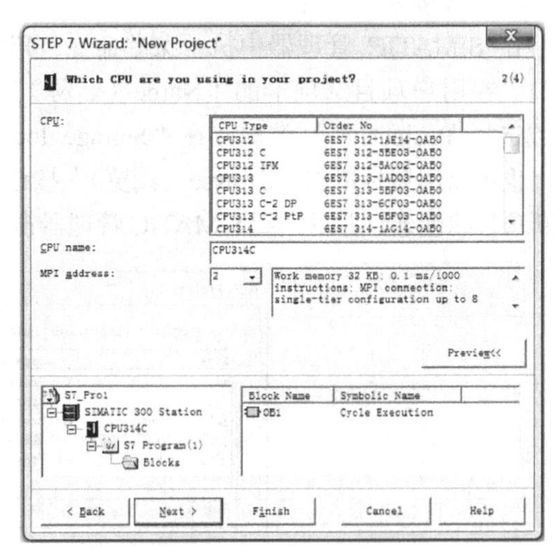

图 1-20　选择 CPU 型号

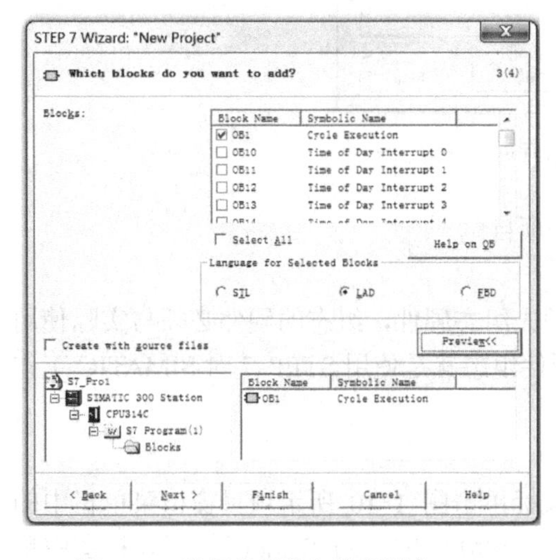

图 1-21　选择组织块和编程语言

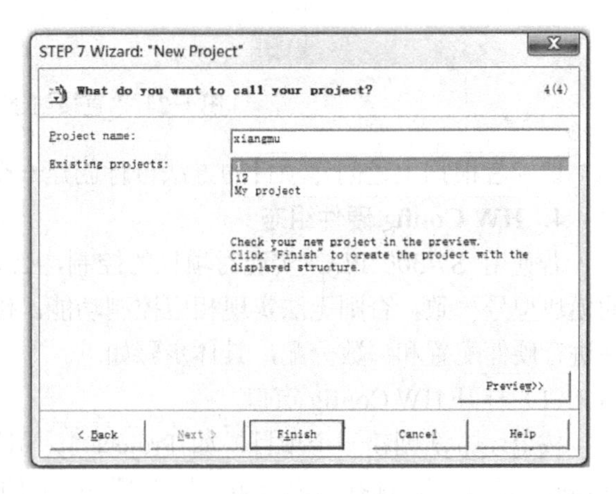

图 1-22　项目命名

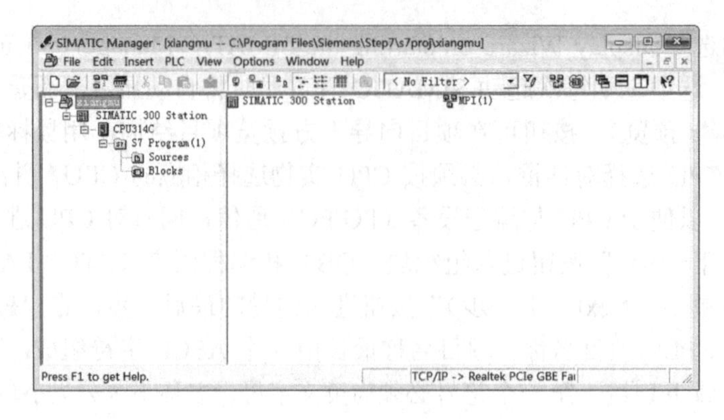

图 1-23 用向导创建的项目

（2）直接创建项目

在 SIMATIC 管理器中执行菜单命令“File（文件）”→“New（新建）”，弹出新建项目窗口。在用户项目选项卡的“Name（名称）”区域需要输入项目名称，在“Type（类型）”区域选择 Project 项目类型，在“Storage location（保存路径）”区域输入项目保存的路径目录，也可以用鼠标单击“Browse（浏览）”按钮选择一个目录，最后用鼠标单击“OK”按钮完成新项目的创建，并返回到 SIMATIC 管理器窗口，“直接创建项目”对话框如图 1-24 所示。

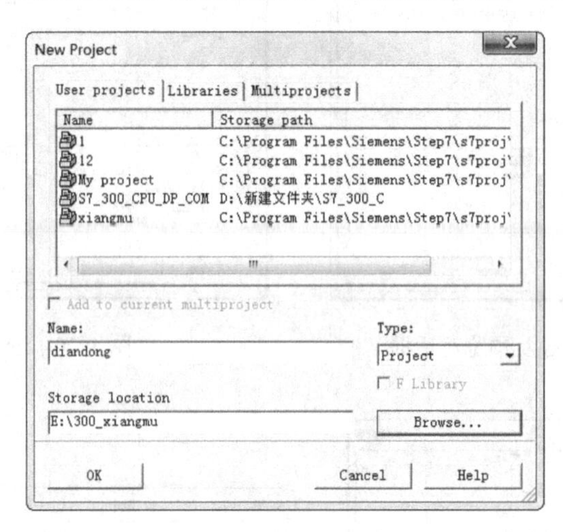

图 1-24 “直接创建项目”对话框

请读者根据上述创建项目的方法自行创建一个项目。

4．HW Config 硬件组态

若使用 S7-300 PLC 实现对项目的控制，必须先组态硬件，组态的硬件必须与实际使用的模块型号一致，否则无法实现相应控制功能。硬件组态就是使用 STEP 7 对 SIMATIC 工作站进行硬件配置和参数分配，具体步骤如下。

（1）打开 HW Config 窗口

按上述方法创建一个项目，如 Project_1，用鼠标单击图 1-10 所示项目窗口菜单栏中的“Insert（插入）”，选择“Station（站点）”条目下的“SIMATIC 300 Station”，或在视图中单击鼠标右键，选择“Insert New Object（插入新对象）”条目下的“SIMATIC 300 Station”，然后双击窗口中生成的“SIMATIC 300（1）”条目（如站点已生成，可单击工作站图标 SIMATIC 300(1)），然后在右视图内用鼠标双击硬件配置图标 Hardware，则自动打开“HW Config（硬件配置）”窗口，硬件配置窗口如图 1-25 所示。

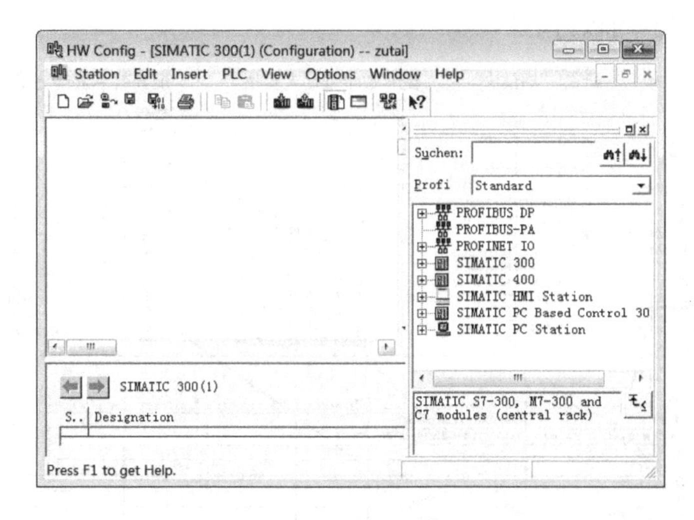

图 1-25　硬件配置窗口

（2）插入导轨

如果图 1-25 中未出现硬件目录，用鼠标单击硬件目录图标显示硬件目录。然后用鼠标单击 SIMATIC 300 左侧的⊞符号展开目录，并用鼠标双击 RACK-300 子目录下的 Rail 图标插入一个 S7-300 的机架，插入一个机架（导轨）如图 1-26 所示，一般情况下所用模块较少，所以在此只插入一个机架（导轨），且 3 号槽位不需要放置连接模块，即保持空缺。

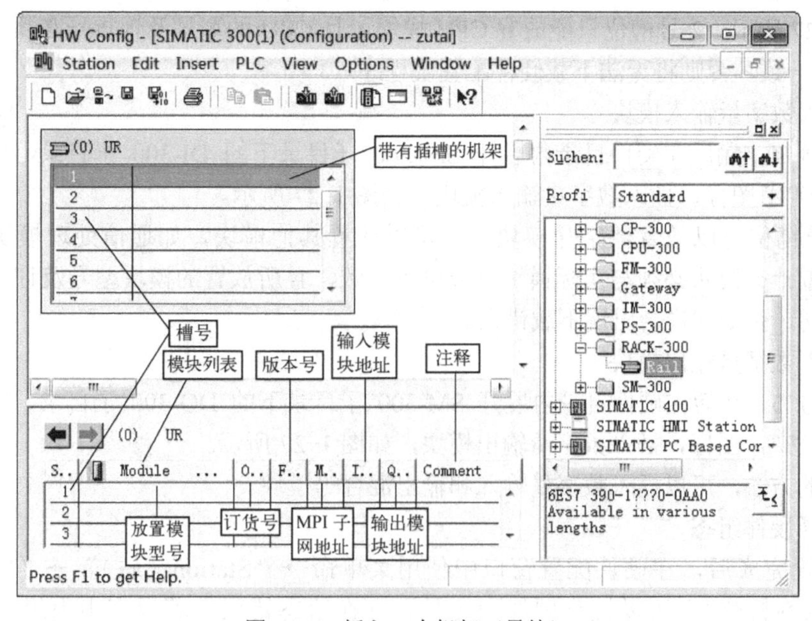

图 1-26　插入一个机架（导轨）

（3）插入电源模块

在图 1-26 中选中槽号 1，然后在硬件目录中展开 PS-300 子目录，用鼠标双击 PS 307 5A 图标插入电源模块，配置 S7-300 硬件模块如图 1-27 所示。1 号槽位只能放置电源模块，如果使用其他电源，此槽位可以为空。

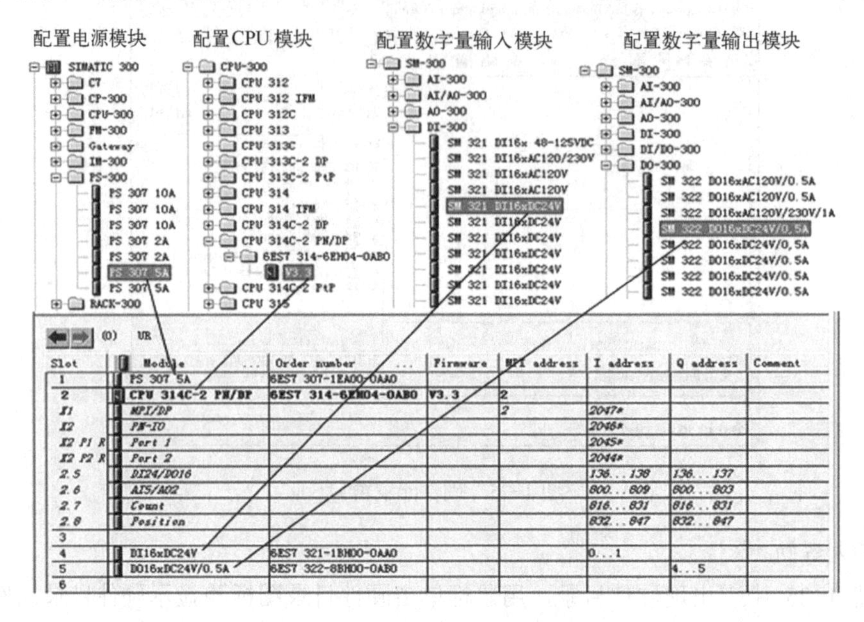

图 1-27 配置 S7-300 硬件模块

（4）插入 CPU 模块

选中槽号 2，然后在硬件目录内展开 CPU-300 子目录用鼠标单击 CPU314C-2PN/DP 文件夹，然后用鼠标双击 6ES7 314-6EH04-0AB0 图标插入 V3.3 版本的 CPU314C-2PN/DP 模块，如图 1-27 所示。2 号槽位只能放置 CPU 模块，且 CPU 的型号及订货号必须与实际所使用的 CPU 相一致，否则将无法下载硬件配置及程序。

（5）插入数字量输入模块

选中槽号 4，然后在硬件目录内展开 SM-300 子目录下的 DI-300 子目录，用鼠标双击 SM 321 DI16xDC24V 图标，插入数字量输入模块，如图 1-27 所示。

4～11 号槽位可以放置数字量模块，也可以放置其他模块，如通信处理模块或功能模块。具体放置什么模块必须与实际模块安装位置一致，且所放置的模块型号及订货号必须与实际模块相同，否则同样会出现下载错误。

（6）插入数字量输出模块

选中槽号 5，然后在硬件目录内展开 SM-300 子目录下的 DO-300 子目录，用鼠标双击 SM 322 DO16xDC24V/0,5A 图标，插入数字量输出模块，如图 1-27 所示。

用同样的方法，可以插入数字量输入和输出混合等模块。

（7）编译硬件组态

硬件配置完成后，在硬件配置窗口中使用菜单命令“Station（站）”→“Consistency Check（一致性检查）”可以检查硬件配置是否存在组态错误。若没有出现组态错误，可单击图标编译并保存硬件配置结果。如果编译能够通过，系统会自动在当前工作站 SIMATIC 300（1）上插入一名称为 S7 Program（1）的程序文件夹，SIMATIC 300 工作站如图 1-28 所示。

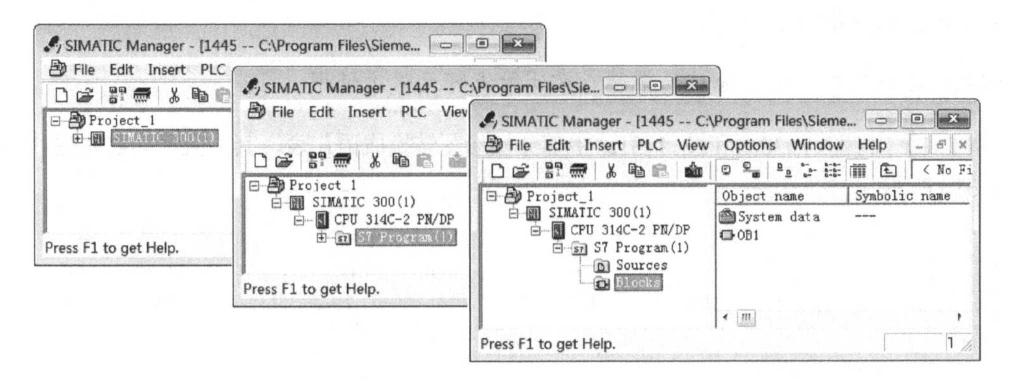

图 1-28　SIMATIC 300 工作站

1.2.4　实训拓展

1）安装软件时，保存它们的文件夹层次不能太多，各级文件夹的名称不能使用中文，否则在安装时可能出现“ssf 文件错误”的信息。建议在安装软件前关闭防火墙类软件。

2）如果在安装时出现“Please restart Windows before installing new programs”（安装新程序之前，请重新起动 Windows），或其他类似的提示信息，即使重新起动计算机后再安装软件，仍然会出现上述提示信息，这时解决方法为：执行 Windows 的菜单命令“开始”→“运行”，在出现的“运行”对话框中输入“regedit”，打开注册表编辑器。选中注册表左边的文件夹“HKEY_LOCAL_MACHINE\System\CurrentControlSet\Control”中的“Session Manager”，删除右边窗口中的条目“PendingFileRename Operations”，不用重新起动计算机，就可以安装软件了。

1.3　位逻辑指令

位逻辑指令处理的对象是二进制位信号。二进制位信号只有“1”和“0”两种取值，可代表输入触点信号“有”和“无”，或输出线圈的“得电”和“失电”。位逻辑运算的结果保存在状态字的 RLO 位。

1.3.1　触点指令

在梯形图程序中，通常使用类似继电器控制电路中的触点符号来表示 PLC 的位元件，被扫描的操作数则标注在触点符号的上方，触点有常开和常闭之分，触点符号中间的“/”表示常闭，常开和常闭触点如图 1-29 所示。

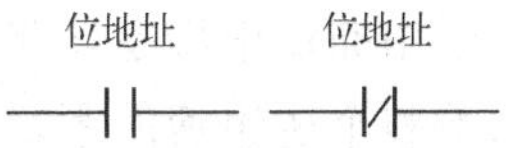

位地址　　位地址

图 1-29　常开和常闭触点

在语句表中，用 A（AND，与）指令来表示串联的常开触点，用 AN（AND NOT，与非）指令来表示串联的常闭触点。触点指令中变量的数据类型为布尔型 BOOL，变量为“1”状态时，常开触点闭合，常闭触点断开；变量为“0”状态时，常开触点断开，常闭触点闭合。

在语句表中，用 O（OR，或）指令来表示并联的常开触点，用 ON（OR NOT，或非）指令来表示并联的常闭触点。

注意：在程序中，同一地址的常开或常闭触点可无限次使用。

【例 1-1】 将图 1-30a 和图 1-31a 中部分梯形图转换成语句表，其相应语句表如图 1-30b 和图 1-31b 所示。

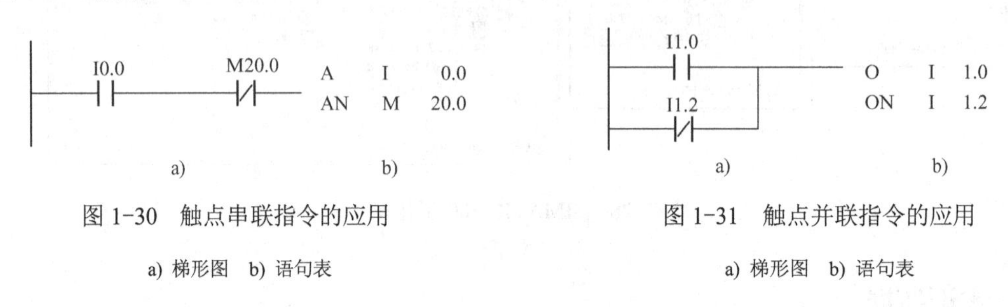

图 1-30　触点串联指令的应用

a) 梯形图　b) 语句表

图 1-31　触点并联指令的应用

a) 梯形图　b) 语句表

1.3.2　输出指令

输出指令分输出线圈和中间输出两种。

输出线圈（又称为赋值指令）是保存逻辑计算的结果，PLC 根据程序进行逻辑计算，并将计算出来的逻辑结果写到输出线圈指定的地址区域，即驱动线圈的触点电路逻辑计算结果为“1”时，有“能流”流过线圈，RLO 为 1，对应的地址位为 1 状态；反之则无“能流”流过线圈，RLO 为 0，对应的地址位为 0 状态。

注意：输出线圈应放在程序段的最右边，同样，输出线圈对应的触点也可无限次使用。

【例 1-2】 将图 1-32a 中的梯形图转换成语句表，其相应语句表如图 1-32b 所示。

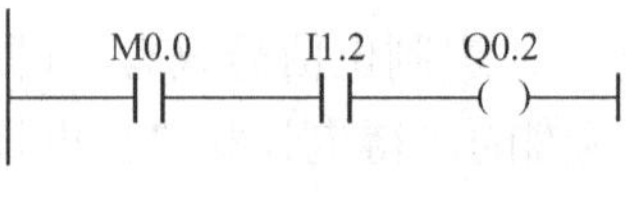

M0.0　I1.2　Q0.2

A M 0.0
A I 1.2
= Q 0.2

a)　b)

图 1-32　线圈输出指令的应用

a) 梯形图　b) 语句表

中间输出指令是存储逻辑流的中间赋值单元，它可以记录梯形图中某点的逻辑状态而不影响整个逻辑流的逻辑关系，其符号为线圈输出括号里加一“#”字符，即为（#）。在梯形图设计时，如果一个逻辑串很长不便于编辑时，可以将逻辑串分成几个段，前一段的逻辑运算结果（RLO）可作为中间输出，存储在位存储器（如 I、Q、M 等）中，该存储位可以当作一个触点出现在其他逻辑串中。中间输出只能放在梯形图逻辑串的中间，而不能出现在最左端或最右端。图 1-33a 所示的梯形图可等效为图 1-33b 的形式。

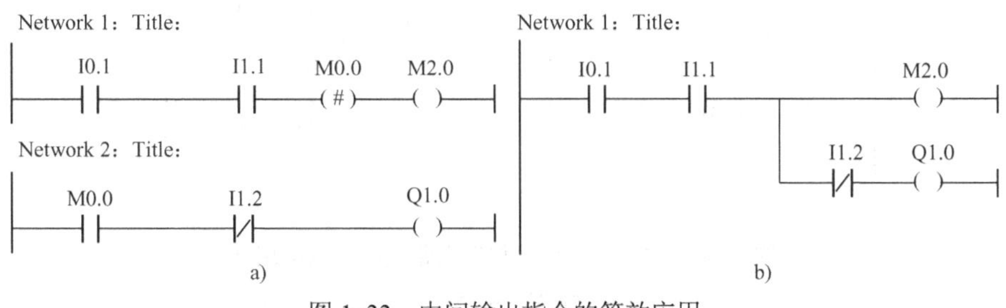

图 1-33　中间输出指令的等效应用

a) 有中间输出指令　b) 无中间输出指令

【例 1-3】 将图 1-34a 中的梯形图转换成语句表，其相应语句表如图 1-34b 所示。

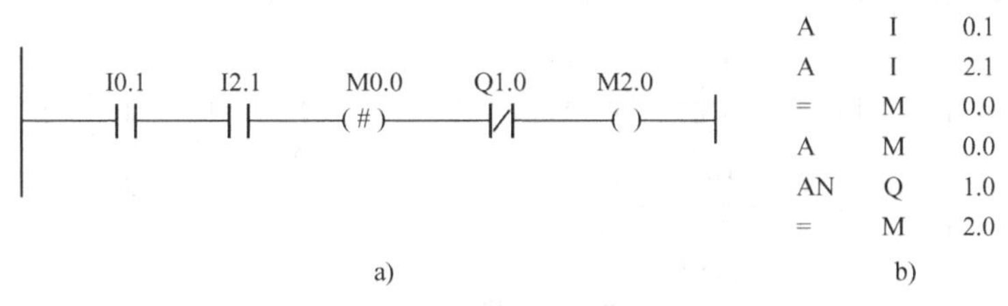

图 1-34　中间输出指令的应用

a) 梯形图　b) 语句表

1.3.3　电路块指令

触点的串并联指令只能将单个触点与其他触点电路串并联，当逻辑串是串并联的复杂组合时，CPU 的扫描顺序是先“与”后“或”。当遇到括号时，先扫描括号内的指令，再扫描括号外的指令。因此对应 STL 的先“与”后“或”操作有两种实现方式，先“与”后“或”电路块指令的应用如图 1-35 所示。其中图 1-35b 和 1-35c 等效，但从梯图形 1-35a 使用语句表转换功能时，优先转换成图 1-35b；对应 STL 的先“或”后“与”操作只有一种实现方式，且必须使用括号来改变自然扫描顺序，先“或”后“与”电路块指令的应用如图 1-36 所示。

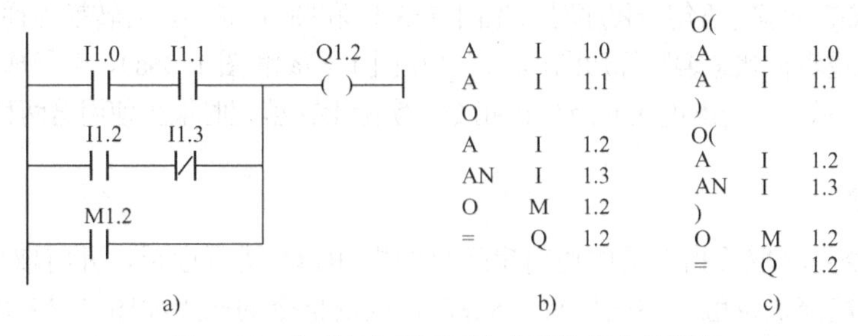

图 1-35　先“与”后“或”电路块指令的应用

a) 先“与”后“或”梯形图　b) 先“与”后“或”语句表 1　c）先“与”后“或”语句表 2

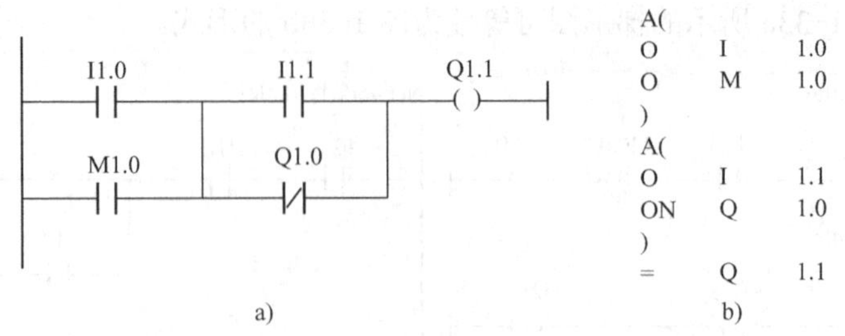

图 1-36　先“或”后“与”电路块指令的应用

a) 梯形图　b) 语句表

1.3.4　异或和同或指令

异或指令是指两个指令位逻辑状态相异时逻辑结果为“1”，否则为“0”，异或指令用助记符 X 表示，异或指令的应用如图 1-37 所示。

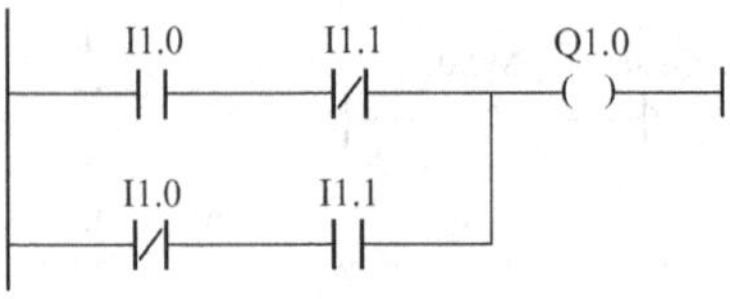

I1.0　I1.1　Q1.0

I1.0　I1.1

```
X   I   1.0
X   I   1.1
=   Q   1.0
```

a)　b)

图 1-37　异或指令的应用

a) 梯形图　b) 语句表

同或指令是指两个指令位逻辑状态相同时逻辑结果为“1”，否则为“0”，同或指令用助记符 XN 表示，同或指令的应用如图 1-38 所示。

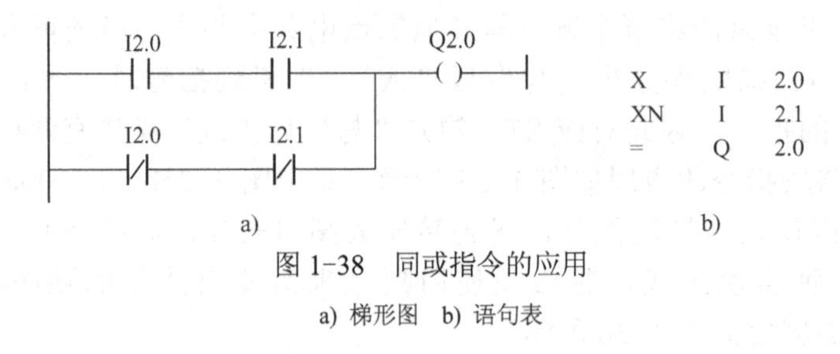

图 1-38　同或指令的应用

a) 梯形图　b) 语句表

用异或和同或指令编写语句表程序时（见图 1-37b 和图 1-38b），若转换为梯形图，则仍为语句表格式，若用逻辑位状态编写梯形图程序时（见图 1-37a 和图 1-38a），转换成语句表时，则会用 A 和 O 指令表示，不会出现 X 或 XN 的指令。实际上在编程时很少使用这两种指令。

1.3.5　取反指令

能流取反指令是将取反指令前的逻辑串运算结果 RLO 进行取反，并将取反后的值保存在逻辑位 RLO，能流取反触点中间标有“NOT”，取反指令的应用如图 1-39 所示，当 I1.0 和 I1.1 组成的电路串逻辑运算结果为“1”时，Q1.3 的线圈不得电，反之，当它们逻辑运算结果为“0”时，Q1.3 的线圈得电。

I1.0　I1.1　NOT　Q1.3

a)

```
A    I  1.0
AN   I  1.1
NOT
=    Q  1.3
```

b)

图 1-39　取反指令的应用

a) 梯形图　b) 语句表

1.3.6　置复位和触发器指令

置位指令（S，Set）是当逻辑运算结果 RLO 为“1”时，将指定的位地址置位（置为 1 状态并保持），当逻辑运算结果 RLO 为“0”时，该指令对指定的地址状态没有影响。如图 1-40 所示，当 I1.0 接通时，Q1.0 线圈得电并一直保持。

复位指令（R，Reset）是当逻辑运算结果 RLO 为“1”时，将指定的位地址复位（变为 0 状态并保持），当逻辑运算结果 RLO 为“0”时，该指令对指定的地址状态没有影响，置位和复位指令的应用如图 1-40 所示，当 I2.0 接通时，Q1.0 线圈将失电。

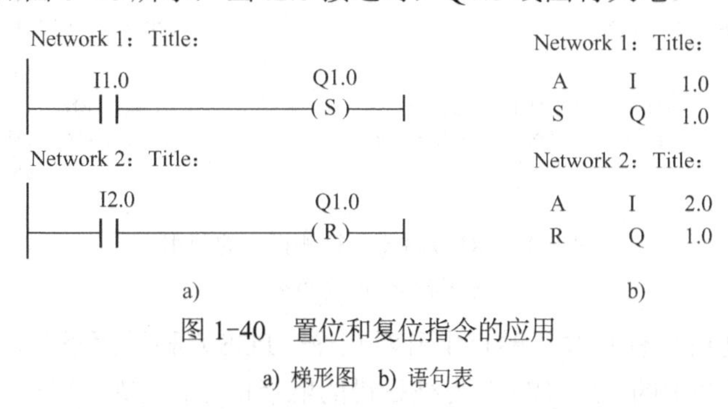

图 1-40　置位和复位指令的应用

a) 梯形图　b) 语句表

触发器有 SR 触发器和 RS 触发器之分，SR 触发器为“复位优先”型（当 S 和 R 驱动信号同为“1”时，触发器最终为复位状态）；RS 触发器为“置位优先”型（当 S 和 R 驱动信号同为“1”时，触发器最终为置位状态），如果 S 和 R 信号不同时驱动，则触发器响应当前驱动信号，触发器指令的应用如图 1-41 所示。

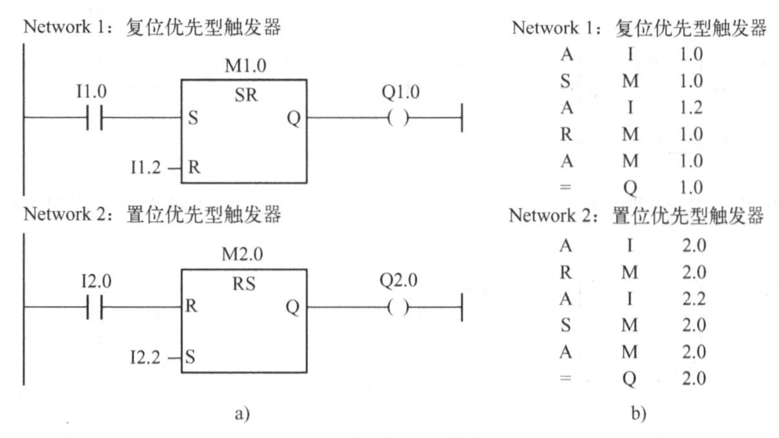

图 1-41　触发器指令的应用

a) 梯形图　b) 语句表

1.3.7　检测指令

检测指令有对 RLO 跳变沿检测指令（FP、FN）和对触点跳变沿检测指令（POS、NEG）之分。

RLO 跳变沿检测的指令有两种：RLO 上升沿检测（FP）和 RLO 下降沿检测（FN）。上升沿（正跳沿）检测指令是检测该指令所在点的逻辑是否有从“0”到“1”的变化，即是否有上升沿发生；下降沿（负跳沿）检测指令是检测该指令所在点的逻辑是否有从“1”到“0”的变化，即是否有下降沿发生。RLO 跳变沿检测指令需指定一个位“存储器”，作用是存储该点前一个扫描周期的状态，以便进行状态比较。如果本周期该点状态为“1”，上个扫描周期为“0”，则说明有上升沿发生，逻辑输出结果为“1”，否则为“0”。RLO 跳变沿检测指令的应用如图 1-42 所示。

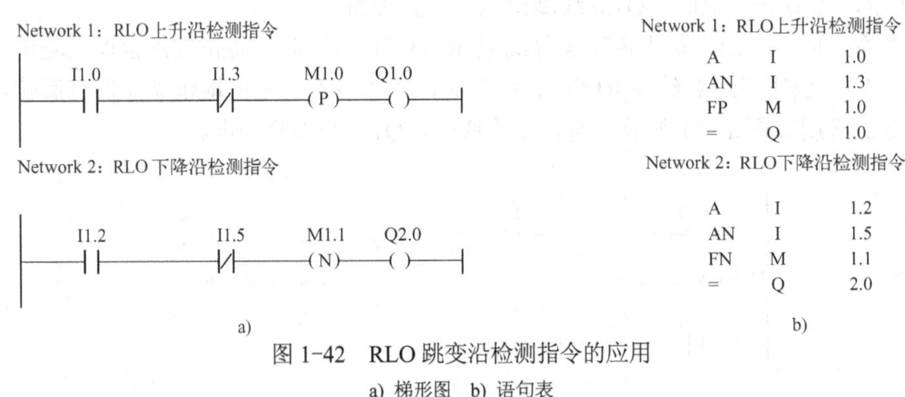

图 1-42　RLO 跳变沿检测指令的应用

a) 梯形图　b) 语句表

触点跳变沿检测指令有两种：触点上升沿指令（POS）和触点下降沿指令（NEG）。触点信号跳变沿检测指令中的“M_BIT”为被扫描的触点信号；方块指令上方的“地址”为跳变沿存储位，用来存储触点信号前一周期的状态；Q 为输出，当“起动条件”为真且“M_BIT”出现有效的跳变沿信号时，Q 端可输出一个扫描周期的“1”信号。触点跳变沿检测指令的应用如图 1-43 所示。

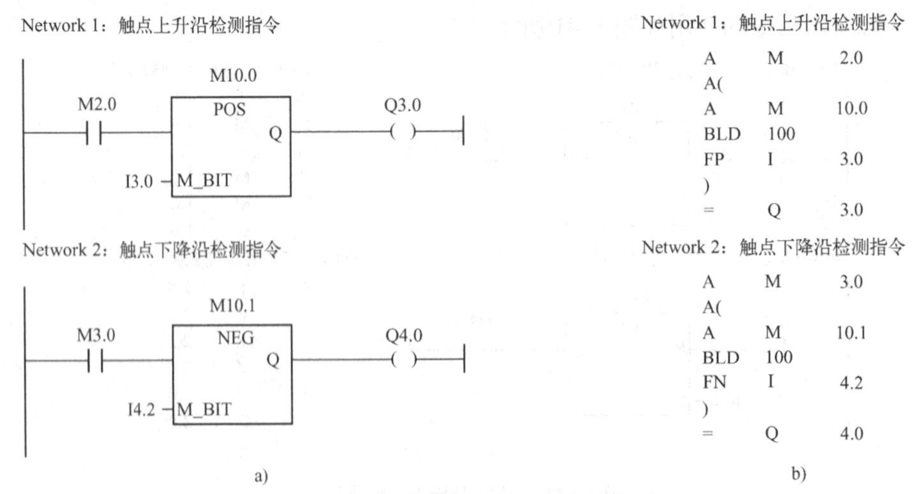

图 1-43　触点跳变沿检测指令的应用

a) 梯形图　b) 语句表

1.3.8 存储指令

SAVE 指令是将状态字 RLO 中的值保存到 BR 位，在下一个程序段中，BR 位的状态将参加“与”逻辑运算。在退出逻辑块之前通过使用 SAVE 指令，使 BR 位对应的使能输出 ENO 被设置为 RLO 位的值，可以用于块的错误检测，建议不使用该指令，因为 BR 位可由许多指令进行修改。SAVE 指令应用如图 1-44 所示，当 I0.0 和 I1.2 的逻辑运算结果为“1”时，存储指令“SAVE”将输入信号保存在 BR 存储器中，并将其发送给输出信号 Q1.0，即 Q1.0 线圈得电。

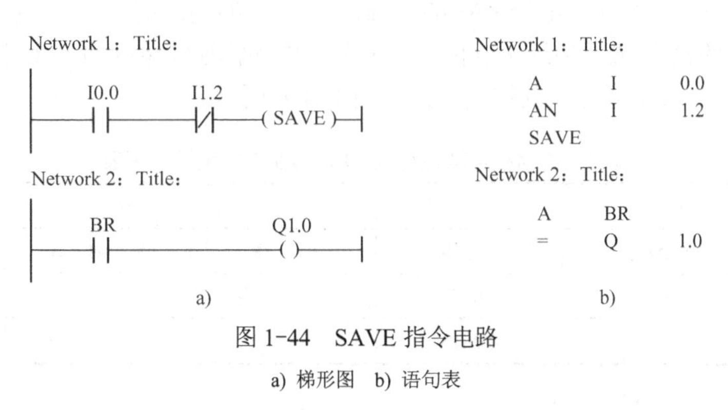

图 1-44 SAVE 指令电路

a) 梯形图 b) 语句表

1.3.9 RLO 的置位和复位指令

SET 和 CLR（Clear）指令无条件地将逻辑运算结果 RLO 置位或复位，紧接在它们后面的赋值指令中的地址将变为“1”状态或“0”状态。在初始化组织块 OB100 中，可以使用下面的程序对位变量进行初始化。

```
SET                  // 将 RLO 置位
=    Q   0.0         // Q0.0 被初始化为 1 状态
CLR                  // 将 RLO 复位
=    M   0.0         // M0.0 被初始化为 0 状态
```

注意：上面程序梯形图和指令表相互转换是相同的。

1.4 实训 2 电动机连续运行的 PLC 控制

1.4.1 实训目的

1）掌握 S7-300 PLC 输入/输出接线方法。

2）掌握 S7-300 PLC 编程软件的使用方法。

3）掌握基本指令的使用方法。

1.4.2 实训任务

使用 S7-300 PLC 实现一台电动机的连续运行控制。控制要求如下：按下起动按钮

SB1，电动机起动并连续运行；按下停止按钮 SB2，电动机立即停止运行，控制系统还要求有必要的保护环节。

1.4.3 实训步骤

1. 原理图绘制

分析项目控制要求可知：只要三相异步电动机接通三相电源即可起动并运行，熔断器和热继电器作为主电路的保护器件，其原理图如图 1-45a 所示。起动按钮 SB1，停止按钮 SB2 作为 PLC 的输入信号，交流接触器 KM 的线圈作为 PLC 的输出信号，一般在设计 PLC 控制项目时会将 PLC 的输入/输出地址按表格形式分配，电动机连续运行的 PLC 控制 I/O 地址分配表如表 1-1 所示，按上述分析其控制电路如图 1-45b 所示。

表 1-1　电动机连续运行的 PLC 控制 I/O 地址分配表

输　入			输　出		
元　件	输入继电器	作　用	元　件	输出继电器	作　用
按钮 SB1	I0.0	电动机起动	交流接触器	Q0.0	接通电动机电源
按钮 SB2	I0.1	电动机停止			

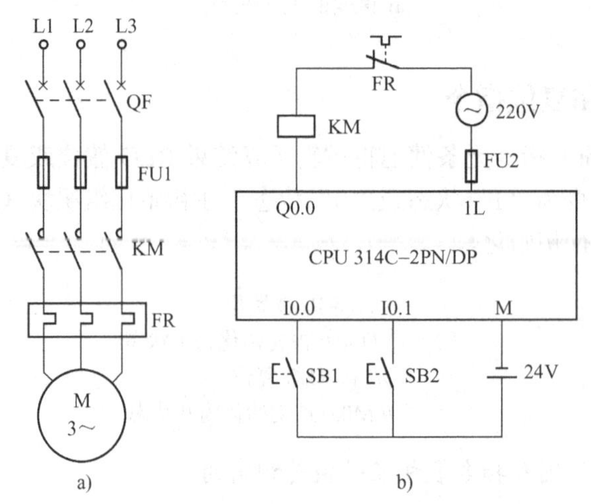

图 1-45　电动机连续运行的 PLC 控制原理图

a) 主电路　b) 控制电路

2. 硬件组态

打开 SETP 7 软件的“HW Config（硬件组态）”窗口，按 1.2.3 节讲述步骤插入导轨、CPU 模块（在此选 CPU314C-2 PN/DP，未作特殊说明，后续实训项目均选择此型号 CPU 模块）、数字量输入模块（直流输入模块 SM321 DI32×DC24V）和输出模块（继电器输出模块 SM322 DO32×AC120V-230V/1A——此模块只能驱动交流负载）。本项目使用实训装置上直流 24V 电源，故在此无须插入电源模块，若无特殊说明后续实训项目也使用实训装置上直流 24V 电源。注意：硬件组态完成后，必须对其进行编译并保存。

在模块列表内用鼠标双击数字量输入模块，可打开该信号模块属性对话框，“数字量输入模块属性”对话框如图 1-46 所示。在“General（常规）”选项卡的“Name（名称）”区域可更改模块名称；在“Address（地址）”选项卡的“Inputs（输入）”区域，系统自动为 4 号槽位上的信号模块分配了起始字节地址 0 和末字节地址 3，对应各输入点的位地址为：I0.0～I0.7、I1.0～I1.7、I2.0～I2.7、I3.0～I3.7。若不勾选“System default（系统默认）”选项，用户可自由修改起始字节地址，然后系统会根据模块输入点数自动分配末字节地址。

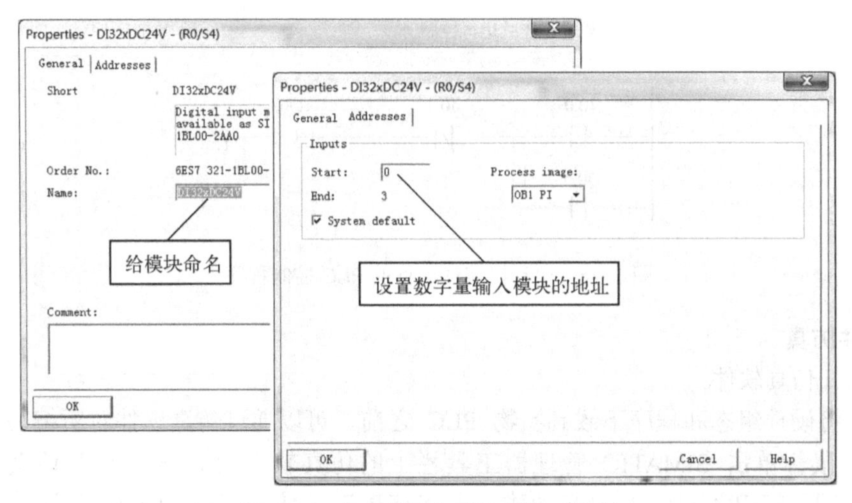

图 1-46　数字量输入模块属性对话框

在模块列表内用鼠标双击数字量输出模块，可打开图 1-47 所示的“数字量输出模块属性”对话框。系统自动为 5 号槽位上的信号模块分配了起始字节地址 4 和末字节地址 7，对应各输出点的位地址为：Q4.0～Q4.7、Q5.0～Q5.7、Q6.0～Q6.7、Q7.0～Q7.7。为方便使用在此不勾选“System default（系统默认）”选项，将其起始地址改为 0，系统自动会将其末字节地址改为 3，这时数字量输出模块的地址为：Q0.0～Q0.7、Q1.0～Q1.7、Q2.0～Q2.7、Q3.0～Q3.7。

注意：对于某些早期的 CPU 不支持信号模块的地址修改功能。

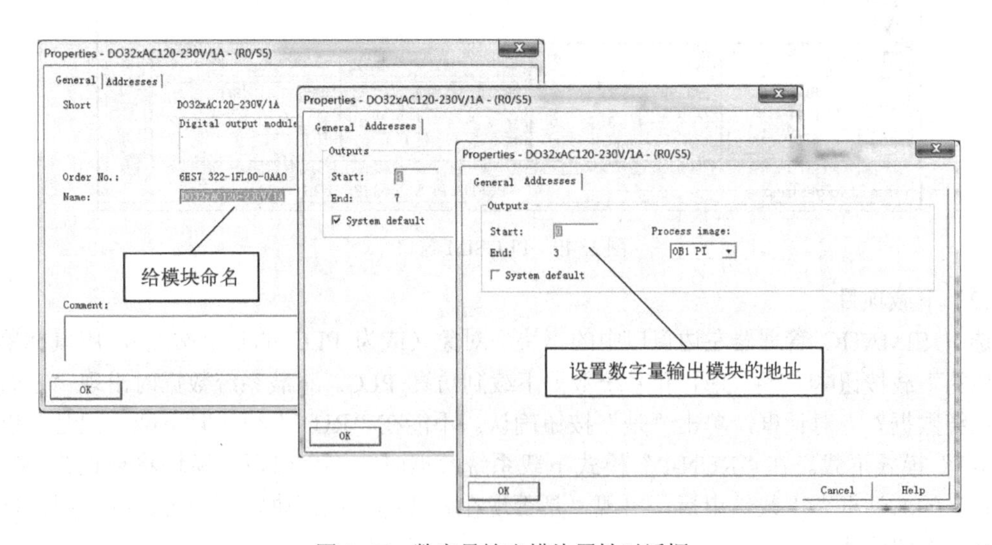

图 1-47　数字量输出模块属性对话框

3. 软件编程

双击 SIMATIC 管理器右侧的 OB1 图标，打开程序编辑窗口。根据图 1-45 所示的原理图，电动机连续运行的 PLC 控制程序如图 1-48 所示（常用逻辑指令在编程窗口左侧项目栏的 Bit logic 指令夹中）。

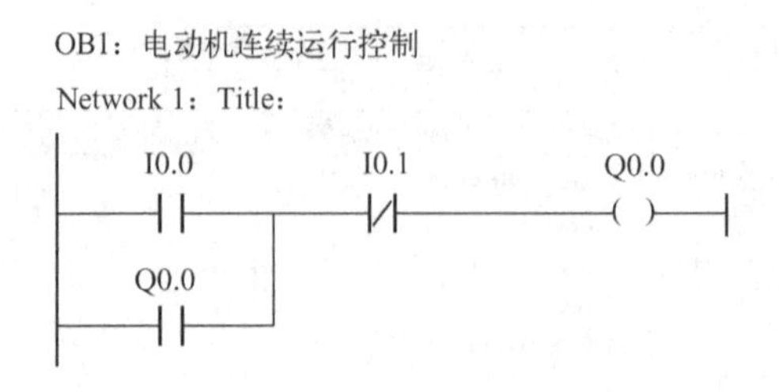

图 1-48　电动机连续运行的 PLC 控制程序

4. 软件仿真

（1）打开仿真软件

在没有将硬件组态和程序下载到实物 PLC 之前，可以通过仿真软件对所编写的程序进行仿真。用鼠标单击 SIMATIC 管理器工具栏上的仿真软件图标，打开仿真软件 S7-PLCSIM。打开 S7-PLCSIM 后，自动建立了 STEP 7 与仿真 CPU 的 MPI 连接。刚打开 PLCSIM 时，只有图 1-49 最左边被称为 CPU 视图对象的小方框。用鼠标单击它上面的“STOP、RUN 或 RUN-P”小方框，可以令仿真 PLC 处于相应的运行模式。用鼠标单击“MRES”按钮，可以清除仿真 PLC 中已下载的程序。可以用鼠标调节 S7-PLCSIM 窗口的位置和大小。用户还可以执行菜单命令“View（视图）”→“Statuse Bar（状态栏）”，关闭或打开下面的状态条。PLCSIM 窗口如图 1-49 所示。

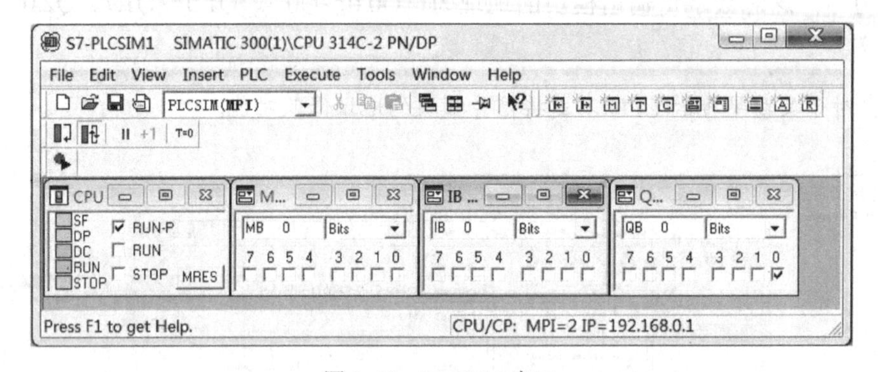

图 1-49　PLCSIM 窗口

（2）下载项目

选中 SIMATIC 管理器左边窗口中的“块”对象（或为 PLC 的整个站点），用鼠标单击工具栏的下载按钮，将 OB1 和系统数据下载到仿真 PLC。下载系统数据时出现“是否要装载系统数据？”对话框，单击“是”按钮确认。不能在“RUN”模式时下载，但是可以在“RUN-P”模式下载。在“RUN-P”模式下载系统数据时，将会出现“模块将被设为 STOP 模式？”的对话框。下载结束后，出现“是否现在就要起动该模块？”的对话框，用鼠标单击“是”按钮确认。

（3）生成输入输出地址

用鼠标单击 S7-PLCSIM 工具栏上的和按钮，生成 IB0 和 QB0 视图对象（字节地址根据需要可更改）。

（4）选择执行模式

用鼠标单击 CPU 视图对象中的小方框，将 CPU 切换到“RUN”或“RUN-P”模式。这两种模式都可以执行用户程序，但是在“RUN-P”模式下可以下载修改后的程序和系统数据。

（5）程序调试

用鼠标单击视图对象 IB0 最右边的小方框，方框中出现“√”，I0.0 变为“1”状态，模拟按下起动按钮 SB1。梯形图中的 I0.0 常开触点闭合（常闭触点会断开）。由于 OB1 中程序的作用，Q0.0 变为“1”状态，梯形图中其线圈通电，视图对象 QB0 最右边 Q0.0 对应的小方框中出现“√”，如图 1-49 所示。用鼠标再次单击 I0.0 对应的小方框，方框中的“√”消失，I0.0 变为“0”状态，模拟放开起动按钮 SB1。梯形图中 I0.0 的常开触点断开（常闭触点会闭合）。将按钮对应的位（如 I0.0）设置为“1”之后，注意一定要立即将它设置为“0”，否则后续的操作可能会受其影响。

用鼠标单击两次 I0.1 对应的小方框，方框中出现“√”后又消失，模拟按下和放开停止按钮 SB2 的操作。由于用户程序的作用，Q0.0 变为“0”状态，电动机停止运行。

（6）程序监控

仿真 CPU 在“RUN”或“RUN-P”模式时，打开 OB1，单击工具栏上的“监视”按钮，起动程序状态监控功能。STEP 7 和 PLC 中的 OB1 程序不一致时（如下载改动后的程序），工具栏按钮上的符号为灰色。此时需要单击工具栏上的下载按钮，重新下载 OB1。STEP 7 和 PLC 中的 OB1 程序一致后，按钮上的符号变为黑色，才能起动程序监控功能。

从梯形图左侧垂直的“电源”线开始的水平线均为绿色（程序状态监控如图 1-50 所示），表示有能流从“电源”线流出。有能流流过的方框指令、线圈、“导线”和处于闭合状态的触点均用绿色表示。用蓝色虚线表示没有能流流过和触点、线圈断开。

注意：只能监控所选中的程序段和它之后的程序段，不能监控选中的程序段之前的程序段。

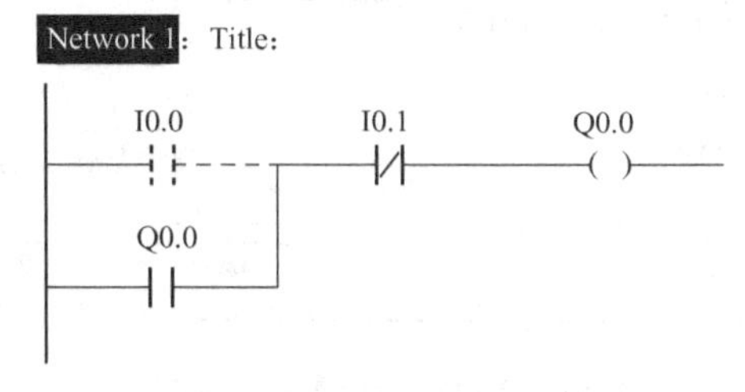

图 1-50　程序状态监控

5. 硬件连接

主电路：三相电源经断路器 QF、熔断器 FU1、交流接触器 KM 的主触点、热继电器 FR

的热元件后接至三相异步电动机的三相绕组输入端 U、V、W，请参照图 1-45a 进行主电路的连接。

控制电路：PLC 的输入元件一端接至输入模块相应的输入点上，另一端接至直流 24V 电源的正极性端，24V 的负极性端接至输入模块的公共端“M”上；负载的一端接至输出模块的相应输出点上，另一端经热继电器的常闭触点后接至 220V 电源的一端（如 L），220V 电源的另一端（如 N）接至输出模块的电源公共端（如 1L），请参照图 1-45b 进行控制电路的连接。建议起动按钮使用绿色按钮，停止按钮使用红色按钮。

注意：PLC 上的电气连接请用户严格按照相应模块盖板背面的示意图进行连接。

6. 项目下载

项目下载时，最重要的就是 PG/PC 接口的设置，只有正确的设置其接口，程序方可下载到实物 PLC 中。

PG/PC 接口（PG/PC Interface）是 PG/PC 与 PLC 之间进行通信连接的接口。在 STEP 7 环境下 PG/PC 可支持多种类型的接口，每种接口都需要进行相应的参数设置（如波特率）。因此，要实现 PG/PC 与 PLC 设备之间的通信连接，必须正确设置 PG/PC 接口参数。

通过以下方式打开图 1-51 所示的“PG/PC 接口参数设置”对话框。在 Windows 环境下，执行菜单命令“开始”→“SIMATIC”→“STEP 7”→“Setting the Interface（设置接口）”，或在 SIMATIC 管理器窗口内，执行菜单命令“Options（选项）”→“Set PG/PC Interface（设置 PG/PC 接口）”。

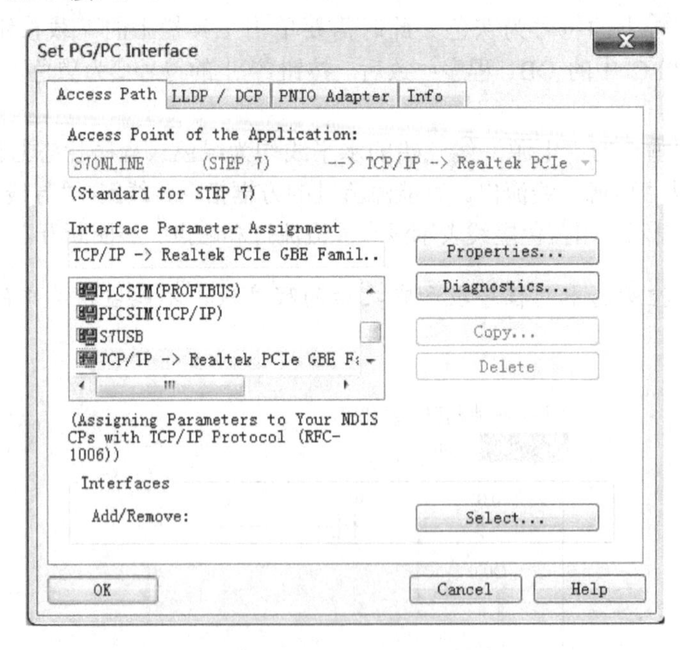

图 1-51　PG/PC 接口参数设置窗口

在图 1-51 中“Interface Parameter Assignment（接口参数与配置）”区域可安装或卸载相关接口模块或协议，选择其中一个接口，然后单击“Properties（属性）”按钮，则弹出该接口的属性对话框，在该对话框内进行接口参数设置。不同接口有各自的属性对话框，以“PC

Adapter（MPI）”接口为例，“PC Adapter（MPI）接口属性”对话框如图 1-52 所示。如若选用以太网接口“TCP/IP->Realtek PCIe…”，则必须将用于编程的计算机的 IP 地址设置与 PLC 的 IP 地址在同一网段内，设置如下：打开计算机的本地连接窗口，单击“属性”按钮，选中“Internet 协议（TCP/IP）”后，再单击其“属性”按钮，在打开的窗口中选择“使用下面的 IP 地址（S）：”，将“IP 地址（I）：”设置为 192.168.0.×，“×”的范围为 0-255，不能与同一网络中的其他（节点）设备相同即可；将“子网掩码（U）：”设置为 255.255.255.0，然后单击“确认”按钮即可。

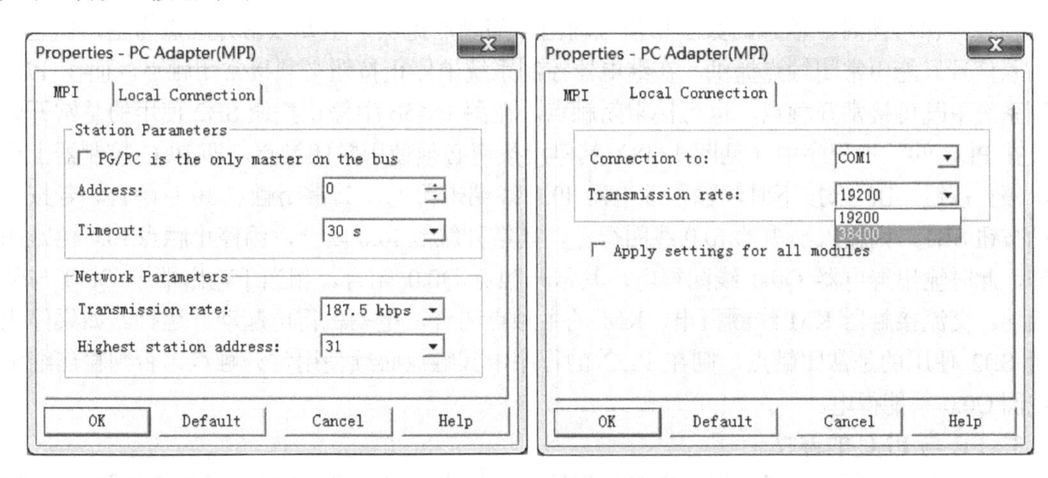

图 1-52 “PC Adapter（MPI）接口属性”对话框

在硬件配置窗口中用鼠标单击下载图标，将系统硬件配置下载到 PLC 的 CPU 中，然后在编程窗口用鼠标单击相应的下载图标。将软件下载到 PLC 的 CPU 中；或在 SIMATIC 管理器窗口选中项目站点，用鼠标单击下载图标。进行整个项目的下载。

7. 系统调试

硬件连接好后，将热继电器的过载保护电流值调至电动机额定电流的两倍处。若程序已下载到 PLC 的 CPU 中，先将 PLC 的“操作模式开关”拨至“RUN”模式，再打开 OB1 组织块，并用鼠标单击其窗口中工具栏上的“监视”按钮，起动程序状态监控功能。前期工作完成后按下起动按钮 SB1，观察电动机是否能起动并运行。如果能正常运行，再按下停止按钮 SB2，观察电动机是否能停止运行。再次按下起动按钮 SB1 起动电动机，人为拨动热继电器的“测试开关”（模拟电动机过载）观察电动机是否能停止运行。如能停止运行则系统运行正常。注意：测试结束后，按下热继电器上的“复位按钮”，使其触点复位。

1.4.4 实训拓展

1. 数字量模块地址编排

对于数字量 I/O 模块，从 0 号机架的 4 号槽位开始，每个槽位占用 4B（等于 32 个 I/O 点），每个数字量 I/O 点占用其中的 1 位。0 号机架数字量输入地址分别为：0.0～3.7、4.0～7.7、8.0～11.7、12.0～15.7、16.0～19.7、20.0～23.7、24.0～27.7、28.0～31.7；以此类推 1 号机架数字量输入地址为：32.0～63.7；2 号机架数字量输入地址为：64.0～95.7；3 号机架数字量输入地址为：96.0～127.7。采用系统默认的地址时，输入和输出地址编号不重叠，如第 4、5、7 号槽位放置数字量输入模块，第 6 号槽位放置数字量输出模块，则 6 号槽位的数字量输出地址从 Q8.0 开始，而不因为它是第一个数字量输出模块地址就从 Q0.0 开始（除非人为修改模块地址），至于到哪个位地址结束，就要看该模块有多少点输出。不管 6 号槽位的数字量输出有多少点，第 7 号槽位数字量输入地址都从 I12.0 开始。

可按下述方法快速确定数字量模块的起始地址：若 M 为机架号（0～3），N 为槽号（4～11），则数字量输入或输出起始地址为 $32\times M+(N-4)\times 4$。

2. 常闭触点输入信号的处理

在设计梯形图时，输入的数字量信号均由外部触点提供，主要以常开触点为主，但也有些输入信号只能由常闭触点提供。在继电器控制系统中停止按钮必须接常闭触点，而在 PLC 控制系统中既可接常开触点，也可接常闭触点。在图 1-45b 中停止按钮 SB2 使用的是常开触点，在 PLC 的软件程序中（见图 1-48）其停止按钮必须使用常闭触点，即 PLC 控制器上电后，停止按钮 SB2 未按下时，输入继电器 I0.1 线圈未得电，其常闭触点 I0.1 闭合。若按下起动按钮 SB1，则输入继电器 I0.0 线圈得电，其常开触点 I0.0 闭合，因停止触点 I0.1 也是闭合的，此时输出继电器 Q0.0 线圈得电，其常开触点 Q0.0 闭合，相当于输出端子 Q0.0 与从端相连。交流接触器 KM 线圈得电，KM 的主触点闭合，电动机得电起动并运行。如果停止按钮 SB2 使用的是常闭触点，则在 PLC 的程序中其触点必须使用常开触点，否则输出继电器线圈 Q0.0 不能得电。

3．FR 与 PLC 的连接

在工程项目应用中，经常遇到很多工程技术人员将热继电器 FR 的常闭触点接到 PLC 的输出端，如图 1-45b 所示。此连接方式缺点是若电动机过载则热继电器 FR 的常闭触点断开，电动机停止运行，但 PLC 程序仍在运行，即输出继电器 Q0.0 仍处于得电状态，如果使用的是能自复位的热继电器，随着 FR 热元件的热量散发而冷却（或手动）后，常闭触点又会复位，这样由于 PLC 内部 Q0.0 的线圈依然处于“通电”状态，KM 的线圈会再次得电，这时电动机则在无人操作情况下再次起动，这样会给机床设备或操作人员带来危害或灾难。而 FR 的常闭触点或常开触点作为 PLC 的输入信号时，不会发生上述现象。

鉴于上述原因，在工程应用中建议将热继电器 FR 的常开或常闭触点接至 PLC 的输入端；也可以将热继电器 FR 的常开触点接至 PLC 的输入端，而其常闭触点接至负载端。

1.5 定时器及计数器指令

1.5.1 定时器指令

定时器相当于继电器控制电路中的时间继电器，在 S7-300 CPU 的存储器中，为定时器保留有存储区，该存储区为每个定时器保留一个 16 位定时器字和一个二进制位存储空间。S7-300 定时器个数为 128～2 048 个，与 CPU 的型号有关。CPU314C-2 PN/DP 有 256 个定时器，即 T0～T255。在 S7-300 中定时器分为脉冲定时器、扩展脉冲定时器、接通延时定时器、保持型接通延时定时器和断开延时定时器。

定时时间由时基和定时值两部分组成，定时器字如图 1-53 所示。定时时间等于时基与定时值的乘积。当定时器运行时，定时值不断减 1，直至减到 0，减到 0 表示定时时间到。

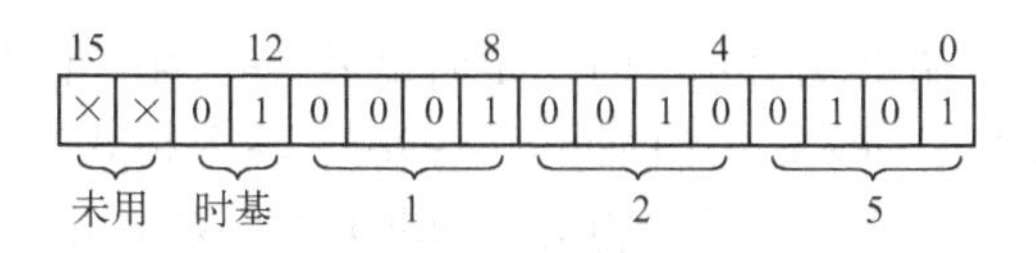

图 1-53　定时器字

定时器字的第 0 位到第 11 位存储二进制格式的定时值，由 3 位 BCD 码组成（时间值为 0～999），第 12、13 位存放二进制格式的时基，时基代码为 00 时，时基为 10ms；时基代码为 01 时，时基为 100ms；时基代码为 10 时，时基为 1s；时基代码为 11 时，时基为 10s，所以定时值范围为 0～9 990s（2 小时 46 分钟 30 秒），例如定时器字为 W#16#1125 时，时基为 100ms，定时时间为 100ms×125=12.5s。时基反映了定时器的分辨率，时基越小，分辨率越高，可定时的时间就越短。

定时器预置值在梯形图中必须使用“S5T#”格式的时间预置值 S5T#aH_bM_cS_dMS（可以不输入下划线），其中 H 表示小时，M 表示分钟，S 表示秒，MS 表示毫秒，a、b、c、d 为用户设置的值。可以按上述格式输入时间，也可以以秒为单位输入时间，输入时间按〈Enter〉键后，显示的时间会自动变为上述格式，时基是 CPU 自动选择的，选择的原则是在满足定时范围要求的条件下选择最小的时基。

装入时间值的 STL 指令是：

```
L    W#16#wxyz
```

式中，w、x、y、z 均为十进制数；w 表示时基，取值为 0、1、2、3，xyz 表示定时值，取值范围为 1～999。在语句表中，还可以使用 IEC 格式的时间值，即在前面加 T#，如 L　T#100S。

1. 脉冲定时器（SP）

脉冲定时器（Pulse Timer）是脉冲 S5 定时器的简称，其指令有两种形式：块图指令和 LAD 环境下的定时器线圈指令，脉冲定时器指令如表 1-2 所示。

表 1-2　脉冲定时器指令

指令形式	LAD	STL
块图指令	Tno S_PULSE 起动信号 – S　　Q – 输出位地址 定时时间 – TV　　BI – 时间字单元1 复位信号 – R　　BCD – 时间字单元2	A　起动信号 L　定时时间 SP　Tno A　复位信号 R　Tno L　Tno T　时间字单元 1 LC　Tno T　时间字单元 2 A　Tno =　输出位地址
线圈指令	Tno —(SP)—| 定时时间	L　定时时间 SP　Tno

表中各符号的含义如下：

- Tno 为定时器的编号，其范围与 CPU 的型号有关。
- S 为起动信号，当 S 端出现上升沿时，起动指定的定时器。

- R 为复位信号，当 R 端出现上升沿时，定时器复位，当前值清“0”。
- TV 为设定时间值输入，最大设定时间为 9 990s，输入格式须按 S5 系统时间格式。
- Q 为定时器输出，定时器起动后，剩余时间非 0 时，Q 输出为“1”；定时器停止或剩余时间为 0 时，Q 输出为“0”。该端可以连接位存储器，也可以悬空。
- BI 为剩余时间显示或输出（整数格式），采用十六进制形式，如 16#0012。该端口可以连接各种字存储器，如 MW0，也可以悬空。
- BCD 为剩余时间显示或输出（BCD 码格式），采用 S5 系统时间格式，如 S5T#1H2M2S。该端口可以连接各种字存储器，如 MW10，也可以悬空。
- STL 等效程序中的“SP…”为脉冲定时器指令，用来设置脉冲定时器编号；“L…”为累加器 1 装载指令，“LC…”为 BCD 码装载指令，“T…”为传送指令，可将累加器 1 的内容传送给指定的字节、字或双字单元。

脉冲定时器工作时序如图 1-54 所示。

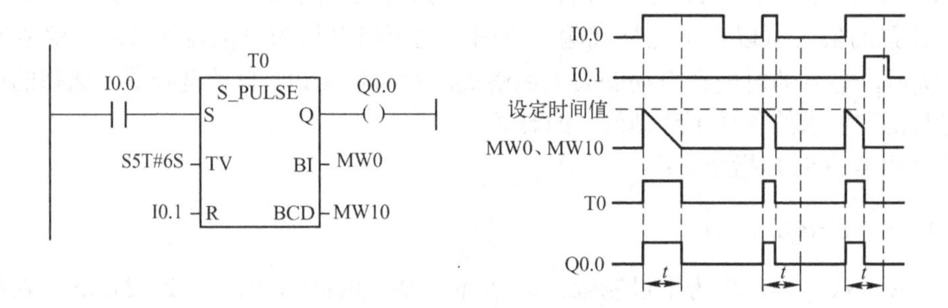

图 1-54　脉冲定时器工作时序

从图 1-54 可以看出：输入信号由“0”变“1”后，定时器开始计时，输出变为“1”状态。输出为“1”的时间与输入为“1”的时间一样长，但不会超过给定的时间。无论何时，只要 R 信号的 RLO 出现上升沿，定时器就立即停止，并使定时器的常开触点断开，Q 端输出为“0”，同时将剩余时间清零，称此动作为定时器复位。

【例 1-4】 将图 1-54 中脉冲定时器的块图指令转换为线圈指令，脉冲定时器线圈指令的应用如图 1-55 所示。

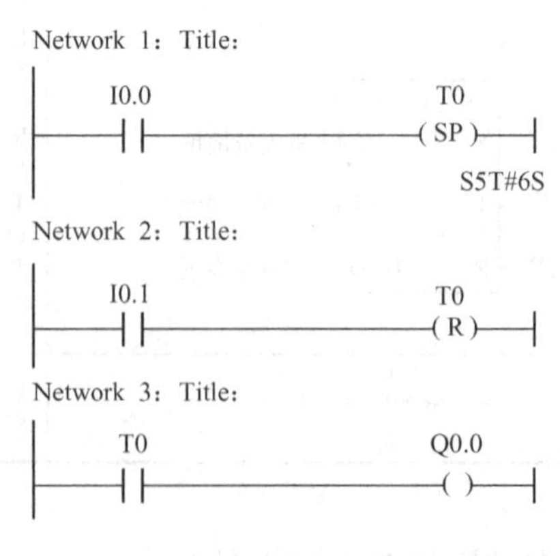

图 1-55　脉冲定时器线圈指令的应用

2. 扩展脉冲定时器（SE）

扩展脉冲定时器（Extended Pulse Timer）是扩展脉冲 S5 定时器的简称，其指令有两种形式：块图指令和 LAD 环境下的定时器线圈指令，扩展脉冲定时器指令如表 1-3 所示，符号内各端子的含义同脉冲定时器。

表 1-3　扩展脉冲定时器指令

指令形式	LAD	STL
块图指令	Tno S_PEXT 起动信号 -S　Q- 输出位地址 定时时间 -TV　BI- 时间字单元1 复位信号 -R　BCD- 时间字单元2	A　起动信号 L　定时时间 SE　Tno A　复位信号 R　Tno L　Tno T　时间字单元 1 LC　Tno T　时间字单元 2 A　Tno =　输出位地址
线圈指令	Tno —(SE)— 定时时间	L　定时时间 SE　Tno

扩展脉冲定时器工作时序如图 1-56 所示。

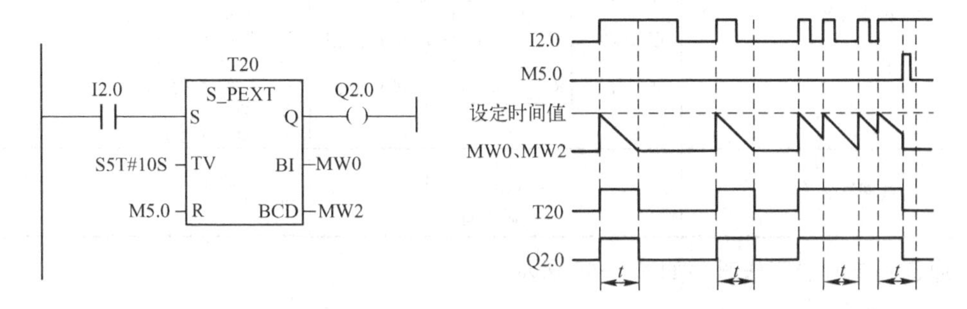

图 1-56　扩展脉冲定时器工作时序

扩展脉冲定时器工作时序如图 1-56 所示。从图 1-56 可以看出：只要输入信号有一个从“0”到“1”的变化，定时器就一直计时，接通的时间通过指令给定的时间来限制。如果在定时结束之前，S 端信号的 RLO 又出现一次上升沿，则定时器重新起动。定时器一旦运行，其常开触点就闭合，同时 Q 端输出为“1”。无论何时，只要 R 信号的 RLO 出现上升沿，定时器就立即复位，并使定时器的常开触点断开，Q 端输出为“0”，同时将剩余时间清零。

扩展脉冲定时器 SE 与脉冲定时器 SP 不同，SE 计时功能与起动信号的宽度无关，即扩展脉冲定时器在输入脉冲宽度小于时间设定值时，也能输出指定宽度的脉冲。

【例 1-5】 风机延时关闭控制：按下起动按钮 I0.0，风机 Q0.0 立即起动，延时 30min 后自动关闭。若起动后按下停止按钮 I0.1，风机立即停止。为简化例题内容，故此例未考虑热继电器，读者根据实际情况自行设计，以后例题相同。

风机延时关闭控制程序如图 1-57 所示。

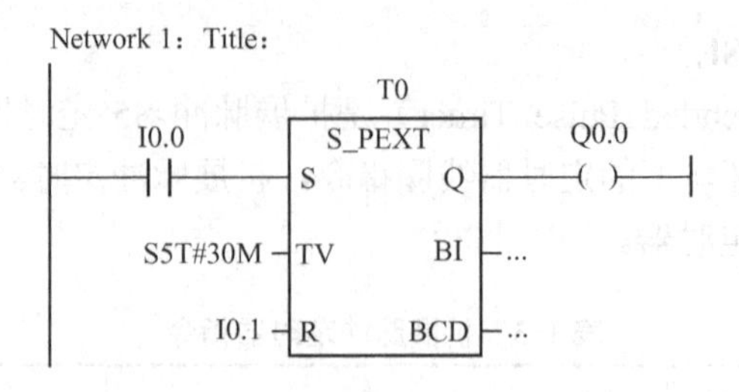

图 1-57　风机延时关闭控制程序

3. 接通延时定时器（SD）

接通延时定时器（On-Delay Timer）是接通延时 S5 定时器的简称，其指令有两种形式：块图指令和 LAD 环境下的定时器线圈指令，接通延时定时器指令如表 1-4 所示，符号内各端子的含义同脉冲定时器。

表 1-4　接通延时定时器指令

指 令 形 式	LAD	STL
块图指令	Tno S_ODT 起动信号 – S　　Q – 输出位地址 定时时间 – TV　　BI – 时间字单元1 复位信号 – R　　BCD – 时间字单元2	A　起动信号 L　定时时间 SD　Tno A　复位信号 R　Tno L　Tno T　时间字单元 1 LC　Tno T　时间字单元 2 A　Tno =　输出位地址
线圈指令	Tno —(SD)—┤ 定时时间	L　定时时间 SD　Tno

接通延时定时器工作时序如图 1-58 所示。

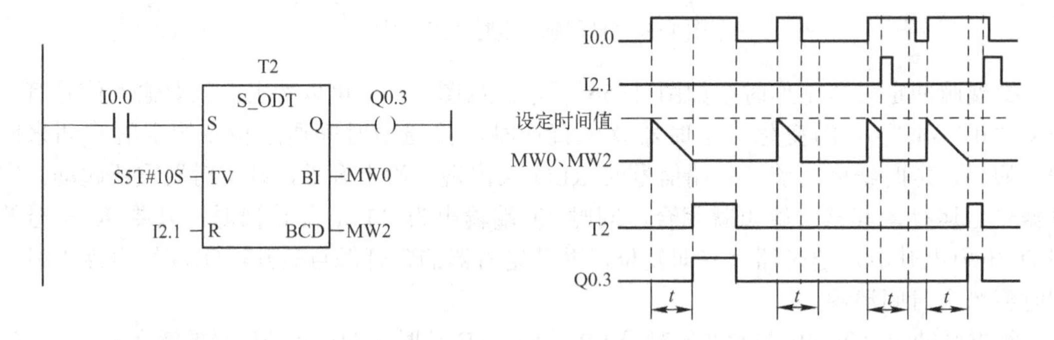

图 1-58　接通延时定时器工作时序

从图 1-58 可以看出：当起动信号接通后定时器开始倒计时，经过指令给定的时间后，输出接通并保持，如果起动信号断开时，输出也同时断开，如果输入信号接通的时间小于指令给定的时间，则定时器没有输出，这种计时方式完全等同于延时接通时间继电器。无论何时，只要 R 信号的 RLO 出现上升沿，定时器就立即复位，并使定时器的常开触点断开，Q 端输出为“0”，同时将剩余时间清零。

【例 1-6】 报警指示灯控制：若电动机过载，即触点 I0.0 闭合，电动机过载报警指示灯 Q0.0 以灭 2s，亮 1s 规律交替进行。

报警指示灯控制程序如图 1-59 所示。

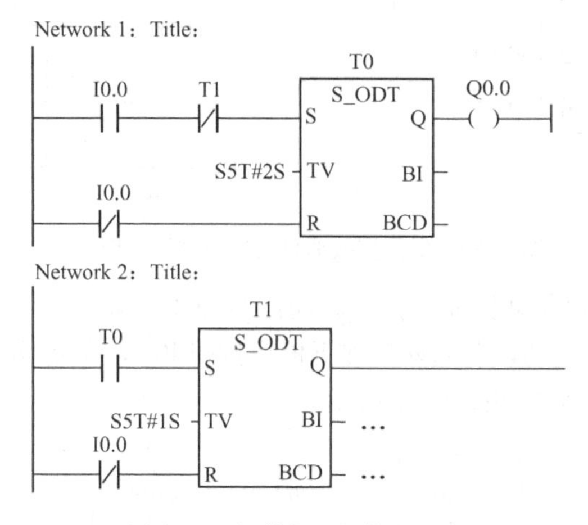

图 1-59 报警指示灯控制程序

4. 保持型接通延时定时器（SS）

保持型接通延时定时器（Retentive On-Delay Timer）是保持型接通延时 S5 定时器的简称，其指令有两种形式：块图指令和 LAD 环境下的定时器线圈指令，保持型接通延时定时器指令如表 1-5 所示，符号内各端子的含义同脉冲定时器。

表 1-5 保持型接通延时定时器指令

指令形式	LAD	STL
块图指令	Tno S_ODTS 起动信号 – S　Q – 输出位地址 定时时间 – TV　BI – 时间字单元1 复位信号 – R　BCD – 时间字单元2	A 起动信号 L 定时时间 SS Tno A 复位信号 R Tno L Tno T 时间字单元 1 LC Tno T 时间字单元 2 A Tno = 输出位地址
线圈指令	Tno —(SS)— 定时时间	L 定时时间 SS Tno

保持型接通延时定时器工作时序如图 1-60 所示。

从图 1-60 可以看出：当起动信号接通后定时器开始倒计时，若指令给定的时间未到时输入信号断开，定时器仍继续计时，相当于锁住输入信号，直到给定的时间到。只要定时时间到，此时不管 S 信号的 RLO 信号出现任何状态，定时器都会保持停止状态，并使定时器常开触点闭合，Q 端输出为“1”。如果在定时结束之前，S 信号的 RLO 再次出现上升沿，则定时器以设定的时间值重新起动。无论何时，只要 R 信号的 RLO 出现上升沿，定时器就立即复位，并使定时器的常开触点断开，Q 端输出为“0”，同时将剩余时间清零。

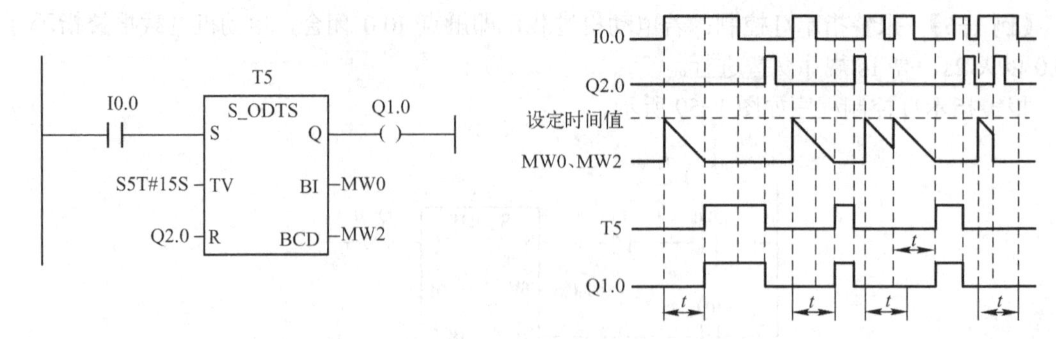

图 1-60　保持型接通延时定时器工作时序

【例 1-7】 电动机顺序起动控制：按下起动按钮 I0.0，第 1 台电动机 Q0.0 立即起动，10s 后第 2 台电动机 Q0.1 起动。若起动后按下停止按钮 I0.1，两台均立即停止。

电动机顺序起动控制程序如图 1-61 所示。

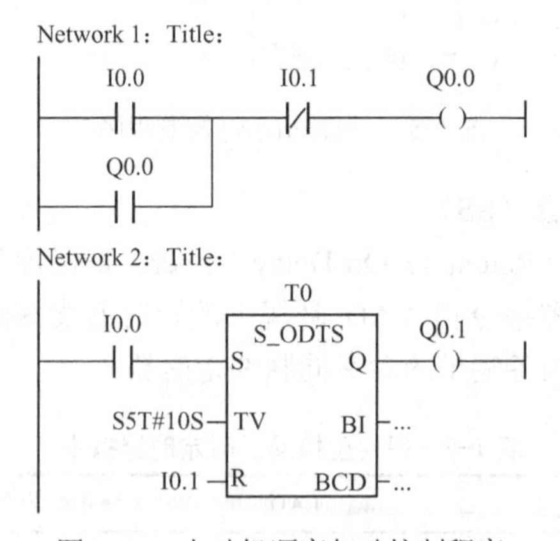

图 1-61　电动机顺序起动控制程序

5. 断开延时定时器（SF）

断开延时定时器（Off-Delay Timer）是断开延时 S5 定时器的简称，其指令有两种形式：块图指令和 LAD 环境下的定时器线圈指令，断开延时定时器指令如表 1-6 所示，符号内各端子的含义同脉冲定时器。

表 1-6　断电延时定时器指令

指令形式	LAD	STL
块图指令	Tno S_OFFDT 起动信号 — S　　Q — 输出位地址 定时时间 — TV　　BI — 时间字单元1 复位信号 — R　　BCD — 时间字单元2	A　起动信号 L　定时时间 SF　Tno A　复位信号 R　Tno L　Tno T　时间字单元 1 LC　Tno T　时间字单元 2 A　Tno =　输出位地址
线圈指令	Tno —(SF)— 定时时间	L　定时时间 SF　Tno

断开延时定时器工作时序如图 1-62 所示。

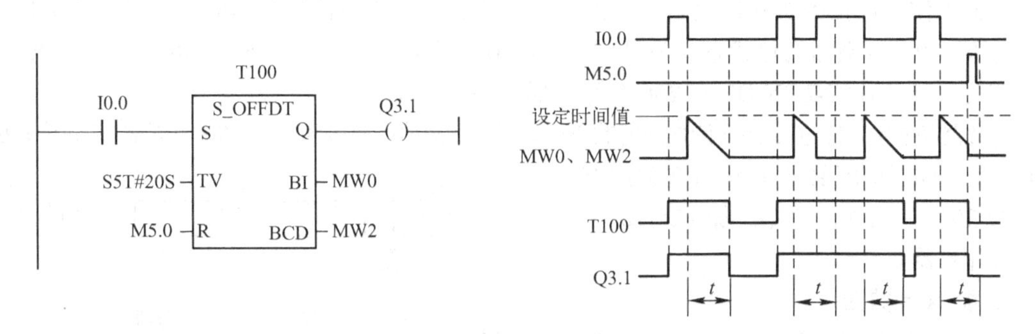

图 1-62　断开延时定时器工作时序

从图 1-62 可以看出：当输入信号接通时，输出立即接通。当输入信号断开时，定时器开始倒计时，计时时间到时，则输出断开。如果断开时间小于定时时间，则该输入信号断开时间内不改变输出，输出信号断开延时要等待下一次输入信号断开才有效。无论何时，只要 R 信号的 RLO 出现上升沿，定时器就立即复位，并使定时器的常开触点断开，Q 端输出为“0”，同时将剩余时间清零。

【例 1-8】 电动机逆序停止控制：按下起动按钮 I0.0，第 1 台电动机 Q0.0 和第 2 台电动机 Q0.1 立即起动。若按下停止按钮 I0.1，第 2 台电动机 Q0.1 立即停止，15s 后第 1 台电动机 Q0.0 停止。

电动机逆序停止控制程序如图 1-63 所示。

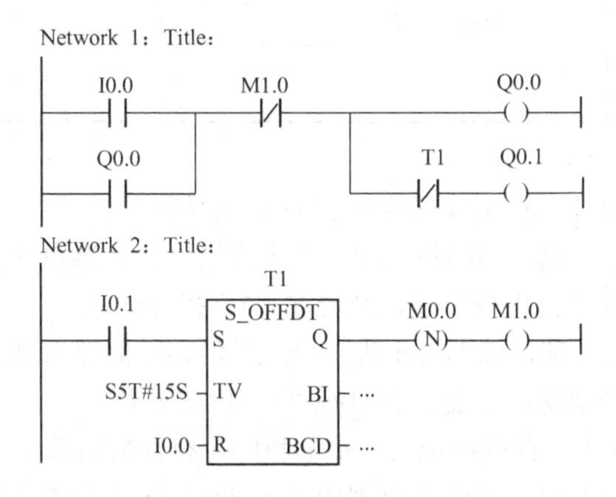

图 1-63　电动机逆序停止控制程序

S7-300 PLC 还提供了 IEC 定时器，它们已被集成在 CPU 的操作系统中，SFB3“TP”是脉冲定时器，SFB4“TON”是接通延时定时器，SFB5“TOF”是断开延时定时器。它们最大的定时时间长达 24 天多，具体使用方法可以查看 STEP 7 的在线帮助。

1.5.2　计数器指令

在 S7-300 CPU 的存储器中，为计数器保留有存储区，该存储区为每个计数器保留一个 16 位的字和一个二进制位存储空间，计数器的字用来存放它的当前值，计数器触点的状态由它的位的状态来决定。用计数器地址（C 和计数器号，如 C18）来访问当前计数值和计数器位，带位操作数的指令访问计数器位，带字操作数的指令访问计数器当前值。只要计数器的当前值不为 0，计数器的位状态就为“1”。S7-300 计数器个数为 128～2 048 个，与 CPU 的型号有关。CPU314C-2 PN/DP 有 256 个计数器，即 C0～C255。

计数器字的 0～11 位是当前计数器值的 BCD 码，计数值的范围为 0～999，计数器字如图 1-64 所示，图 1-64 中的计数器字的当前值为 125。

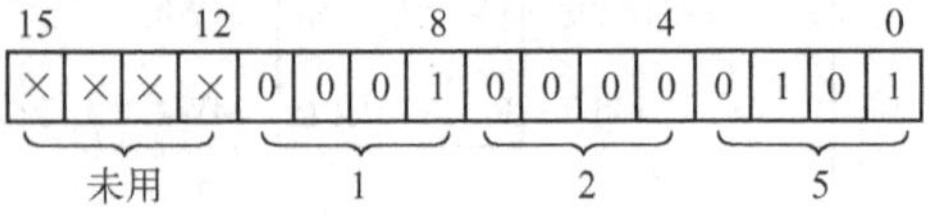

15			12				8				4				0
×	×	×	×	0	0	0	1	0	0	0	0	0	1	0	1
未用				1				2				5			

图 1-64　计数器字

S7-300 有三种计数器：加/减计数器、加计数器、减计数器。

1. 加/减计数器

加/减计数器（Up-Down Counter）能实现对脉冲信号进行加或减的方式计数，其加/减计数器指令如表 1-7 所示。

表 1-7　加/减计数器指令

指令形式	LAD	STL
块图指令	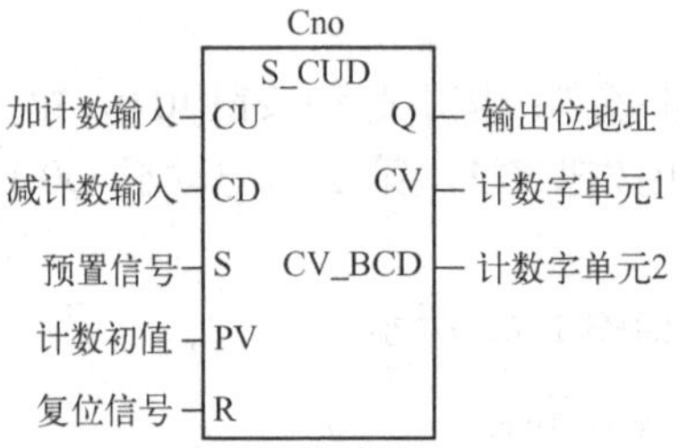 Cno S_CUD 加计数输入 — CU　　Q — 输出位地址 减计数输入 — CD　　CV — 计数字单元1 预置信号 — S　　CV_BCD — 计数字单元2 计数初值 — PV 复位信号 — R	A　加计数输入 CU　Cno A　减计数输入 CD　Cno A　预置信号 L　计数初值 S　Cno A　复位信号 R　Cno L　Cno T　计数器字单元 1 LC　Cno T　计数字单元 2 A　Cno =　输出位地址

表内各符号的含义如下：

- Cno 为计数器的编号，其编号范围与 CPU 的型号有关。
- CU 为加计数器输入端，该端每出现一个上升沿，计数器自动加“1”，当计数器的当前值为 999 时，计数值保持不变，此时加“1”操作无效。
- CD 为减计数器输入端，该端每出现一个上升沿，计数器自动减“1”，当计数器的当前值为 0 时，计数值保持不变，此时减“1”操作无效。
- S 为预置信号输入端，该端出现上升沿的瞬间，将计数初值作为当前值。
- PV 为计数初值输入端，初值的范围为 0～999。可以通过字存储器为计数器提供初值，也可以直接输入 BCD 码形式的立即数，此时的立即数格式为 C#×××，如 C#128。
- R 为计数器复位信号输入端，任何情况下，只要该端出现上升沿，计数器就会立即复位。复位后计数器当前值变为 0，输出状态为“0”。
- CV 为以整数形式显示或输出的计数器当前值，如 16#0015。该端可以接各种字存储器，也可以悬空。
- CV_BCD 为以 BCD 码形式显示或输出的计数器当前值，如 C#369。该端可以接各种字存储器，也可以悬空。

- Q 为计数器状态输出端，只要计数器的当前值不为 0，计数器的状态就为“1”。该端可以接各种位存储器，也可以悬空。

【例 1-9】 车辆计数控制：当有车进入车库时，入库传感器 I0.0 检测到信号，计数器当前值加 1；当有车出车库时，出库传感器 I0.1 检测到信号，计数器当前值减 1。计数预置信号为 I0.2，复位信号为 I0.3。

车辆计数控制程序如图 1-65 所示，首先按下预置按钮 I0.2 将预置值 0 装入计数器 C0，即车库的车辆从 0 进行计数，用位存储器 Q0.0 作为车库内有无车辆停放指示，用存储器 MW0 对车库内停留车辆进行计数。

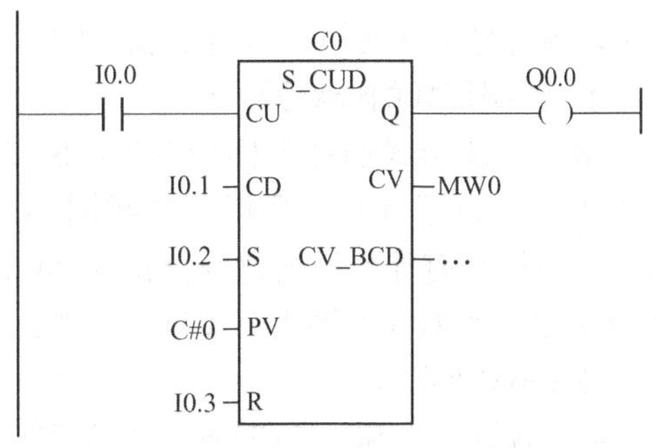

图 1-65　车辆计数控制程序

注意：如果将预置值设置为 C#100，系统上电后，如果没有按下预置按钮 I0.2 时有车辆进出，计数器则会从当前值 0 进行加减；如果按下预置按钮 I0.2 有车辆进出时，计数器则会从当前值 100 进行加减。

2. 加计数器

加计数器（Up Counter）能实现对脉冲信号进行累加方式计数。加计数器指令如表 1-8 所示，各符号的含义与加/减计数器相同。

表 1-8　加、减计数器指令

指 令 形 式	LAD	STL
加计数器块图指令	Cno S_CU 加计数输入 – CU　Q – 输出位地址 预置信号 – S　CV – 计数字单元1 计数初值 – PV　CV_BCD – 计数字单元2 复位信号 – R	A　加计数输入 CU　Cno BLD　101 A　预置信号 L　计数初值 S　Cno A　复位信号 R　Cno L　Cno T　计数器字单元 1 LC　Cno T　计数字单元 2 A　Cno =　输出位地址
减计数器块图指令	Cno S_CD 减计数输入 – CD　Q – 输出位地址 预置信号 – S　CV – 计数字单元1 计数初值 – PV　CV_BCD – 计数字单元2 复位信号 – R	A　减计数输入 CD　Cno BLD　101 A　预置信号 L　计数初值 S　Cno A　复位信号 R　Cno L　Cno T　计数器字单元 1 LC　Cno T　计数字单元 2 A　Cno =　输出位地址

3．减计数器

减计数器（Down Counter）能实现对脉冲信号进行递减方式计数，减计数器指令如表 1-8 所示，各符号的含义与加/减计数器相同。

4．线圈形式的计数器

除了块图形式的计数器指令外，S7-300 系统还为用户提供了 LAD 环境下的线圈形式的计数器。这些指令有计数器初值预置指令 SC、加计数器指令 CU 和减计数器指令 CD，计数器的线圈指令如图 1-66 所示。

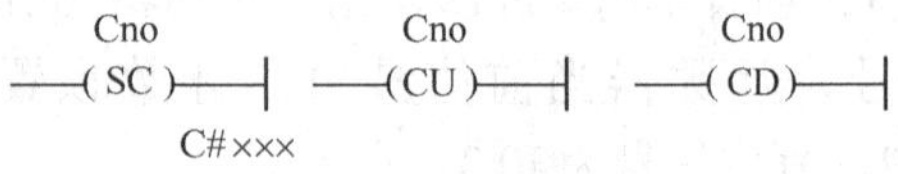

Cno —(SC)— C#×××   Cno —(CU)—   Cno —(CD)—

图 1-66　计数器的线圈指令

初值预置指令 SC 与 CU 指令配合可实现加计数器功能；若初值预置指令 SC 与 CD 指令配合可实现减计数器功能；若初值预置指令 SC 与 CU 及 CD 指令配合可实现加/减计数器功能。

【例 1-10】 使用计数器线圈指令对车辆计数控制进行编程，其中各地址意义同【例 1-9】。使用计数器线圈指令编写的车辆计数控制程序如图 1-67 所示。

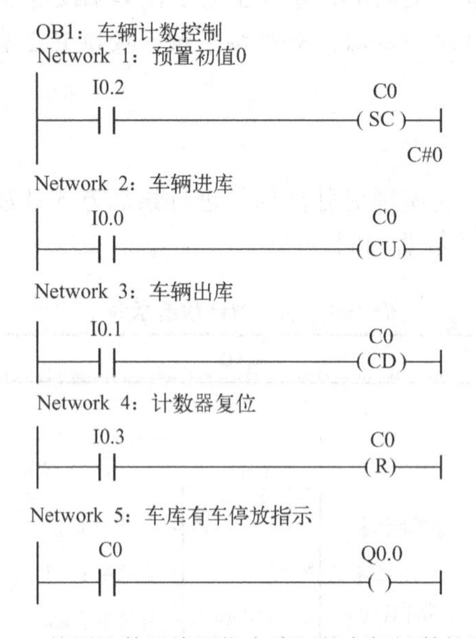

图 1-67　使用计数器线圈指令编写的车辆计数控制程序

图 1-67 中未能对车库中的停放车辆进行当前值显示，实际上计数器的当前值保存在计数器中，本例停放车辆的当前值在计数器 C0 中（C0 同时也是一个位触点，若计数器的当前值不为 0 时，则触点 C0 导通；若计数器的当前值为 0，则触点 C0 关断），也可以通过传送指令将此当前值传送至字存储器 MW0，传送指令将在后续章节中讲解。

1.6　实训 3　电动机Y/△起动的 PLC 控制

1.6.1　实训目的

1）掌握Y/△起动的工作原理。

2）掌握 S7-300 PLC 符号表的使用。

3）掌握 S7-300 PLC 定时器的使用。

4）掌握 CPU31×C 本机集成模块驱动交流负载方法。

1.6.2 实训任务

使用 S7-300 PLC 实现电动机Y/△起动的控制。控制要求如下：按下起动按钮 SB1，电动机星形起动，3s 后转换成三角形运行；按下停止按钮 SB2，电动机立即停止运行，控制系统还要求有必要的保护环节。

1.6.3 实训步骤

1. 原理图绘制

分析项目控制要求可知：三相异步电动机在起动时通过交流接触器 KM_Y 将定子绕组接成星形（Y），起动完成后通过交流接触器 KM_Δ 将定子绕组接成三角形（△），这样可降低电动机的起动电流，对于 10kW 以上的电动机一般采用此方法。但由于起动转矩也随着起动电流的降低而降低，故此方法只适合空载或轻载起动。对于主电路的电源引入和保护环节同电动机连续运行的 PLC 控制主电路。因 CPU314C 的本机集成模块为晶体管输出，故三个交流接触器的线圈驱动要通过直流 24V 中间继电器过渡，具体主电路原理图如图 1-68a、b 所示。

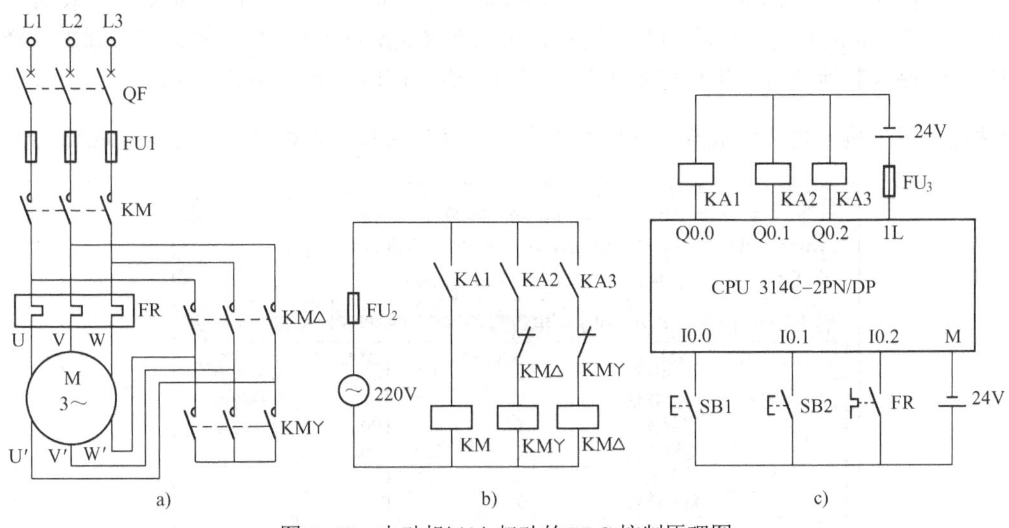

图 1-68 电动机Y/△起动的 PLC 控制原理图

a) 主电路 b) 转接电路 c) 控制电路

起动按钮 SB1，停止按钮 SB2、热继电器 FR 的常开触点作为 PLC 的输入信号，驱动电源引入接触器 KM、星形接触器 KM_Y 和三角形接触器 KM_Δ 线圈的中间继电器线圈 KA1～KA3 作为 PLC 的输出信号，电动机Y/△起动的 PLC 控制 I/O 地址分配表如表 1-9 所示，按上述分析其控制电路如图 1-68c 所示。

表 1-9　电动机Y/△起动的 PLC 控制 I/O 地址分配表

输　入			输　出		
元　件	输入继电器	作　用	元　件	输出继电器	作　用
按钮 SB1	I0.0	电动机起动	中间继电器 KA1	Q0.0	接通电动机电源 KM
按钮 SB2	I0.1	电动机停止	中间继电器 KA2	Q0.1	接通星形连接 KMY
热继电器 FR	I0.2	过载保护	中间继电器 KA3	Q0.2	接通角形连接 KMΔ

2. 硬件组态

打开 SETP 7 软件的“HW Config（硬件组态）”窗口，按 1.2.3 节讲述步骤插入导轨、CPU314C-2 PN/DP 模块，因 314C 系列 CPU 本机集成有直流 24 点输入和直流 16 点输出模块，本实训只需要为数不多的输入输出点数，故不用再组态其他输入输出信号模块，以后实训项目未作特殊说明也与此相同。硬件组态完成后，对其进行编译并保存。

3. 软件编程

（1）编辑符号表

通过编辑符号表可以完成对象的符号定义，具体方法为：通过编程窗口中的菜单命令“Options（选项）”→“Symbol Table（符号表）”或选中 SIMATIC 管理器左边窗口的“S7 Program（1）”，用鼠标双击右边窗口出现的Symbols图标，可打开“Symbol Editor（符号表编辑器）”，电动机星三角起动的符号表如图 1-69 所示。在下面空白行的“Symbol（符号名称）”列中输入符号“起动按钮”，在“Address（绝对地址）”列输入 I0.0，其数据类型 BOOL（二进制的位）是自动添加的，用户也可以在 Comment（注释）栏为符号添加注释。用同样方法输入其他符号。用鼠标单击某一列的表头，可以改变排序的方法。

注意：符号地址定义完成后，一定要单击“保存”按钮，否则所定义的符号地址无效。

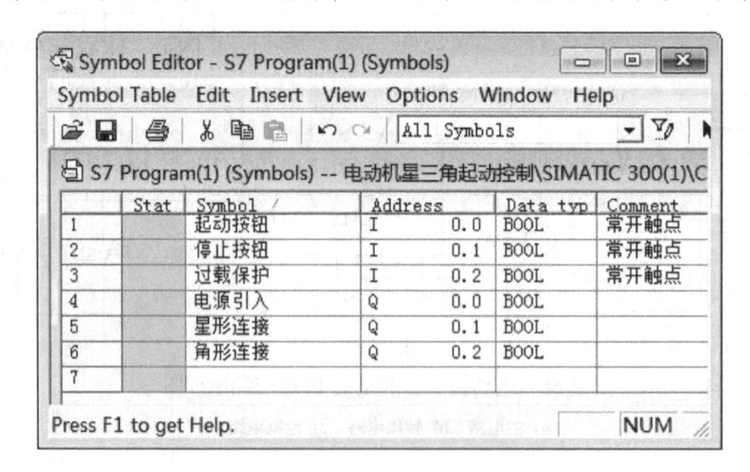

图 1-69　电动机Y/△起动的符号表

（2）编写程序

首先打开“HW Config（硬件组态）”窗口，用鼠标双击机架 CPU 模块下的 DI24/DO16 槽，将其输入/输出地址改为从 0 开始，如果不修改此地址，则编程时输入地址应为 I136.0～I138.7，输出地址应为 Q136.0～Q137.7。

按图 1-70 所示添加触点和线圈，完成后用鼠标右键单击梯形图中触点“??.?”，单击弹出快捷菜单中的“Insert Symbol（插入符号）”命令，将弹出下拉式符号列表，用鼠标双击选中相应的变量，该符号地址会出现在触点上。用同样方法输入所有触点和线圈的符号地址。

根据图 1-68 所示的原理图，电动机星三角起动的 PLC 控制程序如图 1-70 所示。

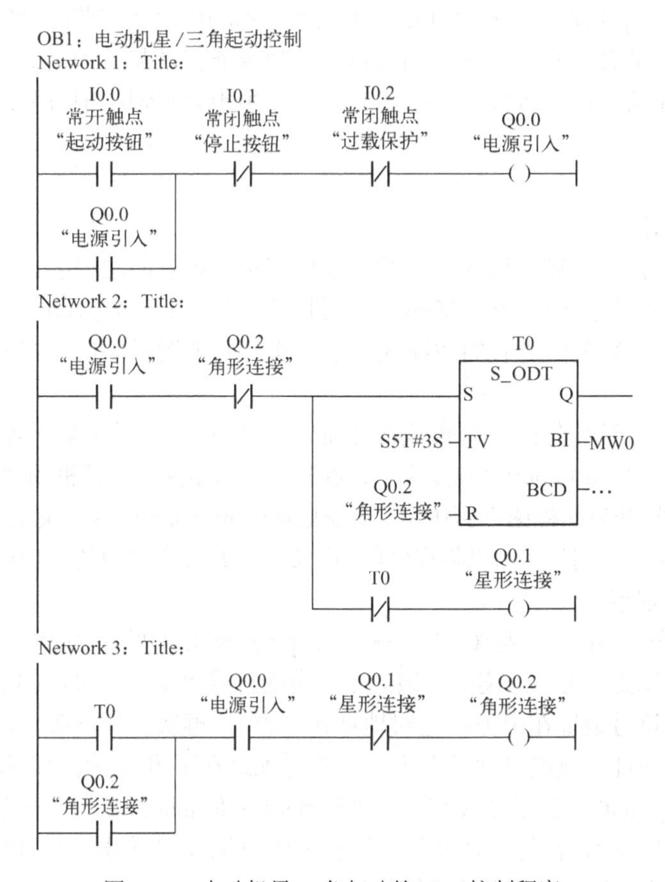

图 1-70　电动机星/三角起动的 PLC 控制程序

4. 软件仿真

打开仿真器，在 CPU 模式为“STOP”或“RUN-P”的模式下，将编写好的程序下载到仿真器中，添加输入 IB0 和输出 QB0 对象。将 CPU 模式选择为“RUN-P”模式，并起动程序监控功能，然后用鼠标快速两次单击起动按钮 I0.0，观察线圈 Q0.0 和 Q0.1 是否得电。如果得电再观察定时器 T0 是否从 3s 开始倒时器。如 T0 能倒计时，则当倒计时为 0 时，再观察线圈 Q0.0 和 Q0.2 是否得电，线圈 Q0.1 是否失电。起动正常后，用鼠标快速两次单击停止按钮 I0.1，观察线圈 Q0.0 和 Q0.2 是否失电。或用鼠标快速两次单击按钮 I0.2（模拟电动机过载），观察线圈 Q0.0 和 Q0.2 是否失电。如果以上仿真结果符合星三角起动控制要求，则说明程序编写正确。

5. 硬件连接

请读者参照图 1-45 及图 1-68 进行线路连接，连接后再检查或测量确认连接无误后方可进入下一实训环节。

6. 项目下载

选择 SIMATIC 管理器中 300 站点，将电动机星三角起动的 PLC 控制项目下载到 PLC 中。

7. 系统调试

硬件连接和项目下载好后，打开 OB1 组织块，起动程序状态监控功能。按下起动按钮 SB1，观察电动机是否能星形起动和三角形运行。如果能正常起动和运行，再按下停止按钮 SB2，观察电动机是否能停止运行。如能停止运行则说明硬件连接和程序编写正确。

1.6.4 实训拓展

1. 注释区的显示

LAD 编辑窗口，每个逻辑块和每个程序段均有灰色背景的注释区。如果觉得注释区比较占地方，可以执行菜单命令“View（视图）”→“Display with（显示方式）” →“Comment（注释）”，来关闭所有的注释区。下一次打开该逻辑块后，需要做同样的操作来关闭注释。

执行下面的操作可以在打开逻辑块时不显示注释区。在程序编辑器中执行菜单命令“Options（选项）”→“Customize（自定义）”，在打开“自定义”对话框的“View（视图）”选项卡中，取消“块打开后的视图”区中对“Block/network comments（块/程序段注释）”的选中，即使其前面的“√”消失，可以将程序段的简要注释放在程序段的“Title（标题）”行。

2. 符号地址的显示

执行菜单命令“View（视图）” →“Display with（显示方式）” →“Symbolic Representation（符号表达式）”，菜单中该命令左边的符号“√”消失，梯形图中的符号地址变为绝对地址（或符号地址在上方，绝对地址在下方），再次执行该命令，该命令左边出现“√”，又显示符号地址（或绝对地址在上方，符号地址在下方）。执行菜单命令“View（视图）” → “Display with（显示方式）” →“Symbol Information（符号信息）”，菜单中该命令左边的符号出现“√”，在符号地址的上面出现绝对地址和符号表中的注释，再次执行该命令，该命令左边“√”消失，只显示符号地址。

可以用菜单命令“View（视图）” →“Display with（显示方式）” →“Symbol Selection（符号选择）”，来切换输入地址时是否自动显示已定义的符号列表。该命令的左边出现“√”时，表示已经激活了该功能。

如果符号地址太长则在 LAD 中无法全部显示，可在“Customize（自定义）”对话框的“LAD/FBD”选项卡中设置“Address Field Width（地址域宽度）”，即梯形图中触点和线圈的宽度（以字符个数为单位），默认为 10 个符号，最多可显示 26 个字符。

符号信息的颜色也可以在“Customize（自定义）”对话框的“View（视图）”选项卡中设置。

1.7 习题与思考

1. 美国数字设备公司于________年研制出世界上第一台 PLC。
2. PLC 主要由_________、_________、________、_______等组成。

3．PLC 的常用语言有__________、__________、_________、________、_________等。

4．PLC 是通过周期扫描工作方式来完成控制的，每个周期包括___________________、___________________、___________________。

5．S7-300 PLC 每个机架最多只能装__________个信号模块、功能模块或通信处理模块，最多可以使用_________个扩展机架。电源模块在中央机架最_________边的 1 号槽，CPU 模块只能在_________号槽，接口模块只能在_________号槽。

6．S7-300 PLC 中央机架的 6 号槽的 32 点数字量输入模块的字节地址为______、_______、_________、_________。8 号槽的 16 点数字量输出模块的字节地址为________、_________。

7．接通延时定时器的 SD 线圈_________时开始定时，定时时间到时剩余时间值为______，其定时器位变为_______，常开触点________，常闭触点______。定时期间如果 SD 线圈断电，定时器的剩余时间_______。线圈重新通电时，又从______开始定时。复位输入信号为 1 时，定时器位变为________。定时器位为 1 时，如果 SD 线圈断电，定时器的常开触点_______。

8．在加计数器的设置输入端 S 的________，将预置值 PV 指定的值送入计数器字。在加计数器脉冲输入信号 CU________开始计数，如果计数值小于________，计数值加 1。复位输入信号 R 为 1 时，计数值被_________。计数值大于 0 时计数器位（即输出 Q）为__________；计数值为 0 时，计数器位为____________。

9．PLC 内部的“软继电器”能提供多少个触点供编程使用？

10．输入继电器有无输出线圈？

11．PLC 能用于工业现场的原因是什么？

12．继电器控制系统与 PLC 控制系统的区别是什么？

13．S7-300 的紧凑型 CPU 有什么特点？有哪些集成的硬件和集成的功能？

14．交流数字量输入模块与直流数字量输入模块分别适用于什么场合？

15．数字量输出模块有哪几种类型，它们各有什么特点？

16．如何进行硬件组态？

17．使用 S7-300 紧凑型 CPU 的本机模块设计两地均能控制同一台电动机的起动和停止。

18．两台电动机的顺序起动和逆序停止控制，即按下起动按钮第一台电动机立即起动，10s 后第二台电动机起动；按下停止按钮时，第二台电动机立即停止，15s 后第一台电动机停止。

19．跑马灯控制，按下起动按钮 HL1 指示灯亮，1 秒后变为 HL2 指示灯亮，1s 后又变为 HL3 指示灯亮，如此往下进行，当 HL4 指示灯亮 1s 后，HL1 指示灯又开始新一轮点亮，1s 后变为 HL2 指示灯亮，如此循环。无论何时按下停止按钮指示灯全部熄灭。

20．流水灯控制，按下起动按钮 HL1 指示灯亮，1s 后 HL2 指示灯亮，1s 后 HL3 指示灯亮，如此往下进行，当 HL1 至 HL4 指示灯全部亮 1s 后，HL1 指示灯又开始新一轮点亮，1s 后 HL2 指示灯亮，如此循环 3 次停止。无论何时按下停止按钮指示灯全部熄灭。

21．三组抢答器控制，要求在主持人按下开始按钮后方可抢答，某组抢答成功后本台前的指示灯亮，同时其他组不能抢答，如果主持人按下开始按钮 10s 内无组抢答，则再抢答无效。

第 2 章　S7-300 PLC 功能指令的编程及应用

2.1　数据类型

数据类型决定数据的属性，在 STEP 7 中，数据类型分为 3 大类：基本数据类型、复杂数据类型和参数数据类型。

2.1.1　基本数据类型

基本数据类型定义不超过 32 位数据，可利用 STEP 7 的基本指令处理。基本数据类型共有 12 种，基本数据类型如表 2-1 所示。

表 2-1　基本数据类型

数据类型	位数	表示形式	数据与范围
位（BOOL）	1	布尔量	True/False
字节（BYTE）	8	十六进制	B#16#0～B#16#FF
字（WORD）	16	二进制	2#0～2#1111_ 1111_ 1111_ 1111
		十六进制	W#16#0～W#16#FFFF
		BCD 码	C#0～C#999
		无符号十进制	B#（0, 0）～ B#（255, 255）
双字（DWORD）	32	二进制	2#0～2#1111_ 1111_ 1111_ 1111_1111_1111_1111_1111
		十六进制	DW#16#0～DW#16#FFFF_ FFFF
		BCD 码	C#0～C#9999999
		无符号十进制	B#（0, 0, 0, 0）～ B#（255, 255, 255, 255）
整数（INT）	16	有符号十进制	-32768～+32767
双整数（DINT）	32	有符号十进制	L#-2 147 483 648～L#2 147 483 647
浮点数（REAL）	32	IEEE 浮点数	±1.1 755 494e-38～±3.402 823e+38
S5 系统时间（S5TIME）	16	S5 时间，以 10ms 为时基	S5T#0H_0M_0S-0MS～S5T#2H_46M_30S_0MS
IEC 时间（TIME）	32	带符号 IEC 时间，分辨率 1ms	T#-24D_20H_31M_23S_648MS～T#24D_20H_31M_23S_647MS
IEC 日期（DATE）	16	IEC 日期，分辨率为 1 天	D#1990_1_1～D#2168_12_31
实时时间（Time_Of_Day）	32	实时时间，分辨率为 1ms	TOD#0:0:0.0～TOD#23:59:59.999
字符（CHAR）	8	ASCII	可打印 ASCII 字符

1．位

位（BOOL）数据长为 1 位，数据格式为布尔文本（BOOL），只有两个取值 Ture/False

（真/假），对应二进制数中的“1”和“0”，常用于开关量的逻辑计算，存储空间为1位。

在基本逻辑控制中主要使用的是位变量，位存储单元的地址是由字节地址和位地址组成，如I3.2中的区域标识符“I”表示输入，字节地址为3，位地址为2。

2．字节

字节（BYTE）数据长度为8位，数据格式为B#16#，B表示BYTE，表示数据长度为一个字节（8位），#16#表示十六进制数，取值范围为B#16#0～B#16#FF。

在STEP 7中，数据存储和处理经常采用字节格式，如输入字节IB2，他由I2.0～I2.7这8个位组成。

3．字

字（WORD）数据长度为16位，这种数据可采用4种方法进行描述。

1）二进制：二进制的格式为2#，取值范围为2#0～2#1111_1111_1111_1111，书写时每4位可用下划线隔开，也可直接表示为2#1111111111111111。

2）十六进制：十六进制的格式为W#16#，W表示WORD，表示数据长度为16位，#16#表示十六进制，数据取值范围为W#16#0～W#16#FFFF。

3）BCD码：BCD码的格式为C#，取值范围为C#0～C#999。

4）无符号十进制数：无符号十进制数的格式为B#（×,×），取值范围为B#（0,0）～B#（255,255），无符号十进制数是用十进数的0～255对应二进制数中的0000_0000～1111_1111（8位），16位二进制就需要两个0～255的数来表示。

上述4种数据都是描述一个长度为16位的二进制数，无论采用哪种表达方式都可以。如想得到二进制数0000100110000111，可以使用2#0000_1001_1000_0111，也可使用W#16#987，还可使用C#987或者B（9,135）。在STEP 7中，比较常用是十六进制，即W#16#这种格式。

在STEP 7中，数据存储和处理也常采用字格式，如输入字IW4（W表示字），他是由相邻的两个字节IB4和IB5组成的，IB4表示高8位，而IB5表示低8位。

4．双字

双字（DOUBLE WORD）数据长度为32位，双字的数据格式与字的数据格式相同，也有4种方式，其取值范围如表2-1所示。

在STEP 7中，较大的数据存储和处理会采用双字格式，如输出字QD0（D表示双字），它是由相邻的两个字QW0和QW2组成的（或由4个字节QB0QB1QB2QB3组成），QW0表示高16位，而QW2表示低16位。

5．整数

整数（INT）数据类型长度为16位，数据格式为带符号十进制数，最高位为符号位。正整数是以原码格式进行存储的，负整数是以补码形式存储的。计算机中将负零（1000_0000_0000_0000）定义为-32768，因此整数取值范围为-32768～32767。

6．双整数

双整数（DOUBLE INT）数据类型长度为32位，数据格式为带符号十进制数，用L#表示双整数，其取值范围为L#-2 147 483 648～L#2 147 483 647。

7．浮点数

浮点数（REAL）又称为实数数据类型长度为32位，是以IEEE浮点数格式转换为二进制数进行存储的，其值范围为±1.1 755 494e-38～±3.402 823e+38。

8．S5 系统时间

S5TIME 时间数据类型长度为 16 位，包括时基和时间常数两部分，时间常数采用 BCD 码，具体时间数据类型结构见前面章节。

9．IEC 时间

IEC 时间（TIME）数据长度为 32 位，时基为固定值 1ms，数据类型为双整数，所表示的时间值为整数值乘以时基。格式为 T#aaD_bbH_ccM_ddS_eeeMS，其中 aa 为天数，bb 为小时数，cc 为分钟数，dd 为秒数，eee 为毫秒数。根据双整数的最大值为 2 147 483 647，乘以时基 1ms，可以算出，IEC 时间的最大值为 T#24D_20H_31M_23S_648MS。

10．IEC 日期

IEC 日期（DATE）数据长度为 16 位，数据类型为整数。以 1 日为单位，日期从 1990 年 1 月 1 日开始，1990 年 1 月 1 日对应的整数为 0，日期每增加一天，对应的整数值加 1，如 23，对应 1990 年 1 月 24 日。IEC 日期格式为 D#_年_月_日，取值范围为 D#1990_1_1～D#2168_12_31。

11．实时时间

实时时间（TIME_OF_DAY）又称为日计时，表示一天中的 24h，数据长度为 32 位，数据类型为双整数，以 1ms 为时基，取值范围为 TOD#0:0:0.0～TOD#23:59:59. 999。

12．字符

字符（CHAR）数据的长度为 8 位，字符采用 ASCII 码的存储方式。

2.1.2 复杂数据类型

在 STEP 7 中长度超过 32 位的称为复杂数据类型，复杂数据类型是由其他基本数据类型组合而成，主要有 6 种类型。

1．日期时间数据类型

日期时间（Data_And_Time）数据类型的长度为 8B，包括的信息有年、月、日以及时间，取值范围为 DT#1990_1_1_0:0:0.0～DT#2168_12_31_23:59:59.999。

2．数组类型

数组（ARRAY）数据类型是由相同类型的数据组成的。数组的最大维数可以达到 6 维，数据中的元素可以是基本数据类型，也可以是复杂数据类型，但不包括数组类型本身。

3．结构

结构（STRUCT）数据类型是由不同数据类型组合而成的复杂数据，通常用来定义一组相关的数据，如电动机的额定数据可以定义如下：

```
Motor: STRUCT
  Speed: INT
  Current: REAL
END_STRUCT
```

其中：STRUCT 为结构的关键词；Motor 为结构类型名（用户自定义）；Speed 和 Current 为结构的两个元素，INT 和 REAL 是这两个元素的类型关键词；END_STRUCT 是结构的结束关键词。

4．字符串类型

字符串（STRING）类型数据最大长度为 256B，字符串类型的前两个字节用于存储字符串长度的信息，因此一个字符串类型的数据最多包含 254 个字符，它是一维数组，字符串常数表达方式是由单引号包括的字符，如‘string’。用户在定义字符串变量时也可以限定它的最大长度，如 string[15]，即该变量最多包含 15 个字符。

5．用户定义的类型

用户定义（UDT）数据类型表示自定义的结构，存放在 UDT 块中（UDT1～UDT65535），在另一个数据类型中作为一个数据类型“模板”。当输入数据块时，如果需要输入几个相同的结构，利用 UDT 可以节省输入时间。

6．功能块类型

功能块数据类型（FB、SFB）仅可以在 FB 的静态变量区定义，用于实现多背景 DB。

2.1.3 参数数据类型

参数类型是一种用于逻辑块（FB、FC）之间传递参数的数据类型，主要有 4 种。

1）TIMER（定时器）和 COUNTER（计数器）：对应的实参应为定时器或计数器的编号。

2）BLOCK（块）：指定一个块用作输入和输出，实参应为同类型的块。

3）POINTER（指针）：6B 指针类型，用来传递 DB 的块号和数据地址。

4）ANY：10B 指针类型，用来传递 DB 块号、数据地址、数据数量以及数据类型。

2.2 数据处理指令

数据处理指令主要包括传送指令、比较指令、转换指令和移位指令等。

2.2.1 传送指令

1．装入指令

装入指令 L 是将被寻址的操作数的内容（字节、字或双字）送入累加器 1 中（S7-300 系统有两个 32 位的累加器，累加器 1 和累加器 2），数据在累加器 1 中右对齐（低位对齐），未用到的位清零。

指令格式为：　L　操作数

如：
```
L    B#16#1B        // 向累加器 1 的低字节装入 8 位十六进制常数 1B
L    139            // 向累加器 1 的低字节装入 16 位整型常数 139
```

注意：当执行装入指令 L 时，首先将累加器 1 中原有的数据移入累加器 2 中，而累加器 2 中原有的内容被覆盖，然后将数据装入到累加器 1 中。

使用 L　STW 指令可以将状态字装入累加器 1 中，指令的执行与状态位无关，而且对状态字没有影响。对于 S7-300 系统 CPU，使用该指令不能装入状态字的 FC、STA 和 OR 位，只有位 1、4、5、6、7 和 8 才能装入到累加器 1 低字中的相应位中，其他未用到的位（位 9～31）清零。

2．传送指令

传送指令 T 是将累加器 1 的内容复制到被寻址的操作数（目标地址）中，所复制的字节数取决于目标地址的类型（字、字节或双字）。

指令格式为：T　操作数

如：T　QB8　　// 将累加器 1 的低字节的内容传送到输出字节 QB8 中

　　T　MW10　　// 将累加器 1 的低字的内容传送到存储字 MW10 中

注意：当执行传送指令 T 时，将累加器 1 中的数据写入到目标存储区中，而累加器 1 的内容保持不变。

使用 T　STW 指令可以将累加器 1 的位 0～8 传送到状态字的相应位，指令的执行与状态位无关。

3．定时器/计数器装载指令

定时器/计数器装载指令 LC 可以在累加器 1 的内容保存到累加器 2 中之后，将指令定时器字中当前值和时基以 BCD 码格式装入累加器 1 中，或将计数器指定的计数器的当前值以 BCD 码格式装入累加器 1 中。

指令格式为：　LC　< 定时器/计数器 >

如：LC　T0　// 将定时器 T0 的当前定时值和时基以 BCD 码格式装入累加器 1 低字

　　LC　C10　// 将计数器 C10 的计数值以 BCD 码格式装入累加器 1 低字

4．MOVE 指令

MOVE 指令为功能框形式的传送指令，能够复制字节、字或双字数据对象，MOVE 指令及其应用示例如表 2-2 所示。其中：IN 为被传送数据输入端；OUT 为数据接收端；EN 为使能端，只有当 EN 信号的 RLO 为“1”时，才允许执行数据传送操作，将 IN 端的数据传送到 OUT 端所指定的存储器；ENO 为使能输出，其状态跟随 EN 信号而变化。IN 和 OUT 端操作数可以是常数、I、Q、M、D、L 等类型，但必须在宽度上匹配。

注意：MOVE 指令可以直接与左母线相连。

表 2-2　MOVE 指令及其应用示例

指令形式	LAD	STL
指令	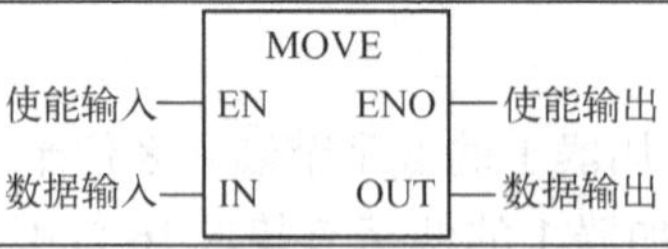 MOVE 使能输入—EN　ENO—使能输出 数据输入—IN　OUT—数据输出	L　数据输入 T　数据输出 NOP　0
示例	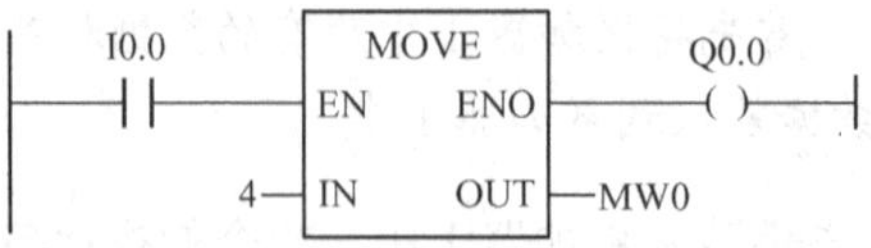 I0.0　MOVE　Q0.0 EN　ENO　( ) 4—IN　OUT—MW0	A　I　0.0 JNB　_001 L　4 T　MW　0 SET SAVE CLR _001: A　BR =　Q　0.0

示例说明：当触点 I0.0 闭合时，将常数 4 送至存储字 MW0 中，同时 Q0.0 线圈得电。

STL 解释：当触点 I0.0 闭合时，将常数 4 送至存储字 MW0 中，同时将 RLO 位置为 1，并 SAVE（保存）在 BR 位中，保存后 RLO 位通过 CLR 指令将 RLO 位清 0，当 BR 位为 1 时，Q0.0 线圈得电；如果触点 I0.0 未闭合（即 RLO 位为 0），则通过跳转指令 JNB _001 跳至语句表_001 处，此时由于 BR 位为 0，则线圈 Q0.0 不能得电。在此可以看出使用语句表指令进行编程较为复杂，建议初学者使用功能框指令编写程序，必须使用语句表的指令除外。

状态字中的二进制结果位 BR 对应于梯形图中方框指令的 ENO，如果指令被正确执行，BR 位为 1，ENO 端有能流流出。如果执行出现错误，BR 位为 0，ENO 端没有能流流出。

2.2.2 比较指令

比较指令可完成整数、双整数或浮点数的相等（EQ）、不相等（NE）、大于（GT）、小于（LT）、大于或等于（GE）、小于或等于（LE）等比较，注意两个相比较数的数据类型必须相同。指令助记符中的 I、D、R 分别表示比较的数据类型是整数、双整数和浮点数。比较指令及说明如表 2-3 所示，表中的“？”可以取==、< >、>、<、> =、< =。被比较的数据类型为 I、Q、M、L、D 或常数。

表 2-3 比较指令及说明

数据类型	LAD	STL	说明
整数	CMP?I IN1 IN2	? I	整数共有 6 种比较指令，分别为= =I、< >I、>I、<I、>=I、< = I。在比较器指令夹中 EQ_I（整数相等）、NE_I（整数不相等）、GT_I（整数大于）、LT_I（整数小于）、GE_I（整数大于或等于）、LE_I（整数小于或等于）
双整数	CMP?D IN1 IN2	? D	双整数共有 6 种比较指令，分别为= =D、< > D、> D、<D、> = D、< = D。在比较器指令夹中 EQ_D（双整数相等）、NE_D（双整数不相等）、GT_D（双整数大于）、LT_D（双整数小于）、GE_D（双整数大于或等于）、LE_D（双整数小于或等于）
浮点数	CMP?R IN1 IN2	? R	浮点数共有 6 种比较指令，分别为= =R、< > R、> R、<R、> = R、< = R。在比较器指令夹中 EQ_R（浮点数相等）、NE_R（浮点数不相等）、GT_R（浮点数大于）、LT_R（浮点数小于）、GE_R（浮点数大于或等于）、LE_R（浮点数小于或等于）

对于 LAD 形式的比较指令，是将参数 IN1 提供的数据和由 IN2 提供的数据进行比较，如果比较结果为真，则指令的 RLO 位为 1。比较结果将影响状态字的 CC1 和 CC0 位。

对于 STL 形式的比较指令，是将累加器 2 的内容与累加器 1 的内容进行比较。

注意： 比较指令可以直接与左母线相连，但其指令后面必须要有其他指令，即比较结果一定要与输出相连，否则编译出现错误。

【例 2-1】 车库车位预警控制：车库共有 100 个停车位，当停放车辆小于等于 90 辆时，车库入口处的绿灯 Q0.0 亮；当停放车辆大于 90 小于 100 辆时，车库入口处的黄灯 Q0.1 亮；当停放车辆等于 100 辆时，车库入口处的红灯 Q0.2 亮，表示车位已停满。其他控制要求同**【例 1-9】**。

车库车位预警控制程序如图 2-1 所示。

OB1：车位预警控制

Network 1：对停车辆进行计数

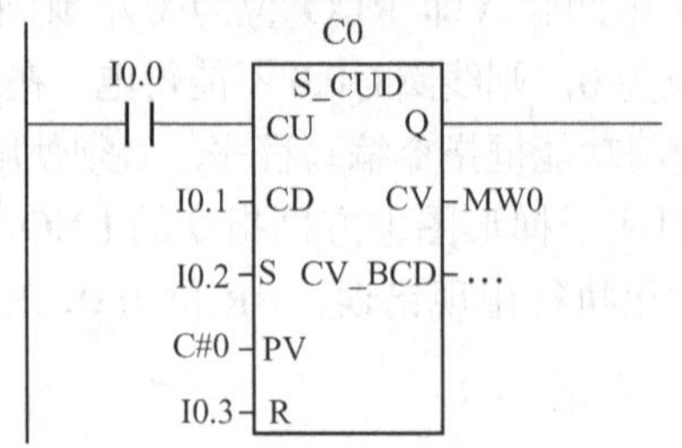

Network 2：小于等于90辆绿灯Q0.0亮

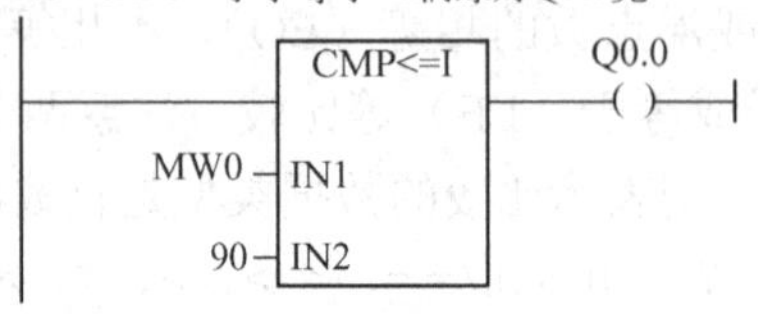

Network 3：大于90小于100辆黄灯Q0.1亮

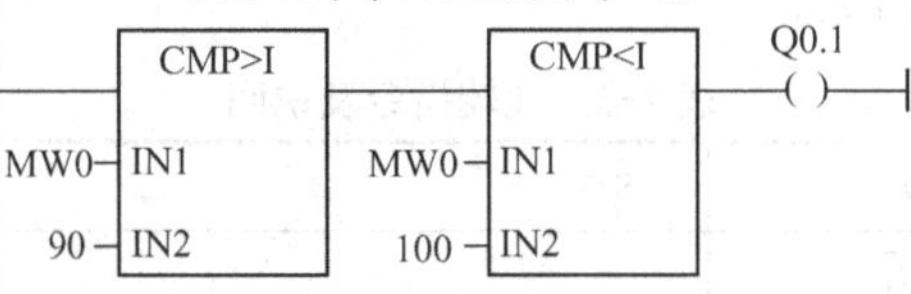

Network 4：等于100辆红灯Q0.2亮

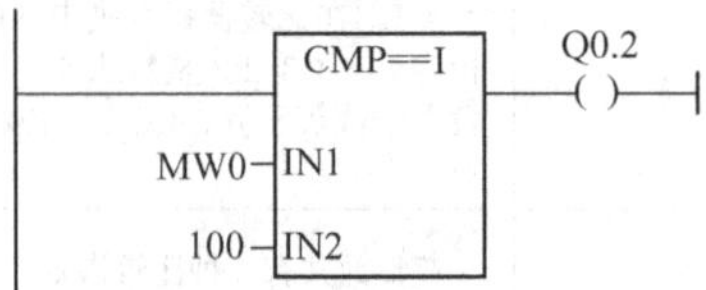

图 2-1 车库车位预警控制程序

2.2.3 转换指令

转换指令是将累加器 1 中的数据进行数据类型转换，转换结果仍放在累加器 1 中。在 STEP 7 中，可以实现 BCD 码与整数、整数与双整数、双整数与浮点数、整数的反码、整数的补码、浮点数求反等数据转换操作。

1．BCD 码和整数到其他类型转换指令

BCD 码和整数到其他类型转换指令格式及说明如表 2-4 所示。

表 2-4 BCD 码和整数到其他类型转换指令格式及说明

转 换 类 型	LAD	STL	说　明
BCD 码转换成整数	BCD_I EN ENO IN OUT	BTI	将累加器 1 低字的 3 位 BCD 码转换成整数。累加器 1 的位 11～0 为 BCD 码数值部分，位 15～12 为 BCD 码的符号位（0000 代表正数，1111 代表负数）
BCD 码转换成双整数	BCD_DI EN ENO IN OUT	BTD	将累加器 1 的 7 位 BCD 码转换成双整数。累加器 1 的位 27～0 为 BCD 码数值部分，位 31 为 BCD 码的符号位（0 代表正数，1 代表负数），位 30～28 无效

（续）

转换类型	LAD	STL	说明
整数转换成BCD码	I_BCD: EN ENO / IN OUT	ITB	将累加器1低字的整数转换成3位BCD码。累加器1的位11～0为BCD码数值部分，位15～12为BCD码的符号位（0000代表正数，1111代表负数）
双整数转换成BCD码	DI_BCD: EN ENO / IN OUT	DTB	将累加器1的双整数转换成7位BCD码。累加器1的位27～0为BCD码数值部分，位31～28为BCD码的符号位（0000代表正数，1111代表负数）
整数转换成双整数	I_DI: EN ENO / IN OUT	ITD	将累加器1低字的整数转换成双整数。
双整数转换成浮点数	DI_R: EN ENO / IN OUT	DTR	将累加器1的双整数转换成浮点数。

2．求反码与补码指令

求反码和补码指令格式及说明如表2-5所示。

表2-5　求反码和补码指令格式及说明

转换类型	LAD	STL	说明
整数求反码	INV_I: EN ENO / IN OUT	INVI	将累加器1低字的16位整数求反码（低16位逐位求反，即“0”变成“1”，“1”变成“0”）
双整数求反码	INV_DI: EN ENO / IN OUT	INVD	将累加器1中双整数求反码（32位逐位求反，即“0”变成“1”，“1”变成“0”）
整数求补码	NEG_I: EN ENO / IN OUT	NEGI	将累加器1低字的16位整数求补码（低16位整数求二进制补码，即先求反码再加1）
双整数求补码	NEG_DI: EN ENO / IN OUT	NEGD	将累加器1中双整数求补码（32位双整数求二进制补码，即先求反码再加1）
浮点数求反	NEG_R: EN ENO / IN OUT	NEGR	将累加器1中的浮点数的符号位取反（相当于乘-1）

3．浮点数求整指令

浮点数求整指令格式及说明如表2-6所示。

表 2-6　浮点数求整指令格式及说明

转换类型	LAD	STL	说明
四舍五入求整	ROUND EN ENO IN OUT	RND	将浮点数转换为四舍五入的双整数
大于等于求整	TRUNC EN ENO IN OUT	TRUNC	将浮点数转换为大于或等于它的最小双整数
小于等于求整	CEIL EN ENO IN OUT	RND+	将浮点数转换为小于或等于它的最大双整数
截位求整	FLOOR EN ENO IN OUT	RND−	将浮点数转换为截位取整的双整数

4．累加器 1 调整指令

累加器 1 调整指令格式及说明如表 2-7 所示。

表 2-7　累加器 1 调整指令格式及说明

转换类型	LAD	STL	说明
低字字节交换	—	CAW	交换累加器 1 低字中 2B 的位置
字节交换	—	CAD	交换累加器 1 中 4B 顺序（将原 4B 按逆序排列）

2.2.4　移位指令

移位指令有两种类型：基本移位指令（简称为移位指令）和循环移位指令。

1．基本移位指令

基本移位指令有字和双字的左移和右移指令、整数和双整数的右移指令，移位位数由指令框的 N 参数指定。基本移位指令及说明如表 2-8 所示。

表 2-8　基本移位指令及说明

移位类型	LAD	STL	说明
字左移	SHL_W EN ENO IN OUT N	SLW	将累加器 1 低字的 16 位逐位左移（相当于乘以 2^N），空出的位添 0
字右移	SHR_W EN ENO IN OUT N	SRW	将累加器 1 低字的 16 位逐位右移（相当于除以 2^N），空出的位添 0

（续）

移 位 类 型	LAD	STL	说　　明
双字左移	SHL_DW EN　ENO IN　OUT N	SLD	将累加器 1 的双字逐位左移（相当于乘以 2^N ），空出的位添 0
双字右移	SHR_DW EN　ENO IN　OUT N	SRD	将累加器 1 的双字逐位右移（相当于除以 2^N ），空出的位添 0
带符号的整数右移	SHR_I EN　ENO IN　OUT N	SSI	将累加器 1 低字的有符号整数逐位右移，空出的位添上与符号位相同的数
带符号的双整数右移	SHR_DI EN　ENO IN　OUT N	SSD	将累加器 1 的有符号双整数逐位右移，空出的位添上与符号位相同的数

【例 2-2】 跑马灯控制：输出端 QB0 接 8 盏灯，要求按下起动按钮后，接在输出端 Q0.0 的第 1 盏灯亮，每隔 0.5s 后一盏灯亮，直到接在输出端 Q0.7 的第 8 盏灯亮，再隔 0.5s 彩灯又从第 1 盏灯亮开始循环。

跑马灯控制程序如图 2-2 所示。

Network 1：起动系统，并0.5s计时

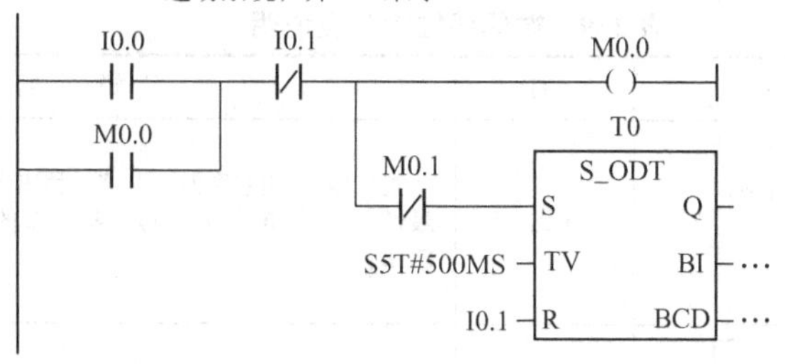

Network 2：0.5s到复位定时器T0

T0

M0.1

Network 3：系统起动后第一盏灯亮

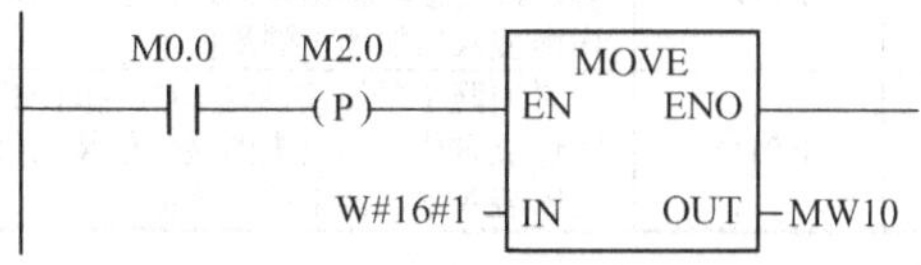

图 2-2　跑马灯控制程序

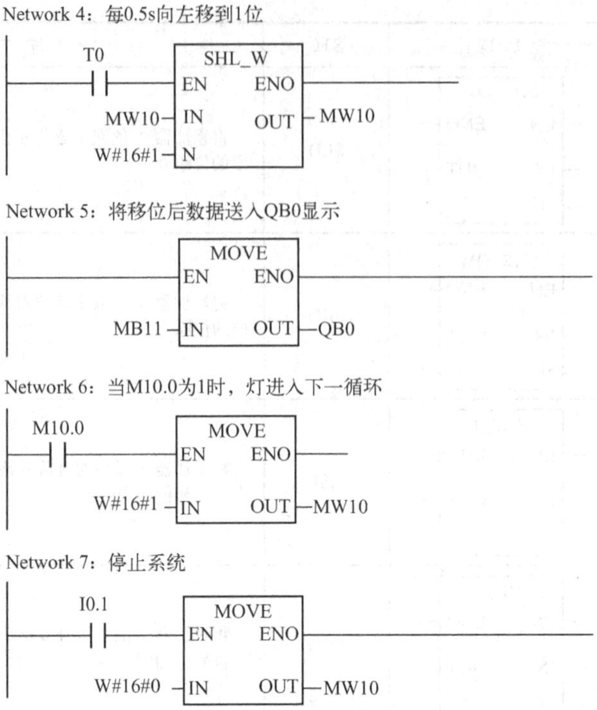

Network 4：每0.5s向左移到1位

T0 — SHL_W (EN ENO; MW10 — IN, OUT — MW10; W#16#1 — N)

Network 5：将移位后数据送入QB0显示

MOVE (EN ENO; MB11 — IN, OUT — QB0)

Network 6：当M10.0为1时，灯进入下一循环

M10.0 — MOVE (EN ENO; W#16#1 — IN, OUT — MW10)

Network 7：停止系统

I0.1 — MOVE (EN ENO; W#16#0 — IN, OUT — MW10)

图 2-2　跑马灯控制程序（续）

2．循环移位指令

循环移位指令有双字循环左移指令和双字循环右移指令，移位位数由指令框的 N 参数指定，也可以放在累加器 2 的最低字节，移位位数等于 0 时，循环移位指令被当做 NOP（空操作）指令来处理。循环移位指令及说明如表 2-9 所示。

表 2-9　循环移位指令及说明

移位类型	LAD	STL	说　明
双字循环左移	ROL_DW EN ENO IN OUT N	RLD	累加器 1 的双字循环左移，移出来的位又送回累加器 1 的最低位（第 0 位），最后移出来的位同时又装入状态字的 CC1 位
双字循环右移	ROR_DW EN ENO IN OUT N	RRD	累加器 1 的双字循环右移，移出来的位又送回累加器 1 的最高位（第 31 位），最后移出来的位同时又装入状态字的 CC1 位
带 CC1 位的双字循环左移	—	RLDA	累加器 1 的双字通过 CC1 循环左移。将累加器 1 的整个内容逐位左移，移出来的最高位装入状态字的 CC1，CC1 原有内容装入累加器 1 的最低位
带 CC1 位的双字循环右移	—	RRDA	累加器 1 的双字通过 CC1 循环右移。将累加器 1 的整个内容逐位右移，移出来的最低位装入状态字的 CC1，CC1 原有内容装入累加器 1 的最高位

RLDA 和 RRDA 实际上是一种 33 位（累加器 1 的 32 位加状态字的 CC1 位）的循环移位指令，累加器移出来的位装入状态字的 CC1 位，状态字的 CC0 位和 OV 位被复位为 0。

2.3 实训 4　交通灯的 PLC 控制

2.3.1 实训目的

1）掌握传送指令的使用。

2）掌握比较指令的使用。

3）掌握 CPU 模块中时钟存储器的使用。

4）掌握使用符号地址调试 PLC 程序的方法。

2.3.2 实训任务

使用 S7-300 PLC 实现交通灯的控制。控制要求如下：按下起动按钮 SB1，东西方向绿灯亮 20s，闪烁 3s 后黄灯亮 3s，红灯亮 26s；同时，南北方向红灯亮 26s，绿灯亮 20s，闪烁 3s 后黄灯亮 3s，如此循环。按下停止按钮 SB2，东西南北方向所有灯全熄灭。

2.3.3 实训步骤

1．原理图绘制

分析项目控制要求可知：起动按钮 SB1，停止按钮 SB2 的常开触点作为 PLC 的输入信号，东西南北方向 6 盏信号灯作为 PLC 的输出信号，交通灯的 PLC 控制 I/O 地址分配表如表 2-10 所示，交通灯的 PLC 控制原理图如图 2-3 所示。

表 2-10　交通灯的 PLC 控制 I/O 地址分配表

输　入			输　出		
元 件	输入继电器	作用	元 件	输出继电器	作 用
按钮 SB1	I0.0	系统起动	信号灯 HL1	Q0.0	东西方向绿灯
按钮 SB2	I0.1	系统停止	信号灯 HL2	Q0.1	东西方向黄灯
			信号灯 HL3	Q0.2	东西方向红灯
			信号灯 HL4	Q0.3	南北方向绿灯
			信号灯 HL5	Q0.4	南北方向黄灯
			信号灯 HL6	Q0.5	南北方向红灯

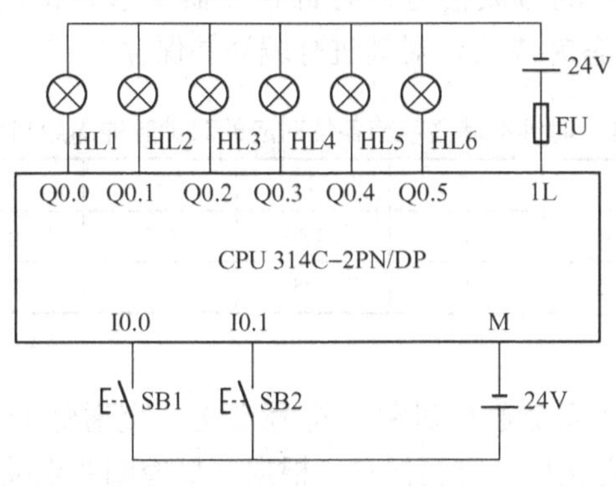

图 2-3　交通灯的 PLC 控制原理图

2．硬件组态

新建一个交通灯控制的项目，再打开 SETP 7 软件的“HW Config（硬件组态）”窗口，按第 1.2.3 节讲述的方法进行 PLC 的硬件组态，在此组态导轨、紧凑型的 CPU314C 模块，并将集成的数字量输入输出模块的起始地址改为 0。

3．设置 CPU 模块时钟存储器的参数

选中 SIMATIC 管理器中的 300 站点，用鼠标双击右边窗口中的“Hardware（硬件）”图标，打开“HW Config（硬件组态）”窗口。用鼠标双击机架中的 CPU 模块所在行，打开 CPU“Properties（属性）”对话框，选择“Cycle/Clock Memory（周期/时钟存储器）”选项卡，“周期/时钟存储器”选项卡”如图 2-4 所示。

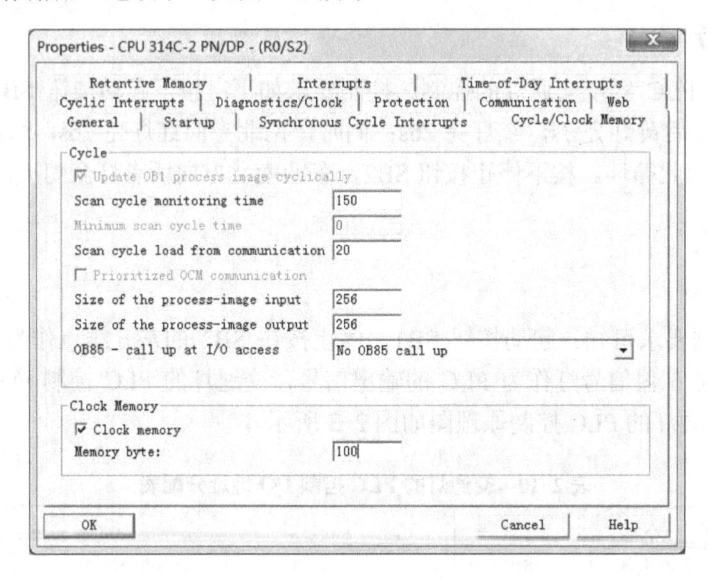

图 2-4 “周期/时钟存储器”选项卡”

时钟脉冲是可供用户程序使用的占空比为 1:1 的方波信号。为了使用时钟脉冲，需要单击图 2-4 中“Clock Memory（时钟存储器）”左边的小正方形的复选框，框中出现一个“√”，表示选中（激活）了该选项。然后设置时钟存储器字节的地址，如 100，即设置 MB100 为时钟存储器字节，这时 MB100 字节中的 8 位就不能再使用它们的线圈，其不同触点为用户提供不同频率的方波信号，时钟存储器字节各位对应的时钟脉冲周期与频率如表 2-11 所示。硬件组态完成后，对其进行编译并保存。

表 2-11　时钟存储器字节各位对应的时钟脉冲周期与频率

位	7	6	5	4	3	2	1	0
周期/s	2	1.6	1	0.8	0.5	0.4	0.2	0.1
频率/Hz	0.5	0.625	1	1.25	2	2.5	5	10

4．软件编程

通过编辑符号表可以完成交通灯对象的符号定义，交通灯的 PLC 控制符号表定义如图 2-5 所示，请注意符号定义后一定要保存。根据项目控制要求编写的交通灯 PLC 控制程序如图 2-6 所示。

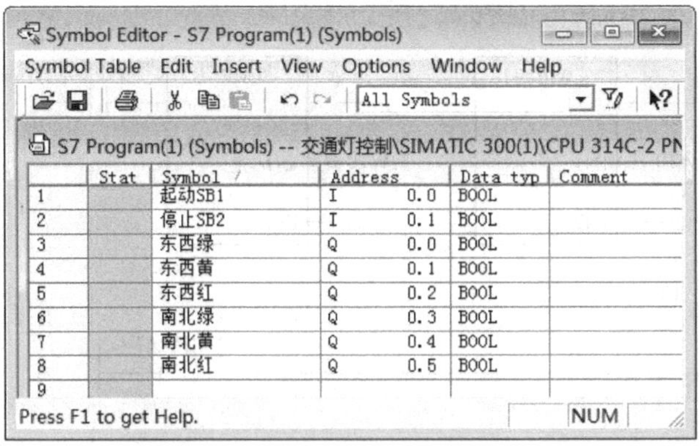

Symbol Editor - S7 Program(1) (Symbols)

Symbol Table Edit Insert View Options Window Help

All Symbols

S7 Program(1) (Symbols) -- 交通灯控制\SIMATIC 300(1)\CPU 314C-2 PN

	Stat	Symbol	Address		Data typ	Comment
1		起动SB1	I	0.0	BOOL	
2		停止SB2	I	0.1	BOOL	
3		东西绿	Q	0.0	BOOL	
4		东西黄	Q	0.1	BOOL	
5		东西红	Q	0.2	BOOL	
6		南北绿	Q	0.3	BOOL	
7		南北黄	Q	0.4	BOOL	
8		南北红	Q	0.5	BOOL	
9						

Press F1 to get Help. NUM

图 2-5　交通灯的 PLC 控制符号表定义

OB1：交通灯控制

Network 1：起动系统

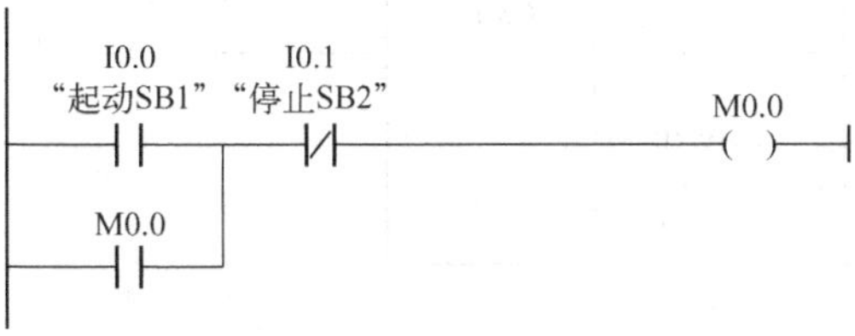

I0.0 "起动SB1"　I0.1 "停止SB2"　M0.0

M0.0

Network 2：系统起动后在1s周期脉中上升沿时起动定时器

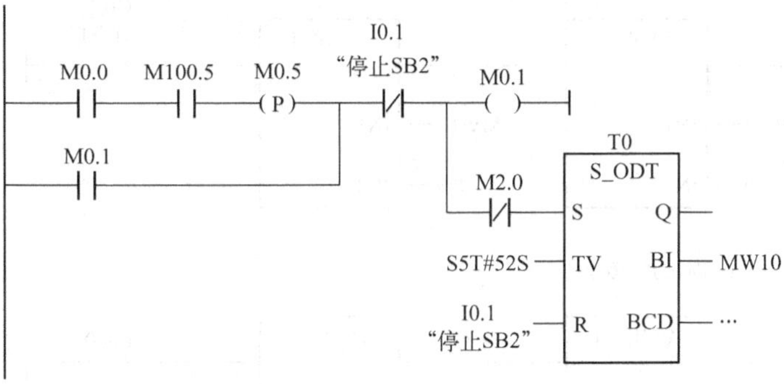

M0.0　M100.5　M0.5 (P)　I0.1 "停止SB2"　M0.1

M0.1

T0 S_ODT

M2.0　S　Q

S5T#52S　TV　BI　MW10

I0.1 "停止SB2"　R　BCD　…

Network 3：一个定时周期结束后再重起定时器

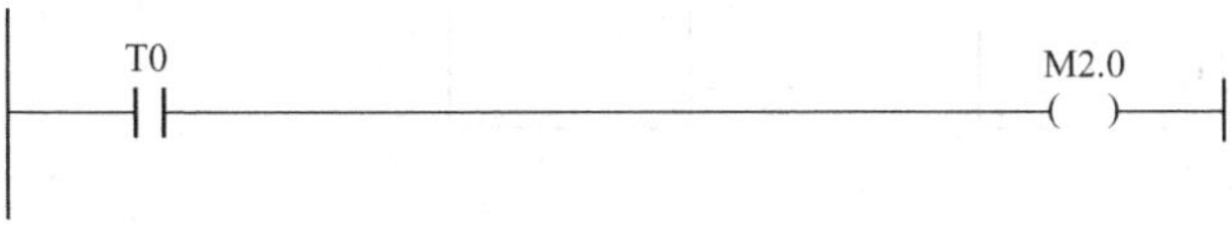

T0　M2.0

Network 4：0~20s东西方向绿灯亮（注意定时器为倒计时）

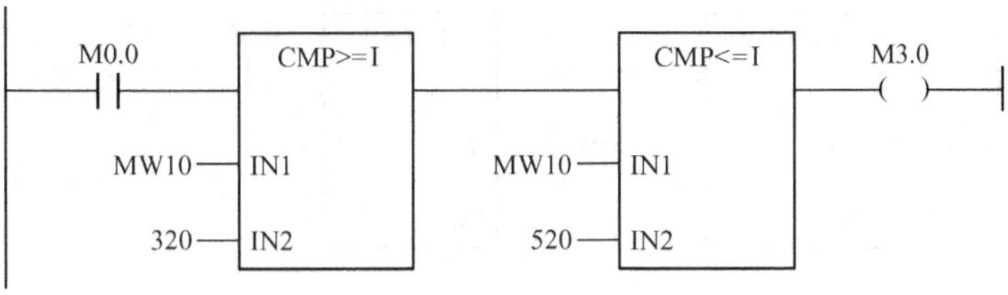

M0.0　CMP>=I　CMP<=I　M3.0

MW10　IN1　MW10　IN1

320　IN2　520　IN2

图 2-6　交通灯的 PLC 控制程序

Network 5：20~23s东西方向绿灯闪烁

M0.0

CMP>=I

MW10 — IN1

290 — IN2

CMP<I

MW10 — IN1

320 — IN2

M100.5 M3.1

Network 6：Title：

M3.0

M3.1

Q0.0
“东西绿”

Network 7：23~26s东西方向黄灯亮

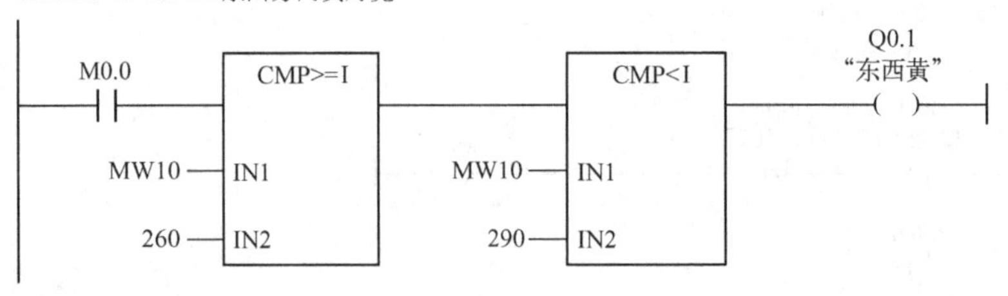

Network 8：26~52s东西方向红灯亮

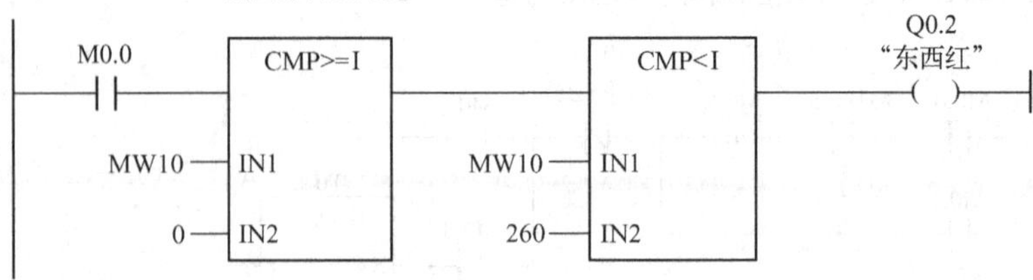

Network 9：26~46s南北方向绿灯亮

M0.0

CMP>=I

MW10 — IN1

60 — IN2

CMP<=I

MW10 — IN1

260 — IN2

M4.0

Network 10：46~49s南北方向绿灯闪烁

M0.0

CMP>=I

MW10 — IN1

30 — IN2

CMP<I

MW10 — IN1

60 — IN2

M100.5 M4.1

图 2-6 交通灯的 PLC 控制程序（续）

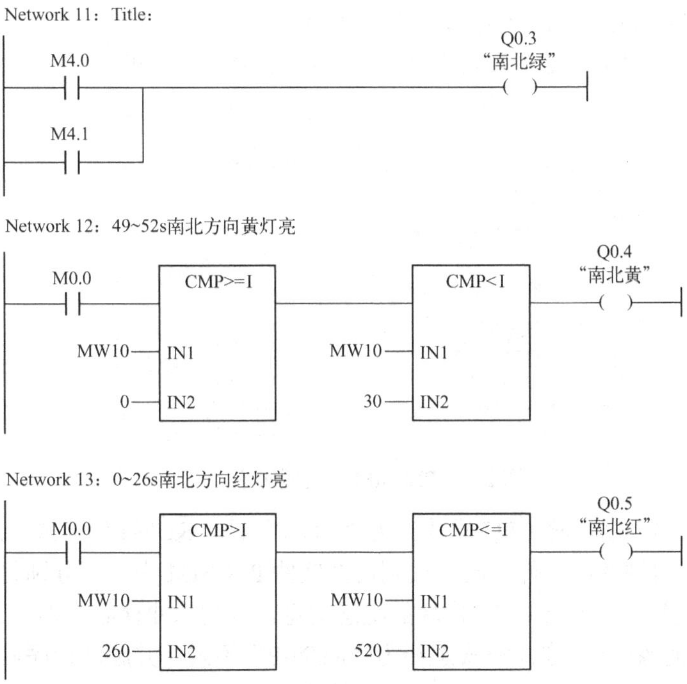

Network 11：Title：

M4.0
M4.1
Q0.3
"南北绿"

Network 12：49~52s南北方向黄灯亮

M0.0
CMP>=I
MW10— IN1
0— IN2
CMP<I
MW10— IN1
30— IN2
Q0.4
"南北黄"

Network 13：0~26s南北方向红灯亮

M0.0
CMP>I
MW10— IN1
260— IN2
CMP<=I
MW10— IN1
520— IN2
Q0.5
"南北红"

图 2-6　交通灯的 PLC 控制程序（续）

5．软件仿真

在仿真软件 PLCSIM 中执行菜单命令“Tools（工具）”→“Options（选项）”→“Attach Symbols（连接符号）”，用鼠标单击打开对话框中的“Browse（浏览）”按钮，连接符号表如图 2-7 所示，选中要仿真项目“交通灯控制”。打开项目中的 300 站点，选中“S7 Program（1）”，用鼠标单击右边窗口的“Symbols（符号）”，在“Object name（对象名称）”文本框中出现“Symbols（符号）”，用鼠标单击“OK”按钮退出对话框。

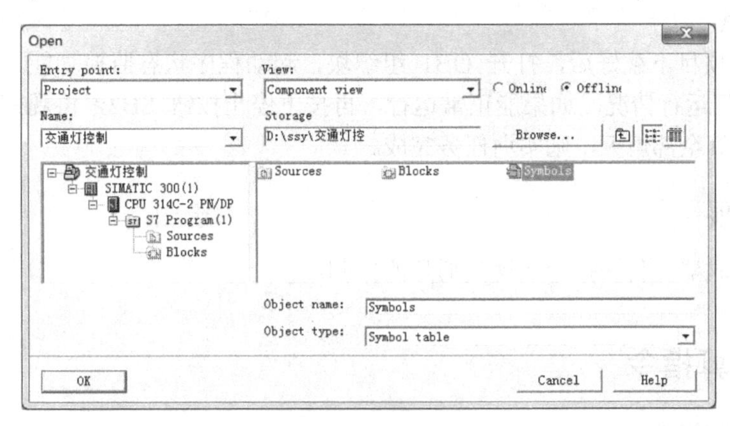

图 2-7　连接符号表

执行菜单命令“Tools（工具）”→“Options（选项）”→“Show Symbols（显示符号）”使该指令项的左边出现“√”，即被选中。用鼠标单击工具栏上的按钮，生成“Vertical Bits（垂直位）”列表视图对象。设置它的地址为 IB0，该视图对象将显示 IB0 中已定义的符号地址，PLCSIM 的视图对象如图 2-8 所示。

关闭 PLCSIM 时，提示“是否要将当前程序保存到*.PLC 文件中？”，一般不保存。

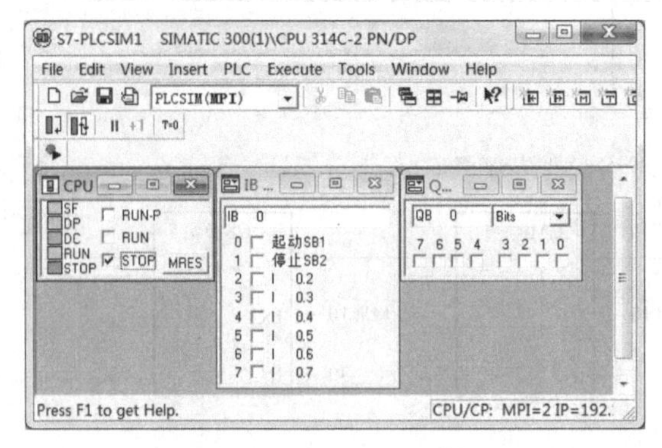

图 2-8　PLCSIM 的视图对象

按上述方法打开仿真器，将 CPU 模式选为“STOP”或“RUN-P”模式，选中 SIMATIC 管理器中 300 站点，将硬件和软件一同下载到仿真软件 PLCSIM 中，或分别将硬件组态和软件下载到仿真软件（主要是下载 CPU 模块的组态信息，否则脉冲存储器不能工作）。添加输入 IB0 和输出 QB0 对象。将 CPU 模式选择为“RUN-P”模式，并起动程序监控功能，然后用鼠标快速两次单击起动按钮 SB1，观察东西和南北方向交通灯点亮情况。运行正常后，再用鼠标快速两次单击停止按钮 SB2，观察所有交通灯是否全熄灭。如果系统工作正常，则说明程序编写正确。

6．硬件连接

请读者参照图 2-3 进行线路连接，连接后再检查或测量确认连接无误后方可进入下一实训环节。

7．程序下载

选择 SIMATIC 管理器中 300 站点，将交通灯控制的项目下载到 PLC 中。

8．系统调试

硬件连接和项目下载好后，打开 OB1 组织块，起动程序状态监控功能。按下起动按钮 SB1，观察交通灯运行情况，如果能正常运行，再按下停止按钮 SB2，再观察交通灯亮灭情况，如所有交通灯全部熄灭，则实训任务完成。

2.3.4　实训拓展

使用多个定时器和传送指令实现交通灯的控制。

2.4　数学运算指令

2.4.1　算术运算指令

算术运算指令分两类：整数运算指令和浮点数运算指令。

1．整数运算指令

整数运算指令可完成整数和双整数的加、减、乘、除及取余等运算，整数运算指令及说明如表 2-12 所示。

表 2-12　整数运算指令及说明

整数算术运算类型	LAD	STL	说　明
整数加	ADD_I EN ENO IN1 OUT IN2	+I	整数加（ADD_I）：累加器 2 的低字（或 IN1）加累加器 1 的低字（或 IN2），结果保存到累加器 1 的低字（或 OUT）中
整数减	SUB_I EN ENO IN1 OUT IN2	-I	整数减（SUB_I）：累加器 2 的低字（或 IN1）减累加器 1 的低字（或 IN2），结果保存到累加器 1 的低字（或 OUT）中
整数乘	MUL_I EN ENO IN1 OUT IN2	*I	整数乘（MUL_I）：累加器 2 的低字（或 IN1）乘以累加器 1 的低字（或 IN2），结果保存到累加器 1 的低字（或 OUT）中
整数除	DIV_I EN ENO IN1 OUT IN2	/I	整数除（DIV_I）：累加器 2 的低字（或 IN1）除以累加器 1 的低字（或 IN2），结果保存到累加器 1 的低字（或 OUT）中
双整数加	ADD_DI EN ENO IN1 OUT IN2	+D	双整数加（ADD_DI）：累加器 2（或 IN1）加累加器 1（或 IN2），结果保存到累加器 1（或 OUT）中
双整数减	SUB_DI EN ENO IN1 OUT IN2	-D	双整数减（SUB_DI）：累加器 2（或 IN1）减累加器 1（或 IN2），结果保存到累加器 1（或 OUT）中
双整数乘	MUL_DI EN ENO IN1 OUT IN2	*D	双整数乘（MUL_DI）：累加器 2（或 IN1）乘以累加器 1（或 IN2），结果保存到累加器 1（或 OUT）中
双整数除	DIV_DI EN ENO IN1 OUT IN2	/D	双整数除（DIV_DI）：累加器 2（或 IN1）除以累加器 1（或 IN2），结果保存到累加器 1（或 OUT）中
双整数取余	MOD_DI EN ENO IN1 OUT IN2	MOD	双整数取余（MOD_DI）：累加器 2（或 IN1）除累加器 1（或 IN2），将余数保存到累加器 1（或 OUT）中
+<16 位整常数>	—	+	加整数常数（16 位）：累加器 1 的低字加 16 位整数常数，结果保存到累加器 1 的低字中
+<32 位整常数>	—	+	加双整数常数（32 位）：累加器 1 的内容加 32 位双整数常数，结果保存到累加器 1 中

对于 STL 形式的整数算术运算指令，参与算术运算（包括后面的浮点数加、减、乘、除指令）的第 1 操作数由累加器 2 提供，第 2 操作数由累加器 1 提供，运算结果保存在累加器 1 中，并影响状态字的 CC1、CC0、OV 和 OS 标志位。

对于 LAD 形式的整数算术运算指令，参与算术运算的第 1 操作数和第 2 操作数分别由参数 IN1 和 IN2（类型：INT、DINT 及后面讲到的 REAL，操作数可以是：I、Q、M、L、D 及常数）提供，运算结果保存在由参数 OUT（类型：INT、DINT 及后面讲到的 REAL，操作数可以是：I、Q、M、L 及 D）指定的区域中，并影响状态字的 CC1、CC0、OV 和 OS 标志位。EN（类型为：BOOL）为使能输入信号，当 EN 信号状态为“1”时激活相应的算术运算操作，并将运算结果存入由 OUT 指定的存储区；ENO（类型为：BOOL）为使能输出，如果运算结果超出允许范围（正常范围：对整数结果为-32768～+32767；对于双整数结果为-2147483648～+2147483647；对于浮点数为±1.1755494e-38～±3.402823e+38），则使 ENO =“0”，否则 ENO =“1”。

【例 2-3】 求双字 MD8 的内容与常数 100 相除，商保存到 MD12 中，余数保存到 MD16 中。同时用 Q0.0 指示运算结果是否有效，Q0.0 为“0”则有效，Q0.0 为“1”则无效。

求商和余数运算程序如图 2-9 所示。

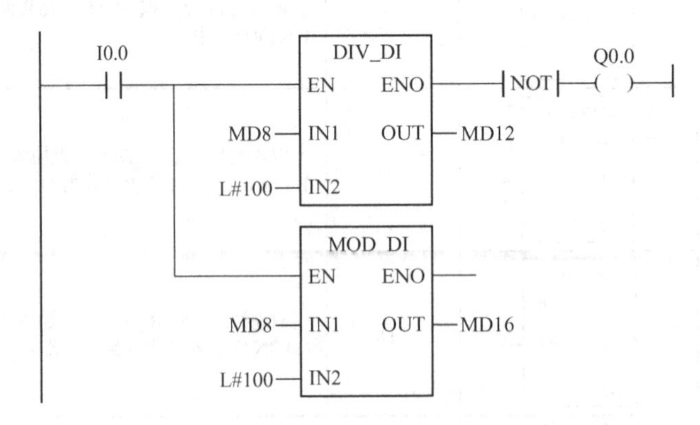

图 2-9　求商和余数运算程序

2．浮点数运算指令

浮点数运算指令可完成 32 位浮点数的加、减、乘、除、绝对值、平方根、平方、自然对数、基于 e 的指数、正弦、余弦、正切、反正弦、反余弦和反正切等运算，浮点数运算指令及说明如表 2-13 所示。

表 2-13　浮点数运算指令及说明

浮点数算术运算类型	LAD	STL	说　明
浮点数加	ADD_R EN　ENO IN1　OUT IN2	+ R	浮点数加（ADD_R）：累加器 2（或 IN1）加累加器 1（或 IN2），结果保存到累加器 1（或 OUT）中

（续）

浮点数算术运算类型	LAD	STL	说　明
浮点数减	SUB_R EN ENO IN1 OUT IN2	- R	浮点数减（SUB_R）：累加器 2（或 IN1）减累加器 1（或 IN2），结果保存到累加器 1（或 OUT）中
浮点数乘	MUL_R EN ENO IN1 OUT IN2	* R	浮点数乘（MUL_R）：累加器 2（或 IN1）乘以累加器 1（或 IN2），结果保存到累加器 1（或 OUT）中
浮点数除	DIV_R EN ENO IN1 OUT IN2	/ R	浮点数除（DIV_R）：累加器 2（或 IN1）除以累加器 1（或 IN2），结果保存到累加器 1（或 OUT）中
绝对值	ABS EN ENO IN OUT	ABS	取绝对值（ABS）：对累加器 1（或 IN）的 32 位浮点数取绝对值，结果保存到累加器 1（或 OUT）中
平方根	SQRT EN ENO IN OUT	SQRT	平方根（SQRT）：对累加器 1（或 IN）的 32 位浮点数求平方根值，结果保存到累加器 1（或 OUT）中
平方	SQR EN ENO IN OUT	SQR	平方（SQR）：对累加器 1（或 IN）的 32 位浮点数求平方值，结果保存到累加器 1（或 OUT）中
自然对数	LN EN ENO IN OUT	LN	自然对数（LN）：对累加器 1（或 IN）的 32 位浮点数求自然对数值，结果保存到累加器 1（或 OUT）中
指数	EXP EN ENO IN OUT	EXP	指数（EXP）：对累加器 1（或 IN）的 32 位浮点数求以 e 为底的指数，结果保存到累加器 1（或 OUT）中

（续）

浮点数算术运算类型	LAD	STL	说　明
正弦	SIN EN ENO IN OUT	SIN	正弦（SIN）：对累加器 1（或 IN）中角度为弧度的 32 位浮点数求正弦值，结果保存到累加器 1（或 OUT）中
余弦	COS EN ENO IN OUT	COS	余弦（COS）：对累加器 1（或 IN）中角度为弧度的 32 位浮点数求余弦值，结果保存到累加器 1（或 OUT）中
正切	TAN EN ENO IN OUT	TAN	正切（TAN）：对累加器 1（或 IN）中角度为弧度的 32 位浮点数求正切值，结果保存到累加器 1（或 OUT）中
反正弦	ASIN EN ENO IN OUT	ASIN	反正弦（ASIN）：对累加器 1（或 IN）的 32 位浮点数求反正弦值，结果保存到累加器 1（或 OUT）中
反余弦	ACOS EN ENO IN OUT	ACOS	反余弦（ACOS）：对累加器 1（或 IN）的 32 位浮点数求反余弦值，结果保存到累加器 1（或 OUT）中
反正切	ATAN EN ENO IN OUT	ATAN	反正切（ATAN）：对累加器 1（或 IN）的 32 位浮点数求反正切值，结果保存到累加器 1（或 OUT）中

对于 STL 形式的浮点数算术运算指令（加、减、乘、除指令除外），可对累加器 1 中的 32 位浮点数进行运算，运算结果保存在累加器 1 中，指令执行后将影响状态字的 CC1、CC0、OV 和 OS 标志位。

对于 LAD 形式的浮点数算术运算指令（加、减、乘、除指令除外），由参数 IN 提供 32 位浮点数（操作数可以是：I、Q、M、L、D 及常数）运算结果保存在由参数 OUT 指定的区域中（操作数可以是：I、Q、M、L 及 D），EN（类型为：BOOL）为使能输入信号，当 EN 信号状态为“1”时激活相应的算术运算操作；ENO（类型为：BOOL）为使能输出，如果指令未执行或运算结果超出允许范围之外，则 ENO =“0”，否则 ENO =“1”。EN 和 ENO 使用的操作数可以是：I、Q、M、L 及 D。

2.4.2　逻辑运算指令

逻辑运算可以完成两个字（16 位）或双字（32 位）的二进制数据逐位进行逻辑与、逻辑或、逻辑异或的运算，逻辑运算指令及说明如表 2-14 所示。

表 2-14　逻辑运算指令及说明

逻辑运算类型	LAD	STL	说　明
字与	WAND_W EN ENO IN1 OUT IN2	AW	字与（WAND_W）：累加器 2 的低字（或 IN1）与累加器 1 的低字（或 IN2）逐位进行逻辑与，结果保存到累加器 1 的低字（或 OUT）中
字或	WOR_W EN ENO IN1 OUT IN2	OW	字或（WOR_W）：累加器 2 的低字（或 IN1）与累加器 1 的低字（或 IN2）逐位进行逻辑或，结果保存到累加器 1 的低字（或 OUT）中
字异或	WXOR_W EN ENO IN1 OUT IN2	XOW	字异或（WXOR_W）：累加器 2 的低字（或 IN1）与累加器 1 的低字（或 IN2）逐位进行逻辑异或，结果保存到累加器 1 的低字（或 OUT）中
双字与	WAND_DW EN ENO IN1 OUT IN2	AD	双字与（WAND_DW）：累加器 2（或 IN1）与累加器 1（或 IN2）逐位进行逻辑与，结果保存到累加器 1（或 OUT）中
双字或	WOR_DW EN ENO IN1 OUT IN2	OD	双字或（WOR_DW）：累加器 2（或 IN1）与累加器 1（或 IN2）逐位进行逻辑或，结果保存到累加器 1（或 OUT）中
双字异或	WXOR_DW EN ENO IN1 OUT IN2	XOD	双字异或（WXOR_DW）：累加器 2（或 IN1）与累加器 1（或 IN2）逐位进行逻辑异或，结果保存到累加器 1（或 OUT）中

对于 STL 形式的字逻辑运算指令，可对累加器 1 和累加器 2 中的字或双字数据进行逻辑运算，结果保存在累加器 1 中，累加器 2 中内容保持不变。若结果不为 0，则对状态标志位 CC1 置“1”，否则对 CC1 置“0”。

对于 LAD 形式的字逻辑运算指令，由参数 IN1 和 IN2 提供参与运算的两个数据（类型：WORD 和 DWORD，操作数可以是：I、Q、M、L、D 或常数），运算结果保存在由 OUT 指定的存储区（类型：WORD 和 DWORD，操作数可以是：I、Q、M、L、D）中，若结果不为 0，则对状态标志位 CC1 置“1”，否则对 CC1 置“0”。EN（类型：BOOL）为使能输入信号，ENO（类型：BOOL）为使能输出，ENO 和 EN 具有相同的状态，操作数可以是：I、Q、M、L、D。当 EN 的信号状态为“1”时，激活字逻辑运算。

【例 2-4】 使用逻辑运算指令实现接在输出字节 QB0 的 8 盏灯全部秒级闪烁。

在 CPU 模块中将存储器 MB0 设置为系统时钟存储器，则 M0.5 为秒级脉冲。灯光秒级闪烁控制程序如图 2-10 所示。

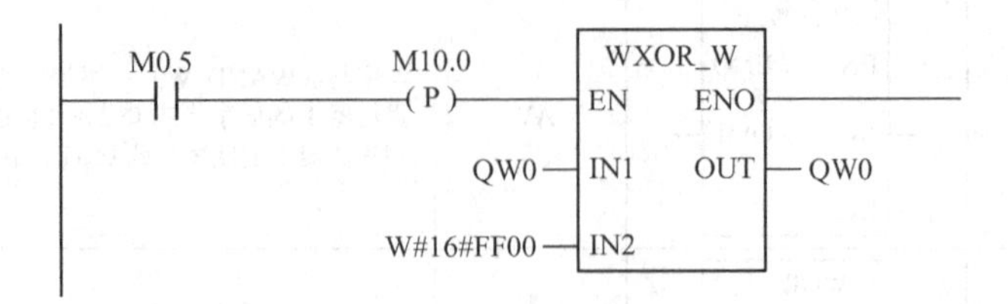

图 2-10　灯光秒级闪烁控制程序

2.5　实训 5　60s 倒计时的 PLC 控制

2.5.1　实训目的

1）掌握算术指令的使用。

2）掌握逻辑指令的使用。

3）掌握数码管的显示方法。

2.5.2　实训任务

使用 S7-300 PLC 实现 60s 倒计时控制。控制要求如下：按下起动按钮 SB1，接在输出字节 QB0 的两个数码管显示 60，然后每隔 1s 递减，当递减到 0 时停止。无论何时按下停止按钮 SB2，两位数码管均显示 00，准备进行下一轮倒计时。

2.5.3　实训步骤

1．原理图绘制

分析项目控制要求可知：起动按钮 SB1，停止按钮 SB2 的常开触点作为 PLC 的输入信号，两位数码管的驱动芯片 CD4511 输入端作为 PLC 的输出信号，60s 倒计时的 PLC 控制 I/O 地址分配表如表 2-15 所示，60s 倒计时的 PLC 控制原理图如图 2-11 所示。

表 2-15　60s 倒计时的 PLC 控制 I/O 地址分配表

输　入			输　出		
元　件	输入继电器	作　用	元　件	输出继电器	作　用
按钮 SB1	I0.0	系统起动	数码管 1	Q0.0	个位显示
按钮 SB2	I0.1	系统停止		Q0.1	
				Q0.2	
				Q0.3	
			数码管 2	Q0.4	十位显示
				Q0.5	
				Q0.6	
				Q0.7	

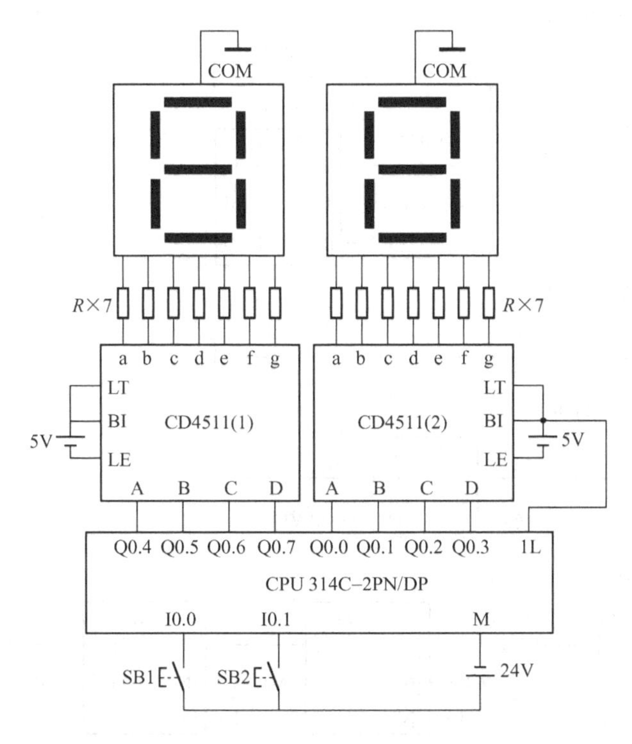

图 2-11　60s 倒计时的 PLC 控制原理图

2．硬件组态

新建一个 60s 倒计数控制的项目，再打开 SETP 7 软件的“HW Config（硬件组态）”窗口，按 1.2.3 节讲述的方法进行 PLC 的硬件组态，在此组态导轨、紧凑型的 CPU314C 模块，并将集成的数字量输入输出模块的起始地址改为 0，并对硬件组态进行编译并保存。

3．软件编程

60s 倒计时的 PLC 控制程序如图 2-12 所示。

4．软件仿真

使用变量表可以用一个画面同时监视和修改程序中使用的所有变量。一个项目也可以生成多个变量表，以满足不同的调试要求。变量表可以监控和改写的变量包括过程映像输入/输出、位存储器、定时器、计数器、数据块内的存储单元和外设输入/输出。

（1）变量表的功能

- 监视变量，显示用户程序或 CPU 中每个变量的当前值。
- 修改变量，将固定值赋给用户程序或 CPU 中的变量。
- 对外设输出赋值，允许在停机状态下将固定值赋给 CPU 的每一个输出点 Q。
- 强制变量，给某个变量赋一个固定值，用户程序的执行不会影响被强制的变量的值。
- 定义变量被监视或赋予新值的触点和触发条件。

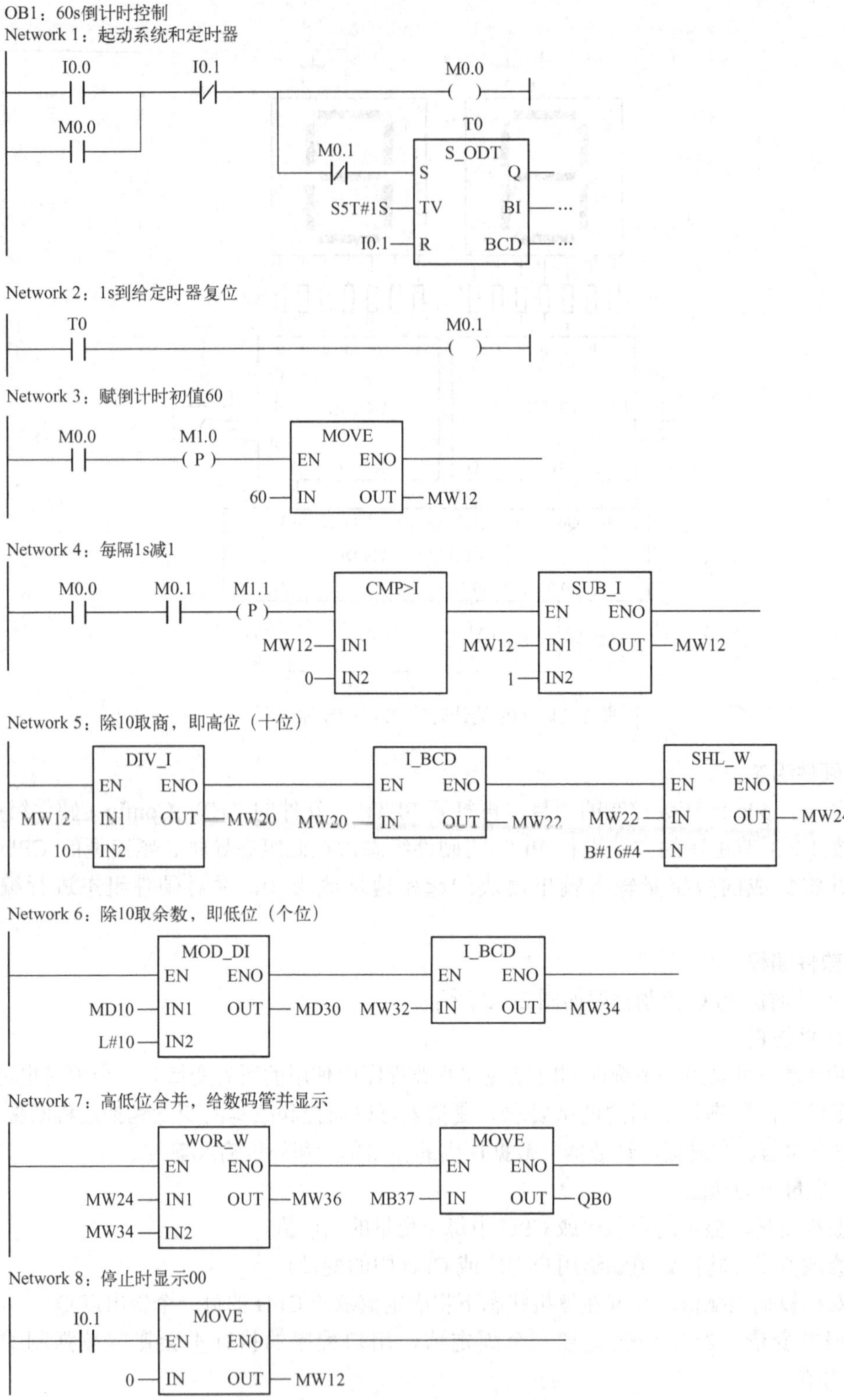

OB1：60s倒计时控制

Network 1：起动系统和定时器

I0.0　I0.1　M0.0

M0.0

T0

M0.1　S_ODT

S　Q

S5T#1S　TV　BI …

I0.1　R　BCD …

Network 2：1s到给定时器复位

T0　M0.1

Network 3：赋倒计时初值60

M0.0　M1.0 (P)　MOVE

EN　ENO

60　IN　OUT　MW12

Network 4：每隔1s减1

M0.0　M0.1　M1.1 (P)　CMP>I　SUB_I

EN　ENO

MW12　IN1　MW12　IN1　OUT　MW12

0　IN2　1　IN2

Network 5：除10取商，即高位（十位）

DIV_I　I_BCD　SHL_W

EN　ENO　EN　ENO　EN　ENO

MW12　IN1　OUT　MW20　MW20　IN　OUT　MW22　MW22　IN　OUT　MW24

10　IN2　B#16#4　N

Network 6：除10取余数，即低位（个位）

MOD_DI　I_BCD

EN　ENO　EN　ENO

MD10　IN1　OUT　MD30　MW32　IN　OUT　MW34

L#10　IN2

Network 7：高低位合并，给数码管并显示

WOR_W　MOVE

EN　ENO　EN　ENO

MW24　IN1　OUT　MW36　MB37　IN　OUT　QB0

MW34　IN2

Network 8：停止时显示00

I0.1　MOVE

EN　ENO

0　IN　OUT　MW12

图 2-12　60s 倒计时的 PLC 控制程序

（2）在变量表中输入变量

在 SIMATIC 管理器中选中 Blocks（块）后执行菜单命令“Insert（插入）”→“S7 Block”→“Variable Table（变量表）”，生成新的变量表。用鼠标双击打开生成的变量表。

在第一行的“Address（地址）”列输入 MW12 等（变量表如图 2-13 所示），默认的显示格式为 HEX（十六进制）。用户可以在变量表的“Display format（显示格式）”列直接输入 BIN（二进制），也可以用鼠标右键单击该列，用弹出的快捷菜单设置需要的显示格式。

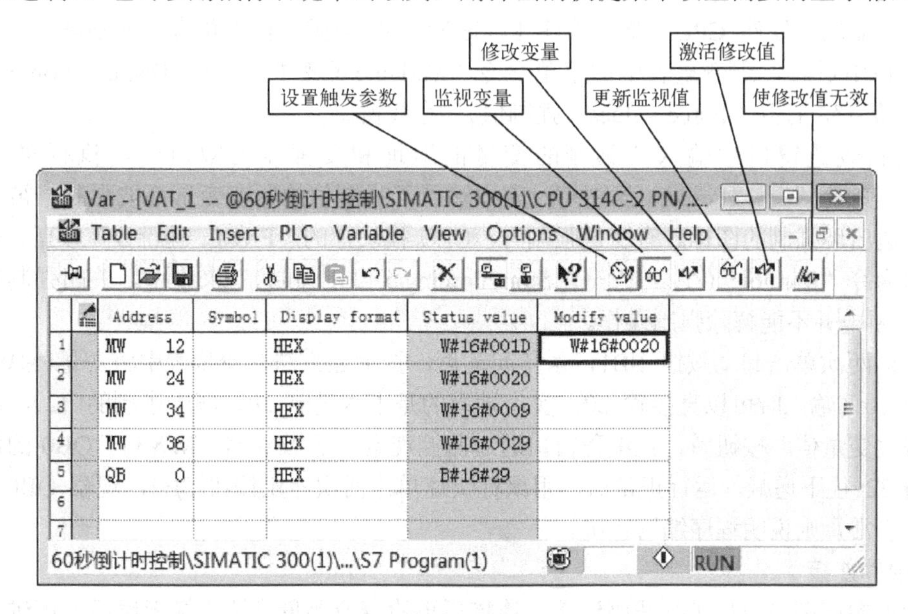

图 2-13　变量表

（3）监视变量

用鼠标单击工具栏上的按钮，起动监视功能。变量表中的状态值按设定的触发点和触发条件显示在变量表中。如果监视的触发条件为默认的“每次循环”，再次用鼠标单击按钮，可以关闭监视功能。用 PLCSIM 仿真时，最好切换到“RUN-P”模式，否则某些监控功能会受到限制。用鼠标单击工具栏上的按钮，可以对所选变量的数值作一次立即更新。该功能主要用于停机模式下的监控。

（4）修改变量

首先在要修改变量的“Modify value（修改数值）”列输入变量新的值，用鼠标单击工具栏上的“激活修改值”按钮，将修改值立即送入 CPU。在执行修改功能前，应确认不会有危险情况出现。输入 BOOL 变量的修改值 0 或 1 后按〈Enter〉键，它们将自动变为“0”状态或“1”状态。

在“STOP”模式修改变量时，因为没有执行用户程序，各变量的状态是独立的，不会互相影响。用户可以任意地将 I、Q、M 这些数字量设置为“1”状态或“0”状态，并且有保持功能，相当于对它们置位或复位。“STOP”模式的这种变量修改功能常用来测试数字量输出点的硬件功能是否正常。

在“RUN”模式下修改变量时，各变量同时受到用户程序的控制。假设用户程序运行的结果使某数字量输出点 Q 为“0”，用变量表将它修改为“1”状态，它会很快变为“0”状态。

（5）定义变量表的触发方式

用菜单命令“Variable（变量）”→“Trigger（触发器）”，打开“Trigger（触发器）”对话框，选择在程序处理过程中的某一特定点（触发点）来监视或修改变量，变量表显示的是被监视的变量在触发点的数值。监视的触发条件可以选择一次或每个循环触发一次。

（6）强制变量

强制用来给用户程序中的变量赋一固定的值，这个值不会因为用户程序的执行而改变。这一功能只能用于硬件 CPU，仿真软件 PLCSIM 不能对强制操作仿真。强制操作在“强制数值”窗口中进行，用变量表中的菜单命令“Variable（变量）”→“Display Force Values（显示强制值）”，打开“Force Values（强制值）”在线窗口。

在强制数值窗口中输入要强制的变量的地址和要强制的数值后，执行菜单命令“Variable（变量）”→“Force（强制）”，表中输入了强制值的所有变量都被强制，被强制的变量的左边出现强制的图标。有变量强制时，CPU 模块上的“FRCE（强制）”灯亮。强制只能用菜单命令“Variable（变量）”→“Stop Forcing（停止强制）”来终止。关闭强制数值窗口或 PLC 断电并不能解除强制操作。

用鼠标两次单击起动按钮 SB1，系统起动后，按上述方法在变量表中将变量 MW12 的值修改为 20（输入时可以直接输 20，实为输入的是十六进制 20，即十进制的 32），用鼠标单击“修改变量值”按钮，在编程窗口通过监控观察一下 MW24、MW34、QB0 的值是否从当前值 32 往下递减。运行正常后，用鼠标快速单击两次停止按钮 SB2，观察 QB0。如果系统工作正常，则说明程序编写正确。

5．硬件连接

请读者参照图 2-11 进行线路连接，连接后再检查或测量确认连接无误后方可进入下一实训环节。

6．程序下载

选择 SIMATIC 管理器中 300 站点，将 60s 倒计时控制的项目下载到 PLC 中。

7．系统调试

硬件连接和项目下载好后，打开 OB1 组织块，起动程序状态监控功能。按下起动按钮 SB1，观察倒计时数字递减的显示情况，如果能正常运行，再按下停止按钮 SB2，再观察两个数码管是否显示 00。如系统运行正常则实训任务完成。

2.5.4 实训拓展

使用四个数码管实现 9999s 倒计时的控制。

2.6 控制指令

控制指令可控制程序的执行顺序，使得 CPU 能根据不同的情况执行不同的程序。控制指令有 3 类：逻辑控制指令、程序控制指令、主控指令。

2.6.1 逻辑控制指令

逻辑控制指令是指逻辑块内的跳转和循环指令，这些指令可以中断原有的线性程序扫描，并跳转到目标地址处重新执行线性程序扫描。目标地址由跳转指令后面的标号指定，该地址标号指出程序要跳往何处，可向前跳转，也可向后跳转，最大跳转距离为-32768 或 32767 字。标号最多由 4 个字符组成，第一个字符必须是字母，其余字符可为字母或数字。与它相同的标号还必须写在程序跳转的目的地前面，称为目标地址标号。目标地址标号和跳转指令必须在同一块内。在同一个块中的目标地址标号不能重名，在不同逻辑块中的目标标号可以重名。在 STL 程序中，目标地址标号与目标指令用冒号隔开；在 LAD 程序中，目标标号必须放在一个网络的开始。

1．无条件跳转指令

无条件跳转指令 JU 执行时，将直接中断当前的线性程序扫描，并跳转到由指令后面的标号所指定的目标地址处重新执行线性程序扫描。无条件跳转指令及说明如表 2-16 所示。

表 2-16　无条件跳转指令及说明

指令类型	LAD	STL	说　明
无条件跳转	标号 —(JMP)—	JU < 标号 >	LAD 形式的无条件跳转指令，直接连接到最左边母线，否则将变成有条件跳转指令

2．多分支跳转指令

多分支跳转指令 JL 的指令格式如下：

JL　< 标号 >

多分支跳转指令 JL 必须与无条件跳转指令 JU 配合使用，可根据累加器 1 低字中低字节的内容及 JL 所指定的标号实现最多 255 个分支（目的地）的跳转。跳转目的地列表必须位于 JL 指令和由 JL 指令所指定的标号之间，每个跳转目的地都由一个无条件跳转指令 JU 组成。

如果累加器 1 低字中低字节的内容为 0，则直接执行 JL 指令下面的第一条 JU 指令；如果累加器 1 低字中低字节的内容为 1，则直接执行 JL 指令下面的第二条 JU 指令；如果跳转的目的地数量太大，则 JL 指令跳转到目的地列表中最后一个 JU 指令之后的第一个指令。

【例 2-5】 多分支跳转指令的使用

多分支程序示例如下：

```
        L    MB0      // 将跳转目标地址标号装入累加器 1 低字的低字节中
        JL   SSY      // 如果累加器 1 低字中低字节的内容为大于 3，则跳转至 SSY
        JU   ABC      // 如果累加器 1 低字中低字节的内容为 0，则跳转至 ABC
        JU   SEG0     // 如果累加器 1 低字中低字节的内容为 1，则跳转至 SEG0
        JU   SEG1     // 如果累加器 1 低字中低字节的内容为 2，则跳转至 SEG1
        JU   SEG2     // 如果累加器 1 低字中低字节的内容为 3，则跳转至 SEG2
SSY：   JU   COMM     // 跳出
ABC：   …             // 程序段 1
        JU   COMM     // 跳出
SEG0：  …             // 程序段 2
        JU   COMM     // 跳出
SEG1：  …             // 程序段 3
```

```
        JU   COMM        // 跳出
SEG2:   …                // 程序段 4
        JU   COMM        // 跳出
COMM:   …                // 程序出口
…
```

3．条件跳转指令

条件跳转指令是根据运算结果 RLO 的值，或状态字各标志位的状态改变线性程序扫描，条件跳转指令及说明如表 2-17 所示。

表 2-17　条件跳转指令及说明

指　令	说　明	指　令	说　明
JC < 标号 >	RLO 为“1”时跳转，STL 指令	标号 —(JMP)—┤	RLO 为“1”时跳转，LAD 指令
JCN < 标号 >	RLO 为“0”时跳转，STL 指令	标号 —(JMPN)—┤	RLO 为“0”时跳转，LAD 指令
JCB < 标号 >	RLO 为“1”时跳转，将 RLO 复制到 BR	JN < 标号 >	非为“0”时跳转
JNB < 标号 >	RLO 为“0”时跳转，将 RLO 复制到 BR	JP < 标号 >	为“正”时跳转
JBI < 标号 >	BR 为“1”时跳转	JM < 标号 >	为“负”时跳转
JNBI < 标号 >	BR 为“0”时跳转	JPZ < 标号 >	非“负”时跳转
JO < 标号 >	OV 为“1”时跳转	JMZ < 标号 >	非“正”时跳转
JOS < 标号 >	OS 为“1”时跳转	JUO < 标号 >	“无效”时跳转
JZ < 标号 >	运算结果为“0”时跳转		

判断运算结果是“正”还是“负”的依据是状态字中的条件码（CC1 和 CC0），条件跳转指令与条件码的关系如表 2-18 所示。

表 2-18　条件跳转指令与条件码的关系

条件码		计算结果	触发的跳转指令
CC1	CC0		
0	0	=0	JZ
1 或 0	0 或 1	<>0	JN
1	0	>0	JP
0	1	<0	JM
0 或 1	0	<=0	JMZ
0	1 或 0	>=0	JPZ
1	1	UO（溢出）	JUO

4．循环指令

循环指令的格式如下：

```
LOOP  < 标号 >
```

使用循环指令（LOOP）可以多次重复执行特定的程序段，由累加器 1 确定重复执行的次数，即以累加器 1 的低字为循环计数器。LOOP 指令执行时，将累加器 1 低字中的值减 1，如果不为 0，则继续循环过程，否则执行 LOOP 指令后面的指令。循环体是指循环标号和 LOOP 指令间的程序段。

由于循环次数不能是负数，所以程序应保证循环计数器中的数为正整数（数值范围：0～65535）或字型数据（数值范围：W#16#0000～W#16#FFFF）。

【例 2-6】 循环指令的使用

利用循环指令完成 8 的阶乘（8!）示例如下：

```
         L       L#1       // 将双整数常数 1 装入累加器 1
         T       MD20      // 将累加器 1 的内容传送到 MD20
         L       8         // 将循环次数装入累加器 1 的低字中
NEXT:    T       MW10      // 循环开始，将累加器 1 低字的内容（循环变量）给 MW10
         L       MD20      // 取部分积
         *D                //MD20×MW10
         T       MD20      // 存部分积，循环结束后 MD20=8×7×6×5×4×3×2×1=40320
         L       MW10      // 取当前循环变量值给累加器 1
         LOOP    NEXT      // 如果累加器 1 低字中的内容不为 0，则转到 NEXT 继续执
                           // 行，并对累加器 1 的低字节减 1
         …                 // 循环结束，执行其他指令
```

2.6.2 程序控制指令

程序控制指令是指功能块（FB、FC、SFB、SFC）调用指令和逻辑块（OB、FB、FC）结束指令（逻辑块将在下一章节中讲解）。调用块或结束块可以是有条件的或是无条件的。

STL 形式的程序控制指令格式及说明如表 2-19 所示。

表 2-19 STL 形式的程序控制指令格式及说明

STL 指令	说　明
BE	无条件块结束。对于 STEP 7 软件而言，其功能等同于 BEU 指令
BEU	无条件块结束。无条件结束当前块的扫描，将控制返还给调用块，然后从块调用指令后的第一条指令开始，重新进行程序扫描
BEC	条件块结束。当 RLO=1 时，结束当前块的扫描，将控制返还给调用块，然后从块调用指令后的第一条指令开始，重新进行程序扫描。若 RLO=0，则跳过该指令，并将 RLO 置 1，程序从该指令后的下一条指令继续在当前块内扫描
CALL< 块标识 >	无条件块调用。可无条件调用 FB、FC、SFB、SFC 等。如果调用 FB 或 SFB，必须提供具有相关背景数据块的程序块。被调用逻辑块的地址可以绝对指定，也可以相对指定
CC< 块标识 >	条件块调用。若 RLO=1 时，则调用指定的逻辑块，该指令用于调用无参数 FC 或 FB 类型的逻辑块，除了不能使用调用程序传递参数之外，该指令与 CALL 指令的用法相同
UC< 块标识 >	无条件调用。可无条件调 FC 或 SFC，除了不能使用调用程序传递参数之外，该指令与 CALL 指令的用法相同

2.6.3 主控继电器指令

主控继电器（Master Control Relay，MCR）是一种继电器梯形图逻辑的主开关，用于控制电流（能流）的通断。主控继电器指令及说明如表 2-20 所示。

表 2-20　主控继电器指令及说明

LAD	STL	说　明
——(MCRA)——┤	MCRA	主控继电器起动。从该指令开始可按 MCR 控制
——(MCR<)——┤	MCR（	主控继电器接通。将 RLO 保存在 MCR 堆栈中，并产生一条新的子母线，其后的连接均受控于该子母线
——(MCR>)——┤	）MCR	主控继电器断开。恢复 RLO，结束子母线
——(MCRD)——┤	MCRD	主控继电器停止。从该指令开始，将禁止 MCR 控制

注意：使用“MCR（”和“）MCR”必须成对出现。MCR 控制可以嵌套，最多可以嵌套 8 层。

2.7　累加器及数据块指令

2.7.1　累加器指令

累加器指令只能在语句表中使用，用于处理单个或多个累加器的内容。这些指令的执行与 RLO 无关，也不会对 RLO 产生影响。累加器指令如表 2-21 所示。

表 2-21　累加器指令

指　令	说　明	指　令	说　明
TAK	交换累加器 1、2 的内容	DEC	累加器 1 最低字节减去 8 位常数
PUSH	入栈	BLD	程序显示指令（空指令）
POP	出栈	NOP 0	空操作指令
INC	累加器 1 最低字节加上 8 位常数	NOP 1	空操作指令

2.7.2　数据块指令

在访问数据块时，需要指明被访问的是哪一个数据块，以及访问该数据块中的哪一个地址指令。指令如果同时给出数据块的编号和数据在数据块中的地址，可以直接访问数据块中的数据。访问时可以使用绝对地址，也可以使用符号地址。

OPN（Open a Data Block）指令用来打开数据块。访问已经打开的数据块内的存储单元时，可以省略其地址中数据块的编号。数据块指令如表 2-22 所示。

表 2-22　数据块指令

指　令	说　明	指　令	说　明
OPN	打开数据块	L　DBNO	共享数据块的编号装入累加器 1
CDB	交换共享数据块和背景数据块的编号	L　DILG	共享数据块的长度装入累加器 1
L　DBLG	共享数据块的长度装入累加器 1	L　DINO	背景数据块的编号装入累加器 1

2.8 实训 6 闪光频率的 PLC 控制

2.8.1 实训目的

1）掌握跳转指令的使用。

2）巩固时钟存储器的使用。

3）锻炼 PLC 的程序编写及功能调试能力。

2.8.2 实训任务

使用 S7-300 PLC 实现闪光频率的控制。控制要求如下：如转换开关 SA 接通 I0.0，闪光灯以 0.5s 为周期进行快速闪烁；若转换开关 SA 接通 I0.1，闪光灯以 1s 为周期进行中速闪烁；若转换开关 SA 接通 I0.2，闪光灯以 2s 为周期进行慢速闪烁。如转换开关未作任何选择，则闪光灯熄灭。

2.8.3 实训步骤

1．原理图绘制

分析项目控制要求可知：转换开关 SA 的 3 个选择信号，即快闪选择、中闪选择和慢闪选择作为 PLC 的输入信号，闪光灯作为 PLC 的输出信号，闪光频率的 PLC 控制 I/O 地址分配如表 2-23 所示，闪光频率的 PLC 控制原理图如图 2-14 所示。

表 2-23 闪光频率的 PLC 控制 I/O 地址分配表

输入			输出		
元件	输入继电器	作用	元件	输出继电器	作用
选择开关 SA	I0.0	快闪	闪光灯 HL	Q0.0	灯光闪烁
	I0.1	中闪			
	I0.2	慢闪			

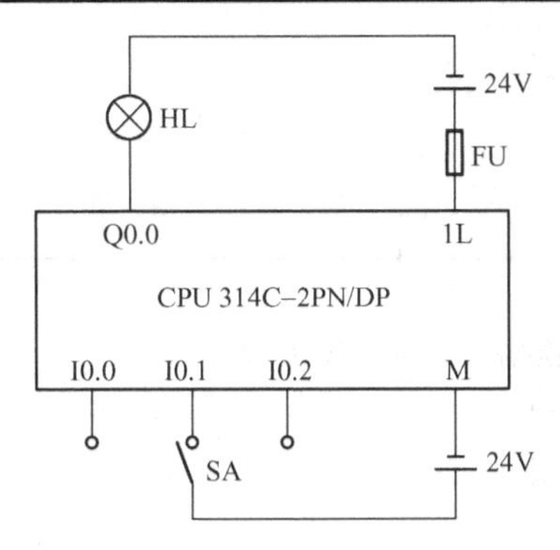

图 2-14 闪光频率的 PLC 控制原理图

2．硬件组态

新建一个闪光频率控制的项目，再打开 SETP 7 软件的“HW Config（硬件组态）”窗口，按 1.2.3 节讲述的方法进行 PLC 的硬件组态，在此组态导轨、紧凑型的 CPU314C 模块，并将集成的数字量输入输出模块的起始地址改为 0。将 CPU 模块中的时钟存储器设置为 MB100，并对硬件组态进行编译并保存。

3．软件编程

闪光频率的 PLC 控制程序如图 2-15 所示。

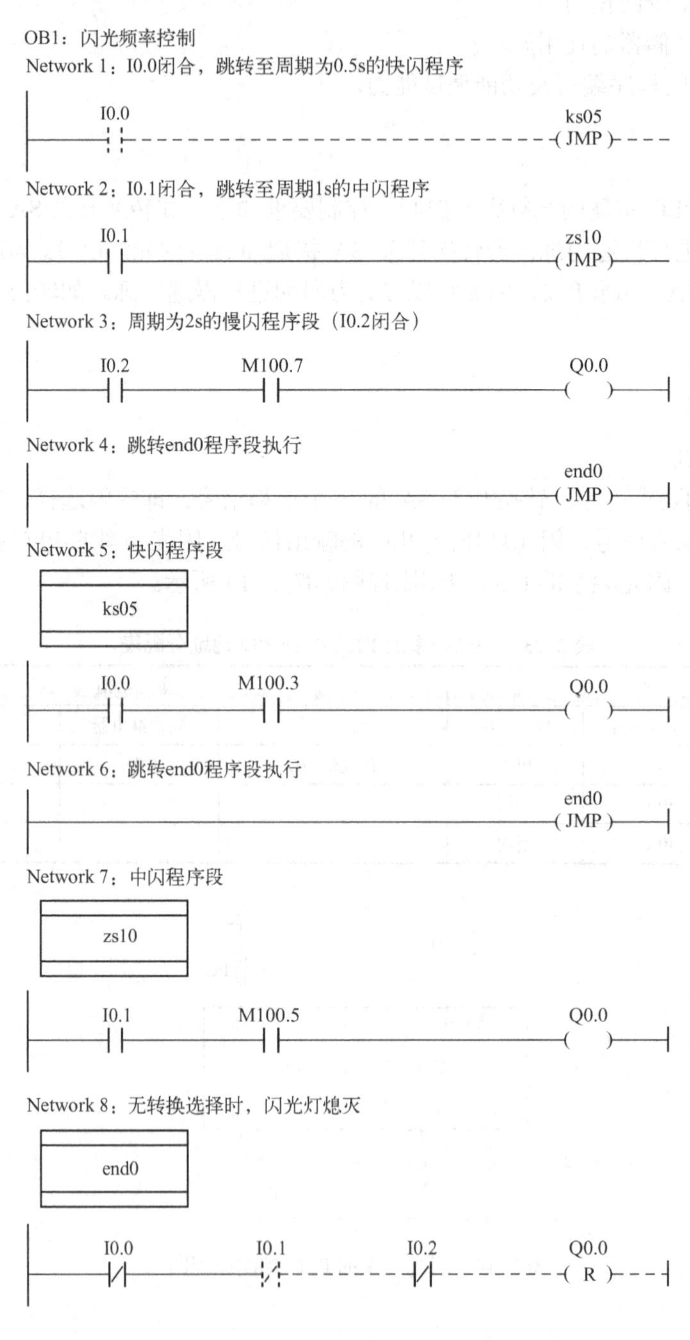

图 2-15　闪光频率的 PLC 控制程序

4．软件仿真

按上述方法打开仿真器，在 CPU 模式选为“STOP”或“RUN-P”的模式，选中 SIMATIC 管理中 300 站点，将硬件和软件一同下载到仿真软件 PLCSIM 中。添加输入 IB0 和输出 QB0 对象。将 CPU 模式选择为“RUN-P”的模式，并起动程序监控功能，然后选择开关 SA 拨至“快闪、中闪和慢闪”档位上，观察其闪光灯的闪烁频率是否与设置值一致。图 2-15 中，是将选择开关 SA 拨至“中闪”档位上，观察监控画面可知，PLC 仅扫描网络 2、网络 7 和网络 8，其他网络未执行，这样也提高了 CPU 执行程序的速度。从图 2-15 中还可以看出输出线圈 Q0.0 用了三次，如果在没有跳转指令的程序中，这就是“双线圈”输出，CPU 在编译程序时就会报错。为什么在跳转指令中就可以出现“双线圈”呢？因为 CPU 在一个扫描周期内所扫描的程序段没有出现双线圈，即使用跳转指令允许双线圈输出。建议初学者在图 2-15 中使用中间存储器的位输出，在程序的最后将已用位输出的所有触点合并后再驱动 Q0.0 线圈，这样就会有效避免在程序中出现双线圈的错误了。

5．硬件连接

请读者参照图 2-14 进行线路连接，连接后再检查或测量确认连接无误后方可进入下一实训环节。

6．程序下载

选择 SIMATIC 管理器中 300 站点，将闪光频率控制的项目下载到 PLC 中。

7．系统调试

硬件连接和项目下载好后，打开 OB1 组织块，起动程序状态监控功能。拨动转换开关 SA，将其拨至“快闪、中闪和慢闪”档位上，观察闪光灯闪烁频率的变化。最后将拨动转换开关 SA 拨至“0”档位，即不做任何选择，观察闪光灯是否熄灭。如上述调试现象符合项目控制要求，则实训任务完成。

2.8.4 实训拓展

使用跳转指令、定时器指令和比较指令实现闪光灯的闪烁频率分别为 2Hz、5Hz 和 10Hz 的控制。

2.9 习题与思考

1．IB2.7 是输入字节________的第________位。

2．MW0 是由________、________两个字节组成；其中________是 MW0 的高字节，________是 MW0 的低字节。

3．QD10 是由________、________、________、________字节组成。

4．WORD（字）是 16 位________符号数，INT（整数）是 16 位________符号数。

5．L#320 是________位的常数。

6．S7-300 PLC 的基本数据类型有哪些？

7．如何在 PLCSIM 中使用符号地址？

8．如何使用变量表监控程序的执行？

9．强制变量与修改变量有什么区别？

10．将累加器 1 的高字中内容送入 MW0，低字中内容送入 MW2。

11．按下 I0.0，定时器 T0 起动，第 1 台电动机立即起动，延时 10s 后第 2 台电动机起动，延时 3 min 后第 2 台电动机停止，再时延 10s 后第 1 台电动机停止。

12．使用定时器及比较指令编写占空比为 1:2，周期为 1.2s 的连续脉冲信号。

13．将浮点数 12.3 取整后传送至 MB0。

14．使用循环移位指令实现接在输出字 QW0 端口 16 盏灯的跑马灯往复点亮控制。

15．使用算术运算指令实现[8+9×6/(12+10)]/(6-2)运算，并将结果保存在 MW10 中。

16．使用逻辑运算指令将 MW0 和 MW10 合并后分别送到 MD20 的低字和高字中。

17．某设备有三台风机，当设备处于运行状态时，如果有两台或两台以上风机工作，则指示灯常亮，指示“正常”；如果仅有一台风机工作，则该指示灯以 0.5Hz 的频率闪烁，指示“一级报警”；如果没有风机工作，则指示灯以 2Hz 的频率闪烁，指示“严重报警”；当设备不运行时，指示灯不亮。

18．某自动生产线上，使用有轨小车来运转工序之间的物件，小车的驱动采用电动机拖动，小车行驶示意图如图 2-16 所示。

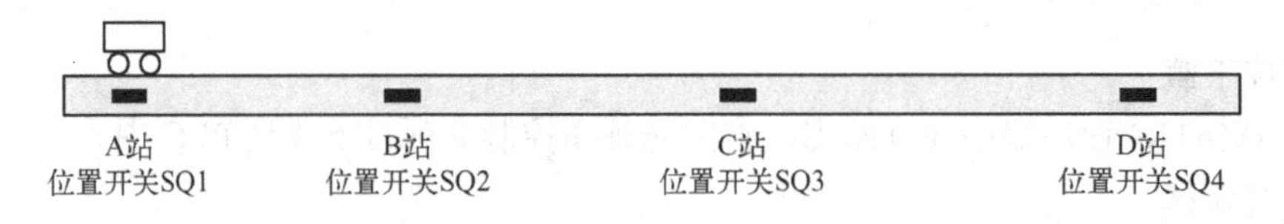

图 2-16　小车行驶示意图

控制过程为：

1）小车从 A 站出发驶向 B 站，抵达后，立即返回 A 站。

2）接着直向 C 站驶去，到达后立即返回 B 站，停止 10s 后，返回 A 站。

3）第三次出发一直驶向 D 站，到达后停止 15s 后，返回 A 站。

4）如此往复 3 次自动能停下来。

5）无论何时按下停止按钮，小车立即返回至 A 站。

19．三组抢答器控制，要求在主持人按下开始按钮后，3 组抢答按钮按下任意一个按钮后，显示器能及时显示该组的编号，同时锁住其他组抢答。如果在主持人按下开始按钮之前进行抢答，则显示器显示该组编号，同时该组号以秒级闪烁以示违规，直至主持人按下复位按钮。若主持人按下开始按钮 10s 后无人抢答，则蜂鸣器响起，表示无人抢答，主持人按下复位按钮可消除此状态。

第 3 章　S7-300 PLC 功能块与组织块的编程及应用

PLC 程序分操作系统和用户程序，操作系统是固化在 CPU 中的程序，用户程序则是为了完成特定的自动化控制任务，由用户自己编写的程序。

用户程序中的块如表 3-1 所示。

表 3-1　用户程序中的块

块名称	说明
组织块（OB）	操作系统与用户程序的接口，决定用户程序的结构
功能块（FB）	用户编写的包含经常使用的功能子程序，有专用的存储区（即背景数据块）
功能（FC）	用户编写的包含经常使用的功能子程序，无专用的存储区
系统功能块（SFB）	集成在 CPU 模块中，通过 SFB 调用系统功能，有专用的存储区（即背景数据块）
系统功能（SFC）	集成在 CPU 模块中，通过 SFC 调用系统功能，无专用的存储区
共享数据块（DB）	存储用户数据的数据区域，供所有的逻辑块共享
背景数据块（DI）	用于保存 FB 和 SFB 的输入、输出参数和静态变量，其数据在编译时自动生成

SETP 7 将用户编写的程序和程序所需要的数据放置在块中，OB、FB、FC、SFB 和 SFC 都是有程序的块，它们称为逻辑块。逻辑块类似于子程序，使用户程序结构化，可以简化程序组织，使程序易于修改、查错和调试。

系统功能块和系统功能集成在 S7 CPU 的操作系统中，不占用用户程序空间。它们是预先编好程序的逻辑块，可以在用户程序中调用这些块，但是用户不能打开和修改它们。FB 和 SFB 有专用的存储区，其变量保存在指定给它们的背景数据块中，FC 和 SFC 没有背景数据块。

数据块是用于存放执行用户程序时所需数据的数据区。与逻辑块不同，数据块没有指令，SETP 7 按数据生成的顺序自动地为数据块中的变量分配地址。

3.1　功能和功能块

功能 FC 和功能块 FB 都是用户自己编写的程序块，相当于子程序。用户可以将具有相同控制过程的程序编写在 FC 或 FB 中，然后在主程序 OB1 或其他程序块中（包括组织块、功能和功能块）调用 FC 或 FB。

功能和功能块等每个逻辑块都有一个变量声明表，称为局部变量声明表。局部变量声明表对当前逻辑块控制程序所使用的局部数据进行声明。局部数据分为参数和局部变量两大类，局部变量又包括静态变量和临时变量两种。参数可在调用块和被调用块间传递数据，是逻辑块的接口。静态变量和临时变量是仅供逻辑块本身使用的数据，不能用作不同程序块之间的数据接口。表 3-2 给出了局部数据声明类型，表中内容的排列顺序也是在变量声明表中声明变量的顺序和变量在内存中的存储顺序。在逻辑块中不需使用的局部数据类型可以不必在变量声明表中声明。

表 3-2 局部数据声明类型

变量名	类　型	说　明
输入参数	In	由调用逻辑块的块提供数据，输入给逻辑块的命令
输出参数	Out	向调用逻辑块的块返回参数，即从逻辑块输出结果数据
I/O 参数	In_Out	参数的值由调用该块的其他块提供，由逻辑块处理修改，然后返回
静态变量	Stat	静态变量存储在背景数据块中，块调用结束后，其内容被保留
临时变量	Temp	临时变量存储在 L 堆栈中，块执行结束变量的值因被其他内容覆盖而丢失

对于功能（FC），操作系统在局部数据堆栈（L stack）中给 FC 的临时变量分配存储空间。由于没有背景数据块，因而 FC 不能使用静态变量。输入、输出和 I/O 参数以指向实参的指针形式存储在操作系统为参数传递而保留的额外空间中。

对于功能块（FB），操作系统为参数及静态变量分配的存储空间是背景数据块。这样参数变量在背景数据块中留有运行结果备份。在调用 FB 时，若没用提供实参，则功能块使用背景数据块中的数值。操作系统在 L 堆栈中给 FB 的临时变量分配存储空间。

3.1.1 功能

1. 生成功能

执行 SIMATIC 管理器的菜单命令“Insert（插入）”→“S7 Block（S7 块）”→“Function（功能）”或用鼠标右键单击 SIMATIC 管理器左边窗口中的“Blocks（块）”→“Insert New Object（插入新对象）”→“Function（功能）”，生成一个新的功能。在出现的功能属性对话框中，采用系统自动生成的功能名称“FC1”，设置“创建语言”为“LAD（梯形图）”，生成功能如图 3-1 所示。用鼠标单击“OK”按钮后，在 SIMATIC 管理器右边窗口出现 FC1。

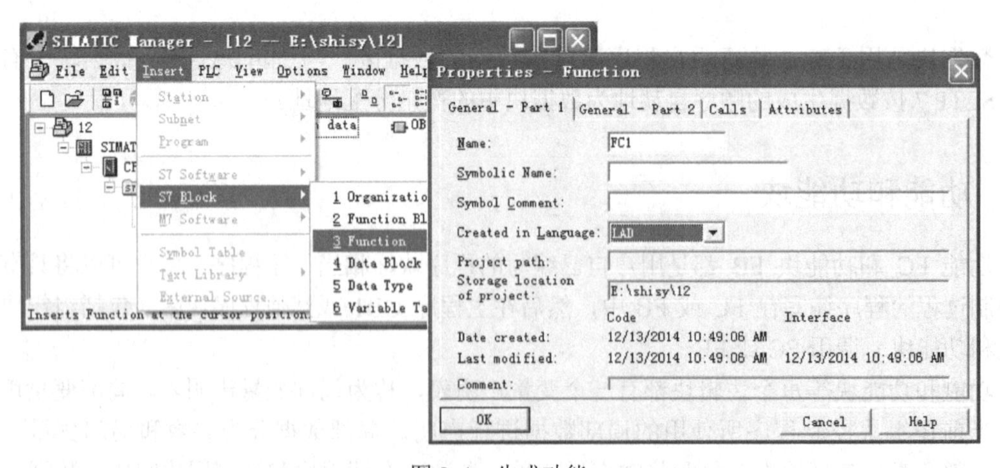

图 3-1　生成功能

2. 生成局部数据

用鼠标双击 SIMATIC 管理器中“FC1”图标，打开程序编辑器，程序编辑器如图 3-2

所示。将鼠标的光标放在程序区最上面的分隔条上，按住鼠标的左键，往下拉动分隔条，分隔条上面是功能的变量声明表，下面是程序区，左边是指令列表和库。将水平分隔条拉至程序编辑器视窗的顶部，不再显示变量声明表，但是它仍然存在。

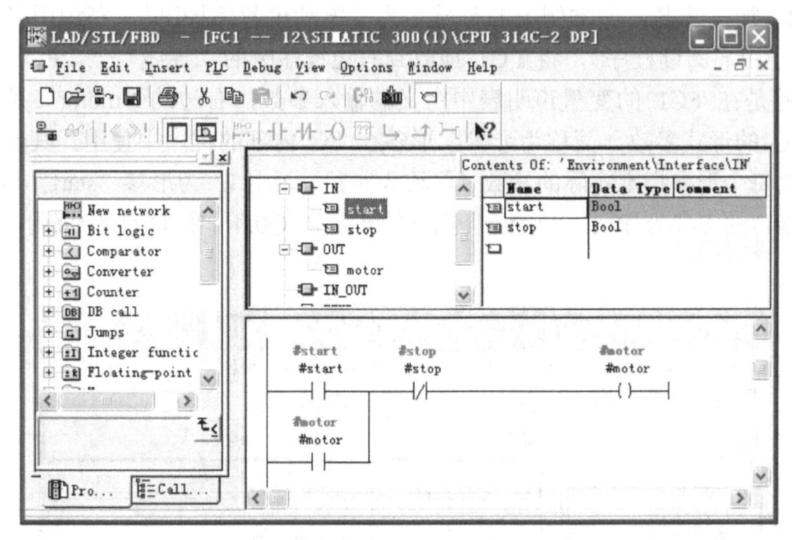

图 3-2　程序编辑器

在变量声明表中声明（即定义）局部变量，局部变量只能在它所在的块中使用。

块的局部变量名必须以英语字母开始，只能由字母、数字和下划线组成，不能使用汉字。

由图 3-2 可知，功能有 5 种局部变量。

1）IN：由调用它的块提供的输入参数。

2）OUT：返回给调用它的块的输出参数。

3）IN_OUT：初值由调用它的块提供，块执行后返回给调用它的块。

4）TEMP：临时数据，暂时保存在局部数据堆栈中的数据。只是在执行块时使用临时数据，执行完后，不再保存临时数据的数值，它可能被别的数据覆盖。

5）RETURN 中的 REL_VAL（返回值），属于输出参数。

选中变量声明表左边窗口中的“IN”，在变量声明表的右边窗口输入参数的名称“start”，按〈Enter〉键后，自动生成数据类型 Bool。该参数的下面出现空白行，再输入第二个参数“stop”。用同样的方法，生成 Bool 型的输出参数“motor”。用鼠标单击某个数据的“数据类型”列，再用鼠标单击该列的下拉按钮，可以选用打开的数据类型列表中的数据类型。

在变量声明表中赋值时，不需要指定存储器地址，根据各变量的数据类型，程序编辑器自动地为所有变量指定存储器地址。

3．生成功能中的程序

在变量声明表下面的程序区生成梯形图程序，如图 3-2 所示，STEP 7 自动地在局部变量的前面添加“#”号。

注意：变量表和梯形图程序生成后，必须保存，否则无法在 OB1 中调用。

4．调用功能

用鼠标双击打开 SIMATIC 管理器中的 OB1，打开程序编辑器左边窗口中的文件夹 FC 块（选中功能，用鼠标单击右键后选择“Object Properties（对象属性）”，可以在“属性对话框”中给功能添加符号名，如本例中的符号名为“电动机起停控制”，在调用多个功能时，添加符号名便于用户阅读程序），将 FC1 拖放到右边程序区的“导线”上。FC1 的方框中左边的“start”等是在 FC1 的变量声明表中定义的输入参数，右边的“motor”是输出参数。它们被称为 FC 的形式参数，简称为形参，形参在 FC 内部的程序中使用。其他逻辑块调用 FC 时，需要为每个形参指定实际的参数（简称为实参），例如：为形参“start”指定的实参为 I0.0，“stop”指定的实参为 I0.1，“motor”指定的实参为 Q0.0，在 OB1 中调用功能如图 3-3 所示。

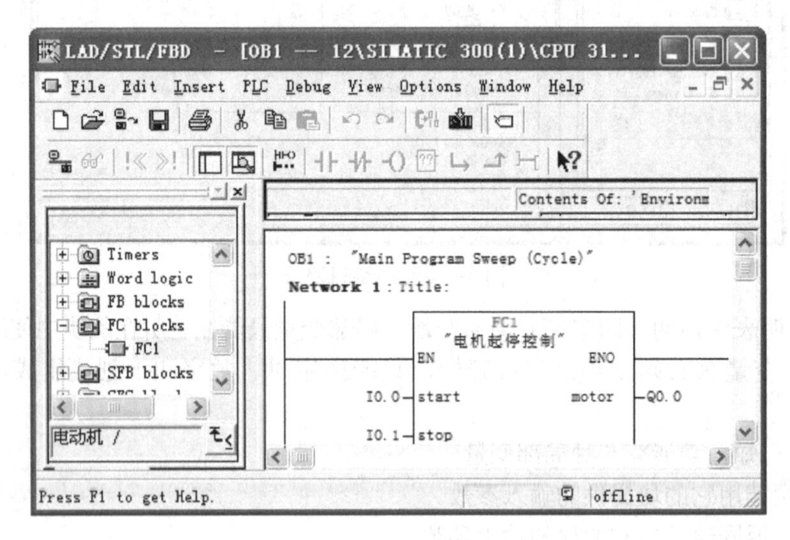

图 3-3　在 OB1 中调用功能

3.1.2　功能块

功能块是用户编写的有自己的存储区（背景数据块）的逻辑块，功能块的输入、输出参数和静态变量（STAT）用指定的背景数据块（DI）存放，临时变量存储在局部数据堆栈中。功能块执行完成后，背景数据块中的数据不会丢失，但是不会保存它的临时变量。

调用功能块和系统功能块时需要为它们指定一个背景数据块，后者随功能块的调用而打开，在调用结束时自动关闭。

1．生成功能块

执行 SIMATIC 管理器的菜单命令“Insert（插入）”→“S7 Block（S7 块）”→“Function Block（功能块）”或用鼠标右键单击 SIMATIC 管理器左边窗口中的“Blocks（块）”→“Insert New Object（插入新对象）”→“Function Block（功能块）”，生成一个新的功能块。在出现的功能块属性对话框中，采用系统自动生成的功能名称“FB1”，设置“创建语言”为“LAD（梯形图）”，单击“☑ Mul. Inst. Cap.（多情景标题）”复选框，将其框内勾取消，即取消多背景功能，生成功能块如图 3-4 所示。用鼠标单击“OK”按钮后，在

SIMATIC 管理器右边窗口出现 FB1。

Properties - Function Block

General - Part 1 | General - Part 2 | Calls | Attributes

Name: FB1　Mul. Inst. Cap.

Symbolic Name:

Symbol Comment:

Created in Language: LAD

Project path:

Storage location of project: E:\shisy\12

	Code	Interface
Date created:	12/13/2014 02:09:51 PM	
Last modified:	12/13/2014 02:09:51 PM	12/13/2014 02:09:51 PM

Comment:

OK　Cancel　Help

图 3-4　生成功能块

2．生成局部变量

用鼠标双击 SIMATIC 管理器中“FB1”图标，打开程序编辑器，FB1 的局部变量表与程序如图 3-5 所示。控制要求如下：用输入参数“Start（起动）”和“Stop（停止）”控制输出“Motor（电动机）”。按下停止按钮后开始制动，当延时输入参数“TOF”指定的断开延时时间预置值后，停止制动。图 3-5 的上面是 FB1 的变量声明表，下面是程序。同样，变量表和梯形图程序生成后，必须保存，否则无法在 OB1 中调用。

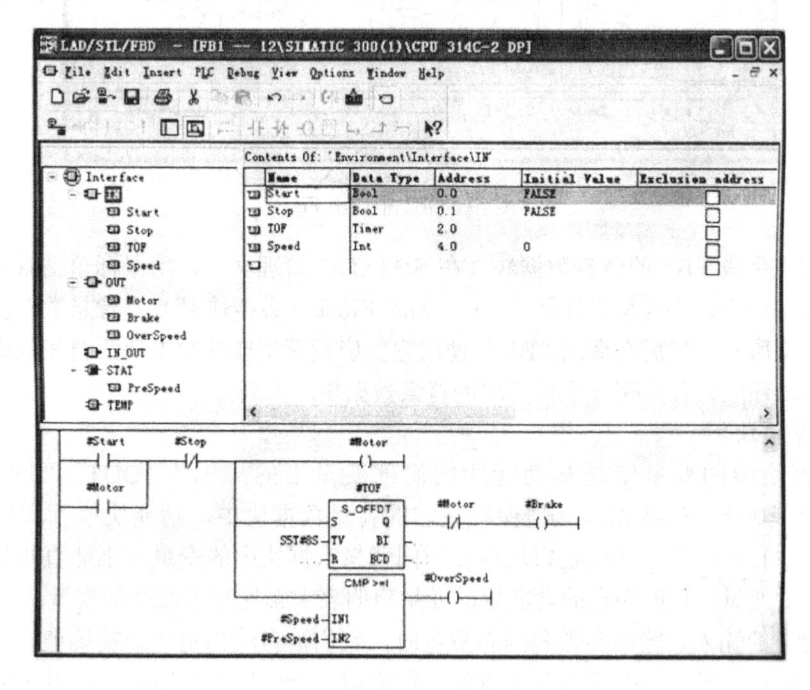

图 3-5　FB1 的局部变量表与程序

输入参数“Speed（实际转速）”与静态变量“PreSpeed（预置转速）”比较（在“PreSpeed（预置转速）”变量的初始值列将预置转速输入其中），实际转速大于预置转速时，输出参数“OverSpeed（超速）”为“1”状态。

注意：输入参数“TOF”的数据类型为“Timer”，实参应为定时器的编号（如T0）。

3. 在OB1中调用功能块

用鼠标双击打开SIMATIC管理器中的OB1，打开程序编辑器左边窗口中的文件夹FB blocks，将其中的FB1拖放到程序区的水平“导线”上，在OB1中调用FB1如图3-6所示。用鼠标双击方框上面的红色“??.?”，输入背景数据块的名称DB1，按〈Enter〉键后出现的对话框询问“实例数据块DB1不存在，是否要生成它？”。用鼠标单击“是”按钮确认，打开SIMATIC管理器，可以看到自动生成的DB1。

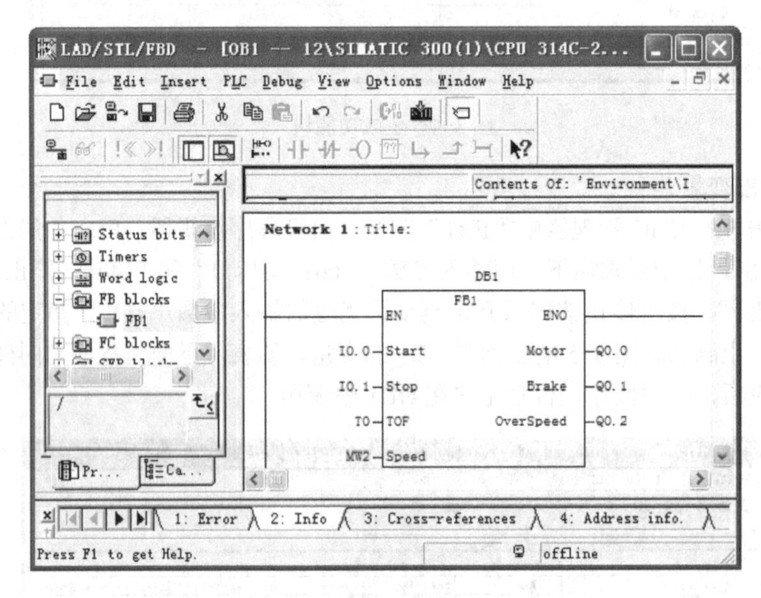

图3-6　在OB1中调用FB1

也可以首先生成FB1的背景数据块（在SIMATIC管理器中，用鼠标单击鼠标右键，选择“Insert New Object（插入新对象）”→“Data Block（数据块）”），“背景数据块的属性对话框”如图3-7所示，然后在调用FB1时使用它。应设置生成的数据块为背景数据块，如果有多个功能块，还应设置是哪一个功能块的背景数据块。

4. 背景数据块

背景数据块中的变量就是其功能块的局部变量中的“IN”“OUT”“IN_OUT”和“STAT”变量。功能块的数据永久地保存在它的背景数据块中，功能块执行完后也不会丢失，以供下次执行时使用。其他逻辑块可以访问背景数据块中的变量。不能直接删除或修改背景数据块中的变量，只能在它的功能块的变量声明表中删除和修改这些变量。

生成功能块的输入、输出参数和静态变量时，它们被自动指定一个初始值，可以修改这些初始值。它们被传送给FB的背景数据块，作为同一个变量的初始值。调用FB时没有指定实参的形参使用背景数据块中的初始值。

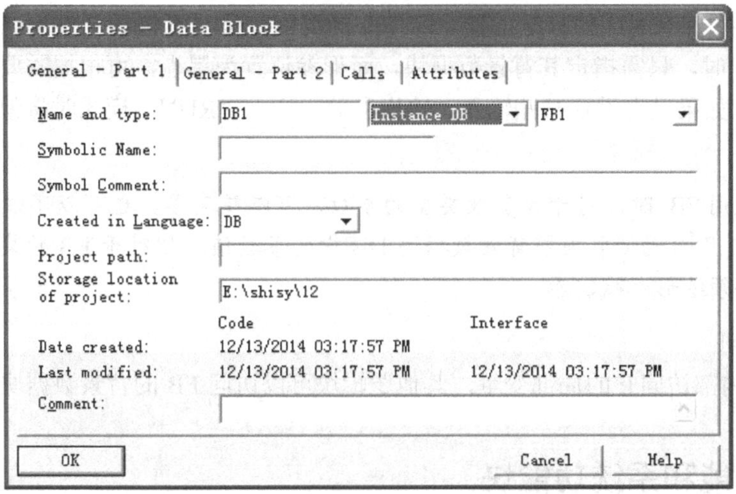

Properties - Data Block
General - Part 1 | General - Part 2 | Calls | Attributes
Name and type: DB1 Instance DB FB1
Symbolic Name:
Symbol Comment:
Created in Language: DB
Project path:
Storage location of project: E:\shisy\12
Code Interface
Date created: 12/13/2014 03:17:57 PM
Last modified: 12/13/2014 03:17:57 PM 12/13/2014 03:17:57 PM
Comment:
OK Cancel Help

图 3-7 “背景数据块”的属性对话框

5. 共享数据块

数据块分背景数据块和共享数据块，都是用来分类存储设备或生产过程中变量的值。共享数据块和符号表中声明的变量是全局变量，可供所有的逻辑块使用。在符号表中，共享数据块的数据类型是它本身，背景数据块的数据类型是对应的功能块。

共享数据块的建立同背景数据块，生成新的数据块时，默认的类型是共享数据块。

CPU 可以用 OPN 指令同时分别打开一个共享数据块和背景数据块。打开数据块 DB1 后，DB1.DBW2 可以简写为 DBW2。打开新的数据块时，原来被打开的数据块自动关闭。

3.1.3 功能与功能块的区别

FC 和 FB 均为用户编写的程序，它们的根本区别在于：FC 没有自己的存储区，而 FB 拥有自己的存储区，即背景数据块 DB。在调用 FB 时，必须为其指定一个背景数据块 DB。这一区别使 FC 和 FB 具有以下不同。

1. 变量声明

FC 和 FB 相同的变量类型有“IN（输入）”“OUT（输出）”“IN_OUT（输入/输出）”和“TEMP（暂态临时变量）”。而 FC 中有“返回值变量（RETURN）”，在 FC 结束调用时将输出这一变量（如果有定义），不过使用“OUT”类型的变量可以输出多个变量，比“RETURN”具有更大的灵活性。FB 有“静态变量类型（STAT）”，静态变量类型与“暂态临时变量（TEMP）”不同之处在于：“STAT”变量类型存储在 FB 的背景数据块中，当 FB 调用完后，静态变量的数据仍然有效。“TEMP”变量为临时局部存储区，在 CPU 内部，由 CPU 根据所执行的程序块的情况临时分配。一旦程序块执行完成，该区域将被收回，在下一个扫描周期中，执行到该程序块时再重新分配“TEMP”存储区。

2. 参数赋值

由于 FC 没有自己的背景数据块，即 FC 的局部变量没有初始值，因此 FC 的形式参数在调用时都必须赋予实际参数。在调用带参数的 FC 时，参数位置均为红色问号“??.?”，必须指定实际值，否则程序不能完成，不能保存下载。而 FB 有自己的背景数据块，所有的参数在其背景数据块中都有对应的存储位置，即 FB 的局部变量（不包括“TEMP”）有初始值，因此在调用 FB 时，只需指定其背景数据块，而形参位置为黑点，可根据需要选择填写，即在调用 FB 时，如果没有设置某些输入、输出参数，进入“RUN”模式时将使用背景数据块中的初始值。

注意：在调用FB 时，对于大多数类型的参数，可以赋实参，也可以不赋值。如果不给FB 的形参赋值，则自动读取当前背景数据块 DB 中的参数值。但对于 FB 的某些特殊类型的参数，也要求必须给形参赋实参。

3．数据访问

FC 只能在内部访问它的局部变量，其他逻辑块可以访问 FB 的背景数据块中的变量。

3.2 系统功能和系统功能块

系统功能 SFC（System Function）和系统功能块 SFB（System Function Block）是预先编写的可供用户调用的程序块，它们已经固化在 S7 PLC 的 CPU 中，其功能和参数已经确定。CPU 具有哪些 SFC 和 SFB 功能，与 CPU 的型号有关。通常 SFC 和 SFB 提供一些系统级的功能调用（如通信功能、高速处理功能等），并且它们的编号和功能是固定的。SFC 编号及功能表、SFB 编号及功能表分别如表 3-3 和表 3-4 所示。

表 3-3　SFC 编号及功能表

编　号	系统功能名	功能描述
SFC0	SET_CLK	设系统时间
SFC1	READ_CLK	读系统时间
SFC2	SET_RTM	运行时间计时器设定
SFC3	CTRL_RTM	运行时间计时器起/停
SFC4	READ_RTM	运行时间计时器读取
SFC5	GADR_LGC	查询模板的逻辑起始地址
SFC6	RD_SINFO	读 OB 起动信息
SFC7	DP_PRAL	在 DP 主站上触发硬件中断
SFC9	EN_MSG	使能块相关，符号相关和组状态的信息
SFC10	DIS_MSG	封锁块相关，符号相关和组状态的信息
SFC11	DPSYC_FR	同步 DP 从站组
SFC12	D_ACT_DP	取消和激活 DP 从站
SFC13	DPNRM_DG	读 DP 从站的诊断数据（从站诊断）
SFC14	DPRD_DAT	读标准 DP 从站的连续数据
SFC15	DPWR_DAT	写标准 DP 从站的连续数据
SFC17	ALARM_SQ	生成可应答的块相关信息
SFC18	ALARM_S	生成恒定可应答的块相关信息
SFC19	ALARM_SC	查询最后的 ALARM_SQ 到来状态信息的应答状态
SFC20	BLKMOV	复制变量
SFC21	FILL	初始化存储区

（续）

编　　号	系统功能名	功能描述
SFC22	CREAT_DB	生成 DB
SFC23	DEL_DB	删除 DB
SFC24	TEST_DB	测试 DB
SFC25	COMPRESS	压缩用户内存
SFC26	UPDAT_PI	刷新过程映像更新表
SFC27	UPDAT_PO	刷新过程映像输出表
SFC28	SET_TINT	设置日时钟中断
SFC29	CAN_TINT	取消日时钟中断
SFC30	ACT_TINT	激活日时钟中断
SFC31	QRY_TINT	查询日时钟中断
SFC32	SRT_DINT	起动延时中断
SFC33	CAN_DINT	取消延时中断
SFC34	QRY_DINT	激活延时中断
SFC35	MP_ALM	触发多 CPU 中断
SFC36	MSK_FLT	屏蔽同步故障
SFC37	DMSK_FLT	解除同步故障屏蔽
SFC38	READ_ERR	读故障寄存器
SFC39	DIS_IRT	封锁新中断和非同步故障
SFC40	EN_IRT	使能新中断和非同步故障
SFC41	DIS_AIRT	延迟高优先级中断和非同步故障
SFC42	EN_AIRT	使能高优先级中断和非同步故障
SFC43	RE_TRIGR	再触发循环时间监控
SFC44	REPL_VAL	传送替代值到累加器 1
SFC46	STP	使 CPU 进入停机状态
SFC47	WAIT	延时用户程序的执行
SFC48	SNC_RTCB	同步子时钟
SFC49	LGC_GADR	查询一个逻辑地址的模块槽位属性
SFC50	RD_LGADR	查询一个模块全部逻辑地址
SFC51	RDSYSST	读系统状态表或部分表
SFC52	WR_USMSG	向诊断缓冲区写用户定义的诊断事件
SFC54	RD_PARM	读取定义参数
SFC55	WR_PARM	写动态参数
SFC56	WR_DPARM	写默认参数
SFC57	PARM_MOD	为模块指派参数
SFC58	WR_REC	写数据记录
SFC59	RD_REC	读数据记录
SFC60	GD_SND	全局数据包发送
SFC61	GD_RCV	全局数据包接收
SFC62	CONTROL	查询属于 S7-400 的本地通信 SFB 背景的连接状态

（续）

编　　号	系统功能名	功能描述
SFC63	AB_CALL	汇编代码块
SFC64	TIME_TCK	读系统时间
SFC65	X_SEND	向局域S7站之外的通信伙伴发送数据
SFC66	X_RCV	接收局域S7站之外的通信伙伴发来的数据
SFC67	S_GET	读取局域S7站之外的通信伙伴数据
SFC68	X_PUT	写数据到局域S7站之处的通信伙伴
SFC69	X_ABORT	终止现存的与局域S7站之外的通信伙伴连接
SFC72	I_GET	读取局域S7站内的通信伙伴
SFC73	I_PUT	写数据到局域S7站内的通信伙伴
SFC74	I_ABORT	终止现存的与局域S7站内的通信伙伴连接
SFC78	OB_RT	决定OB的程序运行时间
SFC79	SET	置位输出范围
SFC80	RSET	复位输出范围
SFC81	UBLKMOV	不可中断复制变量
SFC82	CREA_DBL	在装载存储器中生成DB块
SFC83	READ_DBL	读装载存储器中的DB块
SFC84	WRIT_DBL	写装载存储器中的DB块
SFC87	C_DIAG	实际连接状态的诊断
SFC90	H_CTRL	H系统中的控制操作
SFC100	SET_CLKS	设日期时间和日期时间状态
SFC101	RTM	处理时间计时器
SFC102	RD_DPARA	读取预定义参数（重新定义参数）
SFC103	DP_TOPOL	识别DP主系统中总线的拓扑
SFC104	CiR	控制CiR
SFC105	READ_SI	读动态系统资源
SFC106	DEL_SI	删除动态系统资源
SFC107	ALARM_DQ	生成可应答的块相关信息
SFC108	ALARM_D	生成恒定可应答的块相关信息
SFC126	SYNC_PI	同步刷新过程映像输入表
SFC127	SYNC_PO	同步刷新过程映像输出表

表3-4　SFB编号及功能表

编　　号	系统功能块名	功 能 描 述
SFB0	CTU	增计数
SFB1	CTD	减计数
SFB2	CTUD	增/减计数
SFB3	TP	脉冲定时
SFB4	TON	延时接通
SFB5	TOF	延时断开
SFB8	USEND	非协调数据发送

（续）

编　号	系统功能块名	功 能 描 述
SFB9	URCV	非协调数据接收
SFB12	BSEND	段数据发送
SFB13	BRCV	段数据接收
SFB14	GET	向远程 CPU 写数据
SFB15	PUT	向远程 CPU 读数据
SFB16	PRINT	向打印机发送数据
SFB19	START	在远程装置上实施暖起动和冷起动
SFB20	STOP	将远程装置变为停止状态
SFB21	RESUME	在远程装置上实施热起动
SFB22	STATUS	查询远程装置的状态
SFB23	USTATUS	接收远程装置的状态
SFB29	HS_COUNT	计数器（高速计数器，集成功能）
SFB30	FREQ_MES	频率计（频率计，集成功能）
SFB31	NOTIFY_8P	生成不带应答指示的块相关信息
SFB32	DRUM	执行顺序器
SFB33	ALARM	生成带应答指示的块相关信息
SFB34	ALARM_8	生成不带 8 个信号值的块相关信息
SFB35	ALARM_8P	生成带 8 个信号值的块相关信息
SFB36	NOTIFY	生成不带应答显示的块相关信息
SFB37	AR_SEND	发送归档数据
SFB38	HSC_A_B	计数器 A/B（集成功能）
SFB39	POS	定位（集成功能）
SFB41	CONT_C	连续调节器
SFB42	CONT_S	步进调节器
SFB43	PULSEGEN	脉冲发生器
SFB44	ANALOG	带模拟输出的定位
SFB46	DIGITAL	带数字输出的定位
SFB47	COUNT	计数器控制
SFB48	FREQUENC	频率计控制
SFB49	PULSE	脉冲宽度控制
SFB52	RDREC	读来自 DP 从站的数据纪录
SFB53	WRR EC	向 DP 从站写数据纪录
SFB54	RALRM	接收来自 DP 从站的中断
SFB60	SEND_PTP	发送数据（ASCII 3964（R））
SFB61	RCV_PTP	接收数据（ASCII 3964（R））
SFB62	RES_RECV	清除接收缓冲区（ASCII 3964（R））
SFB63	SEND_RK	发送数据（RK 512）
SFB64	FETCH_RK	获取数据（RK 512）
SFB65	SERVE_RK	接收和提供数据（RK 512）
SFB75	SALRM	向 DP 从站发送中断

注意：在调用 SFB 时，也需要用户指定其背景数据块，并确定将背景数据块下载到 PLC 中。

3.3 实训 7 多级分频器的 PLC 控制

3.3.1 实训目的

1）掌握无参功能的使用。

2）掌握有参功能的使用。

3）巩固跳转指令的使用。

3.3.2 实训任务

使用 S7-300 PLC 实现多级分频器的控制。控制要求如下：当转换开关 SA 接通时，从 Q0.0、Q0.1、Q0.2、Q0.3 的输出端分别输出频率为 0.5Hz、0.25Hz、0.125Hz、0.0625Hz 的脉冲信号，同时接在输出端 Q0.4、Q0.5、Q0.6、Q0.7 处的相应指示灯 HL1～HL4 亮；当转换开关 SA 关断时，无脉冲输出且所有指示灯全灭。

3.3.3 实训步骤

1．原理图绘制

分析项目控制要求可知：转换开关 SA 的常开触点作为 PLC 的输入信号，4 种频率输出端及相应指示灯 HL1～HL4 作为 PLC 的输出信号，多级分频器的 PLC 控制 I/O 地址分配表如表 3-5 所示，多级分频器的 PLC 控制原理图如图 3-8 所示。

表 3-5 多级分频器的 PLC 控制 I/O 地址分配表

输 入			输 出		
元 件	输入继电器	作 用	元 件	输出继电器	作 用
转换开关 SA	I0.0	起停分频器		Q0.0	0.5Hz 脉冲输出
				Q0.1	0.25Hz 脉冲输出
				Q0.2	0.125Hz 脉冲输出
				Q0.3	0.0625Hz 脉冲输出
			指示灯 HL1	Q0.4	0.5Hz 脉冲输出指示
			指示灯 HL2	Q0.5	0.25Hz 脉冲输出指示
			指示灯 HL3	Q0.6	0.125Hz 脉冲输出指示
			指示灯 HL4	Q0.7	0.0625Hz 脉冲输出指示

2．硬件组态

新建一个多级分频器控制的项目，再打开 SETP 7 软件的“HW Config（硬件组态）”窗口，按 1.2.3 节讲述的方法进行 PLC 的硬件组态，在此组态导轨、紧凑型的 CPU314C 模块，并将集成的数字量输入/输出模块的起始地址改为 0，将 CPU 模块的时钟存储器设置为 MB100，并对硬件组态进行编译并保存。

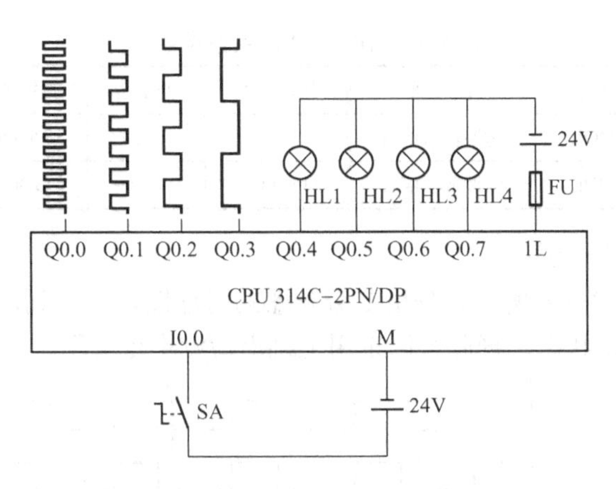

图 3-8　多级分频器的 PLC 控制原理图

3．创建无参功能 FC1

当转换开关 SA 未接通时，主要是将 QB0 输出端清 0，程序比较简单，可采用无参功能实现。

（1）生成无参功能 FC1

选择“多级分频器控制”项目的 Blocks 文件，单击鼠标右键，然后执行命令“Insert New Object（插入的对象）”→“Function（功能）”，生成一个新的功能 FC1。

（2）编辑无参功能 FC1 的控制程序

当转换开关 SA 未接通时，让 QB0 端清 0，即无脉冲输出且所有指示灯全灭，无参功能清 0 程序如图 3-9 所示。

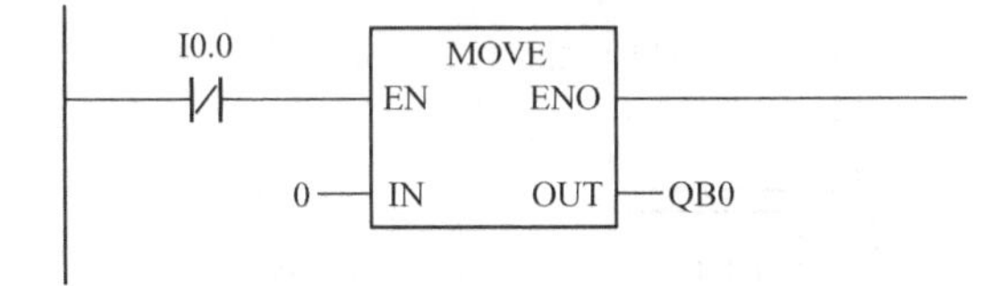

图 3-9　无参功能清 0 程序

4．创建有参功能 FC2

4 种分频电路原理一样，但它们的输入/输出端口参数不一样，所以只要生成一个有参功能 FC2，分 4 次调用即可。

（1）生成有参功能 FC2

选择“多级分频器控制”项目的 Blocks 文件，单击鼠标右键，然后执行命令“Insert New Object（插入的对象）”→“Function（功能）”，生成一个新的功能 FC2。

（2）编辑 FC2 的变量声明表

在 FC2 的变量声明表内，声明 4 个参数，功能 FC2 的变量声明如表 3-6 所示。

表 3-6　功能 FC2 的变量声明

接口类型	变量名	数据类型	注　释	接口类型	变量名	数据类型	注　释
In	S_IN	BOOL	脉冲输入信号	Out	LED	BOOL	输出状态指示
Out	S_OUT	BOOL	脉冲输出信号	In_Out	F_P	BOOL	上跳沿检测标志

（3）编辑 FC2 的控制程序

二分频时序图如图 3-10 所示。分析二分频器的时序图可以看到，输入信号每出现一次上跳沿，输出便改变一次状态，据此可以采用上跳沿检测指令实现。

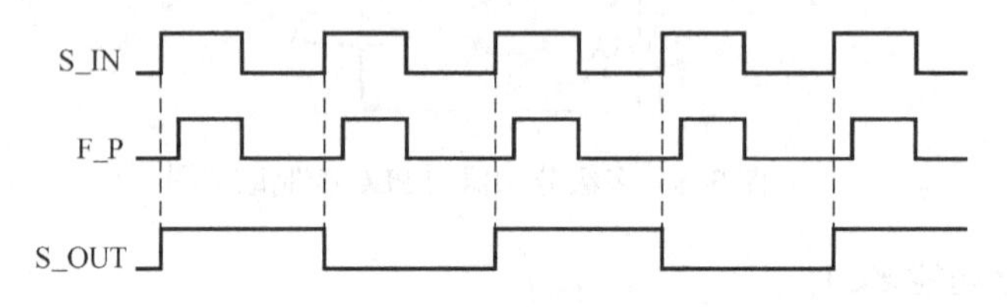

图 3-10　二分频时序图

在 SIMATIC 管理器窗口用鼠标双击功能 FC2 图标，打开 FC2 编辑窗口，编写二分频器的控制程序。使用跳转指令编写的 FC2 控制程序如图 3-11 所示。

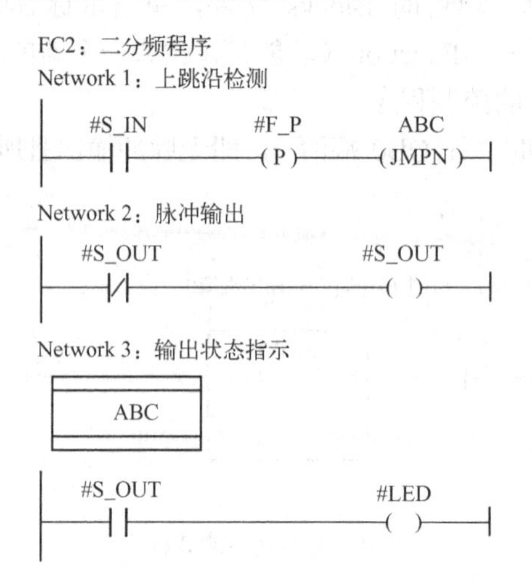

图 3-11　FC2 控制程序

如果输入信号“S_IN”出现上跳沿，则对“S_OUT”取反，然后将信号“S_OUT”状态送“LED”显示，否则，程序直接跳转到“ABC”处执行，将“S_OUT”的信号状态送“LED”显示。

5. 在 OB1 中调用功能 FC1 和 FC2

在 SIMATIC 管理器窗口用鼠标双击 OB1 图标，打开 OB1 编辑窗口。在 OB1 窗口左侧指令栏分别给功能 FC1 和 FC2 添加符号名，分别为“输出端口清 0”和“二分频器”。多级分频器的 PLC 控制程序如图 3-12 所示。

OB1：多级分频器控制

Network 1：输出端口清0

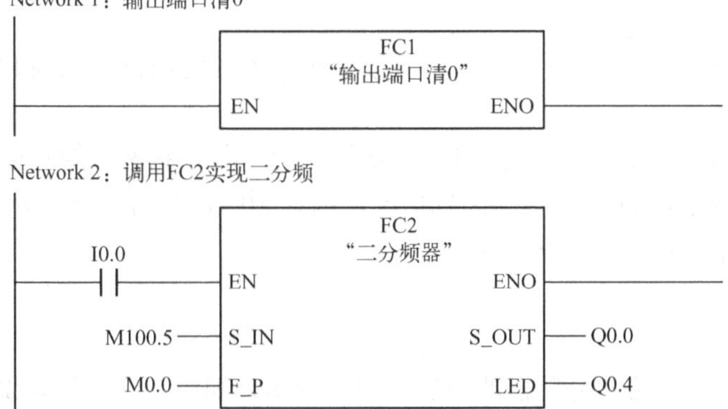

Network 3：调用FC2实现四分频

FC2
“二分频电路”
I0.0
EN
ENO
Q0.0
S_IN
S_OUT
Q0.1
M0.1
F_P
LED
Q0.5

Network 4：调用FC2实现八分频

FC2
“二分频器”
I0.0
EN
ENO
Q0.1
S_IN
S_OUT
Q0.2
M0.2
F_P
LED
Q0.6

Network 5：调用FC2实现十六分频

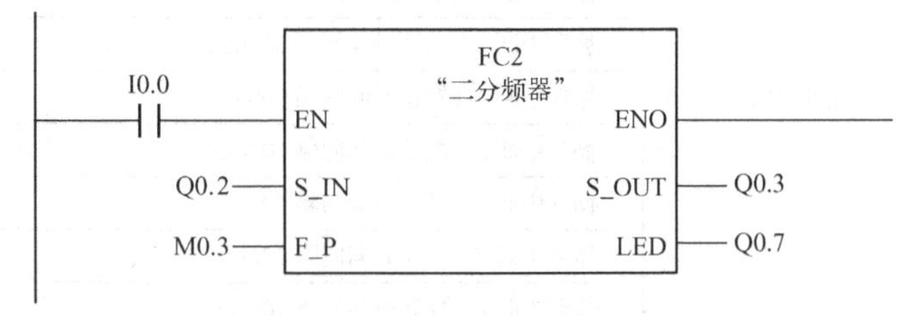

图 3-12　多级分频器的 PLC 控制程序

6．软件仿真

按上述方法打开仿真器，将 CPU 模式选为“STOP”或“RUN-P”模式，选中 SIMATIC 管理中 300 站点，将硬件和软件一同下载到仿真软件 PLCSIM 中。添加输入 IB0 和输出 QB0 对象。将 CPU 模式选择为“RUN-P”模式，并起动程序监控功能。将转换开关 SA 接通，观察输出端 Q0.0～Q0.7 的变化情况，是否与控制要求一致。然后再将转换开关 SA 断开，观察输出端 Q0.4～Q0.7 灯是否全灭。如果仿真现象与控制要求一致，则程序编写正确。

7．硬件连接

请读者参照图 3-8 进行线路连接，连接后再检查或测量确认连接无误后方可进入下一实训环节。

8．程序下载

选择 SIMATIC 管理器中 300 站点，将多级分频器控制的项目下载到 PLC 中。

9．系统调试

硬件连接和项目下载好后，打开 OB1 组织块，起动程序状态监控功能。将转换开关 SA 接通和关断，观察指示灯 HL1～HL4 闪烁情况，闪烁频率是否为逐位二分频。如上述调试现象符合项目控制要求，则实训任务完成。

3.3.4 实训拓展

使用功能 FC 实现二级四分频器的控制，输出频率分别为 0.5Hz 和 0.125Hz。

3.4 组织块

组织块 OB（Organization Block）是 CPU 操作系统和用户程序的接口，只有 CPU 操作系统可以调用组织块。操作系统根据不同的起动事件调用不同的组织块。因此，用户的主程序必须写在组织块中。组织块的起动事件及优先级如表 3-7 所示。

表 3-7 组织块的起动事件及优先级

组织块 OB	中断类型	起动事件	默认优先级
OB1	主程序扫描	起动结束或 OB1 执行结束	1
OB10～OB17	日期时钟中断	日期时间中断 0～7	2
OB20～OB23	延时中断	延时中断 0～3	3～6
OB30	循环中断	循环中断 0（默认时间间隔 5s）	7
OB31		循环中断 1（默认时间间隔 2s）	8
OB32		循环中断 2（默认时间间隔 1s）	9
OB33		循环中断 3（默认时间间隔 500ms）	10
OB34		循环中断 4（默认时间间隔 200ms）	11
OB35		循环中断 5（默认时间间隔 100ms）	12
OB36		循环中断 6（默认时间间隔 50ms）	13
OB37		循环中断 7（默认时间间隔 20ms）	14
OB38		循环中断 8（默认时间间隔 10ms）	15
OB40～OB47	硬件中断	硬件中断 0～7	16～23
OB55	DPV1	状态中断	2
OB56		刷新中断	2
OB57		制造厂特殊中断	2
OB60	多处理中断	SFC“MP_ALM”调用	25
OB61～OB64	同步循环中断	同步循环中断 0～3	25
OB70	冗余故障中断（只适于 H 型 CPU）	I/O 冗余中断	25
OB72		CPU 冗余中断	28
OB73		通信冗余中断	25

（续）

组织块 OB	中 断 类 型	起 动 事 件	默认优先级
OB80	异步故障中断	时间故障	26 或 28（如果 OB 存在于起动程序中优先级为 28）
OB81		电源故障	
OB82		诊断故障	
OB83		插入/删除模板故障	
OB84		CPU 硬件故障	
OB85		程序周期错误	
OB86		扩展机架、DP 主站系统或分布式 I/O 从站故障	
OB87		通信故障	
OB88		过程中断	28
OB90	背景循环	暖或冷起动或删除一个正在 OB90 中执行的块或装载一个 OB90 到 CPU 或中止 OB90	29
OB100	起动	暖起动	27
OB101		热起动（S7-300 不具备）	27
OB102		冷起动	27
OB121	同步错误中断	编程错误	取引起错误 OB 的优先级
OB122		I/O 访问错误	

注意：可以使用的组织块与 CPU 的型号有关。

根据起动条件，组织块可分为循环执行组织块、起动组织块、定期执行组织块和事件驱动组织块。

3.4.1 循环执行组织块

OB1 是循环执行的组织块，其优先级最低。PLC 在运行时将反复循环执行 OB1 中的程序，当有优先级较高的事件发生时，CPU 将中断当前的任务，去执行优先级较高的组织块，执行完成以后，CPU 将回到断点处继续执行 OB1 中的程序，并反复循环下去，直到停机或者是下一个中断发生。一般用户主程序都写在 OB1 中。

3.4.2 起动组织块

当 CPU 上电或操作模式由“停止”状态改变为“运行”状态时，CPU 首先执行起动组织块，只执行一次，然后开始循环执行主程序组织块 OB1。

S7 系统 PLC 的起动组织块有 3 个，分别为 OB100（暖起动）、OB101（热起动）和 OB102（冷起动），至于 PLC 起动哪种起动方式，是与 CPU 的型号及起动模式有关。

1．暖起动

OB100 为完全再起动类型（暖起动）。起动时，过程映像区和不保持的标志存储器、定时器及计数器被清零，保持的标志存储器、定时器和计数器及数据块的当前值保持原状态，执行 OB100 后开始执行循环程序 OB1。一般 S7-300 PLC 都采用此种起动方式。

系统起动时，常需要对某些变量赋值或输出清 0，或初始化某些功能，这些只执行一次的程序则可以放在 OB100 组织块中。

【例 3-1】 OB100 组织块的使用和验证：PLC 上电后给存储字 MW0 清 0，用加法指令

ADD_I 将 MW20 加 1。

在 SIMATIC 管理器窗口，选中左侧项目的“Blocks”（块），单击鼠标右键，然后执行命令“Insert New Object（插入的对象）”→“Organization Block（组织块）”，将块名称改为OB100。在 SIMATIC 管理器窗口用鼠标双击 OB100 图标，打开编程窗口，OB100 程序如图 3-13 所示。使用仿真软件可以观察到 CPU 执行 OB100 的次数，从图 3-13 中看以看到。

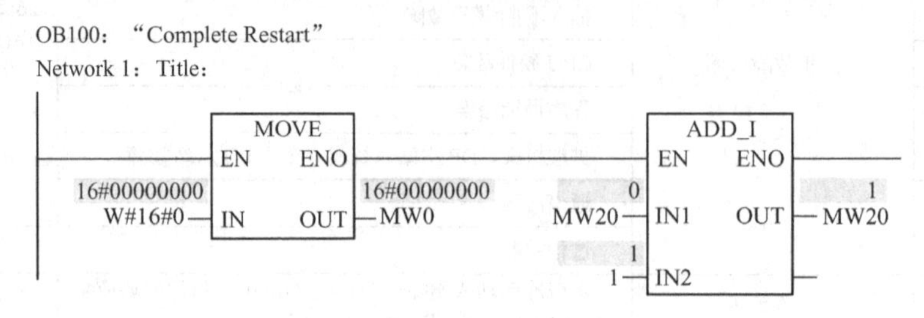

图 3-13　OB100 程序

2．热起动

OB101 为再起动类型（热起动）。起动时，所有数据都将保持原状态，并且将 OB101 中的程序执行一次。然后程序从断点处开始执行。剩余循环执行完以后开始执行循环程序。热起动一般只有 S7-400PLC 具有此功能。

3．冷起动

OB102 为冷起动方式。CPU318-2 和 CPU417-4 具有冷起动方式。冷起动时，所有数据都将被清零，而且数据块的当前值被装载存储器中的开始值覆盖。然后将 OB102 中的程序执行一次后执行循环程序。

3.4.3　定期执行组织块

中断组织是当有中断产生时 CPU 转去执行的组织块。中断组织块有时间中断组织块、循环中断组织块、延时中断组织块和硬件中断组织块。

1．时间中断组织块

OB10～OB17 为时间中断组织块。通过时间中断组织块可以在指定的时间执行一次程序，或者从某个特定的时间开始，间隔指定的时间（如一天、一个星期、一个月等）执行一次程序，即执行周期性的循环中断。可以用专用的 SFC28～SFC30 设置、取消和激活时间中断。绝大多数 S7-300 的 CPU 只能使用 OB10。

（1）基于硬件组态的时间中断

要求在到达设置的时间时，保护装置动作，即 Q0.0 线圈得电。操作步骤如下。

- 创建一个 OB10 组织块。
- 打开硬件组态窗口，用鼠标双击机架中的 CPU，打开其属性，“CPU 属性”对话框如图 3-14 所示。在“Time-of-Day Interrupts（时间中断）”选项卡中，设置执行起动设备的日期和时间，执行的方式为“Once（一次）”。用复选激活中断，用鼠标单击“OK”按钮结束设置。用鼠标单击工具栏上的按钮，编译并保存组态信息。
- 在 OB10 中编写其程序。在设置时间到时，将需要起动的装置对应的输出点 Q0.0 置位。

```
SET                     // 将 RLO 置为 1
=    Q    0.0           // 将 RLO 写入 Q0.0
```

Properties - CPU 314C-2 PN/DP - (R0/S2)

Cyclic Interrupts | Diagnostics/Clock | Protection | Communication | Web
General | Startup | Synchronous Cycle Interrupts | Cycle/Clock Memory
Retentive Memory | Interrupts | Time-of-Day Interrupts

	Priority	Active	Execution	Start date	Time of	PIP
OB10:	2	☑	Once	10/08/2015	16:00	---
OB11:	0	☐	None	01/01/1994	00:00	---

OK　Cancel　Help

图 3-14　CPU 属性对话框

可以在 OB1 中用其他触点指令将 Q0.0 复位。

（2）用 SFC 控制时间中断

控制要求：在设置时间到时，每秒钟对存储字 MW100 的内容加 1。OB1 的程序如图 3-15 所示。

OB1：“Main Program Sweep(Cycle)”

Network 1：调用SFC31查询OB10的状态；调用IEC功能FC3合并日期和时间

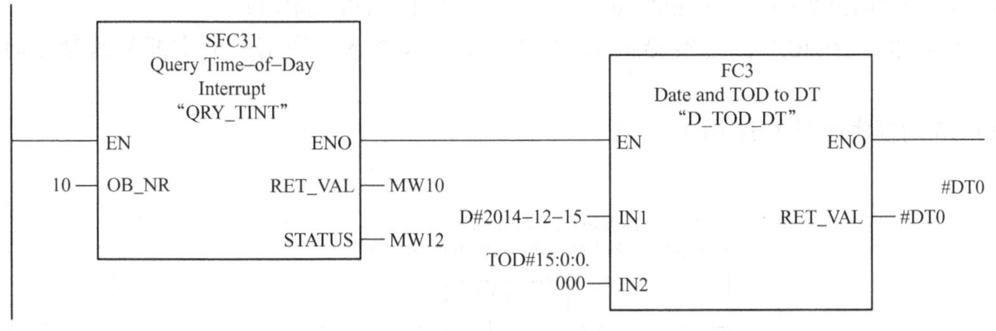

Network 2：在I0.0上跳沿调用SFC28和SFC30设置和激活时间中断

I0.0　M0.0 (P)　SFC28 Set Time–of–Day Interrupt “SET_TINT”　EN　ENO　10 — OB_NR　RET_VAL — MW20　#DT0　#DT0 — SDT　W#16#201 — PERIOD

SFC30 Activate Time–of–Day Interrupt “ACT_TINT”　EN　ENO　10 — OB_NR　RET_VAL — MW22

Network 3：在I0.1的上跳沿调用SFC29禁止时间中断

I0.1　M0.1 (P)　SFC29 Cancel Time–of–Day Interrupt “CAN_TINT”　EN　ENO　10 — OB_NR　RET_VAL — MW24

图 3-15　OB1 的程序

OB1 程序说明：

在网络 1 中调用 SFC31（QRY_TINT 查询时间中断）来查询时间中断状态，读取的状态字存放在 MW12 中，RET_VAL 是执行时可能出现的错误代码，为 0 时无错误。用 IEC 中功能 FC3“D_TOD_TD”将日期和时间值合并，它在程序编辑器左边窗口的文件夹“Libraries\Standard Library\IEC Function Blocks”中。生成 OB1 的临时局部变量（TEMP）“DT0”，其数据类型为 Date_And_Time，FC3 的执行结果保存在 DT0 中。

在网络 2 中用 I0.0 的上跳沿调用 SFC28（SET_TINT 设置时间中断）和 SFC30（ACT_TINT 激活时间中断）来设置和激活时间中断 OB10。在各 SFC 的参数 OB_NR 是组织块编号。SFC28 的参数“SDT”是开始产生中断的日期和时间。“PERIOD”用来设置执行的方式，W#16#0000 = Once 表示时间到只执行一次时间中断（选中 SFC28，按下〈F1〉键，打开在线帮助，可查询其功能块信息使用信息。W#16#0201= Every Minute 表示每分钟产生一次时间中断；W#16#0401 = Hourly 表示每小时产生一次时间中断； W#16#1001 = Daily 表示每天产生一次时间中断；W#16#1201 = Weekly 表示每周产生一次时间中断；W#16#1401 = Monthly 表示每月产生一次时间中断；W#16#1801 = Yearly 表示每年产生一次时间中断；W#16#2001 = At month's end 表示每月末产生一次时间中断）。

在网络 3 中用 I0.1 的上跳沿调用 SFC29（CAN_TINT 取消时间中断）来禁止时间中断。

OB10 的程序如图 3-16 所示。

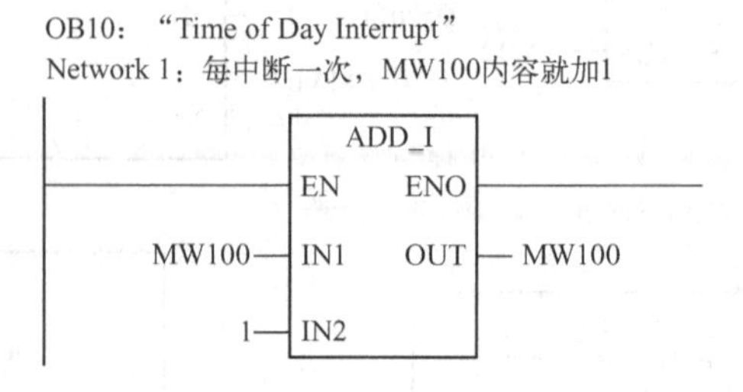

图 3-16　OB10 的程序

2．循环中断组织块

OB30～OB38 为循环中断组织块。它用于按精确的时间间隔循环执行中断程序，如周期性地执行闭环控制系统的 PID 控制程序，间隔时间从“STOP”切换到“RUN”模式时开始计算。循环中断组织块的间隔时间较短，最长为 1min，最短为 1ms。在使用循环中断组织块时，时间间隔不能小于 5ms，如果时间过短，还没有执行完循环中断程序又开始调用它，将会产生时间错误事件，调用 OB80。如果没有创建和下载 OB80，CPU 将进入“STOP”模式。同时，也应保证设定的循环时间大于执行该程序块的时间，否则 CPU 也将出错。

可以使用的循环中断 OB 个数与 CPU 的型号有关，大多数 S7-300 CPU 只能使用 OB35，CPU314C-2PN/DP 型 CPU 能使用 OB32～OB35。

【例 3-2】 使用循环中断实现接在输出字节 QB0 端口上的 8 盏指示灯闪烁控制，闪烁频率为 1Hz。

（1）硬件组态

用鼠标双击硬件组态窗口（HW Config）中的 CPU，打开 CPU 属性对话框，组态循环中断如图 3-17 所示。选择“Cyclic Interrupts（周期性中断）”选项卡，可以看出 CPU314C-2PN/DP 型 CPU 可以使用 OB32～OB35，其循环周期（Execution）默认值分别为 1000ms、500ms、200ms、100ms。“Phase Offset（相对偏移量）”默认值为 0，用于错开不同时间间隔的几个循环中断 OB，使它们不会被同时执行，以减少连续执行循环中断 OB 的时间。为了程序可移植，在此使用 OB35，根据控制要求，将其循环周期改为 500ms。硬件组态好后，编译并保存其组态信息。

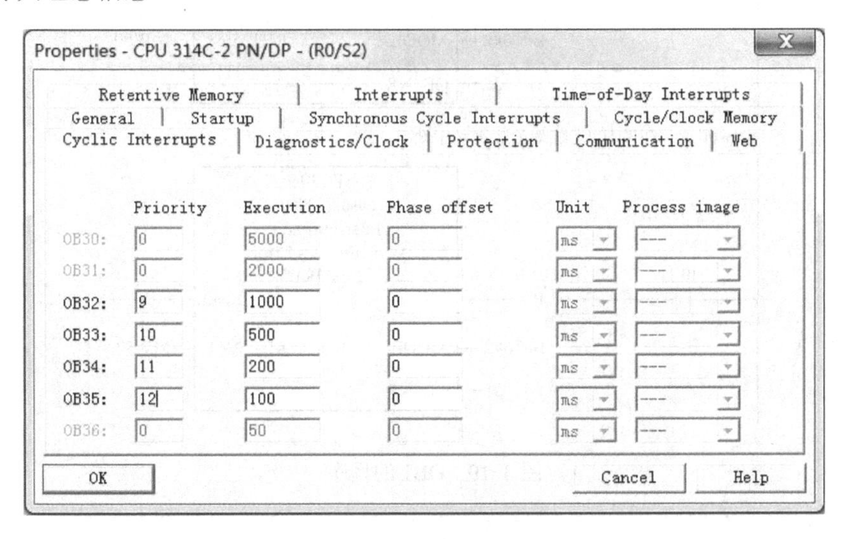

图 3-17　组态循环中断

（2）OB35 的程序

在 SIMATIC 管理器窗口插入一个新组织块，将其组织块名称改为 OB35。OB35 的程序如图 3-18 所示。

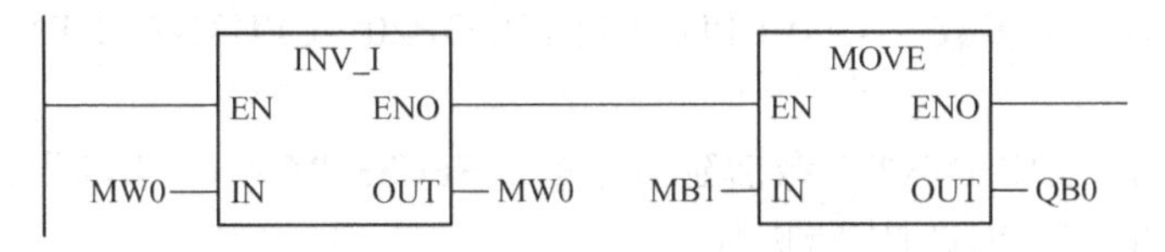

图 3-18　OB35 的程序

（3）禁止和激活循环中断

上面的循环中断程序不受外界控制，即系统起动后则不断循环执行 OB35。可分别使用 SFC40“EN_IRT”和 SFC39“DIS_IRT”来激活和禁止中断和异步错误的系统功能。它们的参数 MODE 的数据类型为 BYTE，MODE 为 2 时激活 OB_NR 指定的 OB 编号对应的中断，必须用十六进制数来设置。

在 OB1 中编写如图 3-19 所示的程序，在 I0.0 的上跳沿调用 SFC40“EN_IRT”激活

OB35 对应的循环中断，在 I0.1 的上跳沿调用 SFC39“DIS_IRT”禁止 OB35 对应的循环中断。

OB1：“Main Program Sweep(Cycle)”

Network 1：在I0.0的上跳沿激活循环中断

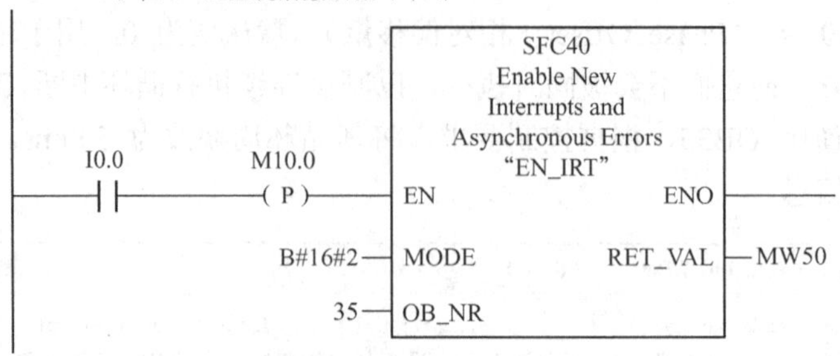

Network 2：在I0.1的上跳沿禁止循环中断

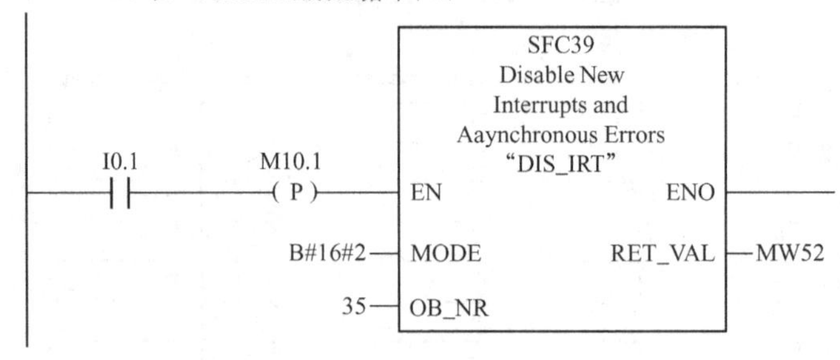

图 3-19　OB1 的程序

3.4.4　事件驱动组织块

1．延时中断组织块

OB20～OB23 为延时中断组织块。当某一事件发生后，延时中断组织块将延时指定的时间后执行。OB20～OB23 只能通过调用系统功能 SFC32 来激活，同时可以设置延时时间。

延时中断的延时时间为 1～60 000ms，精度为 1ms，延时时间到时触发中断，调用 SFC32 指定的 OB 块。大多数 S7-300 CPU 只能使用 OB20，CPU314C-2 PN/DP 型 CPU 能使用 OB20 和 OB21。

可以用 SFC32“SRT_DINT”激活延时中断，SFC33“CAN_DINT”禁止延时中断，SFC34“QRY_DINT”查询延时中断状态。

【例 3-3】 使用延时中断实现两台电动机的顺序起动控制，第一台电动机起动 10s 后起动第二台电动机。

（1）硬件组态

用鼠标双击硬件组态窗口（HW Config）中的 CPU，打开“CPU 属性”对话框。选择“Interrupts（中断）”选项卡，“延时中断信息”对话框如图 3-20 所示，在“Time-Delay Interrupts（延时中断）”栏目可以看出 CPU314C-2 PN/DP 型 PLC 可以使用 OB20 和 OB21，具体延时的时间在激活延时中断的系统功能 SFC32 中设置。

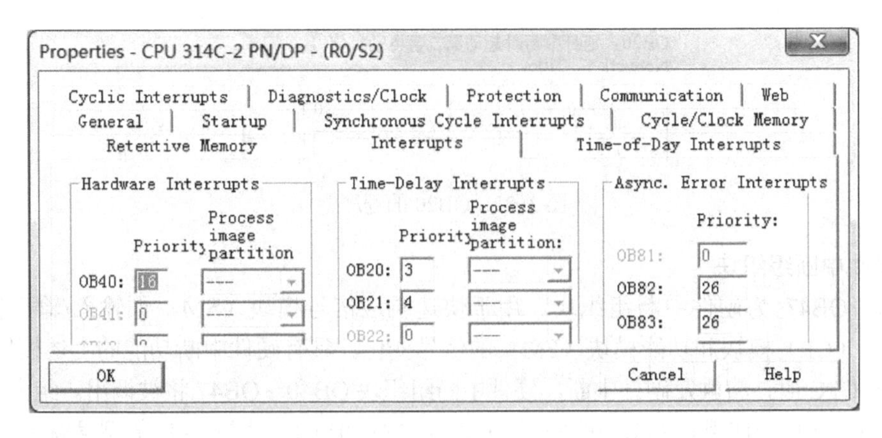

图 3-20 “延时中断信息”对话框

（2）程序设计

在 SIMATIC 管理器窗口插入一个新组织块，将其组织块名称改为 OB20。根据控制要求在 OB1 和 OB20 中的程序编写分别如图 3-21 和图 3-22 所示。

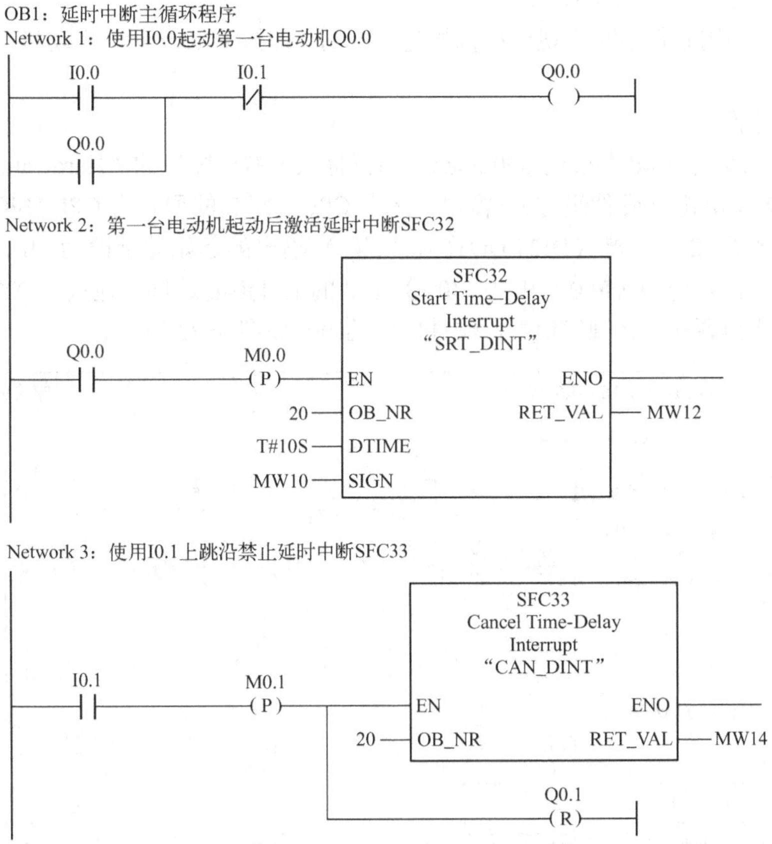

OB1：延时中断主循环程序

Network 1：使用I0.0起动第一台电动机Q0.0

I0.0　I0.1　Q0.0

Q0.0

Network 2：第一台电动机起动后激活延时中断SFC32

SFC32
Start Time–Delay
Interrupt
“SRT_DINT”

Q0.0　M0.0 (P)　EN　ENO

20 — OB_NR　RET_VAL — MW12

T#10S — DTIME

MW10 — SIGN

Network 3：使用I0.1上跳沿禁止延时中断SFC33

SFC33
Cancel Time-Delay
Interrupt
“CAN_DINT”

I0.1　M0.1 (P)　EN　ENO

20 — OB_NR　RET_VAL — MW14

Q0.1 (R)

图 3-21　OB1 的程序

OB20：延时中断时起动第二台电动机Q0.1
Network 1：Title：

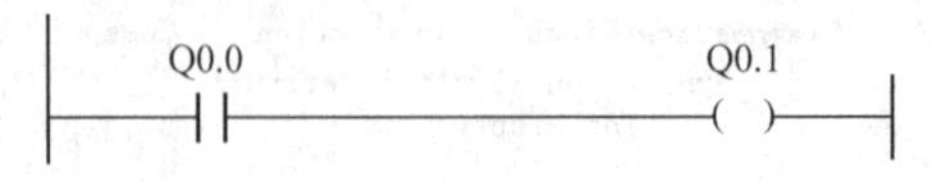

图 3-22　OB20 的程序

2．硬件中断组织块

OB40～OB47 为硬件中断组织块。用于快速响应信号模块（SM，如输入/输出模块）、通信处理器（CP）模块和功能模块（FM）的信号变化。具有硬件中断功能的上述模块将中断信号传送到 CPU 时，将触发硬件中断，硬件中断组织块 OB40～OB47 将被调用。绝大多数 S7-300 PLC 的 CPU 只能使用 OB40，可以使用的硬件中断 OB 的个数与 CPU 的型号有关。

为了产生硬件中断，在组态有硬件中断功能的模块时，应起动硬件中断。产生硬件中断时，如果没有生成和下载硬件中断组织块，操作系统将会诊断缓冲区输入错误信息，并执行异步错误处理组织块 OB80。

硬件中断被模块触发后，操作系统将用 OB40 的局部变量向用户提供模块的起始地址和模块中产生硬件中断的点的编号。

【例 3-4】 使用硬件中断实现电动机的起停控制，即按下 I0.0 起动电动机，按下 I0.1 停止电动机运行。

（1）硬件组态

选中 SIMATIC 管理器左边的 300 站点，用鼠标双击右边窗口的“Hardware（硬件）”图标，打开“HW Config（硬件组态）”窗口，选中 CPU（组态的型号为 CPU314C-2 PN/DP）模块，用鼠标双击 2.5 号槽（DI24/DO16），将输入/输出的起始地址改为 0，选择“Inputs（输入）”选项卡，勾选 0（I0.0）和 1（I0.1）下面的上升沿复选框，通过左右◀|▶图标可激活其他输入点作为硬件中断触发信号，硬件中断的组态如图 3-23 所示。

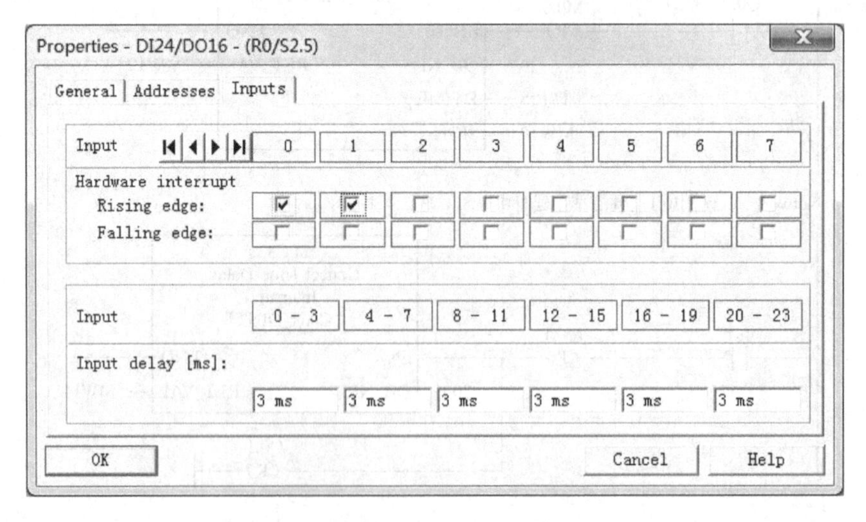

图 3-23　组态硬件中断

（2）OB40 的程序设计

生成一个新的组织块，将其名称改为 OB40，OB40 的程序如图 3-24 所示。

OB40："Hardware Interrupt"

Network 1：保存产生中断的模块起始字节字址和模块内的位地址

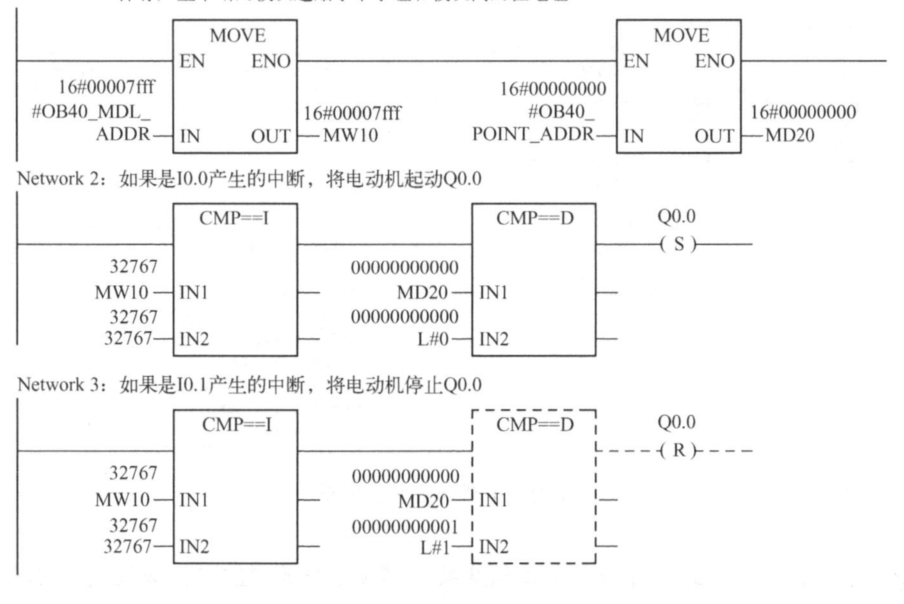

图 3-24　OB40 的程序

程序说明：

在网络 1 中，程序首先判断是哪个模块的哪个点产生的中断，然后执行相应的操作。临时局部变量“OB40_MDL_ADDR”和“OB40_POINT_ADDR”分别是产生中断模块的起始字节地址和模块内的位地址，数据类型分别为“WORD”和“DWORD”，因两个变量不能直接用于整数比较指令和双整数比较指令，所以使用 MOVE 指令将其分别传送到 MW10 和 MD20 中。

在网络 2 中，如果模块字节地址为 32767（因使用的是 CPU 集成的输入点，模块地址为 32767，如果不使用 CPU 集成的输入点，则模块地址从 0 开始），位地址为 0，则起动电动机。

在网络 3 中，如果模块字节地址为 32767，位地址为 1，则停止电动机。

（3）软件仿真

打开 PLCSIM，选中 300 站点下载所有的块，将仿真 PLC 切换到“RUN_P”模式。执行 PLCSIM 的菜单命令“Execute（执行）”→“Trigger Error OB（触发错误 OB）”→“Hardware Interrupt（硬件中断）OB40～OB47”，打开“硬件中断 OB（40～47）”对话框，软件仿真如图 3-25 所示。在文本框“Module address（模块地址）”内输入模块的起始地址 32767 或 0，在文本框“Module status（模块状态）”内输入模块内的位地址 0（位地址对应的位编号，如 0、1、a、f、12 等）。单击“Apply（应用）”按钮，触发 I0.0 的上升沿中断，CPU 调用 OB40，将 Q0.0 置位，即电动机起动，同时在“Interrupt OB（中断 OB）”显示框内自动显示出对应的 OB 编号 40。将位地址（POINT_ADDR）改为 1，设置 I0.1 产生的中断，用鼠标单击“Apple（应用）”，在放开按钮时，Q0.0 将被复位，即电动机停止。用鼠标单击“OK”按钮，将执行与“Apple（应用）”按钮同样的操作，同时关闭对话框。

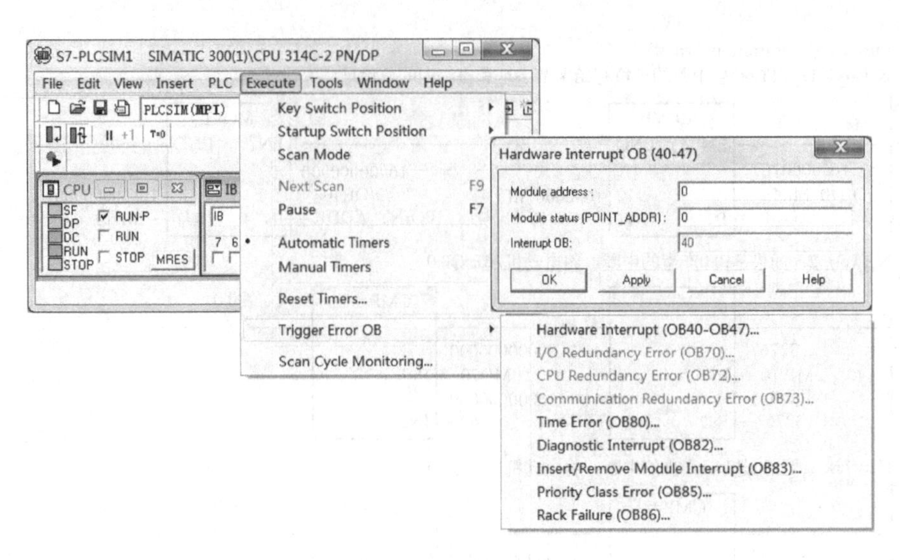

图 3-25 软件仿真硬件中断

注意：上面是使用仿真软件进行仿真的结果，模块地址为 32767，如果使用实物 PLC，还是使用集成的输入点，则模块的起始字节地址“OB40_MDL_ADDR”中内容为 0。在使用实物 PLC 时，局部变量“OB40_POINT_ADDR”中是模块内的位地址，采用的是与触发位相对应的译码方式表示的，如触发位为 I1.0，则 OB40_POINT_ADDR 中存储的是 16#0000**01**00；如触发位为 I2.7，则“OB40_POINT_ADDR”中存储的是 16#00**80**0000；如触发位为 I0.2，则“OB40_POINT_ADDR”中存储的是 16#000000**04**。在使用比较指令时，IN2 端应输入位地址对应的整数，如上述位地址触发后应输入 L#256、L#8388608、L#4 等，而在仿真软件的文本框“Module status（模块状态）”内输入的是模块位地址的编号（以双整数格式输入），如上述位地址触发后应输入 L#8、L#23、L#2 等。

在实际应用中，可以在 OB1 的程序中使用指令调用“SFC40（EN_IRT）”激活 OB40 对应的硬件中断，调用“SFC39（DIS_IRT）”禁止 OB40 对应的硬件中断。在 SFC 中的“MODE”为 2 时，“OB_NR”的实参为 OB 的编号，同时“MODE”参数必须用十六进制数来设置。

3．异步错误

OB80～OB87 为异步错误组织块。异步错误是 PLC 的功能性错误，它们与程序执行时不同步地出现，不能跟踪到程序中的某个具体位置。在运行模式下检测到一个故障后，如果已经编写了相关的组织块，则调用并执行该组织块中的程序。如果发生故障时，相应的故障组织块不存在，则 CPU 将进入“STOP”模式。

4．同步错误

OB121～OB122 为同步错误组织块。如果在特定的语句执行时出现错误，CPU 可以跟踪程序中某一具体的位置。由同步错误所触发的错误处理组织块，将作为程序的一部分来执行，与错误出现时正在执行的块具有相同的优先级。

当编程错误时将调用 OB121 组织块（如在程序中调用一个不存在的块）；当访问错误时将调用 OB122 组织块（如程序中访问了一个有故障或不存在的模块）。

3.5 实训 8 电动机轮休的 PLC 控制

3.5.1 实训目的

1）掌握起动组织块 OB100 的使用。

2）掌握循环中断组织块 OB35 的使用。

3）掌握硬件中断组织块 OB40 的使用。

3.5.2 实训任务

使用 S7-300 PLC 实现电动机轮休的控制。控制要求如下：按下起动按钮 SB1 起动系统，此时第 1 台电动机起动并工作 3h 后，第 2 台电动机开始工作，同时第 1 台电动机停止；当第 2 台电动机工作 3h 后，第 1 台电动机开始工作，同时第 2 台电动机停止，如此循环。当按下停止按钮 SB2 时，两台电动机立即停止。

3.5.3 实训步骤

1．原理图绘制

分析项目控制要求可知：起动按钮 SB1，停止按钮 SB2、电动机过载保护 FR1 及 FR2 作为 PLC 的输入信号，驱动两个交流接触器 KM1、KM2 线圈的中间继电器 KA1 和 KA2 作为 PLC 的输出信号，电动机轮休的 PLC 控制 I/O 地址分配表如表 3-8 所示。电动机轮休的 PLC 控制原理图如图 3-26 所示，两台电动机均为直接起动，在此主电路未画出，请参照图 1-45a。

表 3-8 电动机轮休的 PLC 控制 I/O 地址分配表

输　入			输　出		
元　件	输入继电器	作　用	元　件	输出继电器	作　用
起动按钮 SB1	I0.0	起动系统	中间继电器 KA1	Q0.0	驱动 KM1 线圈
停止按钮 SB2	I0.1	停止系统	中间继电器 KA2	Q0.1	驱动 KM2 线圈
热继电器 FR1	I0.2	过载保护			
热继电器 FR2	I0.3	过载保护			

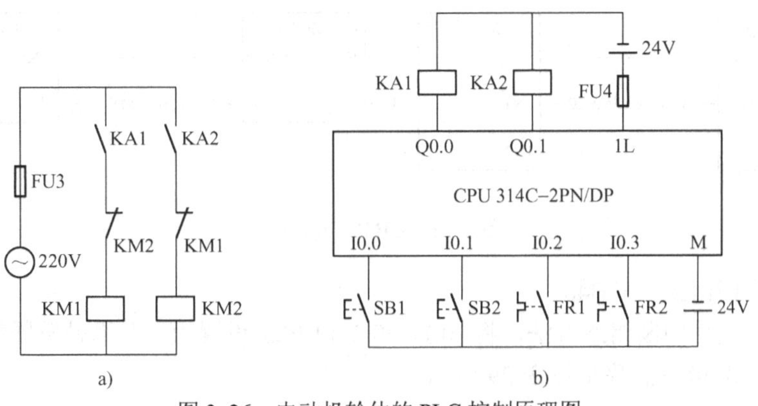

图 3-26 电动机轮休的 PLC 控制原理图

a) 转接电路 b) 控制电路

2．硬件组态

新建一个电动机轮休控制的项目，再打开 SETP 7 软件的“HW Config（硬件组态）”窗口，按 1.2.3 节讲述的方法进行 PLC 的硬件组态，在此组态导轨、紧凑型的 CPU314C 模块，并将集成的数字量输入/输出模块的起始地址改为 0，对硬件组态进行编译并保存。

3．软件编程

（1）起动组织块 OB100

按照前面所述方法生成一个起动组织块 OB100，打开 OB100 编辑窗口，OB100 的程序编写程序如图 3-27 所示，使用“字逻辑”与指令对端口 Q0.0 和 Q0.1 清零，使用字逻辑“与”指令操作对未使用端口不会产生影响，同时对计数次数 MW20 清零。

OB100：Title:

Network 1：对输出端口Q0.0和Q0.1清零，对MW10赋循环初值，对累计次数MW20清零

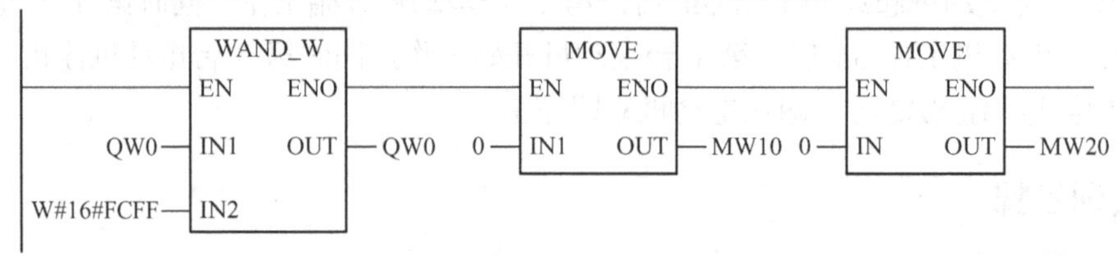

Network 2：禁止循环中断OB35和复位运行标志M0.0

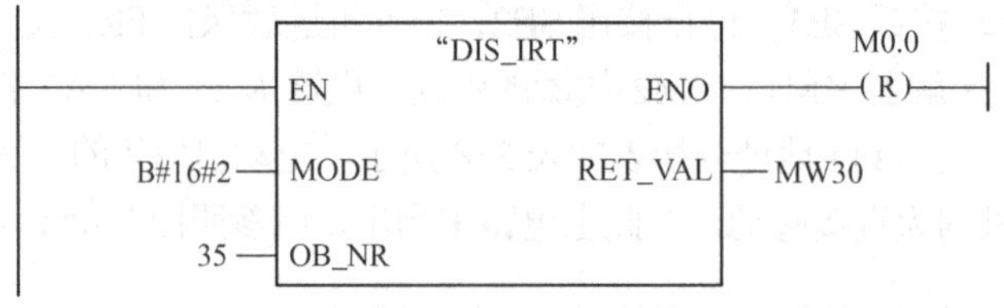

图 3-27　OB100 的程序

（2）循环中断组织块 OB35

生成一个循环中断 OB35，将循环周期改为 60000ms，即 1min，计数 180 次，可以得到 3h 的轮休时间，OB35 的程序如图 3-28 所示。

OB35：“Cyclic Interrupt”

Network 1：进入一次MW20中的内容加1，等于180时清零

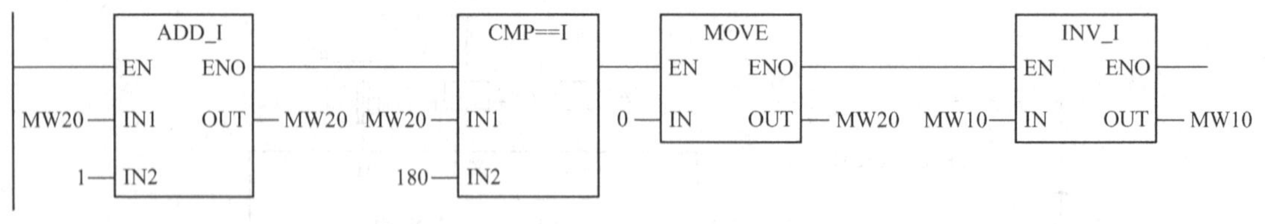

图 3-28　OB35 的程序

（3）硬件中断组织块 OB40

按前面所述硬件中断组态方法，将 I0.1、I0.2 和 I0.3 设置为上升沿触发硬件中断，进入组织块 OB40，OB40 的程序如图 3-29 所示。

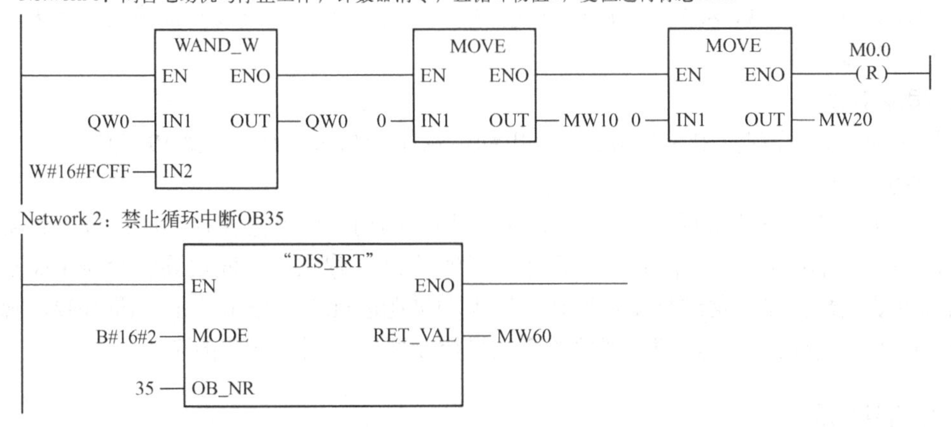

图 3-29　OB40 的程序

（4）主循环组织块 OB1

主程序中起动电动机并激活循环中断组织块 OB35，同时，置运行标志位 M0.0，OB1 的程序如图 3-30 所示。

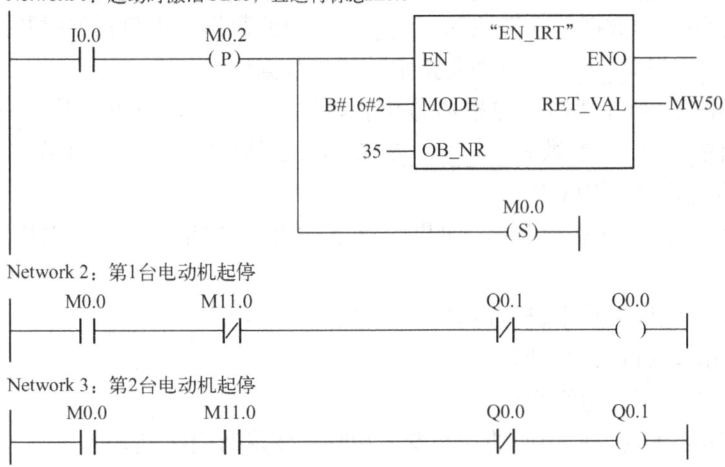

图 3-30　OB1 的程序

4．软件仿真

按上述方法打开仿真器，将 CPU 模式选为“STOP”或“RUN-P”模式，选中 SIMATIC 管理中 300 站点，将硬件和软件一同下载到仿真软件 PLCSIM 中。添加输入 IB0 和输出 QB0 对象，将 CPU 模式选择为“RUN-P”模式。用鼠标快速单击 I0.0 两次，打开 OB1 组织块，并起动程序监控功能，观察 Q0.0 是否得电。同时，打开组织块 OB35 并起动监控功能，观察是否进行定时计数。建议将循环时间和计数次数值设置小些，便于两台电动机的交替工作。使用上述所讲方法，分别将硬件触发位地址改为 1、2 和 3，观察当前运行的电动机是否停止运行。如果能正常起停，则程序编写正确。

5．硬件连接

请读者参照图 1-45a 和图 3-26 进行线路连接，连接后再检查或测量确认连接无误后方可进入下一实训环节。

6．程序下载

选择 SIMATIC 管理器中 300 站点，将电动机轮休控制的项目下载到 PLC 中。

7．系统调试

硬件连接和项目下载好后，打开 OB1 组织块，起动程序状态监控功能。按下起动按钮 SB1，观察第 1 台电动机是否能起动并运行，每延时 3h（建议将时间设置值变为 10s 左右）后，两台电动机是否能正常进行交替工作。若电动机在运行中，按下停止按钮 SB2，观察电动机是否能停止运行。如上述调试现象符合项目控制要求，则实训任务完成。

3.5.4 实训拓展

使用硬件中断实现两台电动机的相互投切工作，即某台发生故障（如过载）立即停止当前运行的电动机，同时另一台电动机投入工作。

3.6 习题与思考

1．逻辑块包括________、________、________、________和________。

2．背景数据块中的数据是功能块的__________中的数据（不包括临时数据）。

3．调用________和________时需要指定其背景数据块。

4．在梯形图调用功能块时，方框内是功能块的________，方框外是对应的________。方框的左边是块的________参数和________参数，右边是块的________参数。

5．S7-300 在起动时调用 OB________。

6．CPU 检测到故障或错误时，如果没有下载对应的错误处理组织块，CPU 将进入________模式。

7．什么是符号地址？采用符号地址有哪些优点？

8．功能和功能块有什么区别？

9．组织块可否调用其他组织块？

10．在变量声明表内，所声明的静态变量和临时变量有何区别？

11．延时中断与定时器都可以实现延时，它们有什么区别？

12．用 I0.0 控制接在 Q0.0～Q0.7 上的 8 个彩灯循环移位，用 T37 定时，每 0.5s 移 1 位，首次扫描时给 Q0.0～Q0.7 置初值，用 I0.1 控制彩灯移位的方向。

13．用 I0.0 控制接在 Q0.0～Q0.7 上的 8 盏彩灯循环移位，用循环组织块 OB35 定时，每隔 0.5s 增亮 1 盏，8 盏彩灯全亮后，反方向每隔 0.5s 熄灭 1 盏，8 盏彩灯全灭后再逐位增亮，如此循环。

14．设计求圆周长的功能 FC1，FC1 的输入变量为直径 Diameter（整数），取圆周率为 3.14，用浮点数运算指令计算圆的周长，存放在双字输出变量 Circle 中。在 OB1 中调用 FC1，直径的输入值为 100，存放圆周长的地址为 MD10。

15．使用开关量进行搅拌控制系统程序设计。控制要求为：按下起动按钮后系统自动运行，首先打开进料阀 A，开始加入液体 A，中液位传感器动作后，则关闭进料阀 A，打开进料阀 B，开始加入液料 B，高液位传感器动作后，关闭进料阀 B，起动搅拌器，搅拌 10s 后，关闭搅拌器，打开放料阀，当低液位传感器动作后，延时 5s 后关闭放料泵。按下停止按钮，系统应立即停止运行，搅拌控制系统示意图如图 3-31 所示。

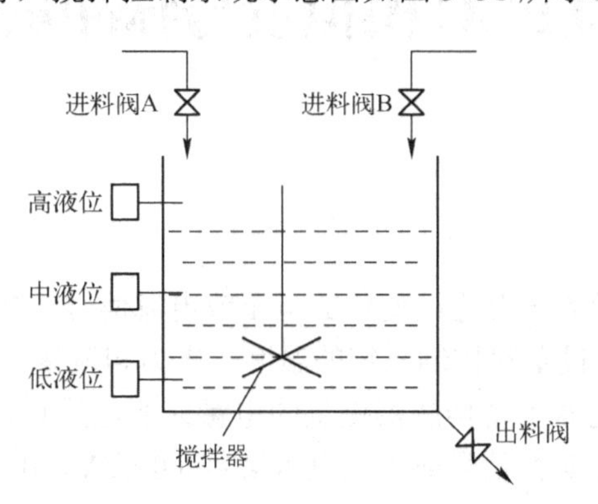

图 3-31　搅拌控制系统示意图

第 4 章　S7-300 PLC 模拟量与脉冲量的编程及应用

4.1　模拟量

模拟量是区别于数字量的一个连续变化的电压或电流信号。模拟量可作为 PLC 的输入或输出，通过传感器或控制设备对控制系统的温度、压力和流量等模拟量进行检测或控制。通过模拟量转换模块或变送器可将传感器提供的电量或非电量转换为标准的直流电流（0～20mA、4～20mA、±20mA 等）信号或直流电压信号（0～5V、0～10V、±10V 等）。

4.1.1　模拟量模块类型

S7-300 PLC 的模拟量信号模块包括 SM331 模拟量输入模块（AI）、SM332 模拟量输出模块（AO）、SM334 和 SM335 模块量输入/输出模块（AI/AO）等。

模拟量输入模块 SM331 用于将现场各种模拟量测量传感器输出的直流电压或电流信号转换为 S7-300 PLC 内部处理用的数字信号。模拟量输入模块 SM331 可选择输入信号类型有电压型、电流型、电阻型、热电阻型和热电偶型等。

模拟量输出模块 SM332 用于将 S7-300 PLC 的数字信号转换成系统所需要的模拟量信号，控制模拟量调节器或执行机械。模拟量输出模块 SM332 可选择电压或电流两种类型的信号输出。S7-300 PLC 的紧凑型 CPU 模块已集成模拟信号输入和输出功能。

4.1.2　模拟量模块的地址分配

模拟量模块以通道为单位，一个通道占一个字（2 个字节）的地址，所以在模拟量地址中只有偶数。S7-300 PLC 的模拟量模块的字节地址为 IB256～IB767。一个模拟量模块最多有 8 个通道，从 256 号字节开始，S7-300 给每一个模拟量模块分配 16B（8 个字）的地址。M 号机架的 N 号槽的模拟量模块的起始字节地址为 $128 \times M+(N-4)\times 16+256$。

对信号模块组态时，CPU 将会根据模块所在的机架号和槽号，按上述原则自动地分配模块的默认地址。硬件组态窗口下面的硬件信息显示窗口中的“I 地址”列和“Q 地址”列分别是模块的输入和输出的起始和结束字节地址。

在模块的属性对话框的“地址”选项卡中，用户可以修改 STEP 7 自动分配的地址，一般采用系统分配的地址，因此没必要死记上述的地址分配原则。但是必须根据组态时确定的 I/O 点的地址来编程。

模拟量输入地址的标识符是 PIW，模拟量输出地址的标识符是 PQW。

4.1.3　模拟量模块的组态

由于模拟量输入或输出模块提供不止一种类型信号的输入或输出，每种信号的测量范围又有多种选择，因此必须对模块信号类型和测量范围进行设定。有 STEP 7 软件设定和量程卡设定两种方法。

1．通过 STEP 7 软件设定

以 CPU314C 模块为例进行设置。如上所述，CPU314C 不仅是 CPU 模块，而且提供了功能丰富的输入/输出信号，其中模拟输入第 0～3 通道为电压/电流信号输入，第 4 通道为电阻/铂电阻输入，其设置在 STEP 7 软件中进行，方法如下。

在图 4-1 所示的“HW Config（硬件组态）”窗口中，用鼠标双击“AI5/AO2”子模块，打开如图 4-2 所示的“Properties（属性）”对话框，该对话框有“General（常规）”“Addresses（地址）”“Inputs（输入）”“Outputs（输出）”4 个选项卡，用鼠标单击“Addresses（地址）”选项卡，对话框如图 4-2 所示，在此可以修改模拟量输入/输出地址，模块 CPU314C 集成的模拟量输入或输出的起始地址为 800。

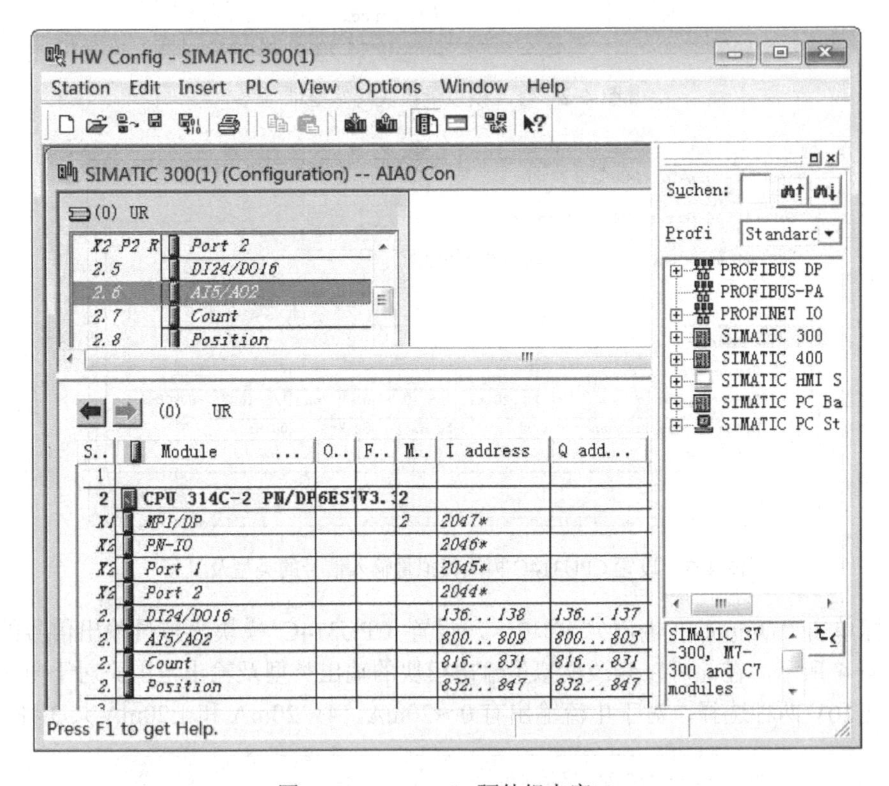

图 4-1　HW Config 硬件组态窗口

用鼠标单击“Inputs（输入）”选项卡，设置 CPU314C 模块模拟量输入信号的类型及量程如图 4-3 所示，在此可以修改模拟量输入模块的测量类型及测量范围。对于第 0～3 通道，可在“Measurement type（测量类型）”中选择电压或电流输入，在“Measuring range（测量范围）”中根据需要选择测量范围，对于电压输入有 0～10V、±10V 两种选择，对于电流输入有 0～20mA、4～20mA 和±20mA 共 3 种选择。第 4 通道为电阻/铂电阻测量通道，有 R-2L、RTD-2L 两种选择。

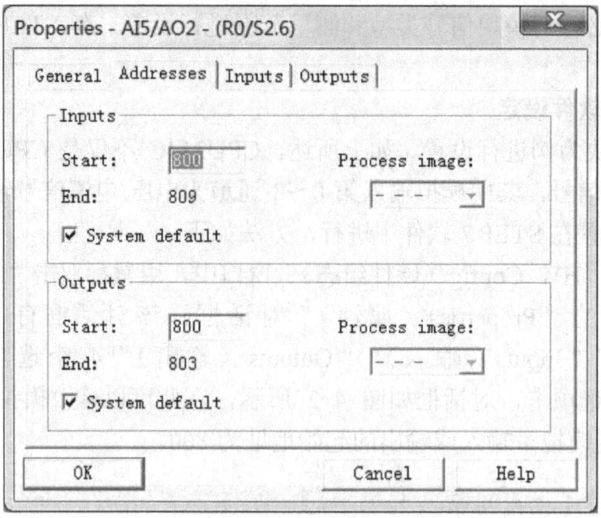

Properties - AI5/AO2 - (R0/S2.6)

General | Addresses | Inputs | Outputs

Inputs

Start: 800 Process image:

End: 809 - - -

☑ System default

Outputs

Start: 800 Process image:

End: 803 - - -

☑ System default

OK Cancel Help

图 4-2　修改模拟量模块起始地址

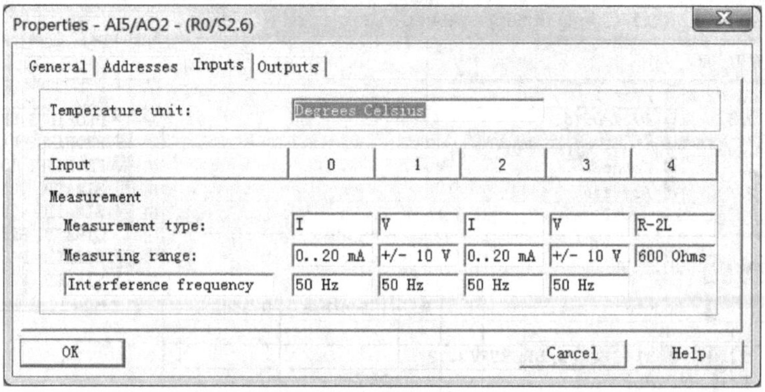

Properties - AI5/AO2 - (R0/S2.6)

General | Addresses | Inputs | Outputs

Temperature unit: Degrees Celsius

Input	0	1	2	3	4
Measurement					
Measurement type:	I	V	I	V	R-2L
Measuring range:	0..20 mA	+/- 10 V	0..20 mA	+/- 10 V	600 Ohms
Interference frequency	50 Hz	50 Hz	50 Hz	50 Hz	

OK Cancel Help

图 4-3　设置 CPU314C 模块模拟量输入信号的类型及量程

用鼠标单击“Outputs（输出）”选项卡，设置 CPU314C 模块模拟量输出信号的类型及量程如图 4-4 所示，在此可以修改模拟量输出模块的输出类型及输出范围。对于电压输出有 0～10V、±10V 两种选择，对于电流输出有 0～20mA、4～20mA 和±20mA 共 3 种选择。

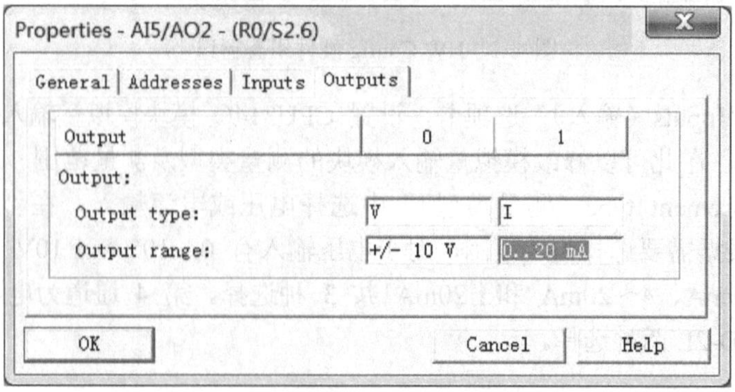

Properties - AI5/AO2 - (R0/S2.6)

General | Addresses | Inputs | Outputs

Output	0	1
Output:		
Output type:	V	I
Output range:	+/- 10 V	0..20 mA

OK Cancel Help

图 4-4　设置 CPU314C 模块模拟量输出信号的类型及量程

2．通过量程卡设定

配有量程卡的模拟量模块，其量程卡在供货时已插入模块一侧，如果需要更改量程，必须重新调整量程卡，以更改测量信号的类型和测量范围。

量程卡可以设定为“A”“B”“C”“D”共 4 个位置，各种测量信号类型和测量范围的设定在模拟量模块上有相应的标记指示，可以根据需要进行设定和调整。当测量型号选定时，在测量范围输入框的下面自动显示量程卡应对应的位置。组态好测量范围后，应保证量程卡的实际位置与组态时要求的位置一致。

调整量程卡的步骤如下：

1）用螺钉旋具将量程卡从模拟量模块中松开；

2）将量程卡按测量要求和范围正确定位，然后插入模拟量模块中。

4.1.4 模拟值的表示

模拟值用二进制补码表示，宽度为 16 位，符号位总在最高位。模拟量模块的精度最高位为 15 位，如果少于 15 位，则模拟值左移调整，然后再保存到模块中，未用的低位填入“0”。若模拟值的精度为 12 位加符号位，左移 3 位后未使用的低位（第 0～2 位）为 0，相当于实际的模拟值被乘以 8。

以电压测量范围 ±10V～±1V 为例，其模拟值的表示如表 4-1 所示。

表 4-1　电压测量范围为±10V～±1V 的模拟值的表示

系统			测量范围				
百分比	十进制	十六进制	±10V	±5V	±2.5V	±1V	范围
118.515%	32767	7FFF	11.851V	5.926V	2.963V	1.185V	上溢
117.593%	32512	7F00					
117.589%	32511	7EFF	11.759V	5.879V	2.940V	1.176V	超出范围
	27649	6C01					
100.000%	27648	6C00	10V	5V	2.5V	1V	正常范围
75.000%	20736	5100	7.5V	3.75V	1.875V	0.75V	
0.003617%	1	1	361.7μV	180.8μV	90.4μV	36.17μV	
0%	0	0	0V	0V	0V	0V	
−0.003617%	−1	FFFF	−361.7μV	−180.8μV	−90.4μV	−36.17μV	
−75.000%	−20736	AF00	−7.5V	−3.75V	−1.875V	−0.75V	
−100.000%	−27648	9400	−10V	−5V	−2.5V	−1V	
	−27649	93FF					低于范围
−117.589%	−32511	8100	−11.759V	−5.879V	−2.940V	−1.176V	
−117.593%	−32512	80FF					下溢
−118.515%	−32767	8000	−11.851V	−5.926V	−2.963V	−1.185V	

电流测量范围为 0～20mA 和 4～20mA 的模拟值的表示如表 4-2 所示。

表 4-2　电流测量范围为 0～20mA 和 4～20mA 的模拟值的表示

系　统			测 量 范 围		
百分比	十进制	十六进制	0～20mA	4～20mA	范围
118.515%	32767	7FFF	23.70 mA	22.96 mA	上溢
	32512	7F00			
117.589%	32511	7EFF	23.52 mA	22.81 mA	超出范围
	27649	6C01			
100.000%	27648	6C00	20 mA	20 mA	正常范围
75.000%	20736	5100	15 mA	15 mA	
	1	1	723.4nA	4 mA +578.7nA	
0%	0	0	0 mA	4 mA	
–118.519%	–32768	8000			

【例 4-1】 流量变送器的量程为 0～100L，输出信号为 4～20mA，模拟量输入模块的量程为 4～20mA，转换后数字量为 0～27648，设转换后得到的数字为 *N*，试求以 L 为单位的流量值。

根据题意可知：0～100L 对应于转换后数字 0～27648，转换公式为：

$$l = 100N/27648$$

【例 4-2】 某温度变送器的量程为-100～500℃，输出信号为 4～20mA，某模拟量输入模块将 0～20mA 的电流信号转换为数字 0～27648，设转换后得到的某数字为 *N*，求以℃为单位的温度值 *T*。

根据题意可知：0～20mA 的电流信号转换为数字 0～27648，画出图 4-5 所示模拟量与转换值的关系曲线，根据比例关系得：

$$\frac{T-(-100)}{N-5530} = \frac{500-(-100)}{27648-5530}$$

整理后得到温度 *T*（单位为℃）的计算公式为：

$$T = \frac{600\times(N-5530)}{22118} - 100$$

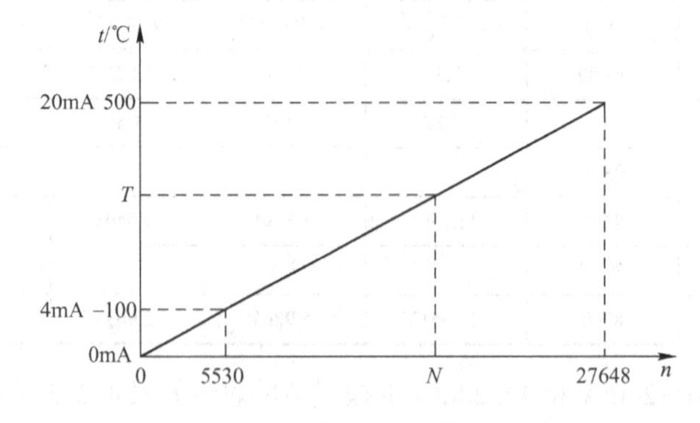

图 4-5　模拟量与转换值的关系曲线

【例 4-3】 将实时检测的电量模拟信号转换为工程单位信号。

模拟量输入模块是将标准电压或电流信号转换成 0～27648 的数字信号，但工程技术人员一般习惯使用带有实际工程单位的工程量来计算，如 50°C 的水、10MPa 的压力等。这时可用 FC105 来进行转换。图 4-6 的网络 1 中是将温度传感器送来的信号（如 0～20mA）传送给 MW0，即将 0～20mA 标准信号转换为 0～27648 之间的数据。网络 2 中是将 0～27648 之间的数据转换为 0～100℃的温度值，结果存入到 MD10 中。FC105 功能块中“BIPOLAR”参数为“1”时表示输入为双极性，为“0”时表示输入为单极性，模拟量的工程单位转换如图 4-6 所示。

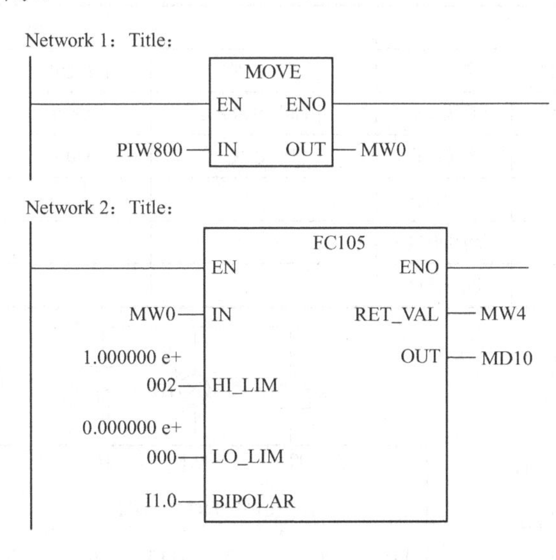

图 4-6 模拟量的工程单位转换

4.2 实训 9 炉箱温度的 PLC 控制

4.2.1 实训目的

1）掌握模拟量与数字量的对应关系。

2）掌握模拟量模块的使用。

3）掌握延时设置参数值的方法。

4.2.2 实训任务

使用 S7-300 PLC 实现炉箱温度控制。控制要求如下：当按下起动按钮 SB1 时，接在输出位 Q0.0 的加热器工作，同时接在输出位 Q0.1 的加热指示灯亮；当炉箱温度等于设置值时，加热器停止加热；当低于设置温度 5℃时自行起动加热器。无论何时按下停止按钮 SB2，加热器停止工作。系统要求长按 3s 后方可对温度值进行设置，设置温度的范围为 30～60℃。炉箱温度由温度传感器进行检测，温度传感器输出 0～10V，对应炉箱温度 0～100℃。

4.2.3 实训步骤

1．原理图绘制

分析项目控制要求可知：起动按钮 SB1、停止按钮 SB2、温度设置按钮 SB3、温度增加按钮 SB4、温度减少按钮 SB5 的常开触点作为 PLC 的输入信号，连接加热器的中间继电器 KA 和加热指示灯作为 PLC 的输出信号，炉箱温度的 PLC 控制 I/O 地址分配表如表 4-3 所示，炉箱温度的 PLC 控制原理图如图 4-7 所示。

表 4-3 炉箱温度的 PLC 控制 I/O 地址分配表

输　入			输　出		
元　件	输入继电器	作　用	元　件	输出继电器	作　用
按钮 SB1	I0.0	系统起动	中间继电器 KA	Q0.0	起停加热器
按钮 SB2	I0.1	系统停止	指示灯 HL	Q0.1	加热指示
按钮 SB3	I0.2	温度设置			
按钮 SB4	I0.3	增加温度			
按钮 SB5	I0.4	减少温度			

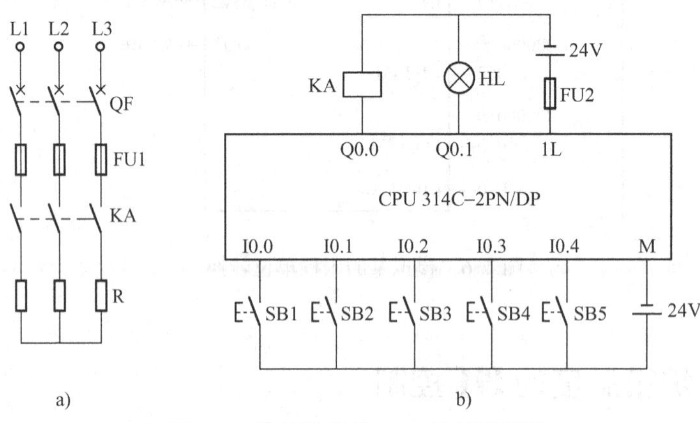

图 4-7 炉箱温度的 PLC 控制原理图

a) 转接电路 b) 控制电路

2．硬件组态

新建一个炉箱温度控制的项目，再打开 SETP 7 软件的“HW Config（硬件组态）”窗口，按 1.2.3 节讲述的方法进行 PLC 的硬件组态，在此组态导轨、紧凑型的 CPU314C 模块，并将集成的数字量输入/输出模块的起始地址改为 0，集成模拟量的输入/输出模块的起始地址在此不做更改，使用模拟量输入 0 通道，按上述方法将电压测量范围组态为 0～10V。打开 CPU“属性对话框”，选中“Cycle/Clock Memory（周期/时钟存储器）”选项卡，将时钟存储器设置为 MB100；选中“Retentive Memory（保持存储器）”将保持存储器的字节数改为 10（“保持存储器”选项卡如图 4-8 所示），即从 MB0～MB9 这 10B 存储区断电时会保持其存储内容，硬件组态完成后进行编译并保存。

3．软件编程

根据项目控制要求编写炉箱温度的 PLC 控制程序如图 4-9 所示。

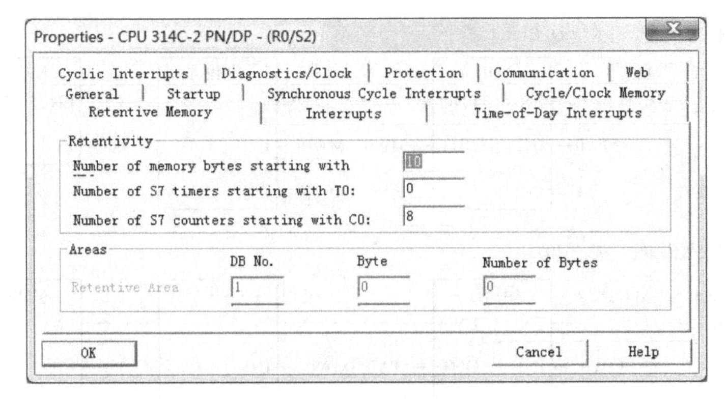

图 4-8 “保持存储器”选项卡

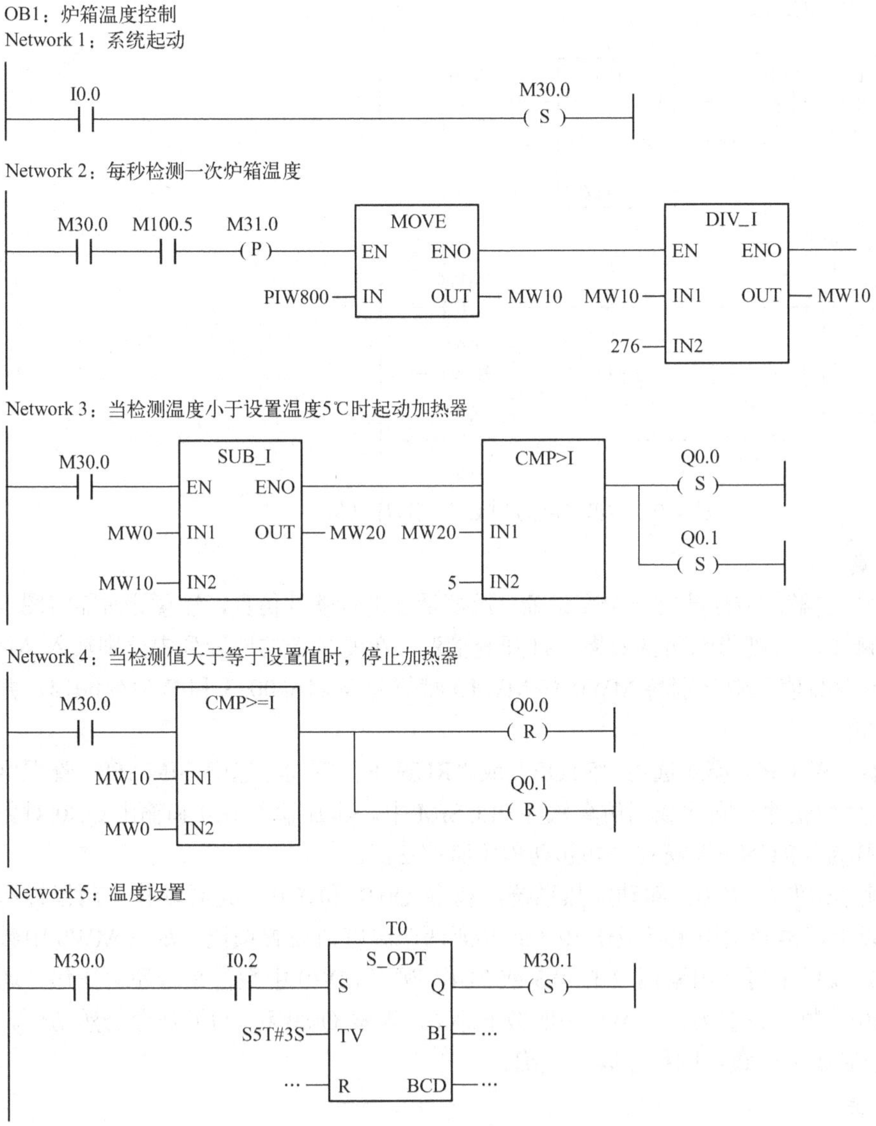

OB1：炉箱温度控制

Network 1：系统起动

I0.0　M30.0 (S)

Network 2：每秒检测一次炉箱温度

M30.0　M100.5　M31.0 (P)
MOVE: EN ENO; PIW800 — IN; OUT — MW10
DIV_I: EN ENO; MW10 — IN1; 276 — IN2; OUT — MW10

Network 3：当检测温度小于设置温度5℃时起动加热器

M30.0
SUB_I: EN ENO; MW0 — IN1; MW10 — IN2; OUT — MW20
CMP>I: MW20 — IN1; 5 — IN2
Q0.0 (S)
Q0.1 (S)

Network 4：当检测值大于等于设置值时，停止加热器

M30.0
CMP>=I: MW10 — IN1; MW0 — IN2
Q0.0 (R)
Q0.1 (R)

Network 5：温度设置

M30.0　I0.2
T0
S_ODT: S; S5T#3S — TV; … — R; Q; BI — …; BCD — …
M30.1 (S)

图 4-9 炉箱温度的 PLC 控制程序

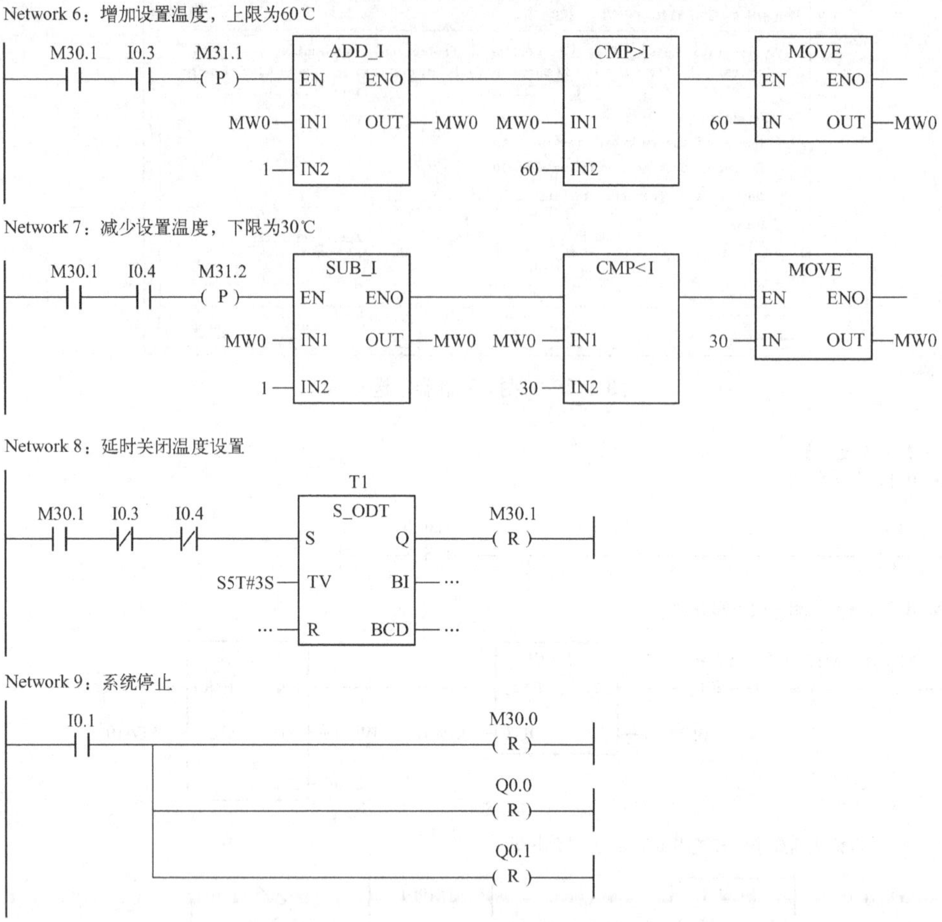

Network 6：增加设置温度，上限为60℃

M30.1 I0.3 M31.1 (P) ADD_I EN ENO MW0 IN1 OUT MW0 1 IN2 CMP>I MW0 IN1 60 IN2 MOVE EN ENO 60 IN OUT MW0

Network 7：减少设置温度，下限为30℃

M30.1 I0.4 M31.2 (P) SUB_I EN ENO MW0 IN1 OUT MW0 1 IN2 CMP<I MW0 IN1 30 IN2 MOVE EN ENO 30 IN OUT MW0

Network 8：延时关闭温度设置

M30.1 I0.3 I0.4 T1 S_ODT S Q M30.1 (R) S5T#3S TV BI … … R BCD …

Network 9：系统停止

I0.1 M30.0 (R) Q0.0 (R) Q0.1 (R)

图 4-9 炉箱温度的 PLC 控制程序（续）

4．软件仿真

按 2.5.3 节中讲解的方法建立一个变量表，用变量表进行软件仿真，注意这时需将图 4-9 中的网络 2 屏蔽了，否则影响仿真效果。打开变量表，在变量表的地址列中分别输入 MW0 和 MW10，在修改数值列中分别将 MW0 和 MW10 赋值为 W#16#0023 和 W#16#0014，并起动变量表监控功能。

打开仿真器，将 CPU 模式选为“STOP”或“RUN-P”模式，选中 SIMATIC 管理器中 300 站点，将硬件和软件一同下载到仿真软件 PLCSIM 中。添加输入 IB0 和输出 QB0 对象。将 CPU 模式选择为“RUN-P”模式，并起动程序监控功能。

用鼠标快速单击两次 I0.0，起动加热系统，观察 Q0.0 和 Q0.1 是否动作。用鼠标单击 I0.2 并保持 3s 以上，再多次用鼠标双击 I0.3 或 I0.4 两个温度值设置按钮，观察 MW0 中数值的变化。停止 3s 及以上再次用鼠标双击 I0.3 或 I0.4，观察 MW0 中数值是否还会变化。通过变量表将 MW10 的数值设置为比 MW0 中的数值小 6，观察 Q0.0 和 Q0.1 是否仍然动作。如果仿真现象与控制要求一致，则程序编写正确。

5．硬件连接

请读者参照图 4-7 进行线路连接，连接后再检查或测量确认连接无误后方可进入下一实训环节。

6．程序下载

选中 SIMATIC 管理器中 300 站点，将炉箱温度控制的项目下载到 PLC 中。

7．系统调试

硬件连接和项目下载好后，打开 OB1 组织块，起动程序状态监控功能。通过一个电位器将可调的 0～10V 电源连接到 CPU314C 模块集成的模拟量输入通道“0”上。起动系统后，先设置炉箱温度，然后通过调节电位器来模拟改变炉箱的实时温度，观察 Q0.0 和 Q0.1 动作是否符合控制要求。如上述调试现象符合项目控制要求，则实训任务完成。

4.2.4 实训拓展

炉箱温度的实时监控，在 4.2.2 实训任务基础上，用两个数码管实时显示炉箱温度，同时用一块指针式电压表的直流电压档指示炉箱温度（0～100℃对应 0～10V）。

4.3 高速脉冲

在工业应用现场常用高速计数器对某些产品进行计数，或使用步进电动机或伺服电动机实现精确定位，而步进电动机或伺服电动机是由高速脉冲进行驱动的。高速脉冲在实际应用中比较多见。

西门子 300 PLC 具有专用高速脉冲输入和输出模块，而紧凑型 CPU（如 CPU312C、CPU313C、CPU314C 等）也集成有高速脉冲计数以及高速脉冲输出的通道。CPU312C 集成有 2 个用于高速脉冲计数或高速脉冲输出的特殊通道；CPU313C 集成有 3 个用于高速脉冲计数或高速脉冲输出的特殊通道；CPU314C 集成有 4 个用于高速脉冲计数或高速脉冲输出的特殊通道，这些通道可实现高速脉冲计数功能、频率测量功能和脉宽调制（PWM）输出功能。CPU312C 最大计数频率为 10kHz，CPU313C 最大为 30kHz，CPU314C 最大为 60kHz。CPU312C 连接器 X1 的引脚分配、CPU313C 连接器 X1 或 X2 的引脚分配、CPU314C 连接器 X2 的引脚分配分别如表 4-4～表 4-6 所示。

表 4-4 CPU312C 连接器 X1 的引脚分配

连接	名称/地址	计　数	频率测量	脉宽调制
2	DI+0.0	通道 0：轨迹 A/脉冲	通道 0：轨迹 A/脉冲	—
3	DI+0.1	通道 0：轨迹 B/方向	通道 0：轨迹 B/方向	0/不使用
4	DI+0.2	通道 0：硬件门	通道 0：硬件门	通道 0：硬件门
5	DI+0.3	通道 1：轨迹 A/脉冲	通道 1：轨迹 A/脉冲	—
6	DI+0.4	通道 1：轨迹 B/方向	通道 1：轨迹 B/方向	0/不使用
7	DI+0.5	通道 1：硬件门	通道 1：硬件门	通道 1：硬件门
8	DI+0.6	通道 0：锁存器	—	—
9	DI+0.7	通道 1：锁存器	—	—
14	DO+0.0	通道 0：输出	通道 0：输出	通道 0：输出
15	DO+0.1	通道 1：输出	通道 1：输出	通道 1：输出

表 4-5　CPU313C 连接器 X1 或 X2 的引脚分配

连　　接	名称/地址	计　　数	频率测量	脉宽调制
2	DI+0.0	通道 0：轨迹 A/脉冲	通道 0：轨迹 A/脉冲	—
3	DI+0.1	通道 0：轨迹 B/方向	通道 0：轨迹 B/方向	0/不使用
4	DI+0.2	通道 0：硬件门	通道 0：硬件门	通道 0：硬件门
5	DI+0.3	通道 1：轨迹 A/脉冲	通道 1：轨迹 A/脉冲	—
6	DI+0.4	通道 1：轨迹 B/方向	通道 1：轨迹 B/方向	0/不使用
7	DI+0.5	通道 1：硬件门	通道 1：硬件门	通道 1：硬件门
8	DI+0.6	通道 2：轨迹 A/脉冲	通道 2：轨迹 A/脉冲	—
9	DI+0.7	通道 2：轨迹 B/方向	通道 2：轨迹 B/方向	0/不使用
12	DI+1.0	通道 2：硬件门	通道 2：硬件门	通道 2：硬件门
16	DI+1.4	通道 0：锁存器	—	—
17	DI+1.5	通道 1：锁存器	—	—
18	DI+1.6	通道 2：锁存器	—	—
22	DO+0.0	通道 0：输出	通道 0：输出	通道 0：输出
23	DO+0.1	通道 1：输出	通道 1：输出	通道 1：输出
24	DO+0.2	通道 2：输出	通道 2：输出	通道 2：输出

表 4-6　CPU314C 连接器 X2 的引脚分配

连　　接	名称/地址	计　　数	频率测量	脉宽调制
2	DI+0.0	通道 0：轨迹 A/脉冲	通道 0：轨迹 A/脉冲	—
3	DI+0.1	通道 0：轨迹 B/方向	通道 0：轨迹 B/方向	0/不使用
4	DI+0.2	通道 0：硬件门	通道 0：硬件门	通道 0：硬件门
5	DI+0.3	通道 1：轨迹 A/脉冲	通道 1：轨迹 A/脉冲	—
6	DI+0.4	通道 1：轨迹 B/方向	通道 1：轨迹 B/方向	0/不使用
7	DI+0.5	通道 1：硬件门	通道 1：硬件门	通道 1：硬件门
8	DI+0.6	通道 2：轨迹 A/脉冲	通道 2：轨迹 A/脉冲	—
9	DI+0.7	通道 2：轨迹 B/方向	通道 2：轨迹 B/方向	0/不使用
12	DI+1.0	通道 2：硬件门	通道 2：硬件门	通道 2：硬件门
13	DI+1.1	通道 3：轨迹 A/脉冲	通道 3：轨迹 A/脉冲	—
14	DI+1.2	通道 3：轨迹 B/方向	通道 3：轨迹 B/方向	0/不使用
15	DI+1.3	通道 3：硬件门	通道 3：硬件门	通道 3：硬件门
16	DI+1.4	通道 0：锁存器	—	—
17	DI+1.5	通道 1：锁存器	—	—
18	DI+1.6	通道 2：锁存器	—	—
19	DI+1.7	通道 3：锁存器	—	—
22	DO+0.0	通道 0：输出	通道 0：输出	通道 0：输出
23	DO+0.1	通道 1：输出	通道 1：输出	通道 1：输出
24	DO+0.2	通道 2：输出	通道 2：输出	通道 2：输出
25	DO+0.3	通道 3：输出	通道 3：输出	通道 3：输出

集成的高速脉冲计数输入或高速脉冲输出一般情况下可以作为普通的数字量输入和输出

来用。在需要高速脉冲计数或高速脉冲输出时，可通过硬件设置定义这些位的属性，将其作为高速脉冲计数输入或高速脉冲输出。

4.3.1 高速脉冲输入

控制通道实现高速脉冲计数或频率测量功能要分两个步骤进行。其一为硬件设置；其二为调用相应系统功能块。

1．硬件设置

1）生成一个项目，CPU 型号选择为 CPU314C-2 PN/DP。

2）用鼠标双击 SIMATIC 管理器中的 300 站点下的“Hardware（硬件）”进入“HW Config（硬件组态）”窗口。添加完机架和 CPU 后，可以看到 CPU314C 除集成数字量和模拟量输入和输出点外，还有“Count（计数功能）”和“Position（定位）”功能，高速脉冲的属性设置就在“Count（计数）”中设置。用鼠标双击“Count（计数）”子模块可进行高速脉冲计数、频率测量以及高速脉冲输出属性设置。

3）用鼠标双击 CPU 的“Count（计数）”子模块，可进入“Properties Count（计数器属性）”对话框如图 4-10 所示。

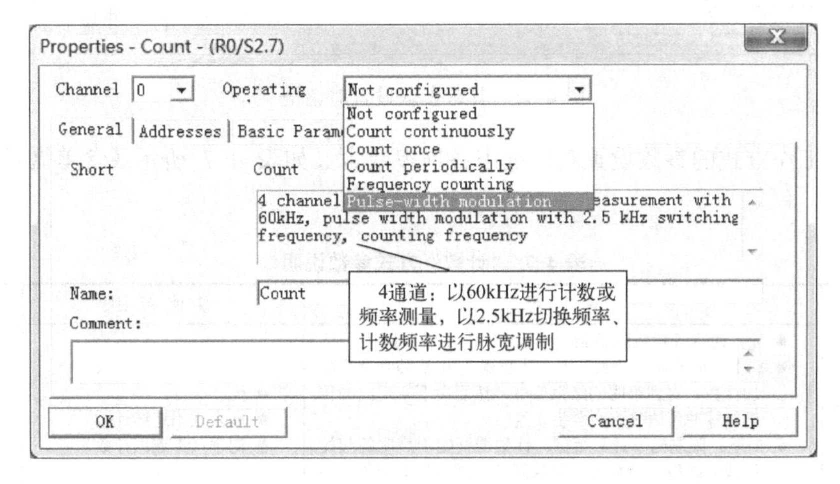

图 4-10 计数器“属性”对话框

在对话框中，“Channel（通道）”为通道选择，在其后面的下拉列表中，可以选择要设置的通道号，CPU314C 有 4 个通道号可以选择，即“0”“1”“2”“3”，用户可以根据自己的需要对某个通道或 4 个通道分别进行设置。“Operating（操作）”为工作模式，其后面的下拉列表中有 5 种工作模式可以选择，如图 4-10 所示，有“连续计数（计到上限时跳到下限重新开始）”“单独计数（计到上限时跳到下限等待新的触发）”“周期计数（从装载值开始计数，到设置上限时跳到装载值重新计数）”“频率测量”和“脉宽调制”。选择其中之一后（如连续计数），会弹出“默认值设置”对话框，提示默认值将被装载到被选择的功能中。

4）设置参数，如通道被设置为“计数器”工作方式，选择“Count（计数）”选项卡，以“连续计数”为例，打开图 4-11 所示“计数参数”设置对话框，在此对话框中可设置相关参数。

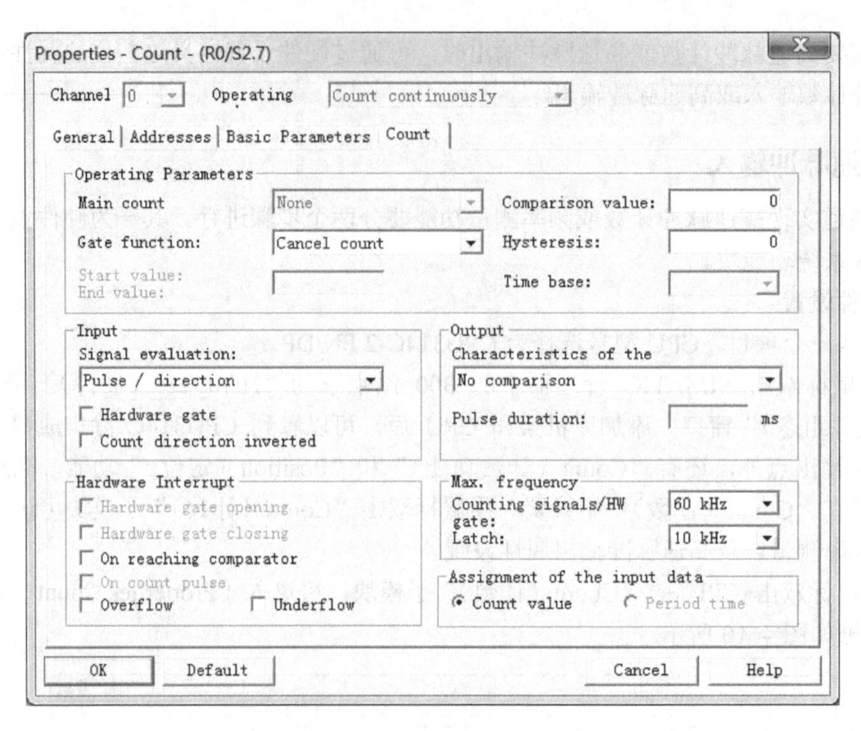

图 4-11　计数参数设置对话框

“计数”工作方式的参数设置对话框中各项参数含义如表 4-7 所示（含单循环计数和周期计数）。

表 4-7 “计数”方式参数说明

参　数	说　明	取 值 范 围	默 认 值
计数的默认方向	● 无：没有计数范围限制 ● 向上：限制向上计数范围。计数器从 0 或装载值开始加计数，直到声明的结束值-1，然后在下一正向的传感器脉冲到达时跳回至装载值 ● 向下：限制向下计数范围。计数器开始于声明的起始值或装载值，沿负方向计数到 1，然后在下一负的传感器脉冲处跳至起始值	● 无 ● 向上（不连续计数） ● 向下（不连续计数）	无
结束值/起始值	● 默认为向上计数的结束值 ● 默认为向下计数的起始值	2～2147483647（即 2^{31}–1）	2147483647
门功能	● 取消计数操作：将门关闭并重新起动时，会从装载值开始重新计数 ● 中断计数操作：门关闭时，计数即被中断，当门再次打开时，将从上一实际值开始重新计数	● 取消计数 ● 中断计数	取消计数
比较值	将计数值与比较值比较		0
	无主计数方向	-2^{31}～($+2^{31}$–1)	
	默认为向上计数方向	-2^{31}～–1	
	默认为向下计数方向	1～($+2^{31}$–1)	
滞后	如果计数值在比较值范围内，则可使用滞后避免频繁的输出切换操作。0 和 1 表示关闭滞后	0～255	0
最大频率/计数信号/HW 门	可按固定步骤设置轨迹 A/脉冲、轨迹 B/方向和硬件门信号的最大频率。最大值依 CPU 而定		

（续）

参　　数	说　　明	取 值 范 围	默 认 值
	CPU312C	10、5、2、1kHz	10kHz
	CPU313C	30、10、5、2、1kHz	30kHz
	CPU314C	60、30、10、5、2、1kHz	60kHz
信号判断	● 计数和定向信号与输入相连 ● 旋转传感器与输入连接（单个、双重或四重判断）	● 脉冲方向 ● 旋转传感器，单个 ● 旋转传感器，双重判断 ● 旋转传感器，四重判断	脉冲/方向
HW 门	● 是：通过 SW 和 HW 进行门控制 ● 否：仅通过 SW 门进行门控制	● 是 ● 否	否
反转计数方向	● 是：反转了“方向”输入信号 ● 否：未反转“方向”输入信号	● 是 ● 否	否
输出反应	根据该参数设置输出和“比较器”（STS_CMP）状态位	● 不比较 ● 计数值≥比较值 ● 计数值≤比较值 ● 比较值时刻的脉冲	不比较
脉冲宽度	通过“输出的反应：比较值时刻的脉冲”设置，可指定输出信号的脉冲宽度。仅可使用偶数值	0～510ms	0
硬件中断：打开 HW 门	软件门打开时，打开硬件门可产生硬件中断	● 是 ● 否	否
硬件中断：关闭 HW 门	软件门打开时，关闭硬件门可产生硬件中断	● 是 ● 否	否
硬件中断：达到比较器	达到（响应）比较器时产生硬件中断	● 是 ● 否	否
硬件中断：上溢	上溢（超出计数上限）时产生硬件中断	● 是 ● 否	否
硬件中断：下溢	下溢（超出计数下限）时产生硬件中断	● 是 ● 否	否

“频率测量”相关参数请参见相关说明。以上硬件组态完成时，将硬件组态编译并保存。

在“计数”和“频率测量”模式下，可通过“Count（计数）”子模块的输入地址（I 地址）直接访问 I/O 来读取实际计数/频率值（取决于设置模式）。该子模块的输入地址已在“HW Config（硬件组态）”中指定。该子模块的地址区域为 16B，数据类型为双整数。n+0：通道 0 的计数值[-2^{31}～(2^{31}–1)]或频率值[0～(2^{31}–1)]；n+4：通道 1 的计数值或频率值；n+8：通道 2 的计数值或频率值；n+12：通道 3 的计数值或频率值；n 为“Count（计数）”子模块的输入地址；在图 4-11“Addresses（地址）”选项卡中可以看到，用户既可用系统默认地址，也可以更改。当然，计数值可在背景数据块 DB*.DBD14 中读出。

2．调用系统功能块 SFB47

1）选中项目中的“Blocks（块）”，用鼠标双击“Blocks（块）”中的 OB1 进入程序编辑器，在 OB1 中调用 SFB47。过程如下：在指令集工具中，找到“Libraries（库）”→“Standard Library（标准库）”→“System Function Blocks（系统功能块）”菜单，并用鼠标双击该菜单下的系统块 SFB47 进行调用，系统功能块 SFB47 如图 4-12 所示。

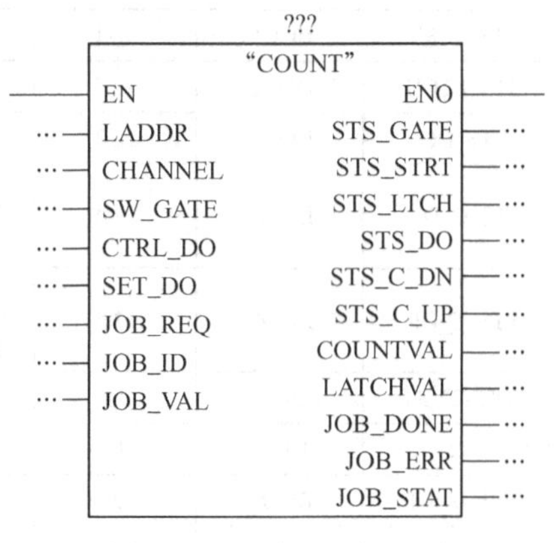

图 4-12　系统功能块 SFB47

2）系统功能块 SFB47 的参数。系统功能块 SFB47 的参数很多，在使用时用户可根据自己的控制需要进行选择性填写。系统功能块 SFB47 的输入参数、输出参数分别如表 4-8 和表 4-9 所示。

表 4-8　系统功能块 SFB47 的输入参数

输入参数	数据类型	地址 DB	说　明	取值范围	默认值
LADDR	WORD	0	在“HW Config”中指定的子模块 I/O 地址。如果 I/O 地址不相同，必须指定两者中的较低一个	CPU312C CPU313C CPU314C	W#16#300 W#16#300 W#16#330
CHANNEL	INT	2	通道号：CPU312 CPU313 CPU314	0～1 0～2 0～3	0
SW_GATE	BOOL	4.0	软件门，用于计数器起动/停止	1/0	0
CTRL_DO	BOOL	4.1	起动输出	1/0	0
SET_DO	BOOL	4.2	输出控制	1/0	0
JOB_REQ	BOOL	4.3	起动作业（正跳沿）	1/0	0
JOB_ID	WORD	6	作业号 W#16#00＝无功能作业 W#16#01＝写计数值 W#16#02＝写装载值 W#16#04＝写比较值 W#16#08＝写入滞后 W#16#10＝写入脉冲宽度 W#16#82＝读装载值 W#16#84＝读比较值 W#16#88＝读取滞后 W#16#90＝读脉冲宽度	W#16#00 W#16#01 W#16#02 W#16#04 W#16#08 W#16#10 W#16#82 W#16#84 W#16#88 W#16#90	W#16#00
JOB_VAL	DINT	8	写作业的值	-2^{31}～$(2^{31}-1)$	0

说明：参数 LADDR，默认值为 W#16#300 或 W#16#330，即输入/输出映像区第 768 或第 816 个字节。若通道集成在 CPU 模块中，则此参数可以不用设置；若通道在某个子功能模块上，则必须保证此参数的地址与模块设置的地址一致。

表 4-9　系统功能块 SFB47 的输出参数

输出参数	数据类型	地址 DB	说　明	取值范围	默认值
STS_GATE	BOOL	12.0	内部门状态	1/0	0
STS_STRT	BOOL	12.1	硬件门状态（起动输入）	1/0	0
STS_LTCH	BOOL	12.2	锁存器输入状态	1/0	0
STS_DO	BOOL	12.3	输出状态	1/0	0
STS_C_DN	BOOL	12.4	向下计数的状态。始终表示最后的计数方向，在第一次调用 SFB 后，其值被设置为 0	1/0	0
STS_C_UP	BOOL	12.5	向上计数的状态。始终表示最后的计数方向，在第一次调用 SFB 后，其值被设置为 1	1/0	0
COUNTVAL	DINT	14	实际计数值	-2^{31}～$(2^{31}-1)$	0
CATCHVAL	DINT	18	实际锁存器值	-2^{31}～$(2^{31}-1)$	0
JOB_DONE	BOOL	22.0	可起动新作业	1/0	1
JOB_ERR	BOOL	22.1	错误作业	1/0	0

（续）

输出参数	数据类型	地址 DB	说　明	取值范围	默认值
JOB_STAT	WORD	24	作业错误号 W#16#0121 = 比较值太小 W#16#0122 = 比较值太大 W#16#0131 = 滞后太窄 W#16#0132 = 滞后太宽 W#16#0141 = 脉冲周期太短 W#16#0142 = 脉冲周期太长 W#16#0151 = 装载值太小 W#16#0152 = 装载值太大 W#16#0161 = 计数器值太小 W#16#0162 = 计数器值太大 W#16#01FF = 作业号非法	0 到 W#16#FFFF W#16#0121 W#16#0122 W#16#0131 W#16#0132 W#16#0141 W#16#0142 W#16#0151 W#16#0152 W#16#0161 W#16#0162 W#16#01FF	0

在“连续计数”方式下，CPU 从 0 或装载值开始计数，当向上计数达到上限时($2^{31}-1$)，它将在出现下一正计数脉冲时跳至下限（-2^{31}）处，并从此处恢复计数；当向下计数达到下限时，它将在出现下一负计数脉冲时跳至上限处，并从此处恢复计数。计数值范围为[-2^{31}～($2^{31}-1$)]，装载值的范围为[($-2^{31}+1$)～($2^{31}-2$)]。

在“单循环（单独）计数”方式下，CPU 根据组态的计数主方向执行单计数循环。若为无默认计数方向时，CPU 从计数装载值向上或向下开始执行单计数循环，计数限值设置为最大范围。在计数限值处上溢或下溢时，计数器将跳至相反的计数限值，门将自动关闭。要重新启动计数，必须在门控制处生成一个正跳沿。中断门控制时，将从实际的计数值开始恢复计数。取消门控制后，将从装载值重新开始计数。若默认为向上计数时，CPU 从装载值开始沿正方向计数数到结束值-1 后，将在出现下一个正计数脉冲时跳回至装载值，门将自动关闭。要重新启动计数，必须在门控制处生成一个正跳沿。计数器从装载值开始计数。若默认为向下计数时，CPU 从装载值开始沿负方向计数到值 1 后，将在出现下一个负计数脉冲时跳回至装载值（开始值），门将自动关闭。要重新启动计数，必须在门控制处生成一个正跳沿。计数器从装载值开始计数。

在“周期性计数”方式下，CPU 根据声明的默认计数方向执行周期性计数。若为无默认计数方向，CPU 从装载值向上或向下开始计数，在相应的计数限值处上溢或下溢时，计数器将跳至装载值并从该值开始恢复计数。若默认为向上计数时，CPU 从装载值向上开始计数，当计数器沿正方向计数到结束值-1 后，将在出现下一个正计数脉冲时跳回至装载值，并从该值开始恢复计数。若默认为向下计数时，CPU 从装载值向下开始计数。当计数器沿负方向计数到值 1 后，将在出现下一个负计数脉冲时跳回至装载值（开始值），并从该值开始恢复计数。

【例 4-4】 电动机运行速度的实时检测。

要实现电动机运行速度的实时检测需分两步骤。其一为硬件设置；其二为调用相应系统功能块及编程。

1．硬件设置

1）创建项目（取名为电动机运行速度检测），选择 CPU 型号为 CPU314C。

2）打开该项目中的硬件组态窗口并用鼠标双击“Count（计数）”子模块，进行“属性-计数器”设置。

3）在“属性-计数”对话框中设置“Channel（通道）”为“0”，“Operating（操作模式）”为“Count continuously（连续计数）”，在弹出的对话框中用鼠标单击“OK”按钮进行确定。

4）选择最后一个标签“Count（计数）”并进行相关参数设置。将“Input（输入）”设置为“Pulse/direction（脉冲/方向）”，其他均为默认值即可，用鼠标单击“OK”按钮进行确定。

硬件设置完成后将其编译并保存。

2．调用系统功能块 SFB47 及编程

电动机运行速度实时检测程序如图 4-13 所示（硬件接线时，将编码器的脉冲输出 A 接入 I0.0，脉冲输出 B 接入 I0.1）。

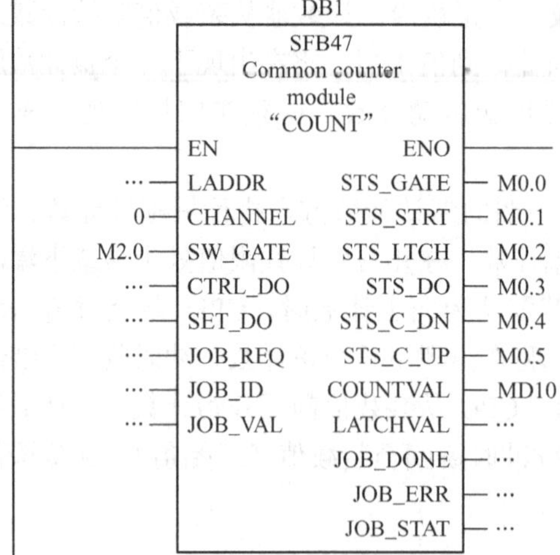

图 4-13　电动机运行速度实时检测程序

若电动机正转则图 4-13 网络 3 中功能块 SFB47 的输出参数 M0.5 为“1”，输出参数 MD10 的内容为正；若电动机反转，则功能块 SFB47 的输出参数 M0.4 为“1”，输出参数 MD10 的内容为负。

4.3.2 高速脉冲输出

要控制通道实现高速脉冲输出功能也有两个步骤。其一为硬件设置；其二为调用相应系统功能块。

1．硬件设置

打开 CPU 的“Count（计数）”子模块，选择“Pulse – width modulation（脉宽调制 PWM）”选项，进入“脉宽调制”设置对话框，如图 4-14 所示。

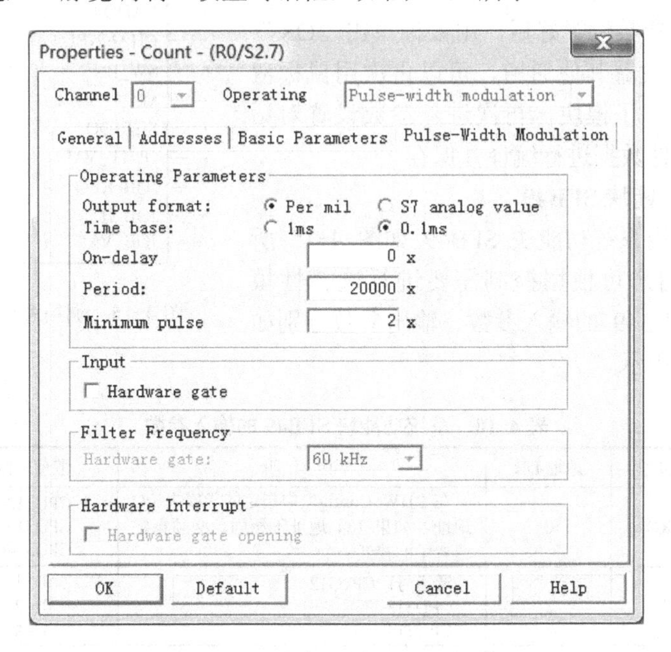

图 4-14 “脉宽调制”设置对话框

“Operating Parameters（操作参数）”选项组中各参数意义如下。

1）Output format（输出格式）：输出格式有两种选择。Per mile（每密耳，即 1mil=0.001in=0.0254mm），输出格式取值范围为 0～1000；S7 analog value（S7 模拟量），输出格式取值范围为 0～27648。输出格式的取值也可在调用系统功能块 SFB49 时设置，这一取值将会影响输出脉冲的占空比。

2）Time base（时基）：时基有两种选择，0.1ms 和 1ms。用户可根据实际需要选择合适的时基，要产生频率较高的脉冲，可选择 0.1ms 时基。

3）On-delay（接通延时值）：接通延时是指当控制条件成立时，对应通道将延时指定时间后输出高速脉冲。指定时间值为设置值乘以时基，取值范围为 0～65535。

4）Period（周期）：指定输出脉冲的周期。周期为设置值乘以时基，若时基为 0.1ms 时，取值范围为 4～65535；若时基为 1ms 时，取值范围为 1～65535。

5）Minimum pulse（最小脉冲宽度）：指定输出的最小脉冲宽度，若时基为 0.1ms 时，最小脉冲宽度取值范围为 2～Period（周期）/2；若时基为 1ms 时，最小脉冲宽度取值范围为 0～Period（周期）/2。

以上参数中的延时时间、周期以及最小脉冲宽度还可以通过系统功能块 SFB49 进行修改。

“Input（输入）”选项组的参数“Hardware gate（硬件门）”是供用户选择是否通过硬件门来控制脉冲输出。如果选中硬件门，则高速脉冲的控制需要硬件门和软件门共同控制；如果不选中，高速脉冲输出单独由软件门控制。

“Hardware Interrupt（硬件中断）”选项组的参数“Hardware gate opening（打开硬件门）”是硬件中断选择。一旦选中硬件门控制以后，此选项将被激活，用户可根据需要选择是否在硬件门起动时刻调用硬件中断组织块 OB40 中的程序。

将通道的硬件参数设置好后，用鼠标单击“OK”按钮。如果还需要设置其他通道，可以再次用鼠标双击“Count（计数）”子模块，再次进入参数设置对话框。将组态好的硬件数据进行编译并保存。

2．调用系统功能块 SFB49

按上述方法调用系统功能块 SFB49 如图 4-15 所示。参数很多，用户可根据控制需要进行选择性填写。系统功能块 SFB49 的输入参数、输出参数分别如表 4-10 和表 4-11 所示。

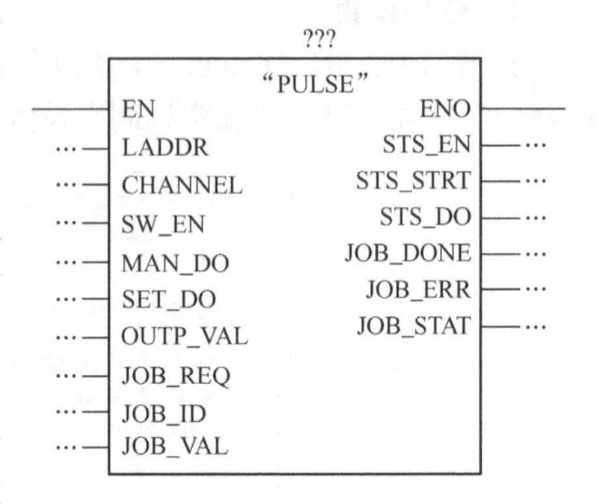

图 4-15 调用系统功能块 SFB49

表 4-10 系统功能块 SFB49 的输入参数

输入参数	数据类型	地址 DB	说　明	取值范围	缺省值
LADDR	WORD	0	在“HW Config”中指定的子模块 I/O 地址。如果 I/O 地址不相同，必须指定两者中的较低一个	CPU312C CPU313C CPU314C	W#16#300 W#16#300 W#16#330
CHANNEL	INT	2	通道号：CPU312 CPU313 CPU314	0～1 0～2 0～3	0
SW_EN	BOOL	4.0	软件门，用于控制脉冲输出	1/0	0
MAN_DO	BOOL	4.1	手动输出控制使能	1/0	0
SET_DO	BOOL	4.2	控制输出	1/0	0
OUTP_VAL	INT	6	输出值设置，分密耳和模拟量	0～1000 0～27648	0
JOB_REQ	BOOL	8.0	作业初始化控制端（正跳沿）	1/0	0
JOB_ID	WORD	10	作业号 W#16#00＝无功能作业 W#16#01＝写周期 W#16#02＝写延时时间 W#16#04＝写最小脉冲周期 W#16#81＝读周期 W#16#82＝读延时时间 W#16#84＝读最小脉冲周期	W#16#00 W#16#01 W#16#02 W#16#04 W#16#81 W#16#82 W#16#84	W#16#00
JOB_VAL	DINT	12	写作业的值	-2^{31}～$(2^{31}-1)$	0

参数说明：

1）子模块地址 LADDR，默认值为 W#16#300 或 W#16#330，即输入/输出映像区第 768

或第 816 个字节。若通道集成在 CPU 模块中，则此参数可以不用设置；若通道在某个子功能模块上，则必须保证此参数的地址与模块设置的地址一致。

2）软件门 SW_EN，当 SW_EN 端为“1”时，脉冲输出指令开始执行（延时指定时间后输出指定周期和脉宽的高速脉冲）；当 SW_EN 端为“0”时，高速脉冲停止输出。

采用硬件门和软件门同时控制时，需要在硬件设置中起动硬件门控制。当软件门先为“1”，同时在硬件门有一个上升沿时，将起动内部门功能，并延时指定时间输出高速脉冲。当硬件门的状态先为“1”，而软件门的状态后变为“1”，则门功能不起动，若软件门的状态保持为“1”，同时在硬件门有一个下降沿发生，也能起动门功能，输出高速脉冲。当软件门的状态变为“0”，无论硬件门的状态如何，将停止脉冲输出。

3）手动输出使能端 MAN_DO，一旦通道在硬件组态时设置为脉宽调制功能，则该通道不能使用普通的输出线圈指令对其进行写操作控制，要想控制该通道，必须调用功能块 SFB49 对其进行控制。如果还想在该通道得到持续的高电平（非脉冲信号），则可以通过 MAN_DO 控制端来实现。当 MAN_DO 端为“1”时，指定通道不能输出高速脉冲，只能作为数字量输出点使用。当 MAN_DO 端为“0”时，指定通道只能作为高速脉冲输出通道使用，输出指定频率的脉冲信号。

4）控制输出 SET_DO，数字量输出控制端。如果 MAN_DO 端为“1”时，可通过 SET_DO 端控制指定通道的状态是高电平“1”，还是低电平“0”；如果 MAN_DO 端为“0”时，则 SET_DO 端的状态不起作用，不会影响通道的状态。

5）输出设置 OUTP_VAL，用来指定脉冲的占空比。在硬件设置时，如果选择输出格式为每密耳，则 OUTP_VAL 取值范围为 0～1000（基数为 1000），输出脉冲高电平时间长度为：Pulse width（脉宽）=（OUTP_VAL/1000）× Period（周期）；如果选择输出格式为 S7 模拟量，则 OUTP_VAL 取值范围为 0～27648（基数为 27648），脉宽计算方法同上。

注意：在设置占空比时，应该保证计算出来的高、低电平的时间不能小于硬件设置中指定的最小脉宽值，否则将不能输出脉冲信号。

表 4-11 系统功能块 SFB49 的输出参数

输出参数	数据类型	地址 DB	说 明	取值范围	默认值
STS_EN	BOOL	16.0	状态使能端	1/0	0
STS_STRT	BOOL	16.1	硬件门的状态（开始输入）	1/0	0
STS_DO	BOOL	16.2	输出状态	1/0	0
JOB_DONE	BOOL	16.3	可起动新作业	1/0	1
JOB_ERR	BOOL	16.4	错误作业	1/0	0
JOB_STAT	WORD	18	作业错误号 W#16#0411 = 周期过短 W#16#0412 = 周期过长 W#16#0421 = 延时过短 W#16#0422 = 延时过长 W#16#0431 = 最小脉冲周期过短 W#16#0432 = 最小脉冲周期过长 W#16#04FF = 作业号非法 W#16#8001 = 操作模式或参数错误 W#16#8009 = 通道号非法	0～W#16#FFFF W#16#0411 W#16#0412 W#16#0421 W#16#0422 W#16#0431 W#16#0432 W#16#04FF W#16#8001 W#16#8009	0

参数说明：

1）状态使能端 STS_EN，当 STS_EN 端的状态为“1”时，表示高速脉冲输出条件成立，通道处于延时或输出状态。

2）硬件门状态 STS_STRT，无论是否起动硬件门功能，参数 STS_STRT 的状态与通道对应的硬件门的状态一致。

3）通道输出状态 STS_DO，当通道作为数字量或高速脉冲输出时，STS_DO 端的状态与通道输出的状态一致。

4.4 实训 10 步进电动机的 PLC 控制

4.4.1 实训目的

1）掌握步进电动机驱动器与步进电动机及 PLC 的接线方法。

2）掌握高速脉冲输出的使用。

4.4.2 实训任务

使用 S7-300 PLC 系列的 CPU314C 实现步进电动机的控制。控制要求如下：在 CPU314C 的通道 0 通过软件门单独控制，产生周期为 20ms、占空比为 1:4、最小脉宽为 1ms、延时时间为 2s 的脉冲。在通道 1 通过硬件门和软件门同时控制产生周期为 2s、占空比为 1:3、最小脉宽为 50ms 的脉冲、延时时间为 0s 的脉冲。硬件门打开时，不调用硬件中断组织块。

4.4.3 实训步骤

1．原理图绘制

分析项目控制要求可知：通道 0 及通道 1 的两个软件门控制信号和通道 1 的硬件门信号作为 PLC 的输入信号，两种频率输出作为 PLC 的输出信号，步进电动机的 PLC 控制 I/O 地址分配表如表 4-12 所示。

表 4-12 步进电动机的 PLC 控制 I/O 地址分配表

输　入			输　出		
元　件	输入继电器	作　用	元　件	输出继电器	作　用
转换开关 SA1	I0.0	通道 0 软件门	步进电动机驱动器 1	Q0.0	50Hz 脉冲输出
转换开关 SA2	I0.1	通道 1 软件门	步进电动机驱动器 2	Q0.1	0.5Hz 脉冲输出
转换开关 SA3	I0.5	通道 1 硬件门			

步进电动机驱动器与 PLC 的连接：步进电动机驱动器的输入信号为脉冲信号正端、脉冲信号负端、方向信号正端、方向信号负端，其连接方式共有 3 种。

1）共阳极方式：把脉冲信号正端和方向信号正端并联后连接至电源的正极性端，脉冲信号接入脉冲信号负端，方向信号接入方向信号负端，电源的负极性端接至 PLC 的电源接入公共端。

2）共阴极方式：把脉冲信号负端和方向信号负端并联后连接至电源的负极性端，脉冲信号接入脉冲信号正端，方向信号接入方向信号正端，电源的正极性端接至 PLC 的电源接入公共端。

3）差动方式：直接连接。

一般步进电动机驱动器的输入信号的幅值为 TTL 电平，最大为 5V，如果控制电源为 5V 则可以接入，否则需要在外部连接限流电阻 R，以保证给驱动器内部光耦元件提供合适的驱动电流。如果控制电源为 12V，则外接 680Ω 的电阻；如果控制电源为 24V，则外接 2kΩ 的电阻。具体连接可参考步进电动机驱动器的相关操作说明。步进电动机的 PLC 控制原理图如图 4-16 所示。

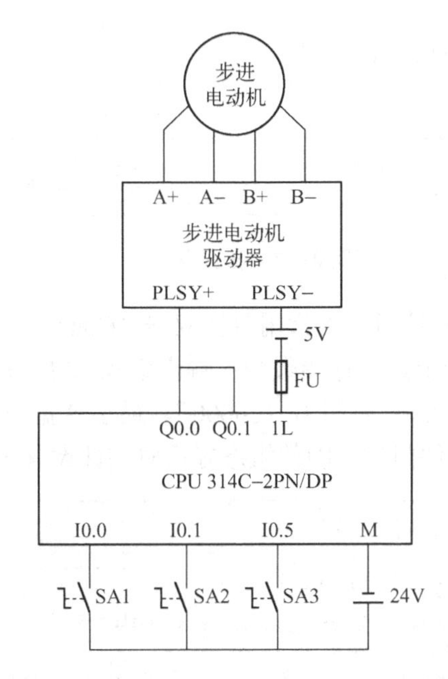

图 4-16　步进电动机的 PLC 控制原理图

2．硬件组态

（1）新建项目

新建一个步进电动机控制的项目，再打开 SETP 7 软件的“HW Config（硬件组态）”窗口，按 1.2.3 节讲述的方法进行 PLC 的硬件组态，在此组态导轨、紧凑型的 CPU314C 模块，并将 CPU 集成的输入/输出模块的起始地址改为 0。

（2）计数器设置

用鼠标双击“Count（计数）”子模块，进行“属性-计数器”设置。选择通道 0 和脉宽调制，在脉宽调制选项卡中进行“操作参数”设置，脉宽设置一如图 4-17 所示。

输出格式选择“Per mi（每密耳）”，时基选择“0.1ms”，接通延时选择“20000”，周期为“200”，最小脉宽为“10”。在输入参数选择时，不选择“Hardware gate（硬件门）”。

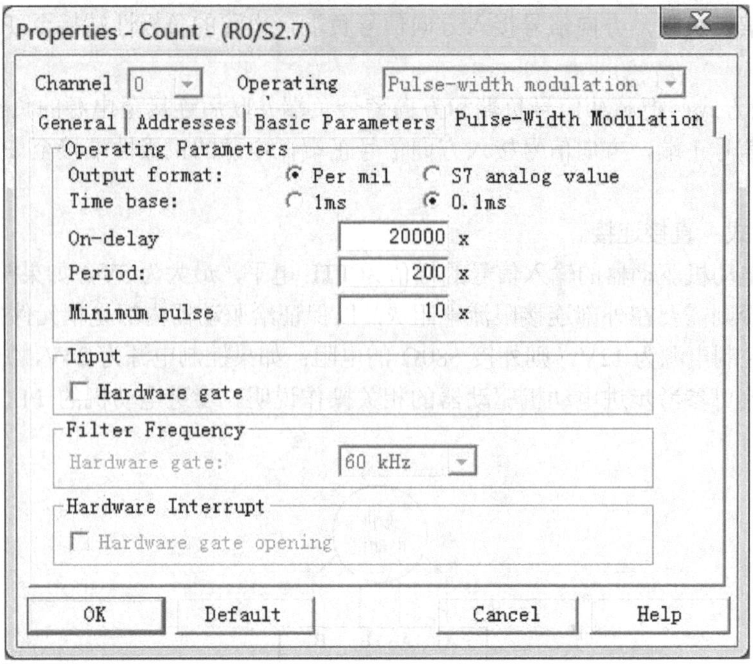

Properties - Count - (R0/S2.7)

Channel 0 Operating Pulse-width modulation

General | Addresses | Basic Parameters | Pulse-Width Modulation

Operating Parameters

Output format: Per mil S7 analog value

Time base: 1ms 0.1ms

On-delay 20000 x

Period: 200 x

Minimum pulse 10 x

Input

Hardware gate

Filter Frequency

Hardware gate: 60 kHz

Hardware Interrupt

Hardware gate opening

OK Default Cancel Help

图 4-17　脉宽设置一

用鼠标单击“OK”按钮确认后，再次用鼠标双击“Count（计数）”设置通道 1，方法同上，脉宽设置二如图 4-18 所示。设置参数为：输出格式选择“Per mil（每密耳）”，时基选择“0.1ms”，接通延时选择“0”，周期为“20000”，最小脉宽为“5000”。在输入参数选择时，选择“Hardware gate（硬件门）”。硬件组态好后对硬件设置进行编译并保存。

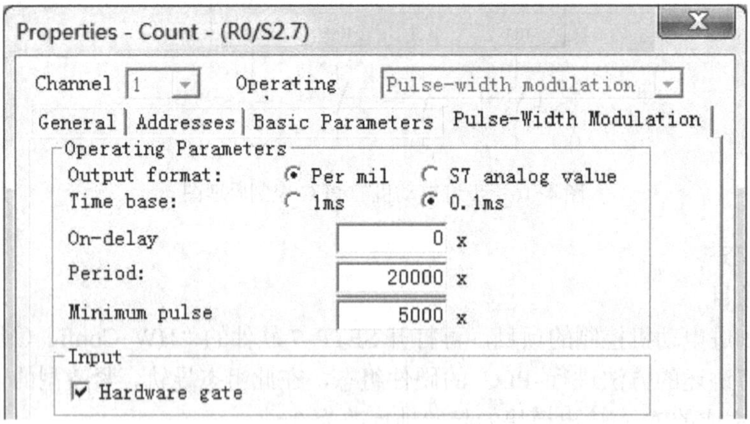

Properties - Count - (R0/S2.7)

Channel 1 Operating Pulse-width modulation

General | Addresses | Basic Parameters | Pulse-Width Modulation

Operating Parameters

Output format: Per mil S7 analog value

Time base: 1ms 0.1ms

On-delay 0 x

Period: 20000 x

Minimum pulse 5000 x

Input

Hardware gate

图 4-18　脉宽设置二

3．软件编程

打开组织块 OB1，两次调用系统功能块 SFB49（调用两次，分别为通道 0 和通道 1），为两个 SFB49 生成相应的背景数据块 DB1 和 DB2。步进电动机控制程序如图 4-19 所示。

OB1：步进电动机控制

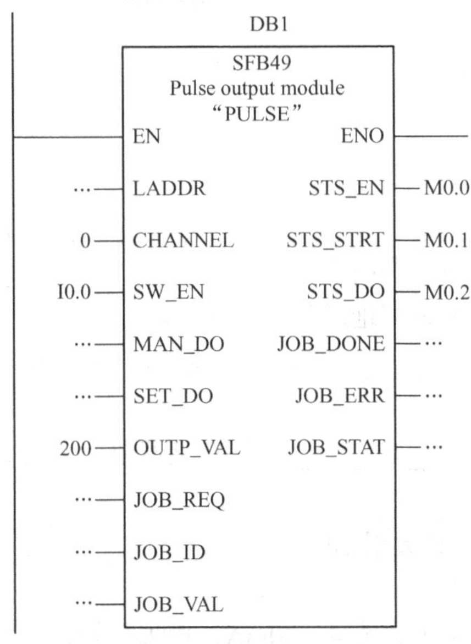

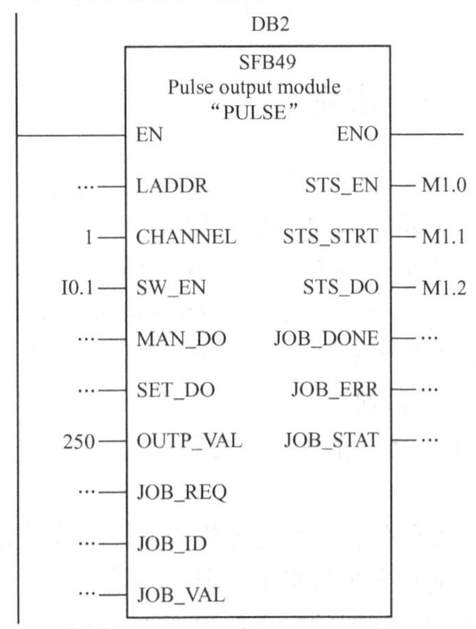

图 4-19　步进电动机控制程序

程序编写好后，不能使用 PLCSIM 软件进行仿真，仿真软件无法仿真高速脉冲输入及输出功能。如果使用软件仿真，就算硬件组态和程序编写正确，状态使能端 STS_EN 在监控状态下显示“0”，即高速脉冲输出条件不成立。

注意： 使用高速脉冲输出的通道不能再作为普通数字量使用，如果使用，其触点就算其输出状态为“1”也不动作，这时可用通道的输出状态 STS_DO 端所连接的位存储器（如本项目中的 M0.2 和 M1.2）来代替相应高速脉冲的输出通道。

4．硬件连接

请读者参照图 4-16 进行线路连接，连接后再检查或测量确认连接无误后方可进入下一实训环节。

5．程序下载

选择 SIMATIC 管理器中 300 站点，将步进电动机控制的项目下载到 PLC 中。

6．系统调试

硬件连接和项目下载好后，打开 OB1 组织块，起动程序状态监控功能。将 I0.0 触点接通，观察 Q0.0 输出情况及观察步进电动机的转速情况。断开 I0.0 触点，将 I0.1 触点接通后再接通 I0.5 触点，观察 Q0.0 输出情况及观察步进电动机的转速情况。断开 I0.1 和 I0.5 触点，这时先接通 I0.5 触点后再接通 I0.1 触点，观察 Q0.1 输出情况及步进电动机的转速情况。如上述调试现象符合项目控制要求，则实训任务完成。

4.4.4　实训拓展

使用 S7-300 PLC 实现步进电动机的分时段控制，当系统起动后，步进电动机的驱动脉冲频率为 200Hz，占空比为 1:3，运行 10s 后，步进电动机的驱动脉冲频率变为 1000Hz，占空比为 1:4，再运行 15s 后停止运行。无论何时按下系统停止按钮，步进电动机立即停止运行。

4.5 习题与思考

1．模拟量信号分为________、________。

2．S7-300 PLC 常用模拟量信号模块为________、________、________、________等。

3．S7-300 中央机架的第 6 号槽的 4 通道模拟量模块的字地址为________、________、________、________，第 8 号槽的 4 通道模拟量模块的首字地址为________。

4．CPU312 有________个计数通道，CPU313C 有________个计数通道，CPU314C 有________个计数通道。

5．CPU 模块的保持存储区可为________、________、________等存储器进行断电保持设置。

6．标准的模拟量信号经模拟量输入模块转换后，其数据范围为________。

7．如何调节模拟量量程卡的位置？

8．频率变送器的输入量程为 45～55Hz，输出信号为直流 4～20mA，模拟量输入模块的额定输入电流为 4～20mA，设转换后的数字为 *N*，试求以 0.01Hz 为单位的频率值。

9．如何使用工程单位换算功能 FC105?

10．采用每密耳输出格式，输出占空比为 1:9 的脉冲，SFB49 中 OUTP_VAL 输出值应设置为多少？

11．软件门和硬件门在计数模式下如何工作？

12．如何通过指示灯来监控高速脉冲的输出？

13．烘干室温度的控制：具体要求有“手动”和“自动”两种加热方式，当工作模式开关拨至“手动”时，由操作人员控制加热器的起停，温度不能自动调节；当工作模式开关拨至“自动”时，系统起动后，若温度选择开关拨向“低温”档，则烘干室加热温度到 30℃时停止加热，若温度选择开关拨向“中温”档，则加热温度到 50℃时停止加热；若温度选择开关拨向“高温”档，则加热温度到 80℃时停止加热。当温度低于设置值 3℃时自行起动加热器。

14．送料车行走控制：送料车由步进电动机驱动，当检测到物料时，步进电动机以 60r/min 前进送料（脉冲频率为 500Hz），当到达指定位置 SQ2 处时，开始卸料，5s 后以 90r/min 返回（脉冲频率为 750Hz），到达原点 SQ1 处停止。

第 5 章　S7-300 PLC 网络通信的编程及应用

通信是设备之间的信息交换。西门子 S7-300 PLC 有很强的通信功能，CPU 模块集成有 MPI 通信接口，有的模块还集成有 PROFIBUS-DP、PROFINET 或点对点通信接口，此外还可以使用相应通信方式的通信处理器（CP）模块进行通信。

5.1　MPI 通信

MPI（Multi Point Interface）是多点接口的简称，是当通信速率要求不高，通信数据量不大时可以采用的一种简单经济的通信方式。在 SIMATIC S7/M7/C7 PLC 上都集成有 MPI，MPI 的基本功能是 S7 的编程接口，还可进行 S7-300 之间、S7-300/400 之间、S7-300 与 S7-200 之间小数据量的通信，是一种应用广泛、经济、不用做连接组态的通信方式。不分段的 MPI 网最多可以有 32 个网络节点（接入到 MPI 网的设备称为一个节点）。

5.1.1　MPI 通信网络的组建

MPI 通信网络的组建步骤如下：

1．创建项目

创建一个新项目，如 MPI_1。

2．生成站点

生成需配置的节点数或站数，如 3 个站，CPU 可以选相同，也可以选择不同，在此均选择 CPU314C 模块。

3．配置网络

单击 SIMATIC 管理器工具条上图标（Configure Network 配置网络），打开网络组态工具 NetPro，出现一条自动生成的标有 MPI（1）的网络和没有与网络相连的 3 个站的图标。

4．网络连接

用鼠标双击某个站的 CPU 方框中的小红方块所在的区域（在 CPU 的 MPI/DP 子模块中），打开“MPI/DP 网络”属性对话框，在 Interface（网络接口）Type（类型）选项中默认的是 MPI 网络，单击网络接口的“Properties（属性）”按钮，打开 MPI 接口属性对话框，选中“Parameters（参数）”选项卡的“Subnet（子网）”列表框中的“MPI（1）”，该行的背景变为深蓝色（MPI 接口与网络属性组态如图 5-1 所示），用鼠标单击“OK”按钮，相应的 CPU 被连到 MPI（1）子网上。选中“not networked（未联网）”后用鼠标单击“OK”按钮，将断开 CPU 与 MPI（1）子网的连接。用鼠标单击“OK”按钮返回到 NetPro 窗口，可以看到该 CPU 是否连接到 MPI 网络上？用同样方法将另两站接连到 MPI（1）子网上。在将 SIMATIC 300（2）和 SIMATIC 300（3）两站点连接到 MPI（1）子网时，会将 CPU 默认的

MPI 地址 2 自动逐 1 增加，当然也可以人为修改（最高为 31），但不能重叠。已连接到 MPI 网上 CPU 的 MPI 地址会自动显示在 CPU 的 MPI/DP 子模块下方，已连接好的 MPI 网络如图 5-2 所示。

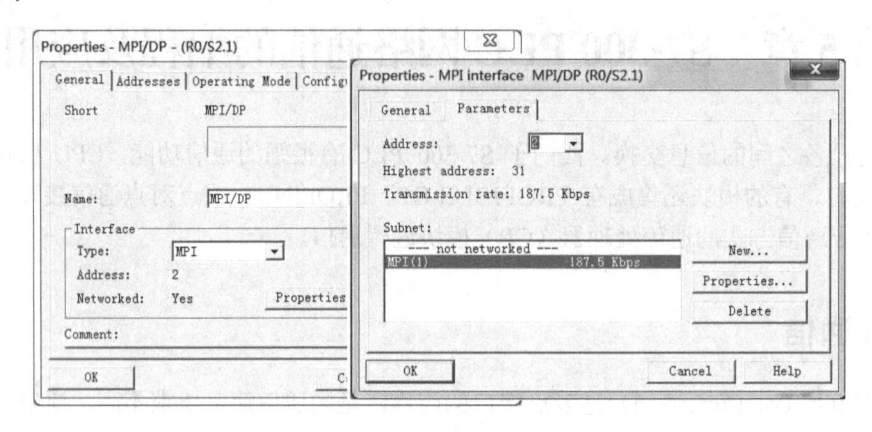

图 5-1　MPI 接口与网络属性组态

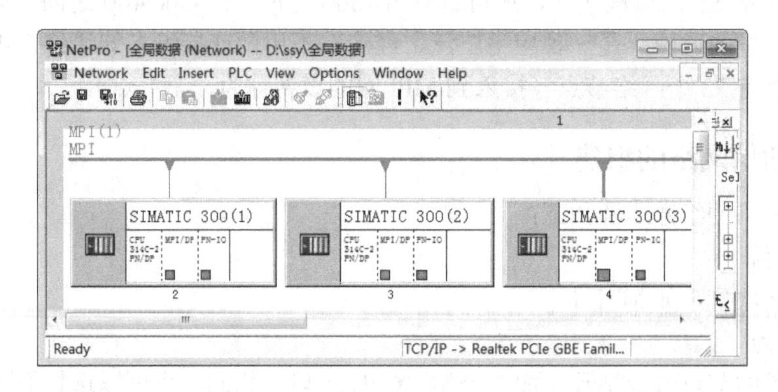

图 5-2　已连接好的 MPI 网络

也可以将图 5-2 的 CPU 方框中的小红块“拖放”到 MPI 网络上，该站便被连接到网络上了，这是一种相当方便的连接方法。也可以用“拖放”的方法断开连接（将连接点拖到 MPI/DP 方框中），或单击鼠标右键选择删除命令。

注意：MPI 网络的第一个及最后一个节点需接入通信终端匹配电阻，在向 MPI 网添加一个新节点时，应该切断 MPI 网的电源。MPI 网络节点间连接的距离是有限制的，从第一个节点到最后一个节点最长距离仅为 50m，采用两个中继器可将节点的距离增大到 1000m，通过 OLM 光纤距离可扩展到 100km 以上，但两个节点之间不应再有其他节点。

5．修改属性

在图 5-1 中，用鼠标单击“Properties（属性）”按钮，在打开的对话框中，可以设置选中子网的属性，如在“General（常规）”选项卡中修改子网的名称和编号，在“Network Settings（网络设置）”选项卡中设置子网的传输速率。MPI 网络的通信速率为 19.2kbit/s～12Mbit/s，与 S7-200 通信时只能选择 19.2kbit/s 的通信速率，S7-300 通常默认设置为 187.5kbit/s，只有能够设置为 Profibus 接口的 MPI 网络才支持 12Mbit/s 的通信速率。用鼠标单击多选框“Change（改变）”，出现“ √ ”后，可以设置最高站地址，一般采用系统默认的设置。

用鼠标单击图 5-1 中的“New（新建）”按钮，可以生成一条新的子网。用鼠标单击“Delete（删除）”按钮，可以删除选中的“Subnet（子网）”列表框中的子网。

6．编译和保存

网络组建完成后，对其编译并保存。

5.1.2 全局数据的 MPI 通信

在 SIMATIC S7 中，利用全局数据（Global data，GD）可以实现同一 MPI 子网中 PLC 之间的循环数据交换，传送少量的数据，而不需要在用户程序中编写任何语句，只需利用组态进行适当配置，将需要交换的数据存在一个配置表中。

1．全局数据的结构

（1）全局数据环

参与收发全局数据包的 CPU 组成了全局数据环（GD Circle）。CPU 可以向同一环中的其他 CPU 发送数据或接收数据。在一个 MPI 网络中，最多可以建立 16 个 GD 环。每个 GD 环最多允许 15 个 CPU 参与全局数据交换。

（2）全局数据包

每个全局数据占全局数据表中的一行。同一个全局数据环中，具有相同的发送者和接收者的全局数据组成一个全局数据包（GD Packet）。GD 包和 GD 包中的数据均有编号，例如 GD1.2.3 是 1 号 GD 环的 2 号 GD 包中的 3 号数据。每个全局数据占全局数据表中的一行。

（3）CPU 的全局数据功能

S7-300 CPU 可以发送和接收 GD 包的个数（4 个或 8 个）与 CPU 的型号有关，每个 GD 包最多 22B 数据。

2．生成和填写 GD 表

在 NetPro 窗口中用鼠标左键选中 MPI（1）网络后单击“Options（选项）”，执行弹出的快捷菜单中的“Define Global Data（定义全局数据）”命令，或用鼠标右键单击 NetPro 窗口中的 MPI 网络线，执行弹出快捷菜单中的“Define Global Data（定义全局数据）”命令。在出现的全局数据表中（全局数据表如图 5-3 所示）对全局数据通信进行组态。

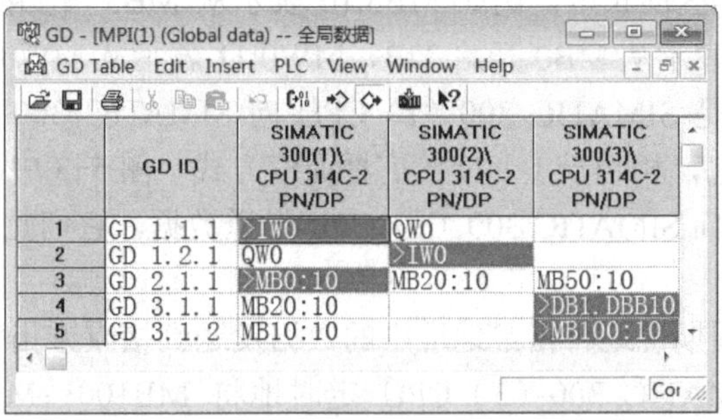

GD - [MPI(1) (Global data) -- 全局数据]

GD Table Edit Insert PLC View Window Help

	GD ID	SIMATIC 300(1)\ CPU 314C-2 PN/DP	SIMATIC 300(2)\ CPU 314C-2 PN/DP	SIMATIC 300(3)\ CPU 314C-2 PN/DP
1	GD 1.1.1	>IW0	QW0	
2	GD 1.2.1	QW0	>IW0	
3	GD 2.1.1	>MB0:10	MB20:10	MB50:10
4	GD 3.1.1	MB20:10		>DB1.DBB10
5	GD 3.1.2	MB10:10		>MB100:10

图 5-3　全局数据表

用鼠标双击“GD ID（GD 标识符）”右边的灰色单元，在出现的“选择 CPU”对话框左边的窗口中（“选择 CPU”对话框如图 5-4 所示），打开 SIMATIC 300 站点，用鼠标双击其中的“CPU314C-2 PN/DP”图标，CPU314C-2 PN/DP 站点出现在全局数据表最上面一行指定的方格中。用同样的方法，在最上面一行生成另外两个 S7-300 站点。

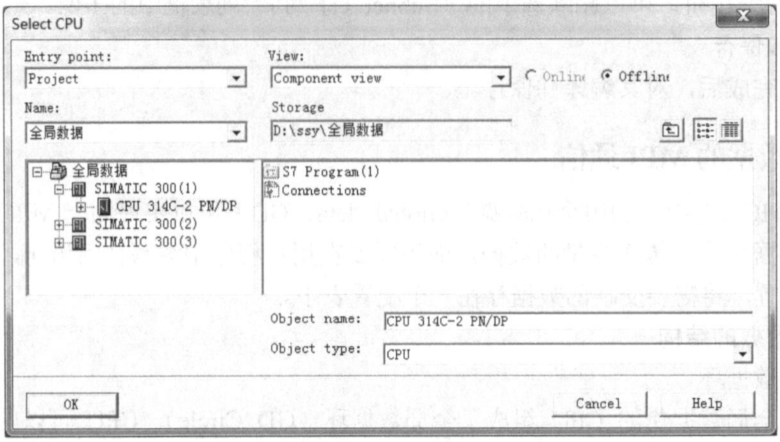

图 5-4 “选择 CPU”对话框

在 CPU 下面一行生成第一个分包数据，将 SIMATIC 300（1）CPU 的 IW0 发送到 SIMATIC 300（2）CPU 的 QW0。GD ID 列的 GD 标识符是编译后自动生成的。

选中 SIMATIC 300（1）CPU 下面的第一行单元，用鼠标单击工具栏上按钮，该单元变为深色，同时在单元的左端出现符号“〉”，表示在该行中 CPU 为发送站，在该单元中输入要发送的全局数据的地址 IW0。只能输入绝对地址，不能输入符号地址。包含定时器和计数器地址的单元只能作为发送方。在每一行中应定义一个并且只能有一个 CPU 作为数据的发送方。同一行中各个单元接收或发送的字节数应相同。用鼠标左键选中 SIMATIC 300（2）CPU 下面的单元，直接输入 QW0，该单元的背景为白色，表示在该行的 CPU 是接收站。

在图 5-3 的第 1 行和第 2 行中，SIMATIC 300（1）CPU 和 SIMATIC 300（2）CPU 组成 1 号 GD 环，两个 CPU 分别向对方发送 GD 包，同时接收对方的 GD 包。

在 SIMATIC 管理器中生成共享数据块 DB1，在 DB1 中生成一个 10B 的数组。变量的复制因子用来定义连续数据区的长度，例如 MB5:10 表示从 MB5 开始的 10B。S7-300 的数据包最大为 22B，MB0:22 表示从 MB0 开始 22B，MW0:11 表示从 MW0 开始的 11 个字。

图 5-3 中的第 3 行是 SIMATIC 300（1）CPU 向 SIMATIC 300（2）CPU 和 SIMATIC 300（3）CPU 发送 GD 包，相当于 1 : N 的广播通信方式。图 5-3 中的第 4 行和第 5 行都是 SIMATIC 300（3）CPU 向 SIMATIC 300（1）CPU 发送数据，它们是 3 号 GD 环 1 号 GD 包中的两个全局数据。

发送方 CPU 自动周期性地将指定地址中的数据发送到接收方指定的地址区。如图 5-3 中的第 5 行意味着 SIMATIC 300（3）CPU 定时地将 MB100～MB109 中的数据发送到 SIMATIC 300（1）CPU 的 MB10～MB19。SIMATIC 300（1）CPU 对它自己的 MB10～MB19 的访问，就好像在访问 SIMATIC 300（3）CPU 的 MB100～MB109 一样。

完成全局数据表的输入后，用鼠标单击工具栏按钮，对它进行第一次编译，将发送方、接收方相同的某些全局变量组合成 GD 包，同时生成 GD 环。图 5-3 中“GD ID”列中的 GD 标识符是在编译时自动生成的。

3．设置扫描速率和状态双字的地址

扫描速率用来定义 CPU 刷新全局数据的时间间隔，其单位是 CPU 的扫描周期，即决定 CPU 用几个扫描循环周期发送或接收一次 GD。发送和接收的扫描速率不必一致。扫描速率值应同时满足：发送间隔时间大于等于 60ms；接收间隔时间小于发送间隔时间。否则，可能导致全局数据信息丢失。在第一次编译后，执行菜单命令“View（查看）”→“Scan Rates（扫描速率）”，每个数据包将增加标有“SR”的行（设置扫描速率和状态双字如图 5-5 所示），用来设置该数据包的扫描速率，扫描速率的发送设置范围是 4～255，接收设置范围是 1～255，它们默认的值都是 8。扫描速率如果过快，可能造成通信中断。建议采用默认的扫描速率。

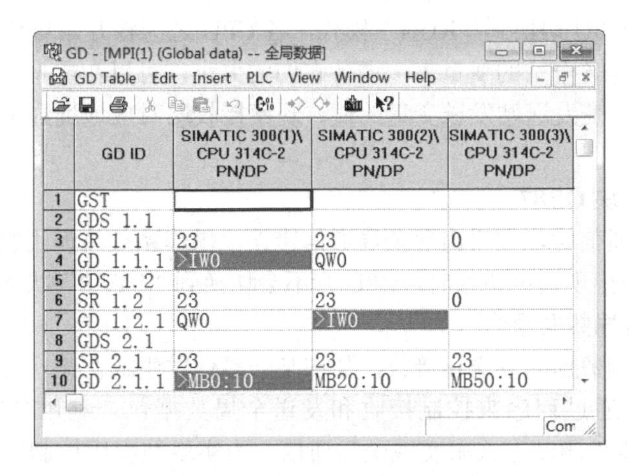

图 5-5　设置扫描速率和状态双字

用户可以用 GD 数据传输的状态双字来检查数据是否被正确地传送，第一次编译后执行菜单命令“View（查看）”→“GD Status（GD 状态）”，在出现的 GDS 行中可以给每个数据包指定一个用于状态双字的地址。CPU 的操作系统将把检查信息存在该状态双字中，状态双字的状态将保持不变，直到用户程序复位。最上面一行的全局状态双字 GST 是同一个 CPU 各 GDS 行中的状态双字相“或”的结果。状态双字使用户能及时了解通信的有效性和实时性，增强了系统的故障诊断能力。GDS 状态双字的格式如表 5-1 所示。

表 5-1　GDS 状态双字的格式

位　序	说　明	位　序	说　明
0	发送区域长度错误	6	发送区与接收区数据对象长度不一致
1	发送区数据块不存在	7	接收区长度错误
3	全局数据包丢失	8	接收区数据块不存在
4	全局数据包语法错误	11	发送方重新起动
5	全局数据包数据对象丢失	31	接收区接收到新数据

设置好扫描速率和状态双字的地址后，应对全局数据表进行第二次编译，使扫描速率和

状态双字地址包含在组态数据中。

注意：编译后的 GD 表形成系统数据块，随后装入 CPU 的程序文件中。第一次编译形成的组态数据对于 GD 通信是足够的，可以从 PG 下载到各自的 CPU。若确实需要输入与 GD 通信状态或扫描速率有关的附加信息，再进行第二次编译。

4．下载与运行

第二次编译完成后，需要将组态好的信息单独下载到各自的 CPU。首先分别下载各 CPU 的 MPI 地址。然后用 MPI 电缆连接编程用的计算机和参与全局数据通信的各 PLC 的 MPI 接口，令各台 PLC 均处于“STOP”模式。用鼠标单击工具条上的“下载”按钮，在出现的下载对话框中选择相应的 CPU 进行下载。如果通过以太网方式下载，则先使用以太网网线连接好参与全局数据通信的各 PLC 的以太网口（或相应的交换器），然后再下载。

下载完成后将各 CPU 切换到“RUN”模式，各 CPU 之间将开始自动地交换全局数据。

在运行时同时打开各个站的变量表，调节它们的大小，可以在屏幕上同时显示各变量表中的数据。用变量表改变发送站发送变量的值，观察接收站对应地址区中变量的值是否随之而变。

5．通信错误组织块 OB87

在使用全局数据通信时，如果出现全局通信错误，操作系统将调用组织块 OB87。如果生成和下载 OB87，在出现通信错误时，CPU 则不会切换到“STOP”状态。

6．事件驱动的全局数据通信

如果用户需要控制数据的发送和接收，如在某一事件发生或在某一时刻，接收和发送所需要的数据，则可以通过程序来控制接收和发送全局数据包。利用 SFC60 GD_SND 和 SFC61 GD_RCV 以事件驱动方式来实现全局通信。为实现纯程序控制的数据交换，在全局数据表中必须将扫描速率定义为 0。可单独使用循环驱动或程序控制方式，也可以组合起来使用。

SFC60 GD_SND 用来按设定的方式采集并发送全局数据包。SFC60 可以在用户程序的任意位置调用。SFC60 的输入参数有“CIRCLE_ID（要发送的数据包所在的环号）”和“BLICK_ ID（要发送数据包的号码）”。

SFC61 GD_RCV 用来接收发送来的全局数据包并存入设定的区域中。SFC61 可以在用户程序的任意位置调用。与 SFC60 相似，也有“CIRCLE_ID（要发送的数据包所在的环号）”和“BLICK_ID（要发送数据包的号码）”两个输入参数。

为了保证数据交换的连贯性，在调用 SFC60 和 SFC61 之前所有中断都应被禁止。可以使用 SFC39 禁止中断，使用 SFC40 开放中断，使用 SFC41 延时处理中断，使用 SFC42 开放延时中断。

【例 5-1】 利用 SFC60 发送全局数据 GD2.1，用 SFC61 接收全局数据 GD2.2。

使用 SFC60 和 SFC61 实现全局数据的发送和接收，必须先进行全局数据包的组态。现假设已经在全局数据表中完成了 GD 组态。要求当 M0.0 为“1”时发送全局数据 GD2.1，当 M1.0 为“1”时接收全局数据 GD2.2。用 SFC60 和 SFC61 发送和接收全局数据程序如图 5-6 所示。

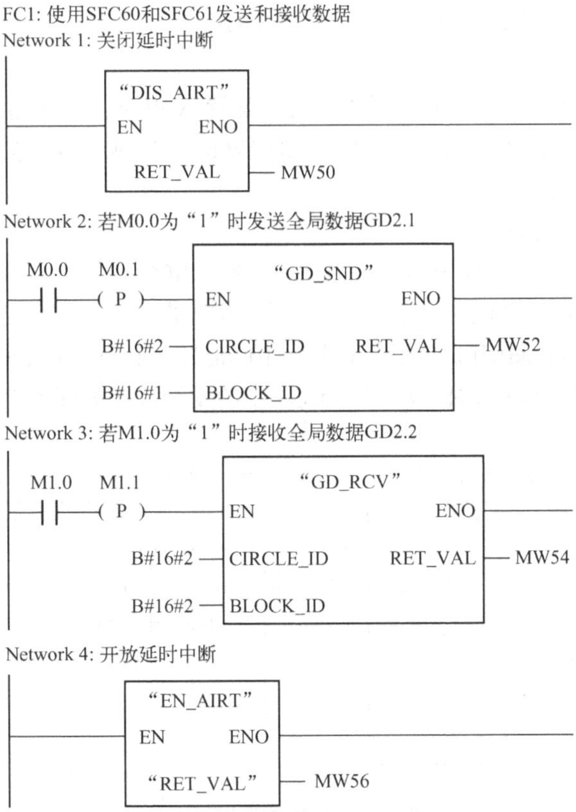

FC1: 使用SFC60和SFC61发送和接收数据
Network 1: 关闭延时中断
"DIS_AIRT"
EN ENO
RET_VAL — MW50
Network 2: 若M0.0为“1”时发送全局数据GD2.1
M0.0 M0.1 (P)
"GD_SND"
EN ENO
B#16#2 — CIRCLE_ID RET_VAL — MW52
B#16#1 — BLOCK_ID
Network 3: 若M1.0为“1”时接收全局数据GD2.2
M1.0 M1.1 (P)
"GD_RCV"
EN ENO
B#16#2 — CIRCLE_ID RET_VAL — MW54
B#16#2 — BLOCK_ID
Network 4: 开放延时中断
"EN_AIRT"
EN ENO
"RET_VAL" — MW56

图 5-6 用 SFC60 和 SFC61 发送和接收全局数据程序

5.1.3 无组态的 MPI 通信

用系统功能 SFC65～SFC69，可以在无组态情况下实现 PLC 之间的 MPI 通信，这种通信方式适用于 S7-300、S7-400 与 S7-200 之间的通信，是一种应用广泛、经济的通信方式。无组态通信又可分为双向通信方式和单向通信方式。对于一些老型号的 S7-300 CPU，由于不含有 SFC65～SFC69，所以不能用无组态通信方式，只能用全局数据通信方式。判断一个 CPU 是否含有通信用的 SFC，可以在联机的情况下，在线查看是否包含有通信用的 SFC65～SFC69。

1．双向通信方式

双向通信方式要求通信双方都需要调用通信块，一方调用发送块发送数据，另一方调用接收块来接收数据。双向通信方式适用于 S7-300/400 之间的通信，发送块是 SFC65（X_SEND），接收块是 SFC66（X_RCV）。下面通过举例说明如何实现无组态双向通信。

【例 5-2】 无组态双向通信。要求将 MPI 地址为 2 的 PLC 的 IW0 中数据发送至 MPI 地址为 3 的 PLC 的 MW10 中。

（1）生成项目和工作站

打开 STEP 7 编程软件，首先创建一个 S7 项目，并命名为无组态双向通信。然后选中“无组态双向通信”项目名，插入两个 S7-300 的 PLC 站，分别重命名为 MPI_ZHAN_1 和

MPI_ZHAN_2。在此每个站均选择 CPU314C-2 PN/DP。

（2）设置 MPI 地址

参照 5.1.1 节完成两个 PLC 站的硬件组态，配置 MPI 地址和通信速率，在本例中两台 CPU 的 MPI 地址分别为 2 和 3，通信速率为 187.5kbit/s。完成后编译并保存。最后把组态信息下载到各自的 PLC 中。

（3）编写发送站的通信程序

在 MPI_ZHAN_1 站的循环中断块 OB35 中调用 SFC65，将 I0.0～I1.7 中数据发送至 MPI_ZHAN_2 站。如果在 OB35 中调用 SFC65，发送的频率太快，将加重 CPU 负荷，因此，可将 OB35 的循环时间间隔变大些（默认 100ms）。当然也可以使用时钟存储器的相关位来周期性触发 SFC65。MPI_ZHAN_1 站 OB35 中的发送程序如图 5-7 所示。

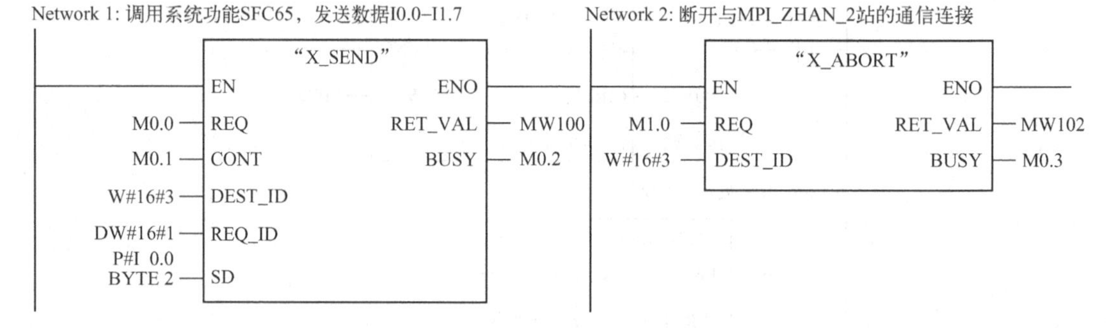

图 5-7 OB35 中发送程序

程序说明：

在网络 1 中，当 M0.0 为“1”，且 M0.1 为“1”时，请求被激活，连续发送第一个数据包，数据区从 I0.0 开始共 2B。SFC65 各端口的含义如下。

- EN：使能激活输入信号，“1”有效。
- REQ：请求激活输入信号，“1”有效。
- CONT：“连续”信号，为“1”时表示发送数据是一个连续的整体。
- DEST_ID：目的站的 MPI 地址，采用字格式，如 W#16#3。
- REQ_ID：发送数据包的标识符，采用双字格式，如 DW#16#1；DW#16#2。
- SD：发送数据区，以指针的格式表示，发送区最大为 76B。可以采用 BOOL、BYTE、CHAR、WORD、INT、DWORD、DINT、DATE、TOD、TIME、S5TIME、DATE_DND_TIME 及 ARRAY 等数据类型，格式为：

P# 起始位地址 数据类型 长度

如 P#I0.0 BYTE 2，表示从 I0.0 开始共 2B；P#M0.0 WORD 2，表示从 M0.0 开始共 2W。

- RET_VAL：返回故障码信息参数，采用字格式。
- BUSY：返回发送完成信息参数，采用 BOOL 格式。“1”表示正在发送，“0”表示发送完成或无发送功能被激活。

在网络 2 中，当 M1.0 为“1”时，则断开 MPI_ZHAN_1 站与 MPI_ZHAN_2 站的

通信连接。SFC69 为中断一个外部连接的系统功能，其各端口含义同 SFC65。当用户所建立的外部连接较多时，为了释放所占用的 CPU 资源，可以调用 SFC69 来释放一个外部连接。

（4）编写接收站的通信程序

在 MPI_ZHAN_2 站的主循环组织块 OB1 中调用 SFC66，接收 MPI_ZHAN_1 站发送到的数据保存在 M10.0 开始的 2B 中，OB1 中的接收程序如图 5-8 所示。

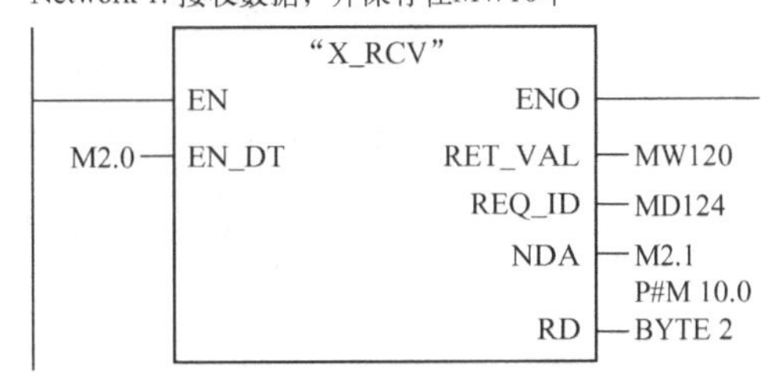

图 5-8　OB1 中的接收程序

SFC66 各端口的含义如下。

- EN：使能信号输入端，“1”有效。
- EN_DT：接收使能信号输入端，“1”有效。
- RET_VAL：返回接收状态信息，采用字格式，W#16#7000 表示无错。
- REQ_ID：接收数据包的标识符，采用双字格式。在多站无组态通信时，此标识符应与发送站的 REQ_ID（发送数据包标识符）一致。
- NDA：为“1”时表示有新的数据包，为“0”时表示没有新的数据包。
- RD：数据接收区，以指针的格式表示，最大为 76B。

2．单向通信方式

单向通信只在一方编写通信程序，也就是客户机与服务器的访问模式。编写程序一方的 CPU 作为客户机（既可以把数据写入对方，也可以读取对方的数据），无须编写程序一方的 CPU 作为服务器（不能主动发送数据，只能被动的接收数据和被其他 CPU 读取），客户机调用 SFC 通信块对服务器进行访问。这种通信方式适合 S7-300/400/200 之间进行通信，S7-300/400 的 CPU 可以同时作为客户机和服务器，S7-200 只能作服务器。SFC67（X_GET）用来读取服务器指定数据区中的数据并存放到本地的数据区中，SFC68（X_PUT）用来将本地数据区中的数据写到服务器中指定的数据区。下面通过举例说明如何调用 SFC 通信块来实现单向通信。

【例 5-3】 无组态单向通信。要求将本地站（MPI 地址为 2）IW0 中数据发送至远程站（MPI 地址为 4）的 QW0 中，同时读取远程站 IW0 中数据，并存放到本地站的 QW0。

（1）生成项目和工作站

打开 STEP 7 编程软件，首先创建一个 S7 项目，并命名为无组态单向通信。然后选中“无组态单向通信”项目名，插入两个 S7-300 的 PLC 站，分别重命名为 MPI_ZHAND_1 和 MPI_ZHAND_2。在此每个站均选择 CPU314C-2 PN/DP。

（2）设置 MPI 地址

参照 5.1.1 节完成两个 PLC 站的硬件组态，配置 MPI 地址和通信速率，在本例中两台 CPU 的 MPI 地址分别为 2 和 4，通信速率为 187.5kbit/s。完成后编译并保存。最后把组态信息下载到各自的 PLC 中。

（3）编写客户机的通信程序

在 MPI_ZHAND_1 站通过调用 SFC68，把本地数据区的数据 IW0 发送到 MPI_ZHAND_2 站的 QW0；在 MPI_ZHAND_1 站通过调用 SFC67，从 MPI_ZHAND_2 站读取数

据 IW0，放到本地 QW0 中，客户机的 MPI 通信程序如图 5-9 所示。

OB1 : 无组态单向通信
Network 1 : 调用系统功能SFC68，向服务器发送2B数据

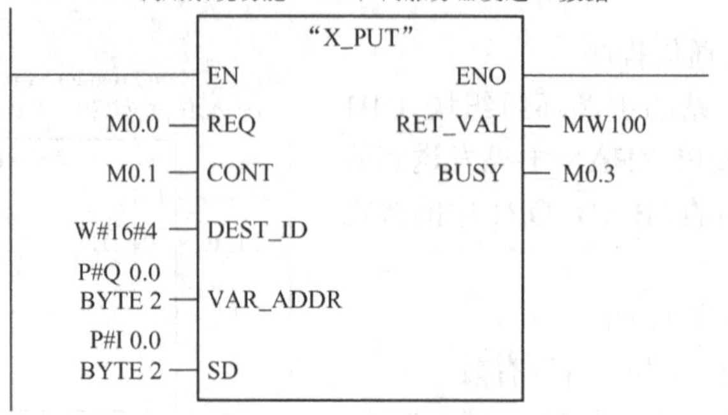

Network 2 : 调用系统功能SFC67，从服务器读取2B数据

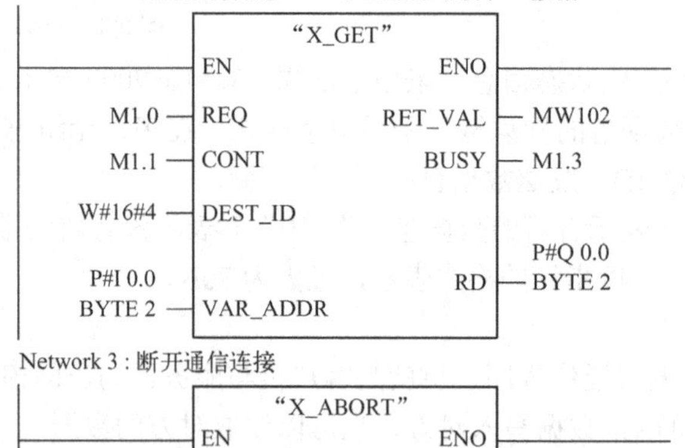

Network 3 : 断开通信连接

“X_ABORT”
EN ENO
M2.0 REQ RET_VAL MW104
W#16#4 DEST_ID BUSY M2.1

图 5-9　客户机的 MPI 通信程序

程序说明：

在网络 1 中，当 M0.0 为“1”，且 M0.1 为“1”时，激活系统功能 SFC68，客户机将本地发送区 IB0 开始的 2B 数据发送到服务接收区从 QB0 开始的 2B 中。

在网络 2 中，当 M1.0 为“1”，且 M1.1 为“1”时，激活系统功能 SFC67，客户机从服务器数据区 IB0 开始的 2B 读取数据，存放到客户机接收区 QB0 开始的 2B 中。

在网络 3 中，当 M2.0 为“1”时，中断客户机与服务器的通信连接。

SFC67 及 SFC68 各端口的含义如下。

- DEST_ID：对方（服务器）的 MPI 地址，采用字格式，如 W#16#4。
- VAR_ADDR：指定服务器的数据区，采用指针变量，数据区最大为 76B。
- SD：本地数据发送区，数据区最大为 76B。
- RD：本地数据接收区，数据区最大为 76B。

5.1.4　有组态的 MPI 通信

对于 MPI 网络，调用系统功能块 SFB 进行 PLC 之间的通信只适合于 S7-300/400，以及

S7-400/400 之间的通信。S7-300/400 PLC 通信时，由于 S7-300 CPU 中不能调用 SFB12（BSEND）、SFB13（BRCV）、SFB14（GET）和 BSF15（PUT），不能主动发送和接收数据，只能进行单向通信，所以 S7-300 PLC 只能作为一个数据的服务器，S7-400 PLC 可以作为客户机对 S7-300 PLC 的数据进行读写操作。S7-400/400 之间的通信，S7-400 PLC 可以调用 SFB14、SFB15，既可以作为数据的服务器，也可以作为客户机进行单向通信，还可以调用 SFB12、SFB13，发送和接收数据进行双向通信，在 MPI 网络上调用系统功能块通信，数据包最大不能超过 160B。下面举例说明如何实现 S7-300/400 PLC 之间的单向通信。

【例 5-4】 有组态的 MPI 单向通信。要求 CPU414-3 PN/DP 作为客户机，CPU314C-2DP 作为服务器，CPU414-3 PN/DP 向 CPU314C-2DP 发送一个数据包，并读取一个数据包。

（1）生成项目和工作站

打开 STEP 7 编程软件，首先创建一个 S7 项目，并命名为有组态单向通信。然后选中“有组态单向通信”项目名，插入一个 S7-400 和一个 S7-300 两个站，分别重命名为 MPI_ZHANY_1 和 MPI_ZHANY_2。CPU 分别选择 CPU414-3 PN/DP 和 CPU314C-2DP。MPI 网络地址分别设置为 3 和 4。

（2）组态 MPI 通信连接

首先在 SIMATIC 管理器窗口内选择任一个 S7 工作站，并进入硬件组态窗口。然后在硬件组态窗口内用鼠标单击按钮，进入配置网络窗口。用鼠标右键单击 MPI_ZHANY_1 的 CPU414-3 PN/DP，从快捷菜单中选择“Insert New Connection（插入新的连接）”命令，出现新建连接对话框，组态 MPI 通信连接如图 5-10 所示。

在“Connection（连接）”区域，选择连接类型为“S7 Connection”，在“Connection Partner（通信伙伴）”区域，选择所需要连接的 CPU，在本例中选择 MPI_ZHANY_2 工作站的 CPU314C-2DP，最后用鼠标单击“Apply（应用）”或“OK”按钮完成连接表的建立，弹出连接表的属性对话框，如图 5-11 所示，用鼠标单击“确定”按钮。

图 5-10　组态 MPI 通信连接

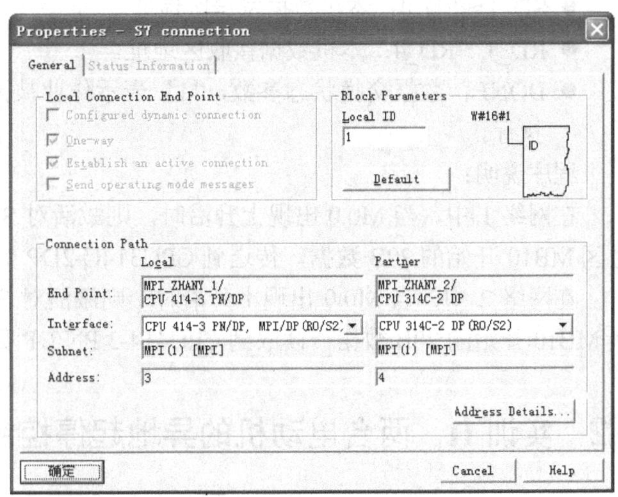

图 5-11　“连接表”属性对话框

组态完成以后，需要用鼠标单击工具上按钮，进行编译并保存，然后将连接组态分别下载到各自的PLC中。

（3）编写客户机MPI通信程序

由于是单向通信，所以只能对 S7-400 工作站（客户机）编程，调用系统功能块SFB15，将数据传送到 S7-300 工作站（服务器）中。客户机的 MPI 通信程序如图 5-12 所示。将程序下载到CPU414-3 PN/DP以后，就建立了MPI通信连接。

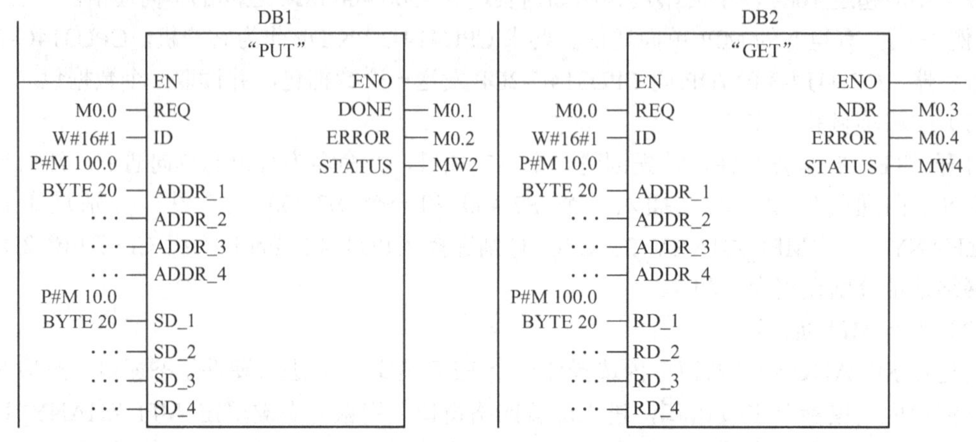

图 5-12　客户机的MPI通信程序

SFB14和SFB15主要端子的含义如下。

- REQ：请求信号，上升沿有效。
- ID：连接寻址参数（与图 5-11 中的Local ID一致），采用字格式。
- ADDR_1～ADDR_4：远端CPU（本例为CPU314C-2DP）数据区地址。
- SD_1～SD_4：本机数据发送区地址。
- RD_1～RD_4：本机数据接收区地址。
- DONE：数据交换状态参数，“1”表示作业被无误执行；“0”表示作业未开始或仍在执行。

程序说明：

在网络 1 中，当 M0.0 出现上升沿时，则激活对 SFB15 的调用，将 CPU414-3 PN/DP 发送区MB10开始的20B数据，传送到CPU314C-2DP数据接收区MB100开始的20B中。

在网络 2 中，当 M0.0 出现上升沿时，则激活对 SFB14 的调用，将 CPU314C-2DP 数据区MB10开始的20B数据，读取到CPU414-3 PN/DP数据接收区MB100开始的20B中。

5.2　实训 11　两台电动机的异地起停控制

5.2.1　实训目的

1）掌握MPI网络组态方法。

2）掌握MPI网络的硬件连接。

3）掌握无组态双向 MPI 通信程序的编写。

5.2.2 实训任务

使用 S7-300 无组态双向通信方式实现两台电动机的异地起停控制。控制要求如下：按下本地的起动按钮 SB1 和停止按钮 SB2，本地电动机起动和停止。按下本地控制远程电动机的起动按钮 SB3 和停止按钮 SB4，远程电动机起动和停止。同时，在两站点均能显示两台电动机的工作状态。

5.2.3 实训步骤

1．原理图绘制

分析项目控制要求可知：控制本地电动机的起动按钮 SB1、停止按钮 SB2、本地过载保护 FR，本地控制远程电动机的起动按钮 SB3、停止按钮 SB4 的常开触点作为 PLC 的输入信号，驱动交流接触器的中间继电器 KA 和两台电动机的工作指示灯作为 PLC 的输出信号，两台电动机的异地起停控制本地 PLC 的 I/O 地址分配表如表 5-2 所示。两台电动机的异地起停控制原理图如图 5-13 所示。本地和远程的 I/O 地址分配表和控制电路原理图相同，在此只给出本地的 I/O 地址分配表和控制电路原理图。

表 5-2　两台电动机的异地起停控制本地 PLC 的 I/O 地址分配表

输　入			输　出		
元　件	输入继电器	作　用	元　件	输出继电器	作　用
按钮 SB1	I0.0	本地起动	中间继电器 KA	Q0.0	驱动 KM 线圈
按钮 SB2	I0.1	本地停止	指示灯 HL1	Q0.1	本地工作指示
热继电器 FR	I0.2	本地过载保护	指示灯 HL2	Q0.2	远程工作指示
按钮 SB3	I0.3	远程起动			
按钮 SB4	I0.4	远程停止			

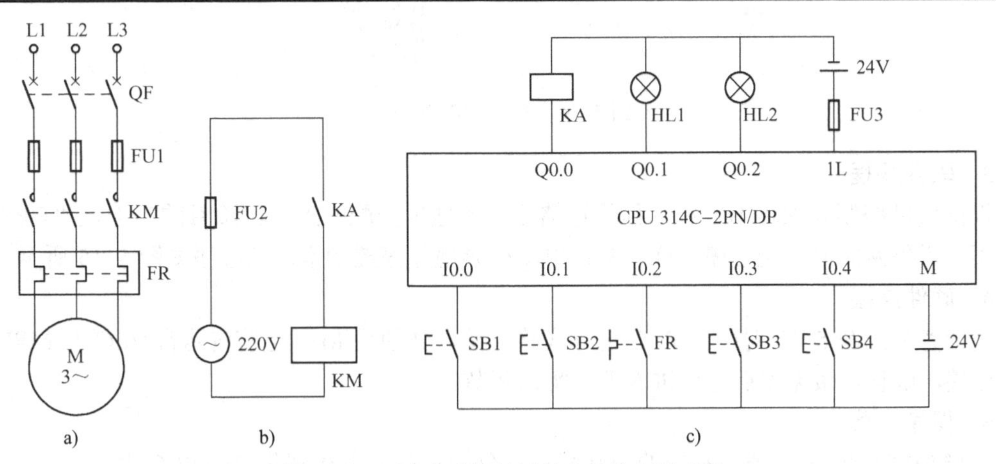

图 5-13　两台电动机的异地起停控制原理图

a) 主电路　b) 转接电路　c) 控制电路

2．硬件组态

新建一个两台电动机异地起停控制的项目，生成两个 S7-300 工作站，CPU 均选择为 CPU 314C-2 PN/DP。将数字量模块输入/输出的起始字节地址改为 0，时钟存储器均设为 MB100。配置两站的 MPI 地址分别为 2 和 3，通信速率均为 187.5kbit/s，再配置 MPI 网络，配置 MPI 站点如图 5-14 所示。完成后编译并保存，再将硬件组态数据下载到各自的 PLC 中。

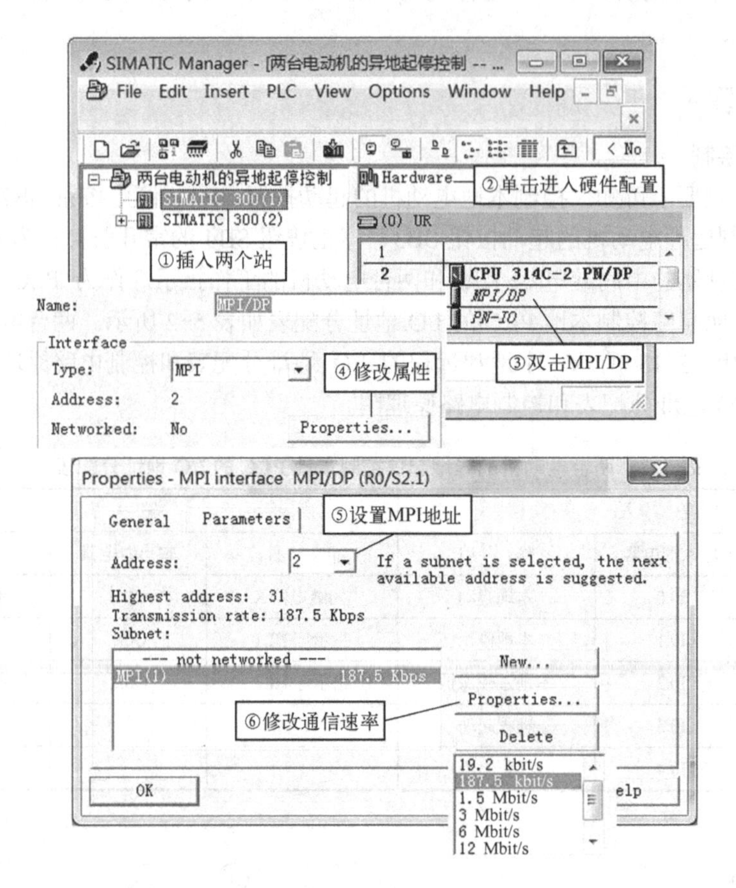

图 5-14 配置 MPI 站点

3．软件编程

根据项目控制要求将本地和远程的存储器及其地址分配一致，则除目的站地址“DEST_ID”不一样外两站的控制程序一样，两台电动机异地起停控制本地站程序如图 5-15 所示。

4．硬件连接

请读者参照图 5-13 对两台 PLC 进行线路连接，并使用 MPI 电缆将两台 PLC 的 MPI 接口相连接，确认连接无误后方可进入下一实训环节。

5．程序下载

选择 SIMATIC 管理器中相应的 300 站点，分别将程序下载到各自的 PLC 中。

6．系统调试

硬件连接和项目下载好后，分别打开两个站点 OB1 组织块，起动程序状态监控功能。

按下本地电动机的起动按钮 SB1 和停止按钮 SB2，观察电动机是否能起动和停止。按下本地站控制远程电动机的起动按钮 SB3 和停止按钮 SB4，观察远程电动机是否能起停。同样，在远程站重复以上操作，如上述调试现象符合项目控制要求，则实训任务完成。

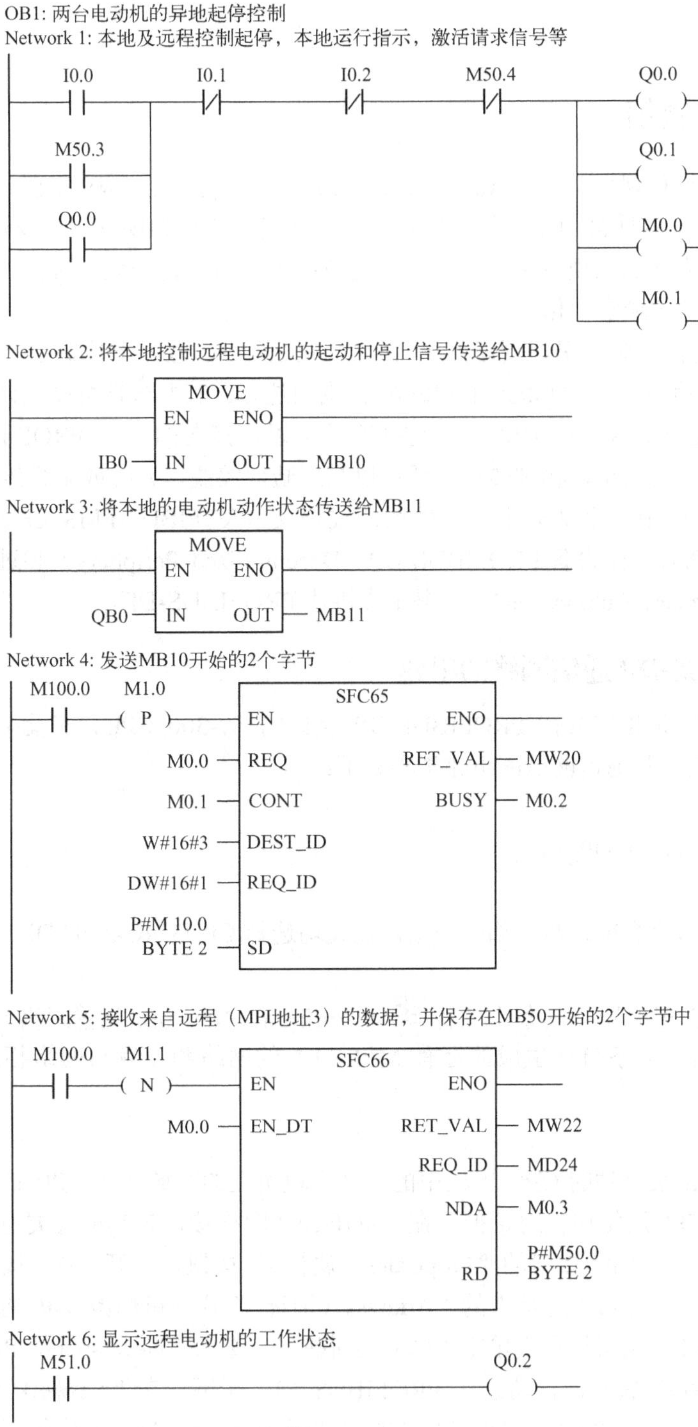

OB1: 两台电动机的异地起停控制

Network 1: 本地及远程控制起停，本地运行指示，激活请求信号等

I0.0 　I0.1 　I0.2 　M50.4 　Q0.0

M50.3 　Q0.1

Q0.0 　M0.0

M0.1

Network 2: 将本地控制远程电动机的起动和停止信号传送给MB10

MOVE

EN 　ENO

IB0 — IN 　OUT — MB10

Network 3: 将本地的电动机动作状态传送给MB11

MOVE

EN 　ENO

QB0 — IN 　OUT — MB11

Network 4: 发送MB10开始的2个字节

M100.0 　M1.0 　(P)

SFC65

EN 　ENO

M0.0 — REQ 　RET_VAL — MW20

M0.1 — CONT 　BUSY — M0.2

W#16#3 — DEST_ID

DW#16#1 — REQ_ID

P#M 10.0 BYTE 2 — SD

Network 5: 接收来自远程（MPI地址3）的数据，并保存在MB50开始的2个字节中

M100.0 　M1.1 　(N)

SFC66

EN 　ENO

M0.0 — EN_DT 　RET_VAL — MW22

REQ_ID — MD24

NDA — M0.3

RD — P#M50.0 BYTE 2

Network 6: 显示远程电动机的工作状态

M51.0 　Q0.2

图 5-15　两台电动机异地起停控制本地站程序

5.2.4 实训拓展

3 个 S7-300 之间的 MPI 通信。要求按下第一站的按钮 I0.0，第二站的指示灯 Q1.0 和第三站的 Q0.0 会被点亮；松开按钮则会熄灭。按下第二站的按钮 I1.0，控制第一站的指示灯 Q0.0 以秒级闪烁。

5.3 PROFIBUS 通信

PROFIBUS 是过程现场总线（Process Field Bus）的缩写，于 1989 年正式成为现场总线的国际标准，目前在多种自动化的领域中占据主导地位。PROFIBUS 是一种国际化、开放式，不依赖于设备生产商的现场总线标准。广泛应用于制造业自动化、流程工业自动化和楼宇、交通电力等其他领域自动化。

PROFIBUS 是属于单元级、现场级的 SIMATIC 网络，适用于传输中、小量的数据。PROFIBUS 传送速度可在 9.6kbit/s～12Mbit/s 范围内选择。其开放性可以允许众多的厂商开发各自的符合 PROFIBUS 协议的产品，这些产品可以连接在同一个 PROFIBUS 网络上。PROFIBUS 是一种电气网络，物理传输介质可以是屏蔽双绞线、光纤或无线传输。

PROFIBUS 主要由三个部分组成：现场总线报文 PROFIBUS-FMS（Fieldbus Message Specification）、分布式外围设备 PROFIBUS-DP（Decentralized Periphery）和过程控制自动化 PROFIBUS-PA（Process Automation）。本书重点讲述 PROFIBUS-DP。

5.3.1 PROFIBUS-DP 通信网络的组建

CPU31×-×DP 是指集成有 PROFIBUS-DP 接口的 S7-300 CPU，有此接口就可以实现 PROFIBUS-DP 通信。其通信网络的组建步骤如下：

1．创建项目

创建一个新项目，如 DP_1。

2．生成站点

生成需配置的节点数或站数，如两个站，在此均选择 CPU314C-2 PN/DP 模块。

3．配置网络

单击 SIMATIC 管理器工具条上图标（Configure Network 配置网络），打开网络组态工具 NetPro，出现一条自动生成的标有 MPI（1）的网络和没有与网络相连的两个站的图标。

4．网络连接

分别用鼠标双击某个站的 CPU 方框中的小红方块所在的区域（在 CPU 的 MPI/DP 子模块中），打开 MPI/DP 网络属性对话框，在 Interface（网络接口）Type（类型）选项中选择 PROFIBUS 网络，单击网络接口的“Properties（属性）”按钮，打开“DP 接口”属性对话框，在“Parameters（参数）”选项卡的“Address（地址）”栏中可修改 DP 通信的地址（最大为 125），默认是 2。用鼠标左键单击“New（新建）”，进入“New subnet PROFIBUS（新建 PROFIBUS 子网）”属性，自动建立 PROFIBUS（1）子网。在“Network Settings（网络设置）”选项卡中，可以设置 DP 网络的“Transmission Rate（传输速率，默认是

1.5Mbit/s)”和“Profile（选择配置文件，默认是 DP）”，用鼠标单击“OK”按钮，已连接到 DP 网上 CPU 的 DP 地址会自动显示在 CPU 的 MPI/DP 子模块下方，同时 MPI/DP 子模块中方框变成紫色，DP 网络是一条紫色的网线，PROFIBUS-DP 系统结构如图 5-16 所示。

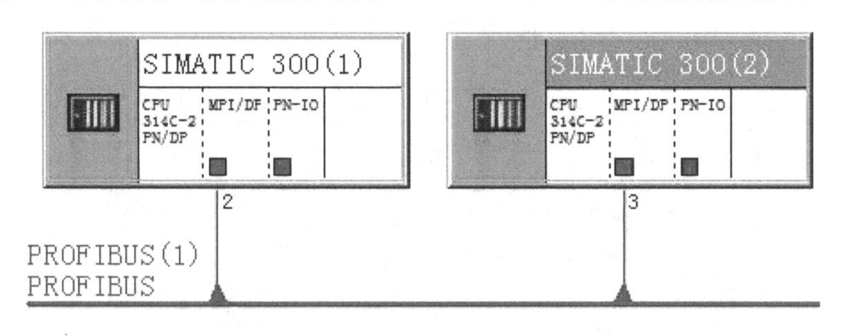

图 5-16　PROFIBUS-DP 系统结构

5. 编译和保存

网络组建完成后，对其编译并保存。

5.3.2　S7-300 与远程 I/O 模块的 PROFIBUS-DP 通信

西门子 ET 200 是基于现场总线 PROFIBUS-DP 或 PROFINET 的远程分布式 I/O，如 ET 200、ET 200B、ET 200X 及 ET 200S 等，可以与经过认证的非西门子公司生产的 PROFIBUS-DP 主站协同运行。ET 200B 自带 I/O 点，适合在远程站点 I/O 点数不多的情况下使用；ET 200M 适合在远程站点 I/O 点数较多的情况下使用，最多可以扩展 8 个模块，用接口模块 IM 153 来实现与主站的通信。

在组态时，STEP 7 自动分配标准的 DP 从站的输入/输出地址（当然也可以修改），就像访问主站主机架上的 I/O 模块一样，DP 主站的 CPU 通过 DP 从站的地址直接访问它们。

实现主站与 PROFIBUS-DP 分布式 I/O 通信的主要操作是组态，组态步骤如下。

1. 组态 DP 主站系统

创建一个名称为“ET 200M 通信”的项目，CPU 为 CPU314C-2 PN/DP。同时生成没有程序的组织块 OB82、OB86 和 OB122，为防止通信错误时 CPU 进入“STOP”模式，后续章节与此相同。

用鼠标双击机架中 CPU314C-2 PN/DP 下面的 MPI/DP 子模块，在出现的属性对话框（“PROFIBUS 接口”对话框如图 5-17 所示）中将接口类型选为“PROFIBUS”，会同时弹出属性对话框，或单击“Properties（属性）”按钮，在弹出的属性对话框中可以看到此 CPU 模块的 DP 站地址为 2，在此可以修改 DP 站地址（默认为 2），单击“New（新建）”按钮新建一条 PROFIBUS 子网络，选项“Network Settings（网络设置）”选项卡可以设置“Transmission Rate（通信速率，默认为 1.5Mbit/s）”和“Profile（配置文件，默认为 DP）”，传输速率和总线配置文件将用于整个 PROFIBUS 子网络。

用鼠标单击“Properties-New Subnet PROFIBUS（属性-新建 PROFIBUS 子网）”对话框中的“OK”按钮，返回 PROFIBUS 接口对话框，可以看到“子网”列表框中出现了新生成的名为“PROFIBUS（1）”的子网。用鼠标两次单击“OK”按钮，返回硬件配置窗口，此时可以看到 S7-300 的机架和新生成的 PROFIBUS（1）网络线，组态 DP 从站如图 5-18 所示。

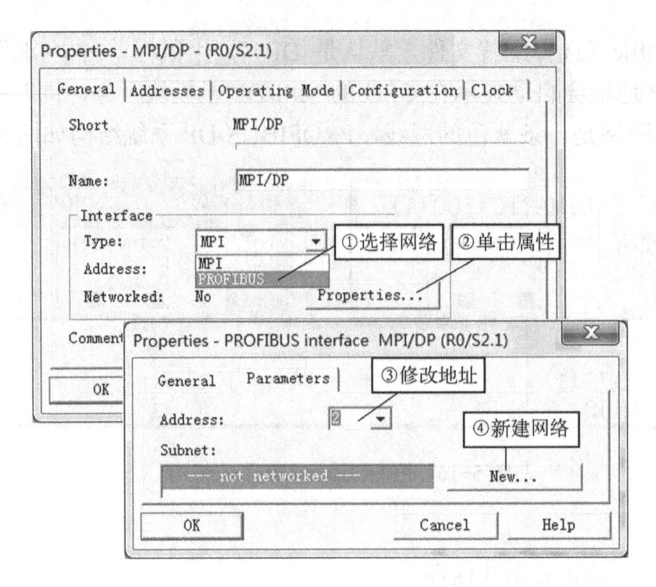

图 5-17 “PROFIBUS 接口”属性对话框

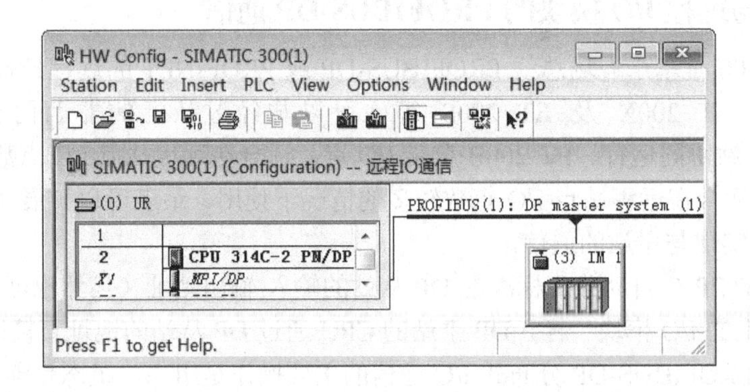

图 5-18 组态 EM 200M 从站

2．组态 EM 200M 从站

打开硬件目录窗口的文件夹“PROFIBUS DP\ET 200M”，将其中的接口模块 IM 153-2（注意订货号与实物一致）拖放到 PROFIBUS 网络上（出现“+”号再松开），就生成了 ET 200M 从站。在出现的“接口 IM 153-2 属性”的对话框中，设置它的站地址为 3，用鼠标单击“OK”按钮返回硬件配置窗口，将会看到带有站号的 IM 153-2 接口模块挂到了 PROFIBUS（1）子网上，如图 5-18 所示。用 IM 153-2 模块上的 DIP 开关设置的站地址应与 STEP 7 组态的站地址相同。

注意：7 个拨码开关是按二进制方式排列的，最上面为最高位，最下面为最低位，如设置站地址为 3，则将最下面的两个向右拨。新的站地址设置好后必须给 IM 153-2 断电再上电，否则设置的站地址无效。

选中图 5-18 窗口中的该从站，下面窗口是它的机架中的槽位，其中 4～11 号槽最多可以插入 8 块 S7-300 系列的模块。打开硬件目录中的“IM 153-2”子文件夹，它里面的各子文件夹列出了可用的 S7-300 模块，其组态方法与普通的 S7-300 的相同。用户根据实际需要可将 DI、DO、AI 和 AQ 等模块分别插入 4～11 号槽，其各模块输入/输出地址同样也可以更改。完成硬件组态后编译并保存。

3．通信仿真

为验收通信是否成功，在 OB1 中编写程序为（因未对集成的 I/O 地址作更改，DP 从站的 I/O 地址从 0 开始）：将 IB0 中的数据传送给 QB0。即用 ET 200M 的数字量输入来控制它的数字量输出。

打开仿真软件 PLCSIM，将“Set PG/PC Interface（设置 PG/PC 接口）”下载接口类型改为“PLCSIM（PROFIBUS）”，选择整个站点将硬件组态和软件全部下载到 PLCSIM 中，生成 IB0 和 QB0，将仿真器切换到“RUN-P”模式。用鼠标将 IB0 中的某些位设置为“1”，由于主站与从站之间的通信和 OB1 中的程序，QB0 中的对应位变为“1”状态，远程 I/O 模块仿真如图 5-19 所示。

4．硬件连接

将整个站点下载到 PLC 中后，通过两端带有 PROFIBUS 总线连接器（总线连接器如图 5-20 所示）的 PROFIBUS 网络电缆将 CPU 模块与 IM 153-2 相连（尽量断电插拔总线连接器）。PROFIBUS 总线连接器是用于连接 PROFIBUS 站点和 PROFIBUS 电缆实现信号传输，一般带有内置的终端电阻（如果该站为通信网络节点的终端，则需将终端电阻连接上，即将开关拨至“ON”端）。

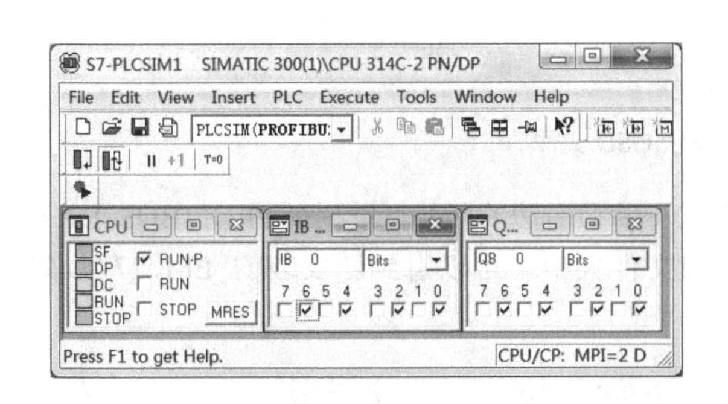

图 5-19　远程 I/O 模块仿真

图 5-20　PROFIBUS 总线连接器

5.3.3　S7-300 与 S7-200 的 PROFIBUS-DP 通信

PROFIBUS-DP 是通用的国际标准，符合该标准的第三方设备作 DP 网络的从站时，需要在“HW Config（硬件组态）”中安装“GSD”文件，才能在硬件窗口中看到第三方设备和对它进行组态。DP 从站模块 EM277 用于将 S7-200 CPU 连接到 DP 网络，波特率为 9.6kbit/s～12Mbit/s。主站可以读写 V 存储区，每次可以与 EM277 交换 1～128B 的数据。EM277 只能作 DP 从站，不需要在 S7-200 一侧对 DP 通信组态和编程。

1．组态 S7-300 站

创建一个名称为“EM277 通信”的项目，CPU 为 CPU314C-2 PN/DP。用鼠标双击“MPI/DP”子模块，选择接口类型为“PROFIBUS”，新建一条“PROFIBUS-DP”子网络，采用默认的网络参数和默认的站地址 2。用鼠标三次单击“OK”按钮，返回硬件配置窗口。

2．安装 EM 277 的 GSD 文件

EM277 作为 PROFIBUS-DP 从站模块，其有关参数是以常规站说明（General Station Description，GSD）文件的形式存在的。在对 EM 277 组态之前，需要安装它的 GSD 文件。EM 277 的 GSD 文件 siem089d.gsd 可在西门子网站的下载中心搜索和下载。

执行“HW Config（硬件组态）”窗口中菜单命令“Options（选项）”→“Install GSD File（安装 GSD 文件）”，在出现的“安装 GSD 文件”对话框中，安装文件选择“from the directory（来自目录）”，用鼠标单击“Browse（浏览）”按钮，用出现的“浏览文件夹”对话框选中待安装的 EM 277gsd 文件，用鼠标单击“确定”按钮，该文件夹的 GSD 文件“siem089d.gsd”出现在 GSD 文件列表框中。选中需要安装的 GSD 文件，用鼠标单击“Install（安装）”，开始安装，安装 GSD 文件如图 5-21 所示。

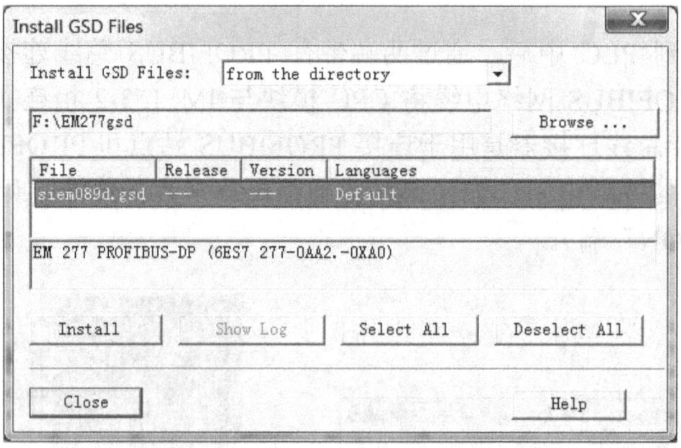

Install GSD Files

Install GSD Files: from the directory

F:\EM277gsd　　Browse ...

File	Release	Version	Languages
siem089d.gsd	---	---	Default

EM 277 PROFIBUS-DP (6ES7 277-0AA2.-0XA0)

Install　Show Log　Select All　Deselect All

Close　Help

图 5-21　安装 GSD 文件

安装结束后，在“HW Config（硬件组态）”窗口右边的硬件目录列表 PROFIBUS DP→Additional Field Devices→PLC→SIMATIC 的文件夹中，可以看到新安装的 EM 277，如图 5-22 所示。

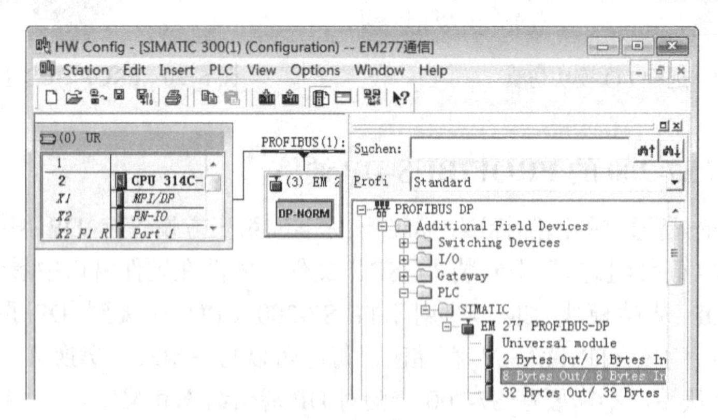

图 5-22　组态 DP 从站

3．组态 EM 277 从站

安装 GSD 文件后，将“HW Config（硬件组态）”窗口右侧的“EM 277 PROFIBUS

DP”拖放（出现“+”号时松开）到左边窗口的 PROFIBUS-DP 网络上，在出现的属性对话框中修改 DP 从站地址，如 3（最大地址 125，不要与 CPU 的 DP 地址重叠）。打开右边窗口设备列表中的“EM 277 PROFIBUS DP”子文件夹，根据实际系统的需要选择传送的通信字节数，如 8 字节输出/8 字节输入，将“8 Bytes Out/ 8 Bytes In”拖放到下面窗口的表格中的 1 号槽。STEP 7 自动分配远程 I/O 的输入/输出地址，因集成 CPU 的输入/输出地址已修改从 0 开始，占用了 IB0～IB2 和 QW0，所以分配给 EM 277 模块的输入和输出地址分别为 IB3～IB10 和 QB2～QB9。

如果在拖放 EM 277 模块时忘了修改 EM 277 从站地址，可双击网络上的 EM 277 从站，打开“DP 从站”属性对话框。用鼠标单击“General（常规）”选项卡中的“PROFIBUS”按钮，在打开的接口属性对话框中，设置 EM 277 的站地址。用 EM 277 上的拨码开关设置的站地址应与 STEP 7 中设置的站地址相同，注意设置新的站地址时应将 EM 277 断电后再上电，新的站地址方可生效。

在“Parameter Assignment（参数赋值）”选项卡中（“DP 从站”属性对话框如图 5-23 所示），设置“I/O Offset in the V-memory（V 存储区中的 I/O 偏移量）”，在此设置为 200，即用 S7-200 的 VB200～VB215 与 S7-300 的 QB2～QB9 和 IB3～IB10 交换数据。组态结束后，应将组态信息下载到 S7-300 PLC 中。

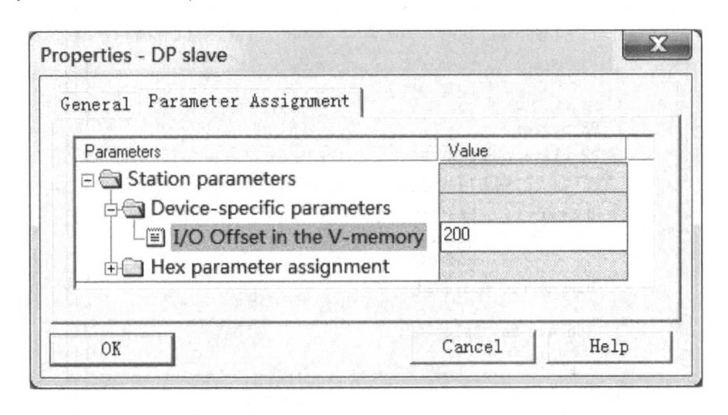

图 5-23 “DP 从站”属性对话框

4．S7-200 的编程

上面组态的 S7-200 通过 VB200～VB215 与 DP 主站交换数据。S7-300 通过 QB2～QB9 写到 S7-200 的数据保存在 VB200～VB207；S7-300 通过 IB3～IB10 从 S7-200 的 VB208～VB215 数据区中读取数据。

如果要把 S7-200 的 MB10 的值传送给 S7-300 的 MB20，应在 S7-200 的程序中，用 MOVB 指令将 MB10 传送到 VB208～VB215 中的某个字节，如 VB208。通过通信将 VB208 的值传送给 S7-300 的 IB3，在 S7-300 的程序中将 IB3 的值再传送给 MB20 即可。

5.3.4 S7-300 与 S7-300 的 PROFIBUS-DP 通信

在控制系统中常由多台 PLC 控制若干子任务，这些 CPU 在 DP 网络中作 DP 主站和智能从站。主站和智能从站的地址是相互独立的，DP 主站不是用 I/O 地址直接访问智能从站的物理 I/O 区，而是通过从站组态时指定通信双方的 I/O 区来交换数据。

注意：该 I/O 区不能占用分配给 I/O 模块的物理 I/O 地址区。

主站和从站之间的数据交换是由 PLC 的操作系统周期性自动完成的，不需要用户编程，但是用户必须对主站和智能从站之间的通信连接和用于数据交换的地址区进行组态。这种通信方式称为主/从（Master/Slave）通信方式，简称为 MS 方式。

1. 组态智能从站

在对两个 CPU 主-从通信组态时，原则上要先组态从站，也可以先组态主站。

（1）创建项目

打开 SIMATIC 管理器，新建一个项目名称为“主-从通信”，插入两个 300 工作站，分别命名 300_ Master 和 300_ Slave。

（2）硬件组态

打开 300_Slave 工作站的硬件组态窗口，用鼠标双击 DI24/DO16 子模块，将地址修改从 0 开始，用鼠标双击“MPI/DP”子模块新建 DP 网络，将 CPU 的站地址设置为 3。其他均采用系统默认参数，用鼠标两次单击“OK”按钮，返回到属性对话框，设置 DP 模式如图 5-24 所示。

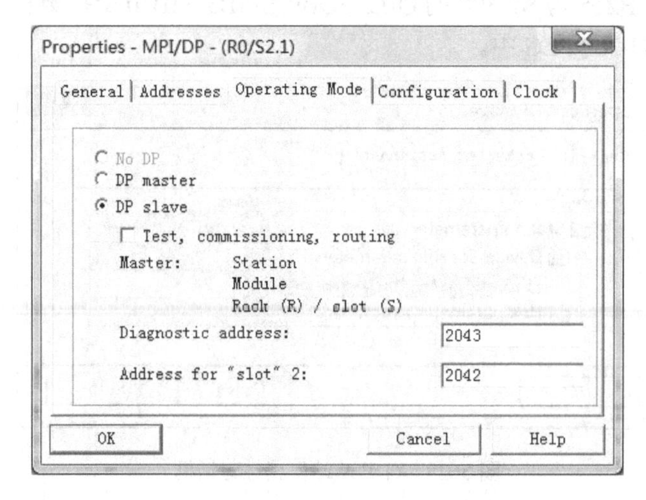

图 5-24　设置 DP 模式

（3）DP 模式建立

用鼠标单击属性对话框中的“Operating Mode（操作模式）”选项卡，进入“DP 模式”对话框，选择“DP slave（DP 从站）”，如图 5-24 所示，设置为从站后“MPI/DP 子模块”上是不会出现 PROFIBUS 子网络的网线。如果“Test，commissioning，routing”选项被激活，则意味着这个接口既可以作为 DP 从站，同时还可以通过这个接口监控程序。

（4）定义从站通信接口区

在图 5-24 中，用鼠标单击“Configuration（配置）”选项卡，打开 I/O 通信接口区属性设置窗口，单击“New（新建）”按钮新建一行通信接口区，通信接口区设置如图 5-25 所示，可以看到当前组态模式为主-从模式（Master-slave configuration）。

注意：此时只能对本地（从站）进行通信数据区的配置。

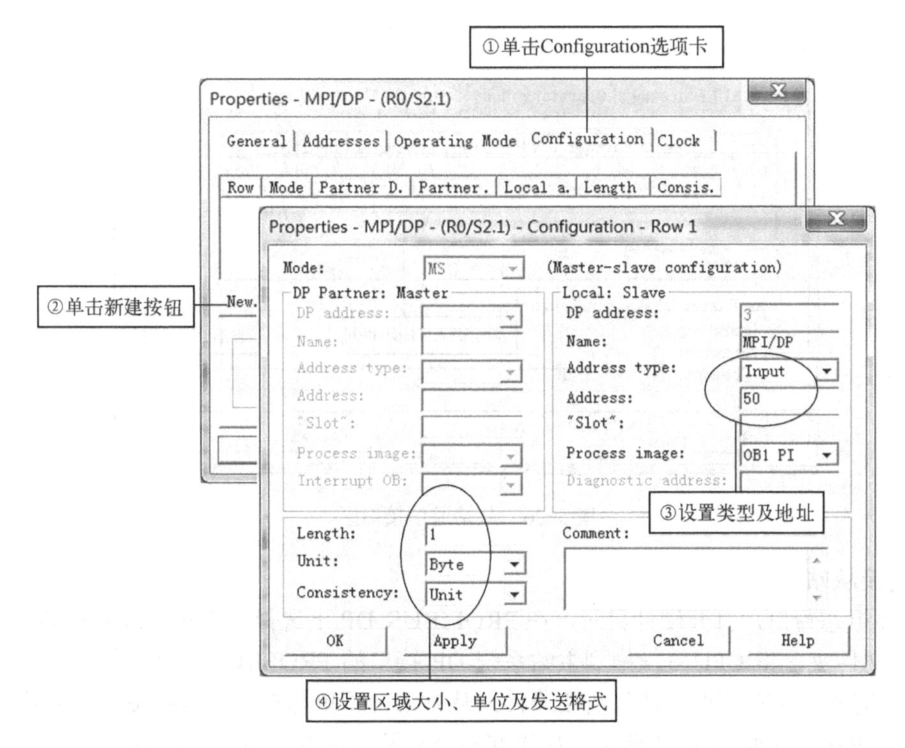

图 5-25　通信接口区设置

- 在“Address type”区域选择通信数据操作类型，Input 对应输入区，Output 对应输出区。
- 在“Address”区域设置通信区域数据区的起地址，在此设置为 50。
- 在“Length”区域设置通信区域的大小，最多 32B，在此设置为 1。
- 在“Unit”区域选择是按字节（Byte）还是按字（Word）来通信，在此选择“Byte”。
- 在“Consistency”选择 Unit，则按在“Unit”区域中定义的数据格式发送，即按字节或字发送；选择 ALL 打包发送，每包最多 32B。对数据进行解包和打包。

设置完成后用鼠标单击“Apply（应用）”按钮确认。同样根据实际通信数据建立若干行，但最大不能超过 244B。在此，分别创建一个输入区和一个输出区，长度均为 1B，设置完成后可在“Configuration（组态）”窗口中看到这两个通信接口区，从站通信接口区如图 5-26 所示。

（5）编译组态

通信区设置完成后，对从站组态进行编译并保存，编译无误后即完成从站的组态。

2．组态主站

完成从站组态后，再对主站进行组态，基本过程与从站相同。在完成基本硬件组态后对 DP 接口参数进行设置，在此，将主站 DP 地址设置为 2，并选择与从站相同的 PROFIBUS 网络“PROFIBUS（1）”。波特率及配置文件与从站设置应相同（1.5Mbit/s，DP）。

在 DP 属性设置对话框中，切换到“Operating Mode（操作模式）”选项卡，选择“DP Master 操作模式”（默认的操作模式），用鼠标单击“OK”按钮后，在主站硬件配置窗口出现 PROFIBUS（1）网络线。

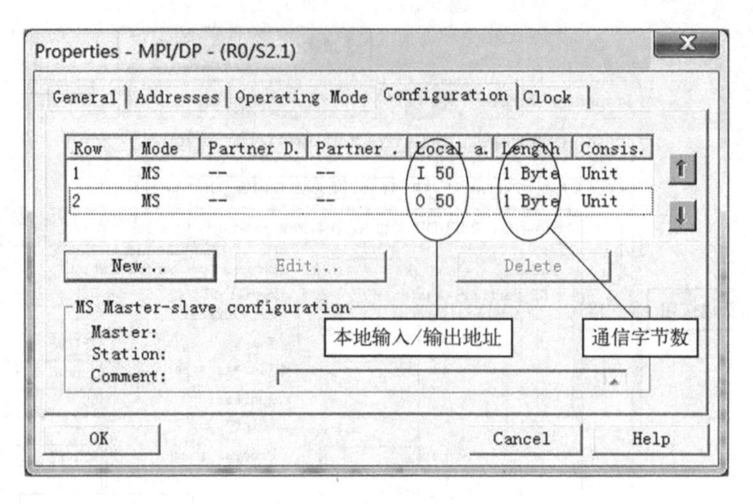

图 5-26　从站通信接口区

3. 连接从站

在硬件组态窗口，打开硬件目录，在 PROFIBUS DP 下选择“Configured Stations（已配置站点）”文件夹，将 CPU 31×拖到主站系统 DP 接口的 PROFIBUS 总线上，这时会同时弹出 DP 从站连接属性对话框，选择所要连接的从站后，用鼠标单击“Couple（连接）”按钮确认，编辑通信接口区如图 5-27 所示。如果有多个从站存在时，要一一连接。

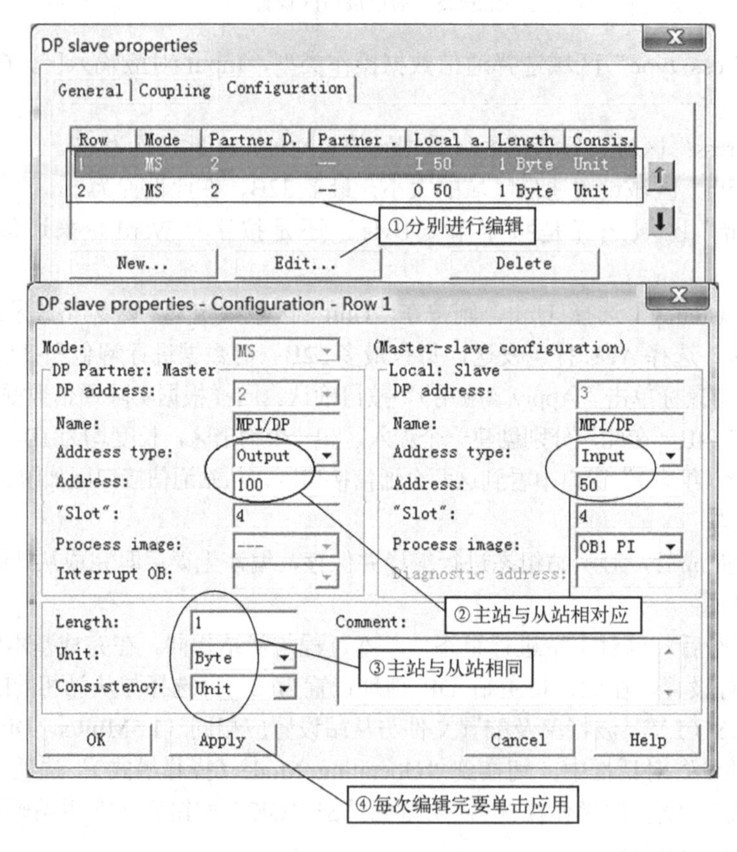

图 5-27　编辑通信接口区

连接完成后，用鼠标双击 PROFIBUS 网络线上的 CPU314C-2 PN/DP，在弹出的对话框中用鼠标单击“Configuration（配置）”选项卡，用鼠标单击“New（新建）”按钮，设置主站的通信接口区：用鼠标双击“DP slave properties（DP 从站属性）”对话框的第一行（或选中第一行，单击下方的“Edit（编辑）”按钮），在弹出的对话框中组态主站的输出区，在此，“Address type（地址类型）”选择“Output（输出）”，在“Address（地址）”栏中输入 100，通信区域长度设置为 1，单击“Apply（应用）”按钮确认；然后用鼠标双击“DP slave properties（DP 从站属性）”对话框的第二行，在弹出的对话框中组态主站的输入区，在此，“Address type（地址类型）”选择“Input（输入）”，在“Address（地址）”栏中也输入 100，通信区域长度设置为 1，用鼠标单击“Apply（应用）”或“OK”按钮确认。

注意：从站的输出区与主站的输入区相对应，从站的输入区同主站的输出区相对应，如图 5-27 所示。其中，主站的输出区 QB100 与从站的 IB50 相对应（如果组态是多个字节，则从组态的字节开始与之一一对应）；主站的输入区 IB100 与从站的输出区 QB50 相对应，通信数据区如图 5-28 所示。

确认上述设置后，在硬件组态窗口，对组态信息进行编译并保存，编译无误后即完成主从通信组态配置。

配置完成后，分别将配置数据下载到各自的 PLC 中初始化通信接口数据。

4．软件编程

系统编程时，为避免网络上某个站点掉电使整个网络不能正常工作，建议将 OB82、OB86、OB122 下载到 CPU 中，这样保证在 CPU 有上述中断触发时，CPU 仍可运行。

图 5-29 所示为主-从通信的主站控制程序，从站 OB1 的程序基本上与之相同，只是将图 5-29 的网络 1 中 QB100 换成 QB50；将网络 2 中的 IB100 换成 IB50。

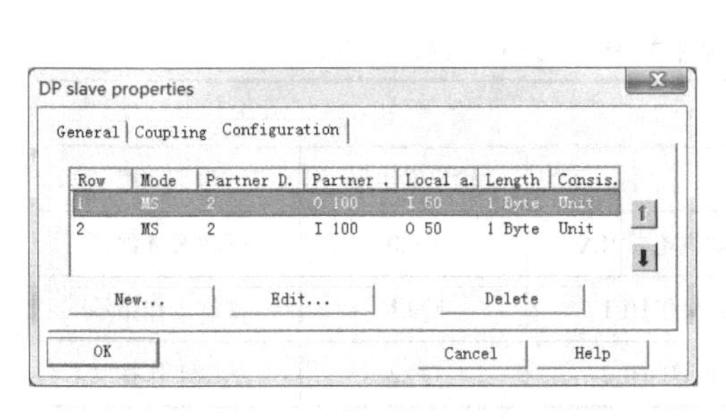

图 5-28　通信数据区

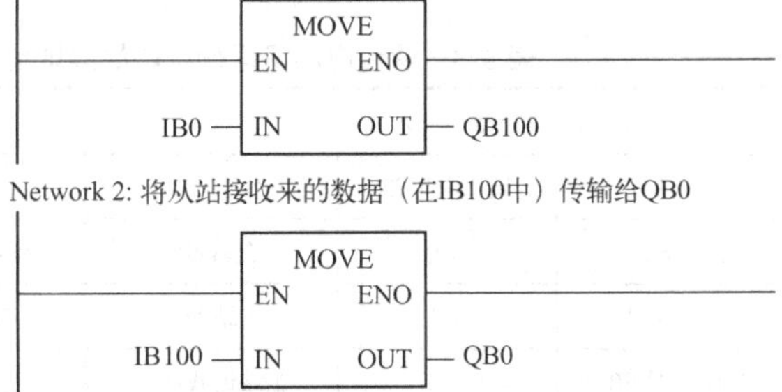

图 5-29　主-从通信的主站控制程序

程序说明：主站的输入 I0.0～I0.7 控制从站的输出 Q0.0～Q0.7，从站的输入 I0.0～I0.7 控制主站的输出 Q0.0～Q0.7。

注意：DP 与智能从站通信不能用 PLCSIM 来仿真，只能用硬件来验证。

将通信双方的程序块和组态信息下载到各自的 PLC 中。用 PROFIBUS 电缆连接主站和从站的 DP 接口，接通主站和从站的电源。将 CPU 切换到“RUN”模式，通过通信，可以用双方的 IB0 控制对方的 QB0。

5.4 实训 12 两台电动机运行状态的异地监控

5.4.1 实训目的

1）掌握 DP 网络组态的方法。

2）掌握 DP 网络的硬件连接。

3）掌握主-从通信程序的编写。

5.4.2 实训任务

使用 S7-300 的主从 DP 通信方式实现两台电动机运行状态的异地监控。控制要求如下：本地按钮控制本地电动机的起动和停止，电动机在运行过程中，若 10min 内仍监测不到远程站电动机在运行，则自动停止运行，或本地电动机停止 10min 后，远程电动机也自行停止。同时，系统要求两站点均能显示本站和远程站电动机的运行状态。

5.4.3 实训步骤

1．原理图绘制

分析项目控制要求可知：控制本地电动机的起动按钮 SB1、停止按钮 SB2 和过载保护 FR 的常开触点作为 PLC 的输入信号，驱动交流接触器的中间继电器 KA 及两站点的工作状态指示作为 PLC 的输出信号，两台电动机运行状态的异地监控主站 PLC 的 I/O 地址分配表如表 5-3 所示。两台电动机运行状态的异地监控原理图如图 5-30 所示。主站和智能从站的 I/O 地址分配表和控制电路原理图相同，在此只给出主站的 I/O 地址分配表和控制电路原理图。

表 5-3 两台电动机运行状态的异地监控主站 PLC 的 I/O 地址分配表

输　入			输　出		
元　件	输入继电器	作　用	元　件	输出继电器	作　用
按钮 SB1	I0.0	主站起动	中间继电器 KA	Q0.0	驱动 KM 线圈
按钮 SB2	I0.1	主站停止	指示灯 HL1	Q0.1	主站工作指示
热继电器 FR	I0.2	主站过载保护	指示灯 HL2	Q0.2	从站工作指示

2．硬件组态

在此项目中，先组态主站，再组态智能从站，其步骤如下（组态时可参照 5.3.4 节有关内容）：

（1）DP 主站和 PROFIBUS 网络

新建一个两台电动机运行状态的异地监控项目，生成两个 S7-300 工作站，分别取名为 DPM_1 和 DPS_2，CPU 均选择为 CPU 314C-2 PN/DP。将数字量模块输入/输出的起始字节地址均改为 0。

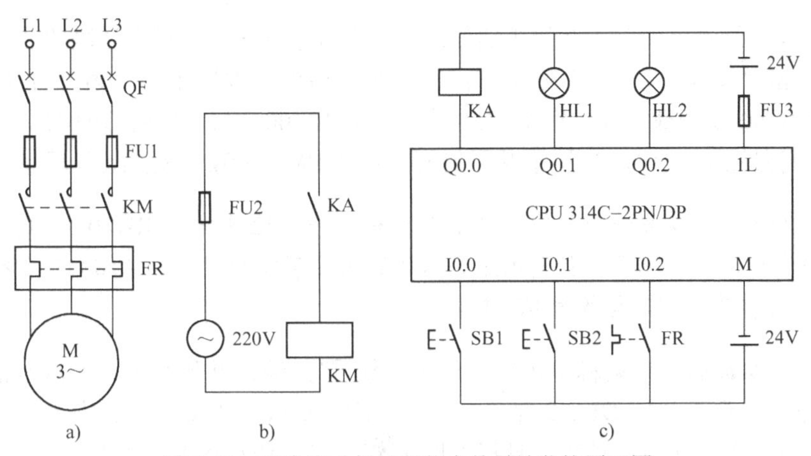

图 5-30　两台电动机运行状态的异地监控原理图

a) 主电路　b) 转接电路　c) 控制电路

用鼠标双击主站（DPM_1）CPU 下面“MPI/DP”子模块，打开并选择对话框的“General（常规）”选项卡中“Interface Type（接口类型）”的 PROFIBUS，在弹出对话框的“Parameters（参数）”选项卡中单击“New（新建）”，生成一个 PROFIBUS（1）网络。采用默认的参数，DPM_1 站点 CPU314C-2 PN/DP 为 DP 主站，站地址为 2，网络的传输速率为 1.5Mbit/s，配置文件为“DP”。用鼠标三次单击“OK”按钮返回“HW Config（硬件组态）”窗口。此时，会看到新的 PROFIBUS（1）网络已生成，对其组态信息编译并保存。最后关闭“HW Config（硬件组态）”窗口，返回到 SIMATIC 管理器。

（2）组态智能从站

打开 DPS_2 站的“HW Config（硬件组态）”窗口，用鼠标双击智能从站（DPS_2）CPU 下面“MPI/DP”子模块，选择打开对话框的“General（常规）”选项卡中“Interface Type（接口类型）”的 PROFIBUS，在弹出对话框的“Parameters（参数）”选项卡中将“Address（地址）”修改为 3，不连接到 PROFIBUS（1）网络。用鼠标单击“OK”按钮返回到“MPI/DP 属性”对话框，在“Operating Mode（工作模式）”选项卡中，将该站设置为“DP slave（DP 从站）”，用鼠标两次单击“OK”按钮返回到“HW Config（硬件组态）”窗口。

因为此时从站与主站的通信组态还没有结束，不能成功编译 S7-300 的硬件组态信息。用鼠标单击按钮🖫，保存组态信息。最后关闭“HW Config（硬件组态）”窗口。

选中 SIMATIC 管理器中的 DPM_1 站，用鼠标双击右边窗口的“Hardware（硬件）”图标，打开“HW Config（硬件组态）”窗口。打开右边硬件目录窗口中的“\PROFIBUS DP\Configured Stations（已组态的站）”文件夹，将其中的“CPU31×”拖放到屏幕上方的 PROFIBUS 网络线上。“DP 从站属性”对话框的“DP slave properties（DP 从站属性）”被自动打开，选择“Coupling（连接）”选项卡中从站列表中的“CPU314C-2 PN/DP”，用鼠标单击“Couple（连接）”按钮后，用鼠标两次单击“OK”按钮，此时，该从站被连接到 DP 网络上。

（3）主站与智能从站主从通信的组态

用鼠标双击已连接 PROFIBUS 网络上的 DP 从站，打开“DP slave properties（DP 从站属性）”对话框中的“Configuration（组态）”选项卡，为主从通信设置双方用于通信的输入/

输出地址区。这些地址区实际上是用于通信的数据接收缓冲区和数据发送缓冲区。

用鼠标单击“New（新建）”按钮，在出现的对话框中设置组态表第 1 行的参数。在此，主站用 QB100 发送数据（只组态 1B）给从站的 IB100，从站也用 QB100 发送数据给主站的 IB100。用鼠标单击“OK”按钮返回到主站的“HW Config（硬件组态）”窗口。

注意：组态的通信双方使用的输入/输出区的起始字节地址均为 IB100 和 QB100，并不要求一定要将它们设置得相同，但是用于通信的数据区不能与主站和从站的信号模块实际使用的输入/输出区重叠，即不与物理 I/O 重叠。

设置完全部参数后，用鼠标单击工具栏上按钮，编译并保存主站的组态信息。返回 SIMATIC 管理器，选中从站 DPS_2 站点，打开“HW Config（硬件组态）”窗口。因为已完成了所有的组态任务，用鼠标单击工具栏上按钮，可以成功地编译并保存组态信息。

3．软件编程

根据项目控制要求将主站和从站的存储器及其地址分配一致，主站和从站的控制程序也一样，两台电动机运行状态的异地监控主站程序如图 5-31 所示。

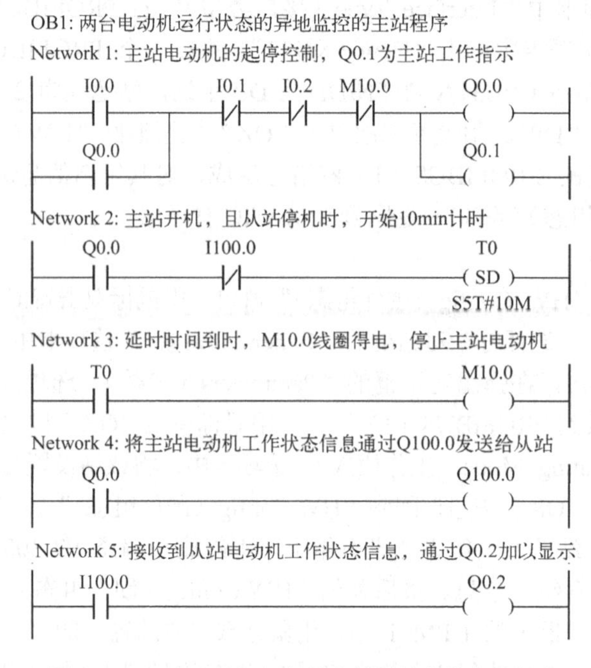

图 5-31　两台电动机运行状态的异地监控主站程序

4．硬件连接

请读者参照图 5-30 对两台 PLC 进行线路连接，并使用 DP 电缆将两台 PLC 的 DP 接口相连接，确认连接无误后方可进入下一实训环节。

PROFIBUS 电缆总线连接器的连接。PROFIBUS 电缆只有两根线，一根红的一根绿的，外面有屏蔽层。电缆总线连接器的连接分六步进行：1）打开上盖。松开 DP 头盒螺钉打开上盖，沿着进线、出线通道用网络比对接线端子根部至通道左右侧的“凸形卡线标识”的距离，并记好位置。2）剥网线外皮。用电缆刀或偏口钳，参照上一步记好的位置，从线头适当位置将网线外皮剥掉，注意截面要齐平。3）做屏蔽层。将屏蔽层剥开至适当位置（约自线皮末端 10mm 处），并将剥开的屏蔽层环绕在预留的屏蔽带上。注意严禁屏蔽层和接线触碰一起。4）剥线头。剥去线头至屏蔽带间的白色防护层及锡纸，在离线头约 7mm 处剥去芯线外皮，注意不要使线芯受损。5）接线。按对应颜色（左绿右红）沿着端子出线方向插入线头，然后用小螺钉旋具拧紧螺钉，确保接线压稳接牢。注意若是终端网头只接 A1、B1 即可，并将终端电阻拨码开关置 ON，反之置 OFF。6）装 DP 头上盖。首先将网线顺着进线、出线通道放平，注意屏蔽层应紧压内置接地金属片并确保不裸露在孔外，网线外皮应压在固定位置。然后盖好上盖用螺钉旋具将螺钉拧紧，注意上下盖应合紧，无缝隙。

注意：在连接两台 PLC 的 DP 接口时，应将两个终端电阻拨码开关置 ON，如果有多台 PLC 被连接，则中间接头的终端电阻拨码开关置 OFF。

5．程序下载

选择 SIMATIC 管理器中相应的 300 站点，分别将程序下载到各自的 PLC 中。

6．系统调试

硬件连接和项目下载好后，分别打开两个站点 OB1 组织块，起动程序状态监控功能。为调试方便，将定时器的时间改为 5s。按下主站电动机的起动按钮 SB1，5s 内未起动从站电动机，观察电动机起动后是否能自动停止。起动主站电动机，在 5s 内起动从站电动机，观察两台电动机运行状态。按下从站电动机的停止按钮 SB2，停止从站电动机，观察主站电动机在 5s 后能否自动停止运行。同样，在从站重复上述步骤，如上述调试现象符合项目控制要求，则实训任务完成。

5.4.4 实训拓展

3 个 S7-300 之间的 DP 主从通信。要求按下第一站的按钮 I0.0，第二站的 Q0.0 被点亮，按下第二站的 I1.0，第三站的 Q1.0 被点亮，按下第三站的 I0.0，第一站的 Q0.0 被点亮。

5.5 PROFINET 通信

PROFINET 由 PROFIBUS 国际组织（PROFIBUS International，PI）推出，是新一代基于工业以太网技术的自动化总线标准。使用 PROFINET，可以将分布式 I/O 设备直接连接到工业以太网。PROFINET 可以用于对实时性要求很高的自动化解决方案，如运动控制。PROFINET 通过工业以太网，可以实现从公司管理层到现场层的直接、透明地访问，PROFINET 整合了自动化和 IT 界。使用 PROFINET I/O 设备可以直接连接到以太网，与 PLC 进行高速数据交换。

工业以太网的组建需要工业以太网通信处理器（Communication Processor，CP），包括用在 S7 PLC 站上的处理器 CP 243-1 系列、CP343-1 系列和 CP443-1 系列等。

CP 243-1 是为 S7-200 系列 PLC 设计的工业以太网通信处理器，通过 CP 243-1 模块，用户可以很方便地将 S7-200 系列 PLC 通过工业以太网进行连接，通过工业以太网对 S7-200 进行远程组态、编程和诊断。同时，S7-200 也可以同 S7-300、S7-400 系列 PLC 进行以太网的连接。CP343-1 是 S7-300 系列 PLC 工业以太网通信处理器，按所支持协议的不同，可以分为 CP343-1、CP343-1 ISO、CP343-1 TCP、CP343-1 IT、CP343-1 PN。CP443-1 是 S7-400 系列 PLC 工业以太网通信处理器，按所支持协议的不同，可以分为 CP443-1、CP443-1 ISO、CP443-1 TCP 和 CP443-1 IT。

5.5.1 PROFINET 通信网络的组建

PROFINET 通信网络的组建步骤如下：

1．创建项目

创建一个新项目，如 NET_1。

2．生成站点

生成需配置的节点数或站数，如两个站，在此均选择 CPU314C-2 PN/DP 模块，CPU 型号中带有“PN”就是 CPU 模块集成有 PROFINET 通信接口，其中“2”表示有两个 PROFINET 通信接口，这种型号的 CPU 则无需通过通信处理器就可以进行以太网通信。如果 CPU 模块未集成 PN 通信口，若需进行以太网通信时就必须要增加相应的 CP 通信模块。

3．配置网络

用鼠标单击 SIMATIC 管理器工具栏上图标（Configure Network 配置网络），打开网络组态窗口 NetPro，出现一条自动生成的标有 MPI（1）的网络和没有与网络相连的两个站的图标。

4．网络连接

用鼠标单击某个站的 CPU 方框中的小绿方块所在的区域（在 CPU 的 PN-IO 子模块中），打开 PN-IO 网络属性对话框，用鼠标单击“Interface（网络接口）”的“Properties（属性）”按钮，打开“Ethernet interface PN-IO（以太网接口）”属性对话框，在“Parameters（参数）”选项卡的“IP address（地址）”栏中可修改以太网通信的地址，默认是 192.168.0.1，“Subnet mask（子网掩码）”为 255.255.255.0。用鼠标单击“New（新建）”按钮，进入“New subnet Industrial Ethernet（新建工业以太子网）”属性，自动建立 Ethernet（1）子网。用鼠标两次单击“OK”按钮，此时可以看到新的一条以太网已经连接到相应的 CPU 模块上。Industrial Ethernet 网络是一条绿色的网线，PROFINET 系统结构如图 5-32 所示。拖动另一个 CPU 模块的小绿色方框至已生成的以太网上，用鼠标双击该 CPU 的 PN-IO 子模块，可以看到此 CPU 的以太网地址为 192.168.0.2，单击“Properties（属性）”按钮，在弹出的属性对话框中可以修改其以太网地址（或称为 IP 地址）。

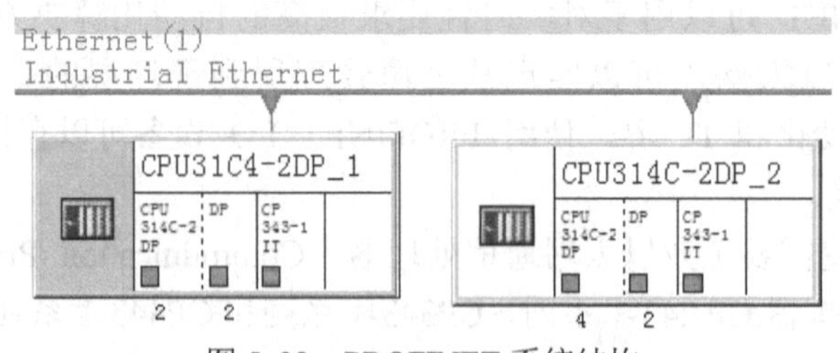

图 5-32　PROFINET 系统结构

5．编译和保存

网络组建完成后，对其编译并保存。

5.5.2 采用S5通信协议的PROFINET通信

在此组态基于TCP/IP传输控制协议的以太网通信，其操作步骤如下。

1．创建项目

创建一个名称为“S5通信”的项目。插入一个300工作站，取名为CPU314C-2DP_1。

2．硬件组态

首先对CPU314C-2DP_1站进行硬件组态，在机架上加入CPU314C-2DP和CP343-1 IT，CPU314C-2DP_1站的硬件组态如图5-33所示。

同时把CPU的MPI地址设为“2”，CP模块的MPI地址设为“3”。也可以在硬件组态完成后，用鼠标双击其CPU，单击“Properties（属性）”按钮可以修改CPU模块的MPI地址，用鼠标双击CP 343-1模块，也可以修改其MPI地址。

在把CP343-1 IT插入机架时，会弹出一个CP343-1 IT属性对话框，新建以太网Ethernet（1），因为要使用TCP，故只需设置CP模块的IP地址，“CP343-1 IT”属性对话框如图5-34所示。在此CP343-1 IT的IP地址为192.168.0.1，子网掩码为255.255.255.0。

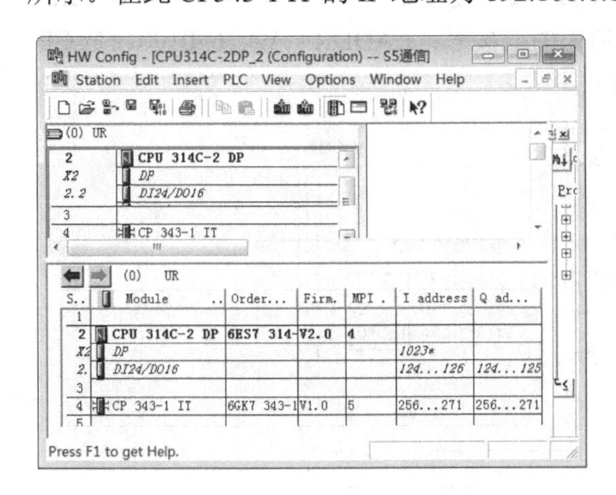

图5-33　CPU314C-2DP_1站的硬件组态

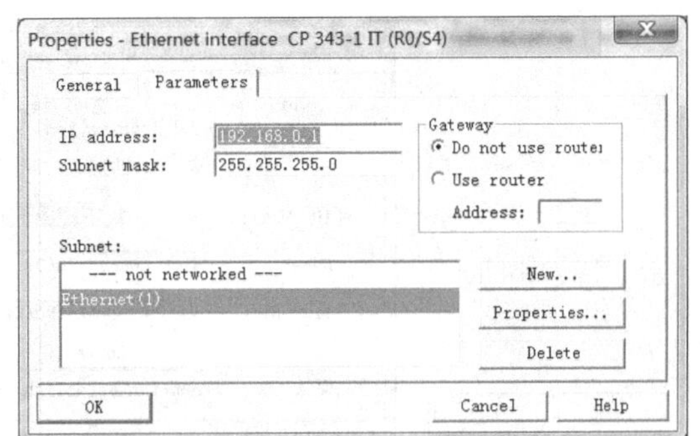

图5-34　“CP343-1IT”属性对话框

用同样的方法，建立CPU314C-2DP_2站的硬件组态。把CPU的MPI地址设为“4”，CP模块的MPI地址设为“5”。在插入CP343-1 IT模块时，将CP模块的IP地址设置为192.168.0.2，子网掩码设置为255.255.255.0，同时选中CP343-1 IT属性对话框中的Ethernet（1），用鼠标单击“OK”按钮确认，

硬件组态好后编译并保存，分别下载到各自的PLC中。

注意：如果使用的是以太网下载方式，此时计算机的IP地址千万不能与已组态的两台PLC的IP地址重叠。

3．网络参数配置

在SIMATIC管理器窗口，用鼠标单击网络配置图标，打开“NetPro”窗口设置网络参数。此时可以看到两台PLC已经接入工业以太网中，选中一个CPU，单击鼠标右键，在弹出的菜单中选择“Insert New Connection（插入新连接）”建立新的连接如图5-35所示。

在连接类型中，选择“TCP connection（TCP连接）”如图5-36所示。

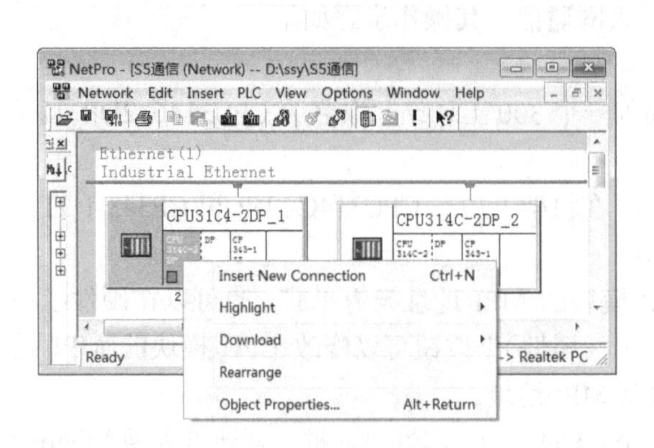

图 5-35 建立新的连接

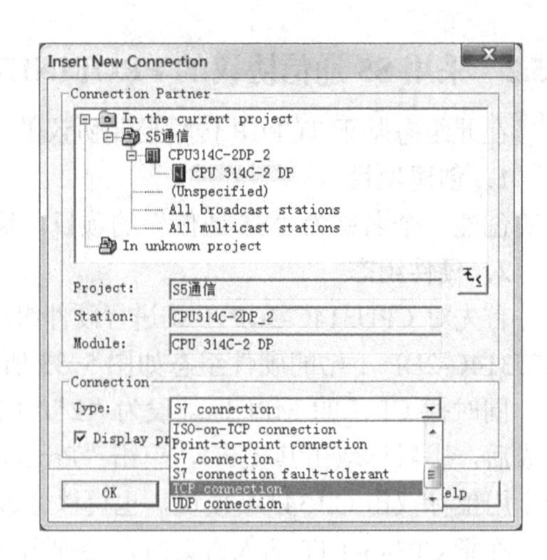

图 5-36 选择“TCP connection”连接

用鼠标单击“OK”按钮，设置连接属性，TCP 属性连接如图 5-37 所示。在“General Information（常规信息）”选项卡中 ID = 1，是通信的连接号；LADDR = W#16#0100，是 CP 模块的地址。这两个参数在后面的编程中会用到。

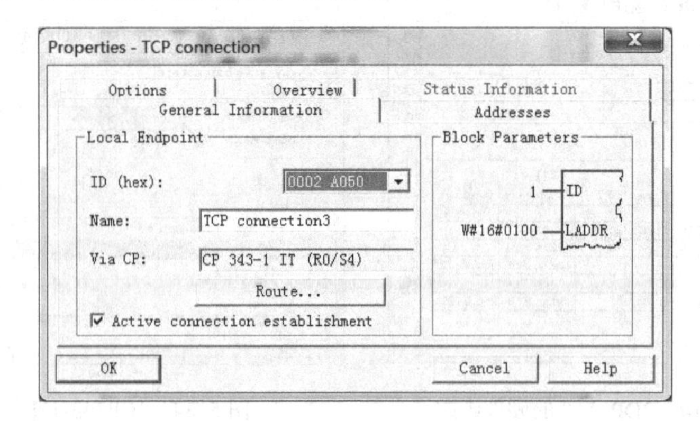

图 5-37 TCP 属性连接

通信双方其中一个站（在此选择 CPU314C-2DP_1）必须激活“Active connection establishment（激活连接）”选项，以便在通信连接初始化中起到主动连接的作用。

“Address（地址）”选项卡中可以看到通信双方的 IP 地址，占用的端口号可以自定义，也可以使用默认值（如 2000）。

参数设置好后编译并保存，再下载到 PLC 中就完成整个项目的组态了。

4. 软件编程

在进行工业以太网通信编程时，需要调用功能 FC5“AG_SEND”和 FC6“AG_RECV”，其功能块在指令库“Libraries\SIMATIC_NET_CP\CP 300”中可以找到。

其中在发送方（在此为 CPU314C-2DP_1）调用发送功能 FC5，在接收方（在此为 CPU314C-2DP_2）接收数据需要调用接收功能 FC6，发送方程序与接收方程序分别如图 5-38 和图 5-39 所示。

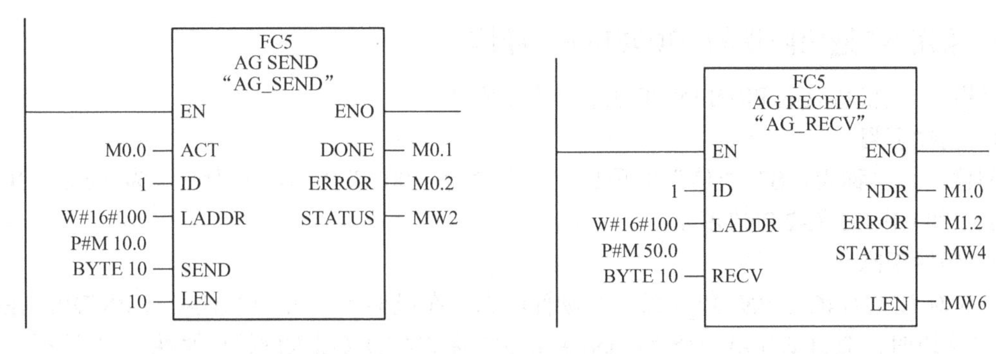

图 5-38　发送方程序　　　　图 5-39　接收方程序

当 M0.0 为“1”时，触发发送任务，将“SEND”数据区中的 10B 发送出去，发送数据“LEN”的长度不大于数据区的长度。

功能 FC5 和 FC6 的参数含义分别如表 5-4 和表 5-5 所示。

表 5-4　功能 FC5 的参数含义

参 数 名	数 据 类 型	参 数 说 明
ACT	BOOL	触发信号，该参数为“1”时发送
ID	INT	连接号
LADDR	WORD	CP 模块的地址
SEND	ANY	发送数据区
LEN	INT	被发送数据的长度
DONE	BOOL	为“1”时，发送完成
ERROR	BOOL	为“1”时，有故障发生
STATUS	WORD	故障码

表 5-5　功能 FC6 的参数含义

参 数 名	数 据 类 型	参 数 说 明
ID	INT	连接号
LADDR	WORD	CP 模块的地址
RECV	ANY	接收数据区
NDR	BOOL	为“1”时，接收到新数据
ERROR	BOOL	为“1”时，有故障发生
STATUS	WORD	故障码
LEN	INT	接收到的数据长度

程序编写好后保存下载，这样就可以把发送方 CPU314C-2DP_1 内的 10B 的数据发送给接收方 CPU314C-2DP_2。

在正常情况下，功能 FC5 和 FC6 的最大数据通信量为 240B。如果用户数据大于 240B，则需要通过硬件组态在 CP 模块的硬件属性中设置数据长度大于 240B。

5.5.3 采用S7通信协议的PROFINET通信

采用S7通信协议的PROFINET通信操作步骤如下。

1．创建项目

创建一个名称为“S7 通信”的项目。插入两个 300 工作站，分别取名为 CPU314C-2 PN/DP_1 和 CPU314C-2 PN/DP_2。

2．硬件组态

首先对CPU314C-2 PN/DP_1站进行硬件组态，在机架上加入CPU314C-2 PN/DP，在插入CPU模块时，会自动弹出一个“Ethernet interface PN-IO（以太网接口属性）”对话框，在对话框中修改 IP 地址，如 192.168.0.2，用鼠标单击“New（新建）”按钮，新建以太网“Ethernet（1）”，用鼠标两次单击“OK”按钮确认，这时会在硬件组态窗口CPU模块的PN-IO子模块上出现一条以太网网线。用鼠标单击工具栏上按钮，编译并保存组态信息。

然后对CPU314C-2 PN/DP_2站进行硬件组态，在机架上加入CPU314C-2 PN/DP，在插入CPU模块时，会自动弹出一个“Ethernet interface PN-IO（以太网接口属性）”对话框，在此对话框中，将其300工作站的IP地址修改为192.168.0.3（注意，IP地址不能与CPU314C-2 PN/DP_1 站重叠），选中属性对话框中的“Ethernet（1）”，用鼠标单击“OK”按钮确认。用鼠标单击工具栏上按钮，编译并保存组态信息。

3．组态S7连接

组态好两个S7-300站后，用鼠标单击工具栏上按钮，打开NetPro窗口，看到连接到Ethernet（1）网络上的两个站，如图 5-40 所示。选中“CPU314C-2 PN/DP_1”站点的CPU314C-2 PN/DP 所在小方框，在下面的窗口出现连接表，用鼠标双击连接表第一行空白处，建立一个新连接（或选中 CPU314C-2 PN/DP 所在的小方框，单击鼠标右键，选择弹出菜单中的“Insert New Connection（插入新连接）”选项）。

在出现的“Insert New Connection（插入新连接）”对话框中，系统默认的通信伙伴为站点 CPU314C-2 PN/DP_2 的 CPU314C-2 PN/DP，“Type（类型）”选择框中选择“S7 Connection（S7连接）”，这也是默认的连接类型，网络与连接的组态如图5-40所示。

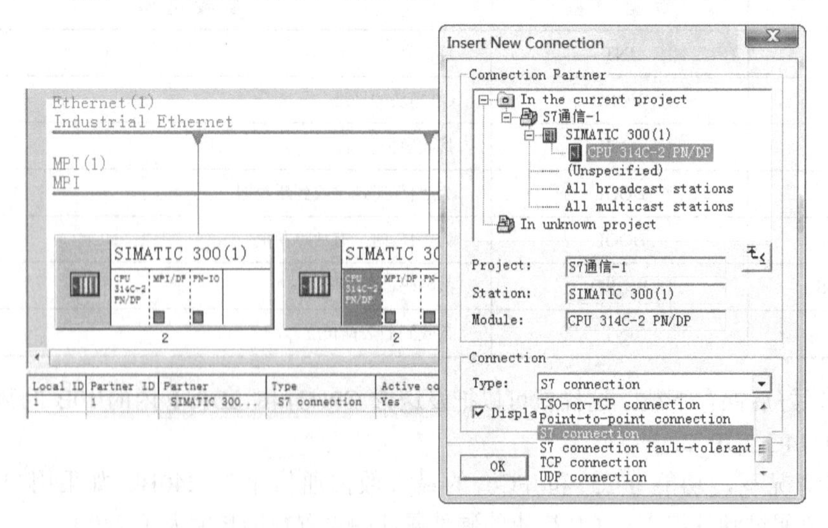

图5-40　网络与连接的组态

用鼠标单击“Apply（应用）”或“OK”按钮，出现“S7 连接”属性对话框，如图 5-41 的左图所示。在“Local Connection End Point（本地连接端点）”区，复选框“Configured at one end（单向）”被禁止选中（该复选框为灰色），因此连接是双向的，在图 5-40 的连接表中，生成了相同的“本地 ID”和“伙伴 ID”。

复选框“Establish an active connection（建立主动的连接）”是默认的设置（如图 5-42 的左图），选中该复选框时，连接表的“Active connection partner（激活的连接伙伴）”列将显示“Yes（是）”。在运行时，由本地节点建立连接。反之显示“No（否）”，由通信伙伴建立连接。

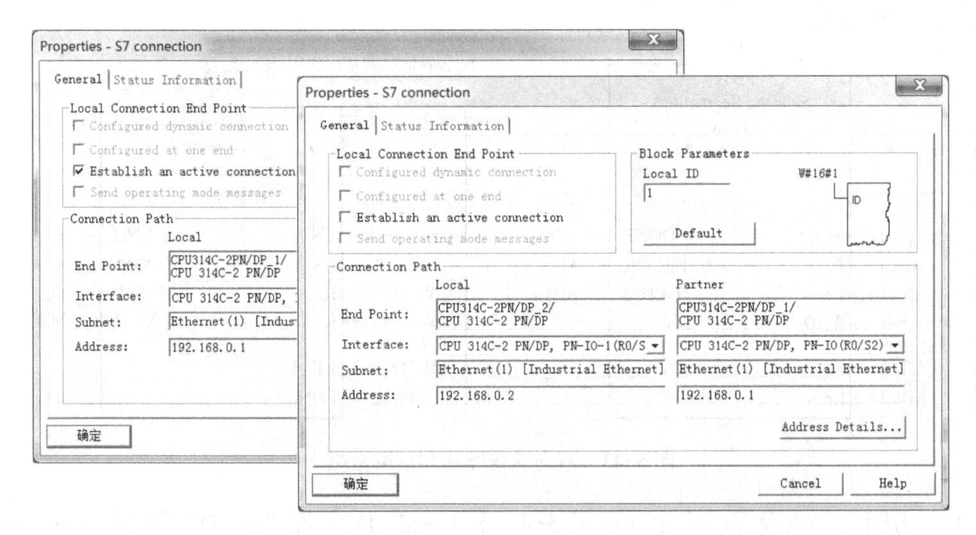

图 5-41　通信双方的 S7 连接属性对话框

选中 NetPro 窗口中站点 CPU314C-2 PN/DP_2 的 CPU314C-2 PN/DP 所在的小方框，下面的窗口是自动生成的该站点一侧的连接表，CPU314C-2PN/DP_2 一侧的 S7 连接表如图 5-42 所示，用鼠标双击连接表中的“S7 Connection（S7 连接）”，出现该站点一侧的连接属性对话框，如图 5-41 中的右图所示。

Local ID	Partner ID	Partner	Type	Active connection partner	Subnet
1	1	CPU314C-2PN.	S7 connection	No	Ethernet(1).

图 5-42　CPU314C-2PN/DP_2 一侧的 S7 连接表

组态连接好后，用鼠标单击工具栏上按钮，网络组态信息被编译并保存在系统数据中。

对于双向通信，应将通信双方的连接表信息分别下载到各自的 PLC 中。编译成功后，也可以通过 SIMATIC 的“Blocks（块）”文件夹“系统数据”下载硬件和连接的组态信息。

4．软件编程

1）双边通信。由于事先选择了双边通信的方式，故在编程时需要调用 FB12“BSEND”和 FB13“BRCV”，即通信双方均需要编程，一方发送，则另一方必须接收才能完成通信。双方通信程序基本相同。为实现周期性的数据传输，用周期为 100ms 的时钟存储器位 M100.0 为 BSEND 提供发送请求信号 REQ。在组态硬件时，在 CPU 属性对话框的“周期/时钟存储器”选项卡中设置 MB100 为时钟存储器。

FB12“BSEND”和 FB13“BRCV”可以在指令库“Libraries\Communication Blocks”中找到。

首先发送方（在此为 CPU314C-2PN/DP_1 站）调用 FB12“BSEND”，然后接收方（在此为 CPU314C-2PN/DP_1 站）调用 FB13“BRCV”，双向通信发送和读取数据如图 5-43 所示。

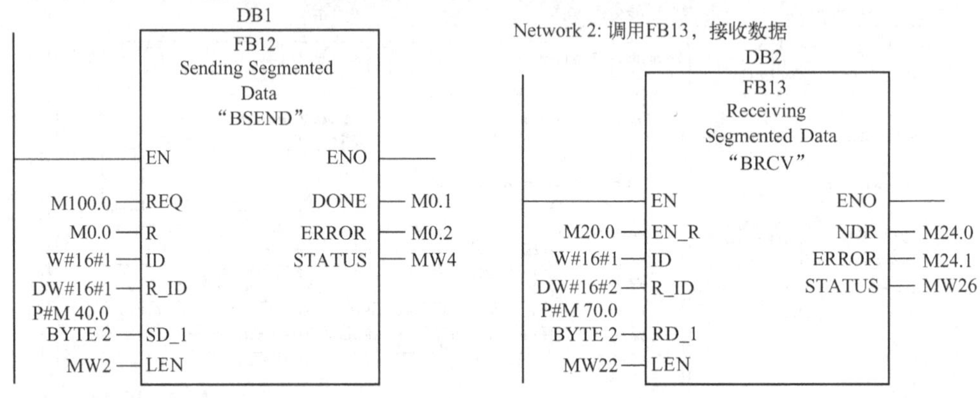

图 5-43　双向通信发送和读取数据

“ID”为网络参数设置时确定（见图 5-41 中 Local ID），而“R_ID”用于区分同一连接中不同的 FB 调用，对于同一数据包，发送方和接收方的 R_ID 应相同，在编程时由用户自定义。功能块 FB12 和 FB13 的参数含义分别如表 5-6 和表 5-7 所示。

表 5-6　功能块 FB12 的参数含义

参数名	数据类型	参数说明
REQ	BOOL	上升沿触发工作
R	BOOL	为“1”时，终止数据交换
ID	INT	连接 ID
R_ID	DWORD	连接号，相同连接号的功能块互相对应发送/接收数据
DONE	BOOL	为“1”时，发送完成
ERROR	BOOL	为“1”时，有故障发生
STATUS	WORD	故障代码
SD_1	ANY	发送数据区
LEN	WORD	发送数据的长度，不能使用常数，可使用传送指令将其赋值

表 5-7　功能块 FB13 的参数含义

参数名	数据类型	参数说明
EN_R	BOOL	为“1”时，准备接收
ID	INT	连接 ID

（续）

参 数 名	数 据 类 型	参 数 说 明
R_ID	DWORD	连接号，相同连接号的功能块互相对应发送/接收数据
NDR	BOOL	为“1”时，接收完成
ERROR	BOOL	为“1”时，有故障发生
STATUS	WORD	故障代码
RD_1	ANY	接收数据区
LEN	WORD	接收到的数据长度，不能使用常数，可使用传送指令将其赋值

注意：本地站调用的功能块 FB12 和 FB13 中发送和接收数据包的 R_ID 分别为 1 和 2，则在通信伙伴站所调用的功能块 FB13 和 FB12 中接收和发送数据包的 R_ID 应分别为 1 和 2。

2）单边通信。如果用 CP343-1 IT 模块进行以太网通信，可以实现单边通信（如用 CPU 模块集成的 PN-IO 口则不能实现单向通信，即图 5-41 中的复选框“Configured at one end（单向）”被禁止选中），如果选择了“Configured at one end（单向）”通信，则双边通信的功能块 FB12“BSEND”和 FB13“BRCV”将不再使用，需要调用 FB14“GET”和 FB15“PUT”。

当单边通信时，只需在本地侧的 PLC 调用 FB14“GET”和 FB15“PUT”。

功能块 FB14“GET”和 FB15“PUT”，同样可以在指令库“Libraries\SIMATIC_NET_CP\CP 300”中可以找到。

先调用 FB15 进行数据发送，然后调用 FB14 读取对方 PLC 中的数据，单向通信发送和读取数据如图 5-44 所示。

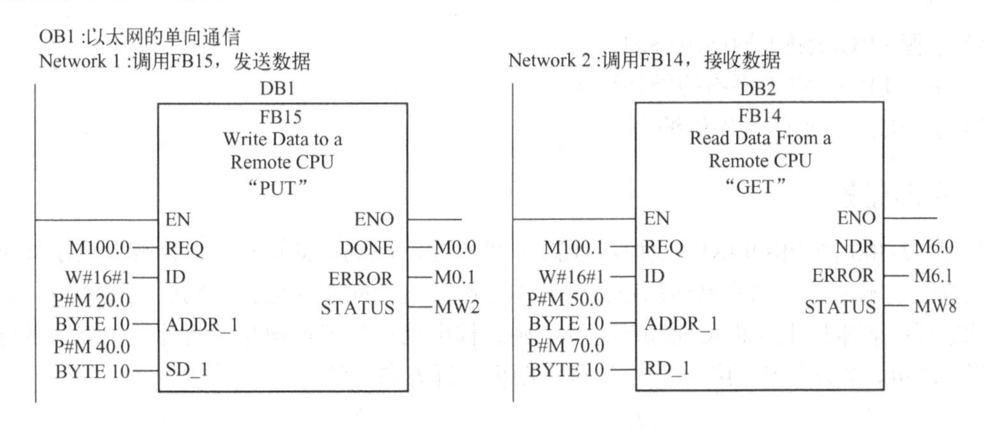

图 5-44　单向通信发送和读取数据

功能块 FB14“GET”和 FB15“PUT”的参数含义分别如表 5-8 和 5-9 所示。

表 5-8　功能块 FB14“GET”的参数含义

参 数 名	数 据 类 型	参 数 说 明
REQ	BOOL	上升沿触发工作
ID	WORD	地址参数 ID
DONE	BOOL	为“1”时，发送完成

（续）

参 数 名	数 据 类 型	参 数 说 明
ERROR	BOOL	为“1”时，有故障发生
STATUS	WORD	故障码
ADDR_1	ANY	通信对方的数据接收区
SD_1	ANY	本站发送数据区

表 5-9　功能块 FB15“PUT”的参数含义

参 数 名	数 据 类 型	参 数 说 明
REQ	BOOL	上升沿触发工作
ID	WORD	地址参数 ID
NDR	BOOL	为“1”时，接收到新数据
ERROR	BOOL	为“1”时，有故障发生
STATUS	WORD	故障码
ADDR_1	ANY	从通信对方的数据地址中读取数据
SD_1	ANY	本地接收数据区

5.6　实训 13　两台电动机的同向运行控制

5.6.1　实训目的

1）掌握 PROFINET 网络组态的方法。

2）掌握 PROFINET 网络的硬件连接。

3）掌握以太网通信程序的编写。

5.6.2　实训任务

使用 S7-300 的 PROFINET 通信方式实现两台电动机的同向运行控制。控制要求如下：本地按钮控制本地电动机的起动和停止。若本地电动机正向起动运行，则远程电动机只能正向起动运行；若本地电动机反向起动运行，则远程电动机只能反向起动运行。同样，若先起动远程电动机，则本地电动机也得与远程电动机运行方向一致。

5.6.3　实训步骤

1．原理图绘制

分析项目控制要求可知：控制本地电动机的正反向起动按钮 SB1，SB2、停止按钮 SB3 和过载保护 FR 的常开触点作为 PLC 的输入信号，驱动正反向相序交流接触器的中间继电器 KA1 和 KA2 作为 PLC 的输出信号，两台电动机的同向运行控制本地 PLC 的 I/O 地址分配表如表 5-10 所示。两台电动机的同向运行控制原理图如图 5-45 所示。本地和远程的 I/O 地址分配表和控制电路原理图相同，在此只给出本地的 I/O 地址分配表和控制电路原理图。

表 5-10　两台电动机的同向运行控制本地 PLC 的 I/O 地址分配表

输　入			输　出		
元　件	输入继电器	作　用	元　件	输出继电器	作　用
按钮 SB1	I0.0	本地正向起动	中间继电器 KA1	Q0.0	驱动 KM1 线圈
按钮 SB2	I0.1	本地反向起动	中间继电器 KA2	Q0.1	驱动 KM2 线圈
按钮 SB3	I0.2	本地停止			
热继电器 FR	I0.3	本地过载保护			

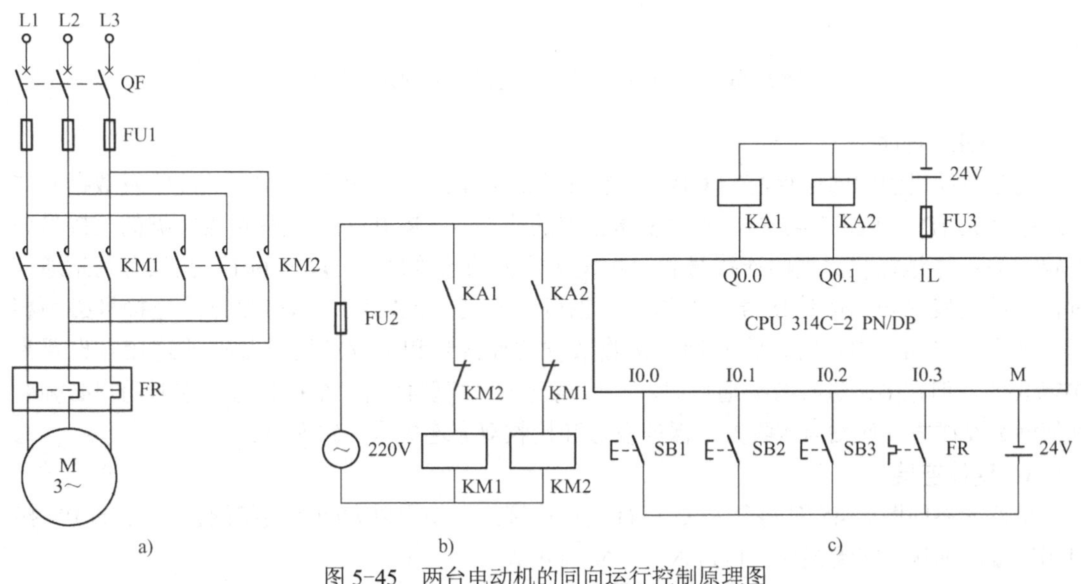

图 5-45　两台电动机的同向运行控制原理图

a) 主电路　b) 转接电路　c) 控制电路

2．硬件组态

新建一个两台电动机同向运行控制的项目，生成两个 S7-300 工作站，CPU 均选择为 314C-2 PN/DP。将数字量模块输入/输出的起始字节地址均改为 0，时钟存储器均设为 MB100。配置两站的以太网地址分别为 192.168.0.1 和 192.168.0.2。

组态好两个 S7-300 站后，用鼠标单击工具栏上按钮，打开 NetPro 窗口。选中 IP 地址为 192.168.0.1 站点的 CPU314C-2 PN/DP 所在小方框，在下面的窗口出现连接表，用鼠标双击连接表第一行空白处，建立一个新连接（或选中 CPU314C-2 PN/DP 所在小方框，右击鼠标，选择弹出菜单中的“Insert New Connection（插入新连接）”选项）。在出现的“Insert New Connection（插入新连接）”对话框中，在“Type（类型）”选择框中选择“S7 Connection（S7 连接）”，用鼠标单击“OK”按钮确认，然后在弹出的对话框中单击“确认”按钮，此时，在连接表已经建立好连接关系。

组态好连接后，用鼠标单击工具栏上按钮，网络组态信息被编译并保存在系统数据中。

3．软件编程

本项目因是双向通信，故两站均需调用功能块 FB12 和 FB13。将两站的存储器及其地址分配一致，则两站控制程序相同，在此，只给出本地站控制程序。

（1）OB100 程序

在 OB100 初始化组织块中，将发送数据长度 MW10 赋 1，两台电动机的同向运行控制 OB100 程序如图 5-46 所示。

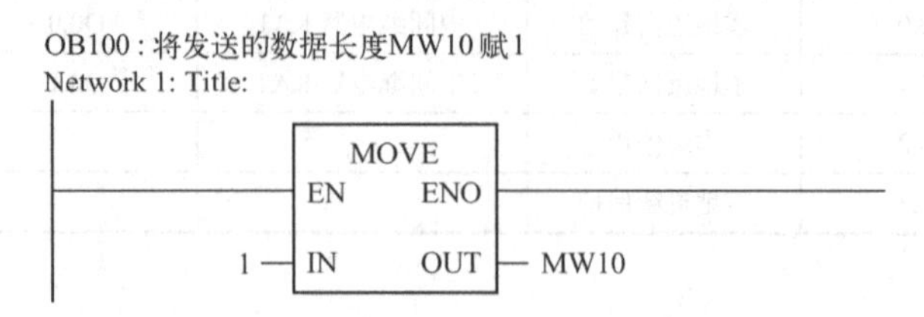

图 5-46　两台电动机的同向运行控制 OB100 程序

（2）OB1 程序

两台电动机的同向运行控制 OB1 程序如图 5-47 所示。在程序中主要关注收发数据双方的连接号 R_ID，在图 5-47 中，本地发送数据的连接号（R_ID）和远程接收数据的连接号为 DW#16#1；本地接收数据的连接号和远程发送数据的连接号为 DW#16#1。在只有两站通信时，两站的发送数据的连接号可以相同，也可以不同，但发送方和接收方的连接号必须相同。如在图 5-43 中，可以将本地站接收数据的连接号和远程站发送数据的连接号设置为 DW#16#2。但在多站进行数据通信时，一般情况下可能要使用多个连接号，这时用户必须明确何站为发送方，何站为接收方，保证发送和接收双方连接号一致即可。

4．硬件连接

请读者参照图 5-45 对两台 PLC 进行线路连接，并使用以太网网线将两台 PLC 的 PN 接口相连接，确认连接无误后方可进入下一实训环节。

以太网电缆端口接法：用于 Ethernet 网的双绞线有 8 芯和 4 芯两种，双绞线的电缆连接方式也有两种，即正线（标准 568B）和反线（568A），其中正线也称为直通线，反线也称为交叉线。双绞线正线接线图如图 5-48 所示，两端线序一样，从下至上线序是：白橙、橙、白绿、蓝、白蓝、绿、白棕、棕。双绞线反线接线图如图 5-49 所示，两端线序一样，从下至上线序是：白绿、绿、白橙、蓝、白蓝、橙、白棕、棕。对于千兆以太网，用 8 芯双绞线，但接法不同于以上所述的接法，请参考有关文献。

对于 4 芯的双绞线，只用连接头（常称为水晶接头）上的 1、2、3 和 6 四个引脚，西门子的 PROFINET 工业以太网采用 4 芯的双绞线。两台 PLC 采用以太网网络直接相连时采用正连接，若通过交换机时，可用正连接，也可用反连接，因为交换机具有自动交叉线功能。

可用普通的以太网水晶头和网线，也可以用西门子公司专用的水晶头和网线。水晶头的连接方法：1）剥线。用剥线器把网线头剥皮，剥皮 3cm 左右。2）撸线。把缠绕一起的 8 股 4 组网线分开并捋直。3）排线。按照白橙、橙、白绿、蓝、白蓝、绿、白棕、棕的先后顺序排好。4）剪齐。把排好的线并拢后用压线钳带有刀口的部分切平网线末端。5）放线。将水晶头有塑料弹簧片的一端向下，有金属针脚的一端向上，把整齐的 8 或 4 股线插入水晶头，并使其紧紧地顶在顶端。6）压线。把水晶头插入 8P 的槽内，用力地握紧压线钳即可。

OB1 :两台电动机的同向运行控制

Network 1:本地电动机正向运行的起停控制

I0.0 I0.2 I0.3 Q0.1 M50.1 Q0.0

Q0.0

Network 2:本地电动机反向运行的起停控制

I0.1 I0.2 I0.3 Q0.0 M50.0 Q0.1

Q0.1

Network 3:调用功能块FB12，将本地QB0中数据发送到远程的MB50中

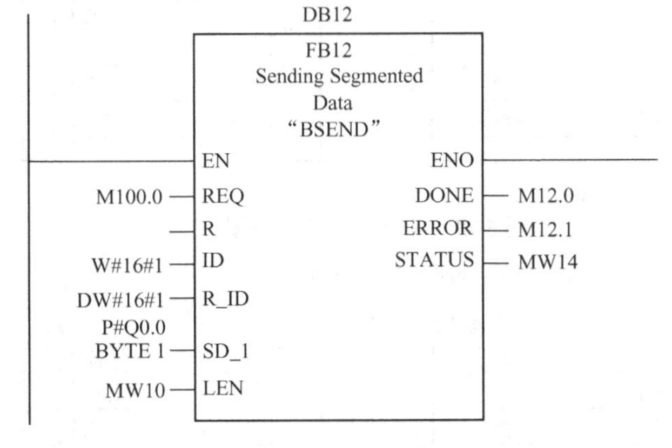

Network 4:调用功能块FB13，从远程QB0中接收数据，并保存在MB50

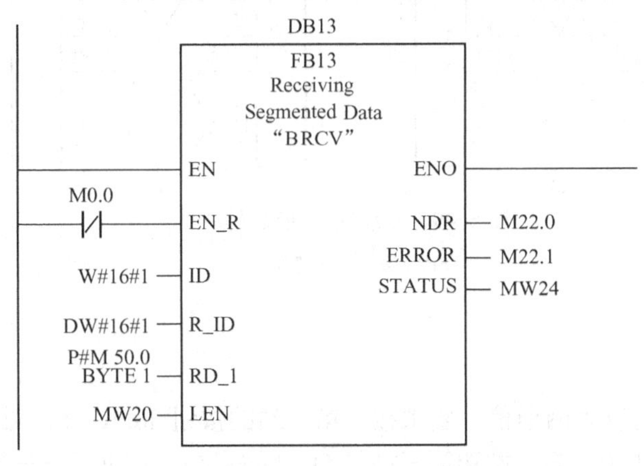

图 5-47 两台电动机的同向运行控制 OB1 程序

5. 程序下载

选择 SIMATIC 管理器中相应的 300 站点，分别将程序下载到各自的 PLC 中。

6. 系统调试

硬件连接和项目下载好后，分别打开两个站点 OB1 组织块，起动程序状态监控功能。先正向起动本地电动机后，按下远程电动机的反向起动按钮，观察电动机是否能反向起动。

如果电动机不能反向起动，再按下远程电动机的正向起动按钮，观察电动机是否能正向起动并运行。同样，先反向起动本地电动机后，按下远程电动机的正向起动按钮，观察电动机是否能正向起动。如果电动机不能正向起动，再按下远程电动机的反向起动按钮，观察电动机是否能反向起动并运行。同样，在远程站先正向或反向起动电动机后，再按下本地电动机的正向或反向起动按钮，观察电动机能否起动。如上述调试现象符合项目控制要求，则实训任务完成。

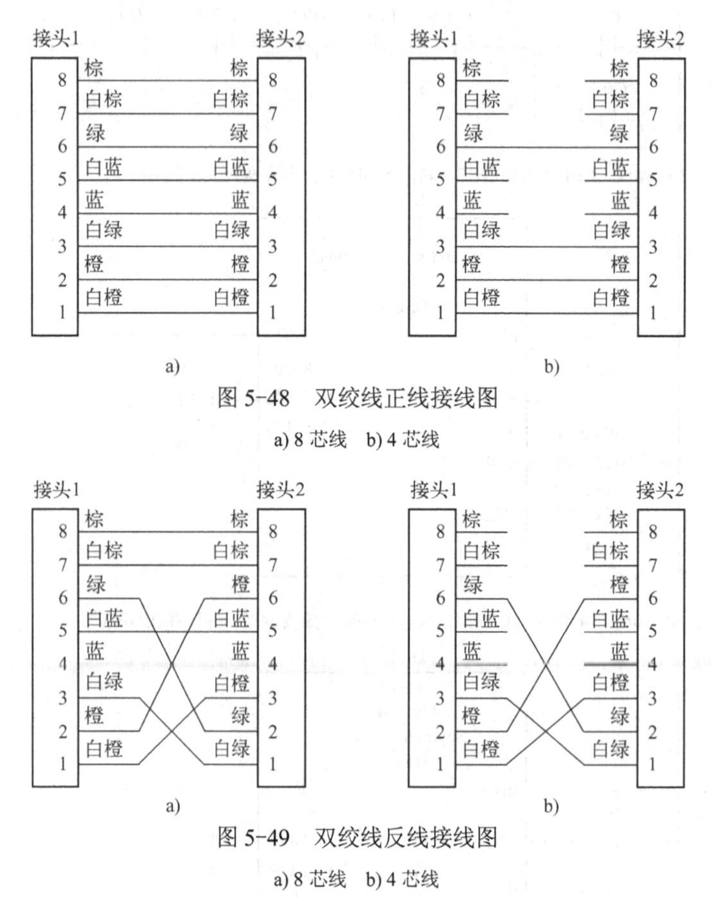

图 5-48　双绞线正线接线图

a) 8 芯线　b) 4 芯线

图 5-49　双绞线反线接线图

a) 8 芯线　b) 4 芯线

5.6.4　实训拓展

3 个 S7-300 之间的以太网通信。要求按下第一站的按钮 I0.0，第二站和第三站的 Q0.0 被点亮，按下第二站的 I1.0，第一站和第三站的 Q1.0 被点亮，按下第三站的 I2.0，第一站和第二站的 Q2.0 被点亮。

5.7　习题与思考

1．S7-300 可实现哪些类型的网络通信？

2．S7-300 的通信功能块有哪些？

3．MPI 通信的全局数据如何设置？

4．ET 200M 有什么作用？如何组态 ET 200M？

5．GSD 文件有什么作用？如何安装 GSD 文件？

6．EM 277 模块的作用是什么？

7．在数据通信中，哪些 CPU 可以为服务器？哪些 CPU 可以为客户机？

8．如何组态 DP 主站和智能从站的通信？

9．DP 网络总线连接器如何连接？为何通信两端要接入终端电阻？

10．为了防止网络出现故障时 CPU 进入“STOP”模式，S7-300 分别需要生成和下载哪些组织块？它们各有什么作用？

11．用 MPI 无组态双边通信方式实现本地输入（如 IW0）控制远程输出（如 QW0），远程输入控制本地输出。

12．用 DP 主-从通信方式实现本地输入（如 IB0）控制远程输出（如 QB0），远程输入控制本地输出。

13．用以太网双边通信方式实现本地输入（如 IB0）控制远程输出（如 QB0），远程输入控制本地输出。

第 2 篇　西门子 G120 变频器的应用

变频器因能根据电动机的实际需要来提供其所需的电源电压，进而达到节能、调速的目的，从而在自动化领域中得到了非常广泛的应用。本篇以西门子 G120 变频器作为讲授对象，重点讲述变频器基本知识及调试软件 STARTER 的应用，数字量输入/输出的应用、模拟量输入/输出的应用及在以太网通信方面的应用。

第 6 章　G120 变频器的面板操作及调试软件应用

6.1　变频器简介

6.1.1　变频器的定义及作用

变频器（Variable-frequency Drive，VFD）是应用变频技术与微电子技术，通过改变电动机工作电源频率的方式来控制交流电动机的电力控制设备。简单来说，变频器是利用电力半导体器件的通断作用，把电压和频率固定不变的交流电变换为电压或频率可变的交流电的装置。几款常用变频器的外形图如图 6-1 所示。

图 6-1　几款常用变频器的外形图

变频器的主要作用是通过改变电动机的供电频率，从而调节负载，降低功耗，减小能源损耗，延长设备使用寿命等。同时，还起到提高生产设备自动化程度的作用。

6.1.2　变频器的组成及分类

1．变频器的组成

变频器通常由主电路和控制电路两部分构成，变频器的组成框图如图 6-2 所示。

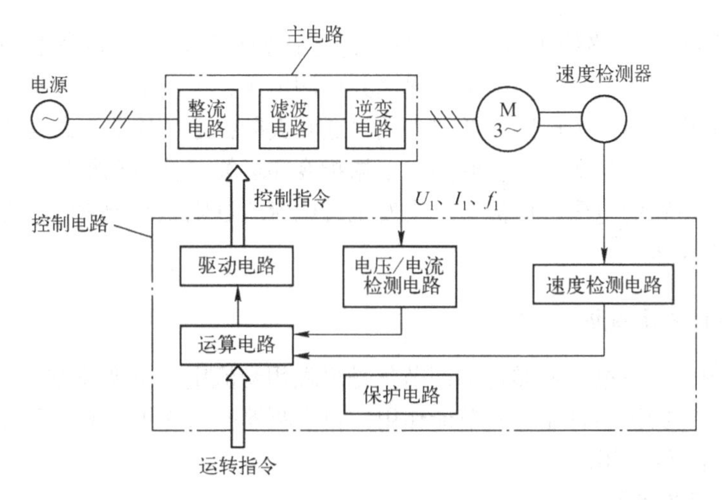

图 6-2　变频器的组成框图

（1）主电路

给异步电动机提供调压调频电源的电力变换部分，称为主电路。图 6-3 给出了典型的电压型逆变器电路，其主电路由 3 部分构成，将工频电源变换为直流电的“整流电路”，吸收整流和逆变时产生的电压脉动的“滤波电路”，以及将直流电变换为交流电的“逆变电路”。另外，异步电动机需要制动时，有时要附加“制动电路”。

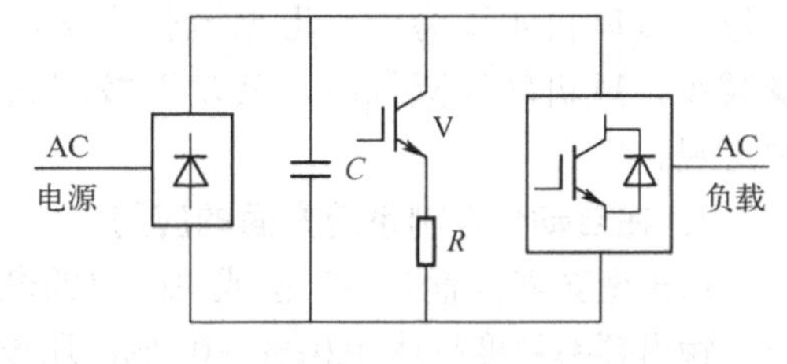

图 6-3　典型的电压型逆变器电路

（2）控制电路

给主电路提供控制信号的回路称为控制电路，如图 6-2 所示。控制电路由以下电路组成：频率、电压的“运算电路”，主电路的“电压/电流检测电路”，电动机的“速度检测电路”，将运算电路的控制信号进行放大的“驱动电路”，以及逆变器和电动机的“保护电路”等。

2．变频器的分类

1）按变频器的用途分：通用变频器和专用变频器。

2）按变频器的工作原理分：交—直—交变频器（按照直流环节的储能方式的不同，交—直—交变频器又分为电压型和电流型两种；根据调压方式的不同，交—直—交变频器又分为脉幅调制和脉宽调制两种）和交—交变频器。

3）按变频器的控制方式分：恒压频比控制变频器、转差频率控制变频器、矢量控制变频器和直接转矩控制变频器。

6.1.3　变频器的工作原理

三相电源或单相电源接入变频器的电源输入端，经二极管整流后变成脉动的直流电，直流电在电容或电感的滤波作用下变成稳定的直流电，该直流电施加到由 6 个开关器件（如 IGBT）组成的逆变电路上，6 个开关器件在控制电路发出的触发脉冲作用下，不同相的上下臂两个开关器件导通，从而输出交流电源给负载供电。通过调节不同相的上下臂两个开关器件的触发时刻和导通的时间来改变输出电源的电压和频率大小。其中运算电路是将外部的速度、转矩等指令同检测电路的电流、电压信号进行比较运算，决定逆变器的输出电压、频率；电压、电流检测电路是将主回路电位隔离并检测电压、电流信号；驱动电路是根据运算结果输出的脉冲信号来驱动主电路开关器件的导通和关断；速度检测电路是将装在异步电动机轴上的速度检测器的信号送入运算回路，根据指令和运算可使电动机按指令速度运转；保护电路主要检测主电路的电压、电流等，当发生过电流或过电压等异常时，保护逆变器和异步电动机，避免其损坏。

6.1.4 变频器的应用场所

变频器主要用于交流电动机转速的调节，是最理想交流电动机调速方案，除了具有卓越的调速性能之外，变频器还有显著的节能作用。自变频器投入使用以来，已在节能应用与速度工艺控制中得到广泛应用。

1．在节能方面的应用

变频器产生的最初用途是速度控制，但目前在国内应用目的较多的是节能。中国是能耗大国，能源利用率很低，而能源储备不足。因此，国家大力提倡节能措施，并着重推荐了变频调速技术。

应用变频调速，可以大大提高电动机转速的控制精度，使电动机在最节能的转速下运行。以风机水泵为例，根据流体力学原理，轴功率与转速的三次方成正比。当所需风量减少，风机转速降低时，其功率按转速的三次方下降。因此，精确调速的节能效果非常可观。

2．在自动化控制系统方面的应用

由于变频器内置有 32 位或 16 位的微处理器，具有多种算术、逻辑运算和智能控制功能，输出频率精度高达 0.01%～0.1%，还设置有完善的检测、保护环节。因此，变频器在自动化控制系统中获得了广泛的应用。如在化纤工业中的卷绕、拉伸、计量和导丝；玻璃工业中的平板玻璃退火炉、玻璃窑搅拌、拉边机和制瓶机；电弧炉自动加料、配料系统以及电梯的智能控制等。

3．在产品工艺和质量方面的应用

变频器还广泛用于传动、起重、挤压和机床等各种机械设备控制领域，它可以提高工艺水平和产品质量，减少设备的冲击和噪声，延长设备的使用寿命。采用变频调速控制后，使机械系统简化，操作和控制更加方便，有的甚至可以改变原有的工艺规范，从而提高了整个设备的功能。

4．在家用电器方面的应用

除了工业相关行业，在普通家庭中，节约电费、提高家用电器性能和保护环境等方面也受到越来越多的关注，变频家用电器成为变频器的另一个广阔市场。带有变频控制的电冰箱、洗衣机、家用空调等，在节电、减小电压冲击、降低噪声和提高控制精度等方面有很大的优势。

6.2 西门子 G120 变频器

西门子 SINAMICS G120 系列模块化变频器，是专门为各类交流电动机提供速度控制和转矩控制，并且具有精度高、经济性好的特点。其功率范围为 0.37～250kW，可以广泛地应用在各类需要变频驱动的领域。

6.2.1 G120 变频器的端子介绍

下面以 G120 变频器控制单元 CU240E-2 为例进行接线端子介绍，控制单元 CU240E-2 接线端子如图 6-4 所示。

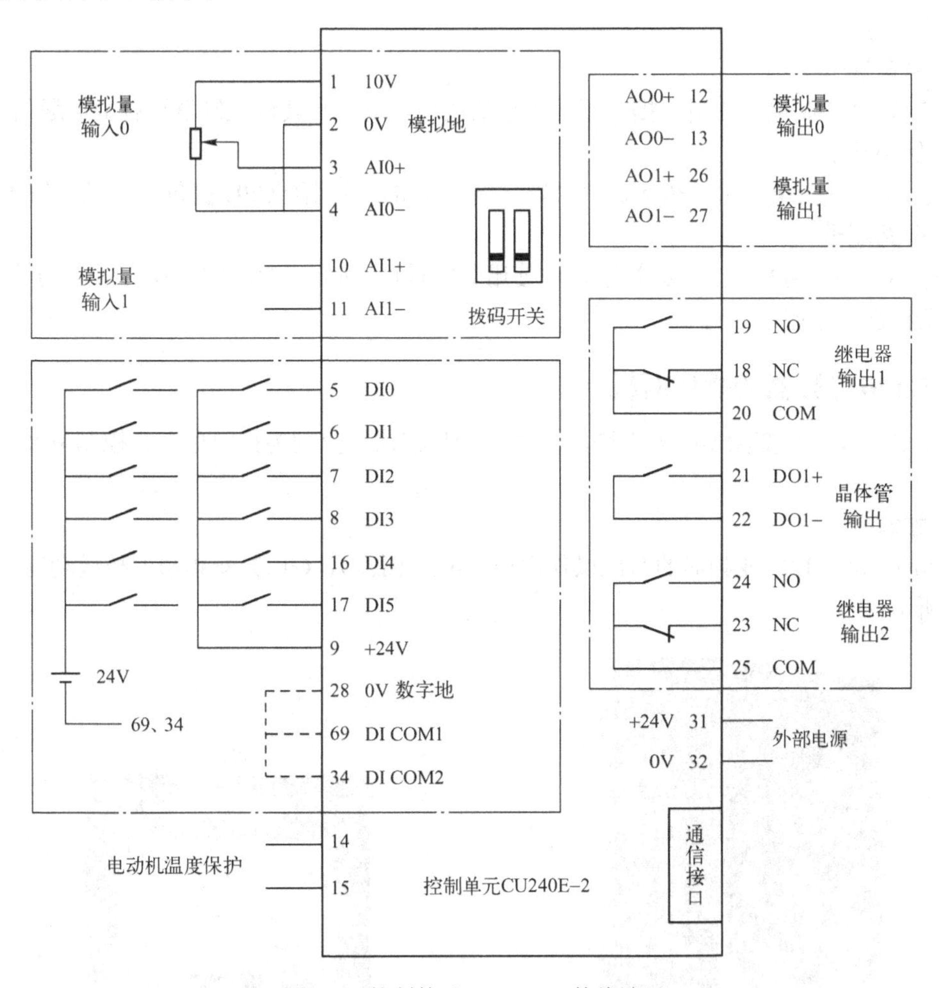

图 6-4 控制单元 CU240E-2 接线端子

1．电源端子

端子 1、2 是变频器为用户提供的一个高精度的 10V 直流电源。

端子 9、28 是变频器的内部 24V 直流电源，可供数字量输入端子使用。

端子 31、32 是外部接入的 24V 直流电源，用户为变频器的控制单元提供 24V 直流电源。

2．数字量端子

端子 5、6、7、8、16、17 为用户提供了 6 个完全可编程的数字输入端，数字输入信号经光隔离输入 CPU，对电动机进行正反转、正反向点动、固定频率设定值控制等。

端子 18、19、20 及 21、22 和 23、24、25 为数字量输出端，其中 18、19、20 和 23、24、25 为继电器型输出；21、22 为晶体管型输出。

3．模拟量端子

端子 3、4 和 10、11 为用户提供了两对模拟电压给定输入端，可作为频率给定信号，经变频器内模/数转换器，将模拟量转换成数字量，传输给 CPU 来控制系统。

端子 12、13 和 26、27 为两对模拟量输出端，可为仪器仪表或控制器输入端提供标准的直流模拟信号。

4．通信端子

CU240E-2 控制单元为用户提供了两个通信接口，以便和其他控制器进行数据通信。

5．保护端子

端子 14、15 为电动机过热保护输入端，当电动机过热时给 CPU 提供一个触发信号。

6．公共端子

端子 34、69 为数字量公共端子，在使用数字量输入时，必须将对应的公共端子与 24V 电源的负极性端相连。

6.2.2　G120 变频器的操作面板

图 6-5 为 G120 变频器的外形图，由 3 个模块组成，分别为接口单元、控制单元和功率单元。

1．按键

图 6-6 为 G120 变频器的智能操作面板（IOP 面板），G120 变频器的按键功能说明如表 6-1 所示。

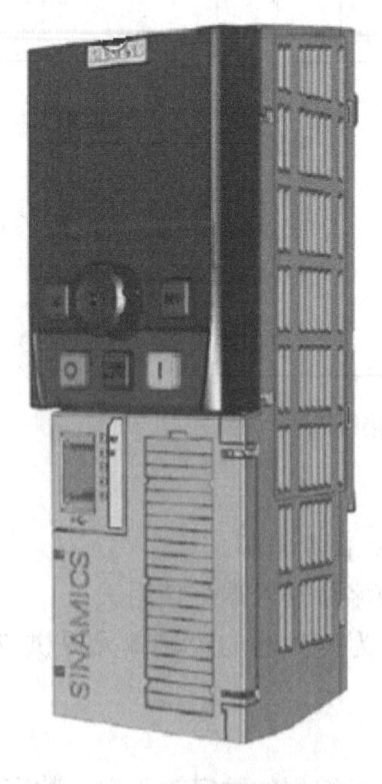

图 6-5　G120 变频器的外形图

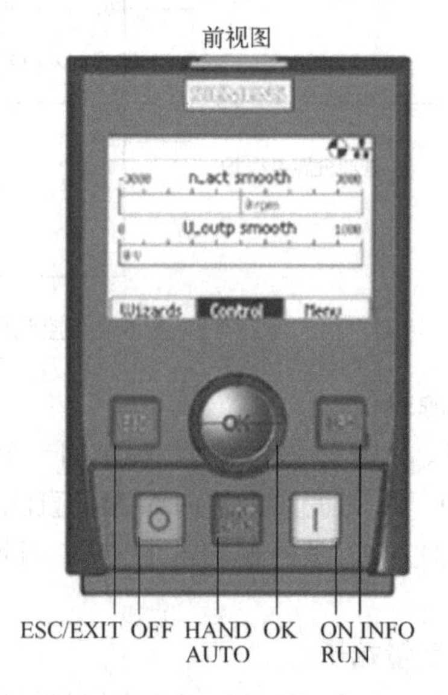

图 6-6　G120 变频器的智能操作面板（IOP 面板）

表 6-1　G120 变频器的按键功能说明

按　键	功　能
OK	滚轮具有以下功能： ● 在菜单中通过旋转滚轮改变选择 ● 当选择突出显示时，按压滚轮确认选择 ● 编辑一个参数时，旋转滚轮改变显示值；顺时针增加显示值或逆时针减小显示值 ● 编辑参数或搜索值时，可以选择编辑单个数字或整个值。长按推轮（大于 3s），在两个不同的值编辑模式之间切换
I	开机键具有以下功能： ● 在 AUTO 模式下，屏幕显示为一个信息屏幕，说明该命令源为 AUTO，可通过按〈HAND/AUTO〉键改变 ● 在 HAND 模式下起动变频器——变频器状态图标开始转动 注意： 对于固件版本低于 4.0 的控制单元： 在 AUTO 模式下运行时，无法选择 HAND 模式，除非变频器停止； 对于固件版本为 4.0 或更高的控制单元： 在 AUTO 模式下运行时，可以选择 HAND 模式，电动机将继续以最后选择的设定速度运行； 如果变频器在 HAND 模式下运行时，切换至 AUTO 模式时电动机停止
O	关机键具有以下功能： ● 如果按下时间超过 3s，变频器将执行 OFF2 命令，电动机将关闭停机。注意：在 3s 内按下两次〈关机〉键也将执行 OFF2 命令 ● 如果按下时间不超过 3s，变频器将执行以下操作： ——在 AUTO 模式下，屏幕显示为一个信息屏幕，说明该命令源为 AUTO，可使用〈HAND/AUTO〉键改变。变频器不会停止 ——如果在 HAND 模式下，变频器将执行 OFF1 命令，电动机将以参数设置为 P1121 的减速时间停机
ESC	退出键具有以下功能： ● 如果按下时间不超过 3s，则 IOP 返回到上一页，或者如果正在编辑数值，新数值不会被保存 ● 如果按下时间超过 3s，则 IOP 返回到状态屏幕 在参数编辑模式下使用〈ESC〉键，除非先按确认键，否则数据不能被保存
INFO	INFO 键具有以下功能： ● 显示当前选定项的额外信息 ● 再次按下〈INFO〉会显示上一页
HAND AUTO	HAND/AUTO 键切换 HAND 和 AUTO 模式之间的命令源： ● HAND 设置到 IOP 的命令源 ● AUTO 设置到外部数据源的命令源，如现场总线

2. 显示图标

G120 变频器的屏幕图标及含义如表 6-2 所示。

表 6-2　G120 变频器的屏幕图标及含义

功　能	状　态	符　号	备　注
命令源	自动		变频器处于自动状态
	JOG	JOG	点动功能被激活
	手动		变频器处于手动状态
变频器状态	就绪		变频器准备就绪
	运行		电动机在运行
故障未决	故障		变频器有故障
报警未决	报警		变频器有报警

（续）

功　能	状　态	符　号	备　注
保存至 RAM	激活		表示所有数据目前已保存至 RAM。如果断电，所有数据将会丢失
PID 自动调整	激活		PID 功能被激活
休眠模式	激活		变频器处于休眠模式
写保护	激活		参数不可更改
专有技术保护	激活		参数不可浏览或更改
ESM	激活		基本服务模式
电池状态	完全充电		只有使用 IOP 手持套件时才显示电池状态
	3/4		
	1/2		
	1/4		
	无充电		
	正在充电		

6.2.3 G120 变频器的面板操作

通过面板上的按键可以对变频器的参数和系统设置进行修改和设置。在此，以语言选择为例说明 G120 变频器的面板操作。

要选择 IOP 显示的语言，应执行以下操作：

1）旋转滚轮选择“菜单”。

2）按滚轮确认选择。

3）显示“菜单”屏幕。

4）旋转滚轮选择“其他”。

5）按滚轮确认选择。

6）显示“其他”屏幕。

7）旋转滚轮选择“面板设置”。

8）按滚轮确认选择。

9）旋转滚轮选择所需的语言。

10）按滚轮确认选择。

11）显示“语言”屏幕。

12）旋转滚轮选择语言。

13）按滚轮确认选择。

14）IOP 现在将使用所选择的语言。

15）IOP 将返回至“其他”菜单。

16）按〈退出〉键 3s 以上返回至“状态”屏幕。

6.2.4 G120 变频器的快速调试

在更换电动机时，需要把电动机的铭牌数据和一些基本驱动控制参数输入到变频器中，以便良好地驱动电动机的运转。G120 变频器面板快速调试步骤如下：

1）从向导菜单选择“基本调试...”。

2）选择“是”或“否”恢复出厂设置；如选择“是”，则对基本调试过程中所做的所有参数变更进行保存，其他参数恢复到出厂设置值。

3）选择连接电动机的控制模式。

4）选择变频器和连接电动机的正确数据。该数据用于计算该应用的正确速度和显示值。

5）选择变频器和连接电动机的正确频率。如使用 87Hz 可以使电动机的运行速度达到正常速度的 1.73 倍。

6）在这个阶段，向导将开始要求具体涉及连接电动机的数据。该数据从电动机铭牌上获得。

7）电动机数据屏幕显示连接电动机的频率特点。

8）从电动机铭牌上输入正确的电动机电压。

9）从电动机铭牌上输入正确的电动机电流。

10）从电动机铭牌上输入正确的电动机功率。

11）从电动机铭牌上输入正确的电动机转速。转速单位为 RPM。

12）选择运行或禁用电动机数据识别功能。激活此功能后，只有当变频器接收到首次运行命令后才会开始运行。

13）选择带零脉冲或不带零脉冲的编码器。如果电动机未安装编码器，则不显示该选项。

14）输入编码器每转正确的脉冲。该信息通常印在编码器套管上。

15）选择变频器/电动机系统控制命令的命令源。

16）选择变频器/电动机系统速度控制的设定值信号源。

17）选择变频器/电动机系统速度控制的额外设定值信号源。

18）设置连接电动机应该运行的最低速度。

19）设置加速时间（单位为 s）。这是变频器/电动机系统从接收到运行命令到达到所选电动机转速的时间。

20）设置减速时间（单位为 s）。这是变频器/电动机系统从接收到 OFF1 命令到停止的时间。

21）显示所有的设置概要。如果设置正确，选择继续。

22）最后的屏幕有两种选项，即保存设置和取消向导。

如果选择保存，恢复出厂设置并将设置保存到变频器内存。 在“菜单”的“参数设置”中使用“参数保存模式”功能分配保存数据的位置。

6.3 实训 14　面板控制电动机的运行

6.3.1 实训目的

1）掌握 G120 变频器的按键操作。

2）掌握 G120 变频器的快速调试步骤。

3）掌握 G120 变频器面板控制电动机的运行。

6.3.2 实训任务

通过 G120 变频器的面板操作实现电动机的正反向及点动运行，并能调节电动机的运行速度。

6.3.3 实训步骤

接通 G120 变频器电源，待变频器起动稳定后方可修改参数及控制电动机运行。

1．快速调试

按切换键切换到“手动”操作模式下，按照 6.2.4 节中所讲内容，进行电动机的快速调试。

注意：*严格按照电动机的铭牌数据进行电动机相关参数设置。*

2．正向运行

电动机的快速调试完成后，可进行面板控制电动机的运行及方向控制。首先按下变频器面板上的〈开机〉键（或称〈起动〉键），这时电动机发生“吱吱”声，准备起动。然后通过推轮（或称为滚轮）选择“控制菜单”，按下〈滚轮〉键，即〈OK〉键确认，在出现的菜单中通过滚轮选择“设定值”（设定值决定电动机的运行速度，其值为电动机全速运行的一个百分比），按下〈OK〉键确认，这时通过滚轮可改变电动机的速度，顺时针旋转电动机速度增加，逆时针旋转电动机速度减小。按下滚轮确认新的设定值。最后长按〈退出〉键，设定值将被保存，并返回到“状态”屏幕。

注意：*只有当 IOP 在“手动”模式下才能修改设定值。从“手动”模式切换至“自动”模式后，设定值将需重置。*

3．反向运行

快速调试后，默认电动机为正向运行。如果想改变电动机的转向，则通过〈滚轮〉键进入“控制菜单”，选择“反向”，按下〈OK〉键确认，再通过滚轮选择“是”，然后按下〈OK〉键确认。这时起动电动机时，电动机将进入反向旋转状态。

4．点动运行

如果选择了点动功能，则每次按〈开机〉键电动机都能按预先设定的值点动旋转。如果持续按下〈开机〉键，则电动机将会持续旋转，直至松开〈开机〉键。

如果电动机正在运行，则先按下〈停机〉键停止电动机的运行。然后通过滚轮进入“控制菜单”，选择“点动”，按下〈OK〉键确认，再通过滚轮选择“是”，按下〈OK〉键确认。长按〈返回〉键返回到“状态”屏幕，这时电动机将进入点动运行状态。

点动的运行频率可以通过上述修改“设定值”的方法进行修改。

6.3.4 实训拓展

通过变频器的面板操作，修改变频器的“显示对比度”“显示背光”“状态屏幕向导”等。

6.4 调试软件 STARTER 的应用

使用变频器调试软件 STARTER 可以在线设置变频器参数及监控变频器运行状态。本节重点讲述其软件的使用。

6.4.1 创建项目

用鼠标双击 STARTER 图标打开其软件，然后单击“New project（新建项目）”图标，或单击菜单栏中的“Project（项目）”命令选项，在弹出的窗口中选择“New（新建）”命令选项，在打开的新建项目对话框中输入新建项目的名称及项目保存位置。

6.4.2 查找节点

在新建项目窗口中，用鼠标单击“Accessible nodes（可访问的节点）”图标查看以太网网络上的节点，如果变频器连接在以太网网络上，则会出现图 6-7 所示的查找可访问节点窗口。

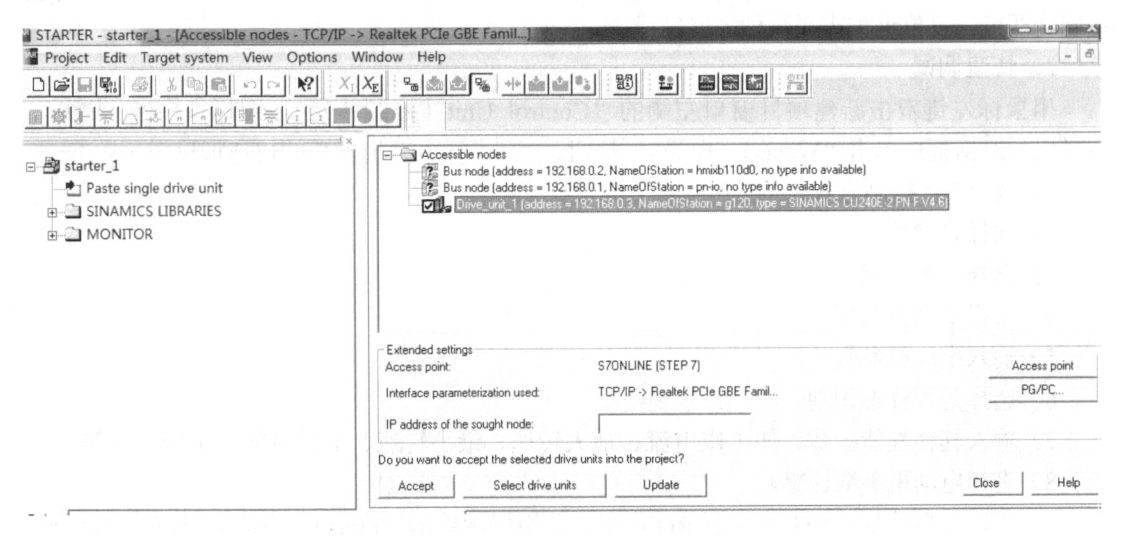

图 6-7 查找可访问节点窗口

找到变频器后，选中它，即在其左边的方框中出现“ √ ”，用鼠标单击“Accept（接受）”。用鼠标左键单击新建项目窗口“Online（在线）”的图标，在出现的对话框中单击“Load HW configuration to PG（装载硬件配置到编程设备）”按钮 Load HW configuration to PG ，将在线变频器中有关参数装载到计算机中，然后单击“close（关闭）”按钮关闭该窗口。驱动单元左边变为“绿色”，同时工具栏很多图标从灰色变为亮色，说明变频器硬件已上载到PG中（此时变频器工作模式为“在线”模式，右下方“online mode”字体变为黄色）。变频器“在线”窗口如图6-8所示。

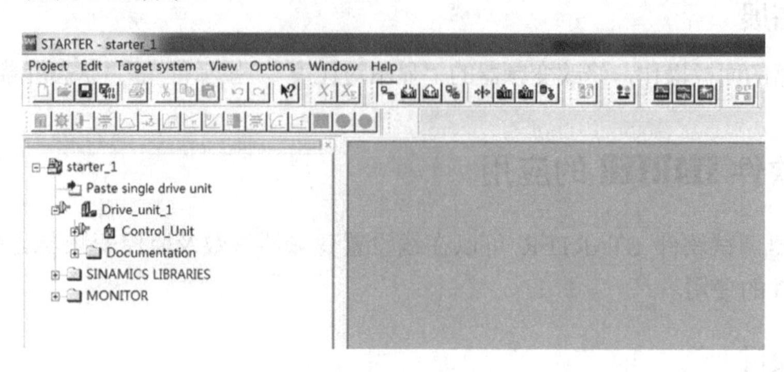

图6-8　变频器“在线”窗口

6.4.3　参数修改

1．变频器的参数复位

参数复位是将变频器的参数恢复到出厂时的参数默认值。一般变频器初次调试或者参数比较混乱时，需要执行该操作，以便于将变频器的参数恢复到一个确定的默认状态。使用软件对变频器参数复位时，必须先选中左侧“Drive_unit_1（驱动单元_1）”，然后用鼠标单击新建项目窗口中的“Restore factory settings（恢复出厂设置）”图标，选择“Yes（是）”按钮确认即可，复位过程需要数秒才能完成。

2．快速调试

用鼠标左键双击新建项目窗口左侧的“Control_Unit（控制单元）”图标 Control_Unit，在弹出的对话框中单击“Wizard（向导）”按钮 Wizard... 进行电动机参数的快速调试。

1）选择V/f控制方式。

2）选择宏参数。

3）选择功率单元。

4）选择电动机类型。

5）输入电动机参数。

6）选择是否静态识别。

7）输入其他性能参数。如上限电流、最大转速、最小转速、上升时间、下降时间等。

8）进行电动机参数计算。

9）将设置参数从RAM复制到ROM中，并用鼠标单击“Finish（完成）”按钮 Finish 确认，完成快速调试。

3．参数修改

用鼠标双击“Control_Unit（控制单元）”中的“Expert list（专家参数列表）”，打开图6-9所示的专家参数列表窗口。

在图6-9中找到需要修改的参数（或直接输入需要修改的参数号），在“Online value Control_Unit（控制单元在线值）”栏中输入需要更改的参数值即可。

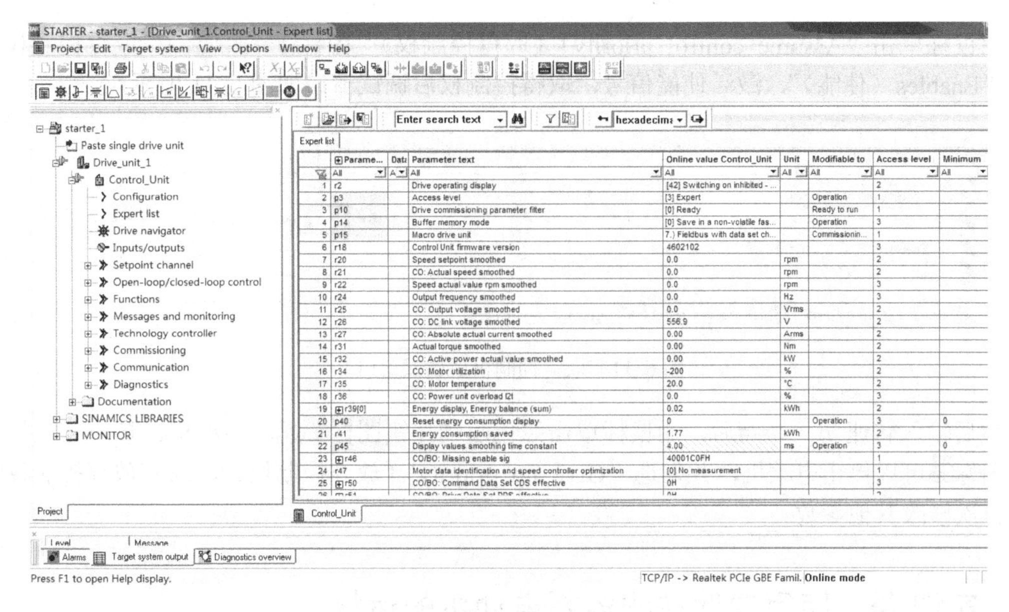

图 6-9　专家参数列表窗口

注意：有些参数必须在 P0010＝1 情况下才可以修改。

6.4.4　在线调试

使用软件可以对变频器进行在线调试，用鼠标双击“Control_Unit（控制单元）”中的“Commissioning（调试）”选项，在弹出的菜单中双击“Control panel（控制面板）”，在线调试窗口如图 6-10 所示。

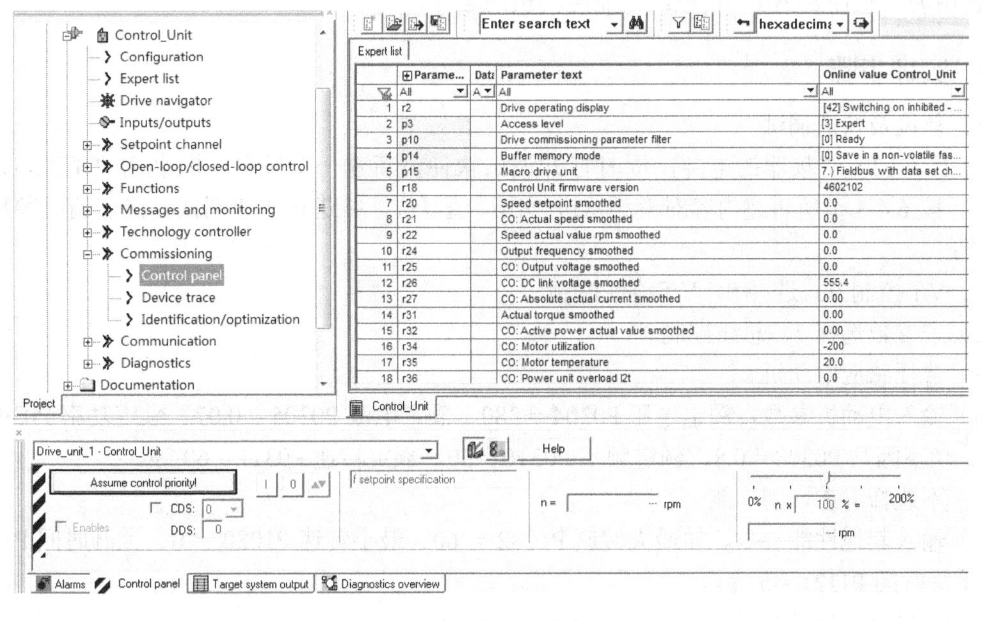

图 6-10　在线调试窗口

用鼠标单击“Assume control priority!（取得控制权）”图标Assume control priority!，取得控制权，勾选“Enables（使能）”，激活使能信号，取得控制权后调试窗口如图 6-11 所示。

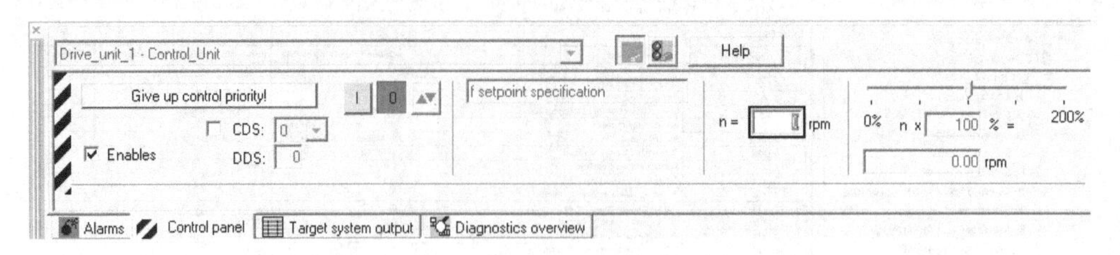

图 6-11　取得控制权后调试窗口

然后输入转速 n = ###后，用鼠标单击绿色起动按钮图标起动电动机。按下红色停止按钮图标可以停止电动机，并勾选“Give up priority!（放弃控制权）”。只有放弃控制权后才能再次修改其他参数。

6.5　实训 15　使用软件在线控制电动机的运行

6.5.1　实训目的

1）掌握 STARTER 软件进行复位和快速调试。

2）掌握 STARTER 软件进行参数设置。

3）掌握 STARTER 软件进行在线控制电动机的运行。

6.5.2　实训任务

使用调试软件 STARTER 在线控制电动机的运行。

6.5.3　实训步骤

1．复位及快速调试

合上 G120 变频器的电源，同时打开调试软件，新建一个项目，取名为“STARTER_CON”。按 6.4.3 节所讲述内容对变频器进行出厂值复位，并进行快速调试。快速调试参数选择如下：

1）V/f 控制方式选择 0，V/f 线性控制。

2）宏参数选择 7，总线控制。

3）选择感应电动机。

4）输入电动机参数，额定电压 P0304 = 380、额定电流 P0305 = 0.07、额定功率 P0307 = 0.024、功率因数 P0308 = 0.8、额定频率 P0310 = 50、额定转速 P0311 = 60 等。

5）不选择静态识别功能。

6）输入其他性能参数。如最大转速 P1082 = 60、最小转速 P1080 = 0、上升时间 P1120 = 5、下降时间 P1121 = 5 等。

其他参数可采用默认值。

2．参数设置

在快速调试完成后，如果还有其他参数需要修改，或快速调试中电动机的部分参数还需要修改，这时可直接在专家参数列表中修改。

打开专家参数列表，首先让快速调试参数 P0010 = 1，只有在 P0010 = 1 的情况下才能修改电动机的相关参数，在此，将电动机的额定电压 P0304 修改为 400。如快速调试结束后，让参数 P3900 =3（或直接修改参数 P0010 为 0），按下〈Enter〉键确认后，这时参数 P0010 = 0。参数 P0010 = 0 表示变频器准备就绪，可以起停变频器，如果参数 P0010 ≠ 0，则变频器无法起动。

不是修改所有参数都需要 P0010 = 1，与快速调试相关的参数在更改时，必须让参数 P0010 先为 1，同时在参数修改完成后，必须使参数 P0010 = 0。

3．起停电动机

按 6.4.4 节所讲内容，打开调试窗口，取得控制权，在转速栏中输入某一转速，如 30，按下〈开机〉键起动变频器，观察电动机的转速是否为 30。再将转速栏的转速值改为 50，按下〈Enter〉键确认，观察电动机的转速是否为 50。按下〈关机〉键停止电动机的运行。放弃控制权返回专家参数列表窗口。

6.5.4 实训拓展

修改最大转速参数为 80，最小转速参数为 20。起动电动机时，将转速参数分别设置为 10、50、80、100，观察电动机的实际运行速度。

6.6 习题与思考

1．变频器的作用是什么？

2．变频器的组成及各部分的作用是什么？

3．变频器的分类是什么？

4．变频器的工作原理是什么？

5．G120 变频器的端子分为几类？各类中含有哪些端子？

6．G120 变频器由哪些模块组成？每个模块的作用是什么？

7．G120 变频器的智能操作面板上的按键有哪些？分别起到什么作用？

8．如何通过面板修改变频器的参数值？

9．如何通过面板进行快速调试？

10．电动机在运行过程中，能否改变它的转向？若能，那么如何操作？

11．如何实现电动机的点动控制？如何修改点动频率？

12．调试软件 STARTER 如何上载变频器相关参数？

13．如何使用调试软件 STARTER 进行参数出厂值复位？

14．如何使用调试软件 STARTER 进行快速调试？

15．在调试软件 STARTER 中，如何修改参数值？

16．如何使用调试软件 STARTER 进行在线控制变频器的运行？

第 7 章　G120 变频器的数字量应用

7.1　数字量输入

7.1.1　端子及连接

G120 变频器的数字量输入端子 5、6、7、8、16、17 为用户提供了 6 个完全可编程的数字量输入端子，数字量输入端子的信号可以来自外部的开关，也可来自晶体管、继电器的输出信号。端子 9、28 是一个 24V 的直流电源，给用户提供了数字量的输入所需要的直流电源。使用变频器内部电源的外部开关量与数字量输入端子的接线图如图 7-1 所示。若数字量信号来自晶体管输出，PNP 型晶体管的公共端应接端子 9（+24V），NPN 型晶体管的公共端应接端子 28（0V）。若数字量信号来自继电器输出，继电器的公共端应接 9（+24V）。若使用外部 24V 直流电源，则外部开关量的公共端子与外部 24V 直流电源正极性端相连，24V 直流电源负极性端与 69 和 34 号端子相连，如图 6-4 所示。

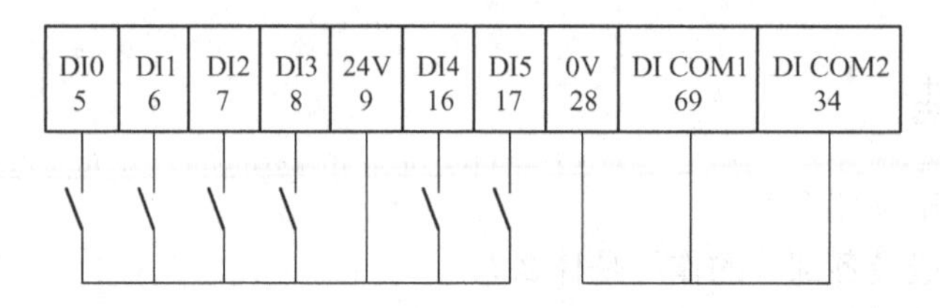

图 7-1　外部开关量与数字输入端子的接线图

若提供的 6 个数字量输入不够，还可通过图 7-2 的方法增加两个数字量输入 DI11 和 DI12。图 7-2 所示为 DI11 和 DI12 的端子接线图。

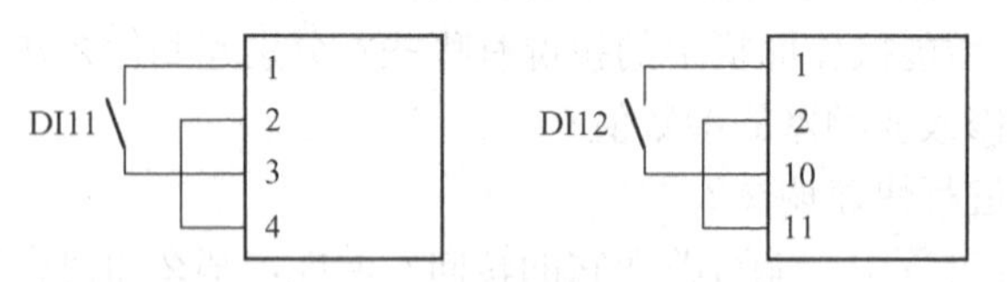

图 7-2　DI11 和 DI12 的端子接线图

表 7-1 列出了数字量输入 DI 与所对应的状态位关系。

表 7-1　数字量输入 DI 与对应的状态位关系

数字量输入编号	端　子　号	数字量输入状态位
数字输入 0，DI0	5	r722.0
数字输入 1，DI1	6	r722.1

（续）

数字量输入编号	端　子　号	数字量输入状态位
数字输入 2，DI2	7	r722.2
数字输入 3，DI3	8	r722.3
数字输入 4，DI4	16	r722.4
数字输入 5，DI5	17	r722.5
数字输入 11，DI11	3、4	r722.11
数字输入 12，DI12	10、11	r722.12

7.1.2 预定义接口宏

G120 为满足不同的接口定义提供了多种定义接口宏，利用预定义接口宏可以方便地设置变频器的命令源和设定值源。可以通过参数 P0015 修改宏。在选用宏功能时请注意以下两点：

1）如果其中一种宏定义的接口方式完全符合用户的应用，那么按照该宏的接线方式设计原理图，并在调试时选择相应的宏功能即可方便地实现控制要求。

2）如果所有宏定义的接口方式都不能完全符合用户的应用，那么就选择与用户的布线比较相近的接口宏，然后根据需要来调整输入/输出的配置。

注意：修改宏参数 P0015 时，只有 P0010 = 1 时才能更改。

控制单元 CU240E-2PN-F 的 18 种宏功能，如表 7-2 所示。

表 7-2　控制单元 CU240E-2PN-F 的 18 种宏功能

宏　编　号	宏　功　能
1	双线制控制，有两个固定转速
2	单方向两个固定转速，带安全功能
3	单方向四个固定转速
4	现场总线 PROFIBUS
5	现场总线 PROFIBUS，带安全功能
6	现场总线 PROFIBUS，带两项安全功能
7	现场总线 PROFIBUS 和点动之间切换
8	电动电位器（MOP），带安全功能
9	电动电位器（MOP）
13	端子起动模拟量给定，带安全功能
14	现场总线和电动电位器（MOP）切换
15	模拟给定和电动电位器（MOP）切换
12	双线制控制 1，模拟量调速
17	双线制控制 2，模拟量调速
18	双线制控制 3，模拟量调速
19	三线制控制 1，模拟量调速
20	三线制控制 2，模拟量调速
21	现场总线 USS 通信

7.1.3 指令源和设定值源

通信预定义接口宏可以定义用什么信号控制变频器起停，由什么信号来控制变频器运行频率。在预定义接口宏不能完全符合要求时，必须根据需要通过 BICO 功能来调整指令源和设定值源。

1．指令源

指令源指变频器收到控制指令的接口。在设置预定义接口宏 P0015 时，变频器会自动对指令源进行定义。表 7-3 所列举参数设置中 r722.0、r722.2、r722.3、r2090.0 和 r2090.1 均为指令源。

表 7-3 控制单元 CU240E-2PN-F 定义的指令源

参 数 号	参 数 值	说 明
P0840	722.0	将数字量输入 DI0 定义为起动命令
	2090.0	将现场总线控制字 1 的第 0 位定义为起动命令
P0844	722.2	将数字量输入 DI2 定义为 OFF2（自由停止车）命令
	2090.1	将现场总线控制字 1 的第 1 位定义为 OFF2 命令
P2103	722.3	将数字量输入 DI3 定义为故障复位

2．设定值源

设定值源指变频器收到设定值指令的接口，在设置预定义接口宏 P0015 时，变频器会自动对设定值源进行定义。表 7-4 所列举参数设置中 r1050、r755.0、r1024、r2050.1 和 r755.1 均为设定值源。

表 7-4 控制单元 CU240E-2PN-F 定义的设定值源

参 数 号	参 数 值	说 明
P1070	1050	将电动电位器作为主设定值
	755.0	将模拟量输入 AI0 作为主设定值
	1024	将固定转速作为主设定值
	2050.1	将现场总线作为主设定值
	755.1	将模拟量输入 AI1 作为主设定值

7.1.4 固定频率运行

固定频率运行又称为多段速运行，就是设置 P1000（频率控制源）= 3 的条件下，用数字量端子选择固定设定值或其组合，实现电动机的多段速固定频率运行。有两种固定设定值模式，直接选择和二进制选择。

使用固定频率运行时，宏参数 P0015 必须为 1、2 或 3，固定频率运行时不同宏参数各端子的功能如图 7-3 所示。

1．直接选择模式

一个数字量输入选择一个固定设定值。多个数字输入量同时被激活时，选定的设定值是对应固定设定值的叠加。最多可以设置 4 个数字输入信号。采用直接选择模式需要设置参数

P1016 = 1。

宏程序1：双线制控制，两个固定转速
P1003 = 固定转速3
P1004 = 固定转速4
DI4，DI5都接通时变频器将以
“固定转速3 + 固定转速4”运行

端子	输入	功能	功能	端子	输出
5	DI0	ON/OFF1/正转		18	
6	DI1	ON/OFF1/反转	故障	19	DO0
7	DI2	应答		20	
8	DI3	···	报警	21	DO1
16	DI4	固定转速3		22	
17	DI5	固定转速4			
3	AI0	···	转速	12	AO0
4			0-20mA	13	
10	AI1	···	电流	26	AO1
11			0-10V	27	

宏程序2：单方向两个固定转速，带安全功能
P1001 = 固定转速1
P1002 = 固定转速2
DI0，DI1都接通时变频器将以
“固定转速1 + 固定转速2”运行

端子	输入	功能	功能	端子	输出
5	DI0	ON/OFF1+固定转速1		18	
6	DI1	固定转速2	故障	19	DO0
7	DI2	应答		20	
8	DI3	···	报警	21	DO1
16	DI4	预留用于安全功能		22	
17	DI5				
3	AI0	···	转速	12	AO0
4			0-20mA	13	
10	AI1	···	电流	26	AO1
11			0-10V	27	

宏程序3：单方向四个固定转速
P1001 = 固定转速1
P1002 = 固定转速2
P1003 = 固定转速3
P1004 = 固定转速4
多个DI同时接通变频器将多个固定转速加在一起

端子	输入	功能	功能	端子	输出
5	DI0	ON/OFF1+固定转速1		18	
6	DI1	固定转速2	故障	19	DO0
7	DI2	应答		20	
8	DI3		报警	21	DO1
16	DI4	固定转速3		22	
17	DI5	固定转速4			
3	AI0	···	转速	12	AO0
4			0-20mA	13	
10	AI1	···	电流	26	AO1
11			0-10V	27	

图 7-3　固定频率运行时不同宏参数各端子的功能

其中，参数 P1020 至 P1023 为固定设定值的选择信号如表 7-5 所示。

表 7-5　参数 P1020～P1023 为固定设定值的选择信号

参 数 号	说　明	参 数 号	说　明
P1020	固定设定值 1 的选择信号	P1001	固定设定值 1
P1021	固定设定值 2 的选择信号	P1002	固定设定值 2
P1022	固定设定值 3 的选择信号	P1003	固定设定值 3
P1023	固定设定值 4 的选择信号	P1004	固定设定值 4

【例 7-1】 通过外部开关量实现两个固定转速，分别为 20r/min 和 40r/min。

因要求中未指定具体使用哪个数字量输入端子作为起停信号端和固定频率控制端，故可选择宏参数为 1。因没有运行频率信号，还需要设 P1003 = 20，P1004 = 40 两个参数，宏参数 P0015 为 1 时的参数设置如表 7-6 所示。

表 7-6　宏参数 P0015 为 1 时的参数设置

参数号	参数值	功　能	备　注
P0840	722.0	将 DI0 作为起动信号，r722.0 为 DI0 状态的参数	默认值
P1000	3	固定频率运行	
P1016	1	固定转速模式采用直接选择方式	
P1022	722.4	将 DI4 作为固定设定值 3 的选择信号，r722.4 为 DI4 状态的参数	
P1023	722.5	将 DI5 作为固定设定值 4 的选择信号，r722.5 为 DI5 状态的参数	
P1003	20	定义固定设定值 3，单位为 r/min	需设置
P1004	40	定义固定设定值 4，单位为 r/min	
P1070	1024	定义固定设定值作为主设定值	默认值

【例 7-2】 通过 DI2 和 DI3 选择两个固定转速，分别为 20r/min 和 30r/min，DI0 为起停信号。

要求两个固定频率从 DI2 和 DI3 两个数字量端口输入，这时在选择宏参数为 1 的前提下，还需要对预定义的端口参数默认值进行修改，并需设置其他参数，DI2 和 DI3 输入端作为两个固定频率运行的参数设置如表 7-7 所示。

表 7-7　DI2 和 DI3 输入端作为两个固定频率运行的参数设置

参数号	参数值	说　明
P0015	1	预定义宏参数选择固定转速，双线制控制，两个固定频率
P1016	1	固定转速模式采用直接选择方式
P1020	722.2	将 DI2 作为固定设定值 1 的选择信号，r722.2 为 DI2 状态的参数
P1021	722.3	将 DI3 作为固定设定值 2 的选择信号，r722.3 为 DI3 状态的参数
P1001	20	定义固定设定值 1，单位为 r/min
P1002	30	定义固定设定值 2，单位为 r/min

2．二进制模式选择

4 个数字量输入通过二进制编码方式选择固定设定值，使用这种方法最多可以选择 15 个固定频率。二进制模式选择 DI 状态与设定值对应表如表 7-8 所示，采用二进制选择模式需要设置参数 P1016＝2。

表 7-8　二进制模式选择 DI 状态与设定值对应表

固定设定值	P1023 选择的 DI 状态	P1022 选择的 DI 状态	P1021 选择的 DI 状态	P1020 选择的 DI 状态
P1001 固定设定值 1				1
P1002 固定设定值 2			1	
P1003 固定设定值 3			1	1
P1004 固定设定值 4		1		
P1005 固定设定值 5		1		1
P1006 固定设定值 6		1	1	
P1007 固定设定值 7		1	1	1
P1008 固定设定值 8	1			

（续）

固定设定值	P1023 选择的DI 状态	P1022 选择的DI 状态	P1021 选择的DI 状态	P1020 选择的DI 状态
P1009 固定设定值 9	1			1
P1010 固定设定值 10	1		1	
P1011 固定设定值 11	1		1	1
P1012 固定设定值 12	1	1		
P1013 固定设定值 13	1	1		1
P1014 固定设定值 14	1	1	1	
P1015 固定设定值 15	1	1	1	1

【例 7-3】 通过 DI1、DI2、DI3 和 DI4 选择固定转速，DI0 为起停信号，实现 15 个固定转速运行，参数如何设置？

根据要求，首先将 P0015 设为 1，其他二进制选择模式示例参数设置如表 7-9 所示。

表 7-9　二进制选择模式示例参数设置

参　数　号	参　数　值	说　　明
P0840	722.0	将 DI0 作为起动信号，r722.0 为 DI0 状态的参数
P1016	2	固定转速模式采用二进制选择方式
P1020	722.1	将 DI1 作为固定设定值 1 的选择信号，r722.1 为 DI1 状态的参数
P1021	722.2	将 DI2 作为固定设定值 2 的选择信号，r722.2 为 DI2 状态的参数
P1022	722.3	将 DI3 作为固定设定值 3 的选择信号，r722.3 为 DI3 状态的参数
P1023	722.4	将 DI4 作为固定设定值 4 的选择信号，r722.4 为 DI4 状态的参数
P1001～ P1015	×××	定义固定设定值 1～15，单位为 r/min
P1070	1024	定义固定设定值作为主设定值

7.2　实训 16　电动机的七段速运行控制

7.2.1　实训目的

1）掌握数字量输入端子与参数的对应关系。

2）掌握固定频率运行的参数设置。

3）掌握用 PLC 控制变频器多段速运行的方法。

7.2.2　实训任务

使用 G120 变频器实现电动机的七段速运行控制。运行转速分别为 10r/min、15r/min、20r/min、25r/min、30r/min、35r/min、40r/min。

7.2.3　实训步骤

1．复位及快速调试

是否需要复位及快速调试用户根据实际情况进行，不一定每次调试项目都做此环节。

2．参数设置

按 6.2 或 6.4 节，通过面板或调试软件 STARTER 进行参数设置。本项目中设置 DI0 为起停端、DI1 为固定转速 1，DI2 为固定转速 2，DI3 为固定转速 3，通过 DI1、DI2 或 DI3 相互叠加实现其他转速。电动机七段运行的参数设置如表 7-10 所示。

表 7-10　电动机七段速运行的参数设置

参数号	参数值	说明
P0015	1	预定义宏参数选择固定转速，双线制控制，两个固定频率
P1016	1	固定转速模式采用直接选择方式
P1020	722.1	将 DI1 作为固定设定值 1 的选择信号，r722.1 为 DI1 状态的参数
P1021	722.2	将 DI2 作为固定设定值 2 的选择信号，r722.2 为 DI2 状态的参数
P1022	722.3	将 DI3 作为固定设定值 3 的选择信号，r722.3 为 DI3 状态的参数
P1001	10	定义固定设定值 1，单位为 r/min
P1002	15	定义固定设定值 2，单位为 r/min
P1003	20	定义固定设定值 3，单位为 r/min
P1082	40	变频器运行频率上限，单位为 r/min

利用开关的不同组合实现第四、五、六和第七段速，其中第七段速度利用频率上限实现。

3．硬件连接

（1）使用外部开关

使用外部开关控制七段速，如图 7-4 所示。开关 K1 作为起停信号；开关 K2 作为第一固定转速；开关 K3 作为第二固定转速；开关 K4 作为第三固定转速。

（2）使用 PLC 控制

使用 PLC 控制变频器的多段速时，只需将 PLC 的输出模块的公共端（电源端）与变频器的电源端相连，PLC 的输出模块的输出端与变频器的数字量输入端相连，使用 PLC 控制七段速如图 7-5 所示。

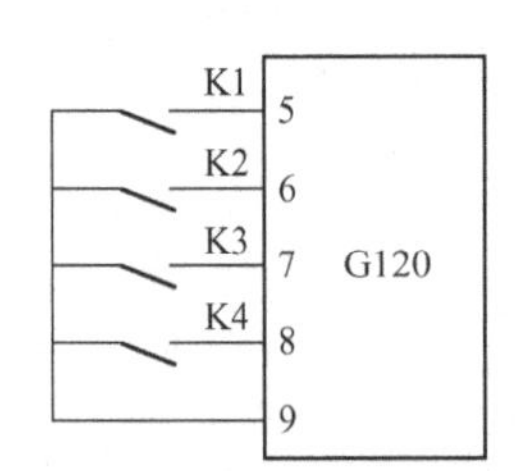

图 7-4　使用外部开关控制七段速

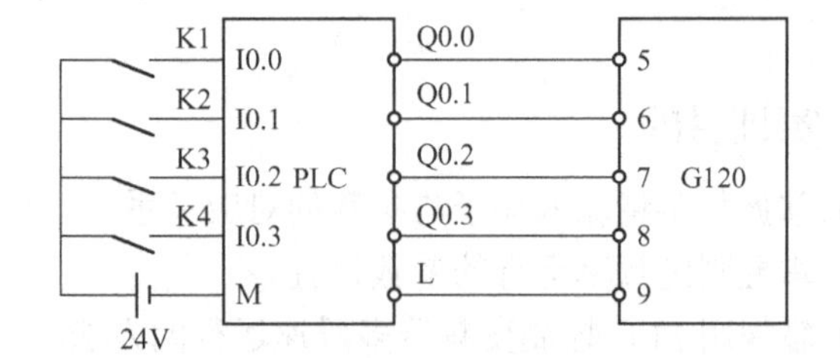

图 7-5　使用 PLC 控制七段速

4．使用外部开关调试

首先合上开关 K1，给变频器一个起动信号，合上开关 K2，观察电动机的转速是否为 10 转/分。合上开关 K3，观察电动机的转速是否为 15 转/分。合上开关 K4，观察电动机的转速是否为 20 转/分。合上开关 K2 和 K3，观察电动机的转速是否为 25 转/分。合上开关 K2 和 K4，观察电动机的转速是否为 30 转/分。合上开关 K3 和 K4，观察电动机的转速是否为 35 转/分。合上开关 K2、K3 和 K4，观察电动机的转速是否为 40 转/分。如果上述内容能实现，则实训任务完成。

5．使用 PLC 控制七段速程序

由于 PLC 的输入端子连接的是开关，所以程序只需编写成点动程序即可，PLC 控制七段速程序如图 7-6 所示。

使用 PLC 控制七段速的调试过程同使用外部开关。

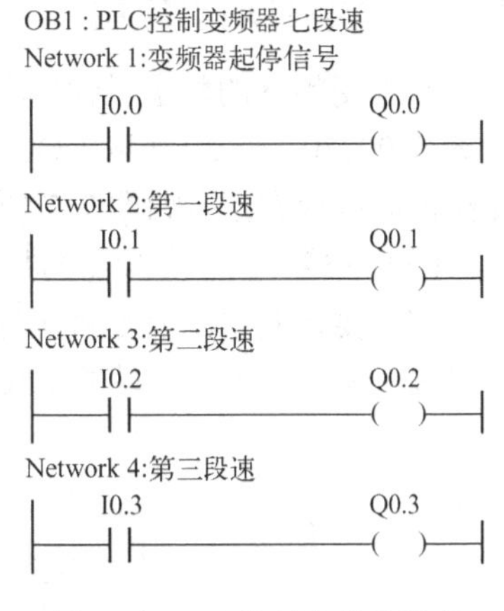

图 7-6　PLC 控制七段速程序

7.2.4　实训拓展

使用二进制选择模式实现本项目。

7.3　数字量输出

7.3.1　端子及连接

G120 变频器控制单元 CU240E-2 提供 2 路继电器输出和 1 路晶体管输出。18、19 和 20 是继电器输出 DO0，其中端子 20 是公共端，18 与 20 是常闭触点，19 与 20 是常开触点；21 和 22 是晶体管输出 DO1，为断开状态；23、24 和 25 是继电器输出 DO2，其中端子 25 是公共端，23 与 25 是常闭触点，24 与 25 是常开触点，如图 6-4 所示。

7.3.2　相关参数

G120 变频器数字量输出的功能与端子号及参数号对应关系如表 7-11 所示。

表 7-11　G120 变频器数字量输出的功能与端子号及参数号对应关系

数字输出编号	端　子　号	对应参数号
数字输出 0，DO0	18、19、20	P0730
数字输出 1，DO1	21、22	P0731
数字输出 2，DO2	23、24、25	P0732

3 路数字量输出的功能相同，在此以数字量输出 DO0 为例，常用数字量输出 DO0 的功能设置如表 7-12 所示。DO0 默认为故障输出，DO1 默认为报警输出。

表 7-12　常用数字输出 DO0 的功能设置

参　数　号	参　数　值	功　　能
P0730	0	禁用数字量输出
	52.0	变频器准备就绪
	52.1	变频器运行
	52.2	变频器运行使能
	52.3	变频器故障
	52.7	变频器报警
	52.10	已达频率最大值
	52.11	已达到电动机电流极限
	52.14	变频器正向运行

7.3.3 数字量输出应用

常用变频器的数字量输出端子来指示变频器所驱动电动机是否处于运行状态，这时需设置参数 P0730 = 52.1（以 DO0 为例），同时，在输出端子 19 和 20 之间接一电源及指示灯，变频器运行状态指示如图 7-7 所示。

【例 7-4】 利用变频器的数字量输出端子来指示变频器所驱动电动机的运行方向。

首先要判断电动机是否运行，运行后再判断电动机的运行方向，因此需使用两路数字量输出来实现此要求，电动机正反向运行状态指示如图 7-8 所示。

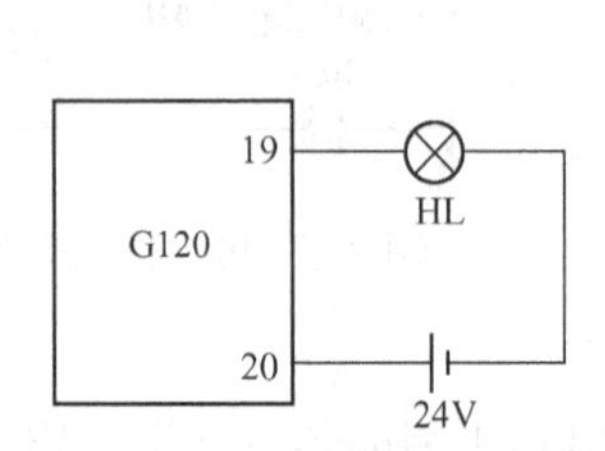

图 7-7 变频器运行状态指示

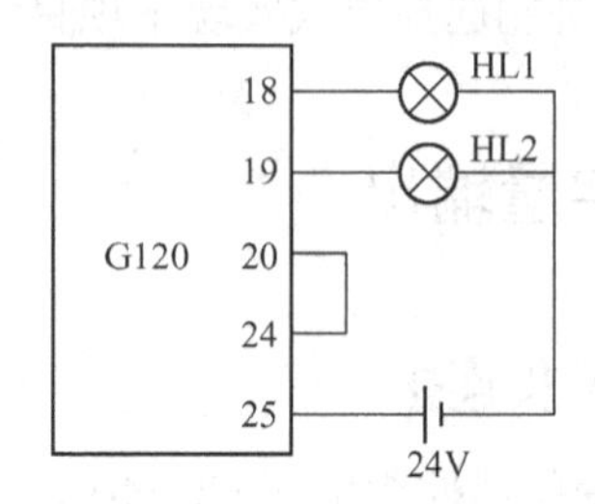

图 7-8 电动机正反向运行状态指示

除硬件连接外还需要设置以下参数：P0730 = 52.14、P0732 = 52.1。即变频器运行时，端子 24 和 25 之间的常开触点导通，若电动机正转，则指示灯 HL2 亮；若电动机反转，则指示灯 HL1 亮。

7.4 实训 17 电动机的工变频运行控制

7.4.1 实训目的

1）掌握数字量输出端子与参数的对应关系。

2）掌握数字量输出的参数设置。

3）掌握电动机工变频切换的方法。

7.4.2 实训任务

使用 S7-300 PLC 和 G120 变频器实现电动机的工变频运行，即电动机根据工作模式可工作在“变频”或“工频”状态。在“变频”运行时，若变频器发生故障可自行切换到“工频”模式运行。

7.4.3 实训步骤

1. 原理图绘制

分析项目控制要求可知：工作模式转换开关 SA、起动按钮 SB1，停止按钮 SB2、热继电器 FR 及发生故障时发出信号的数字量输出端子等常开触点作为 PLC 的输入信号，驱动工频运行接触器 KM1、变频运行接触器 KM2 和 KM3 的中间继电器 KA1、KA2 和 KA3 及控制变频器的起停信号作为 PLC 的输出信号，电动机工变频运行控制 PLC 的 I/O 地址分配表如表 7-13 所示。电动机的工变频运行控制原理图如图 7-9 所示。

表 7-13　电动机工变频运行控制 PLC 的 I/O 地址分配表

输　入			输　出		
元　件	输入继电器	作　用	元　件	输出继电器	作　用
转换开关 SA	I0.0	模式选择	中间继电器 KA1	Q0.0	工频电源 KM1
按钮 SB1	I0.1	电动机起动	中间继电器 KA2	Q0.1	变频电源 KM2
按钮 SB2	I0.2	电动机停止	中间继电器 KA3	Q0.2	变频输出 KM3
热继电器 FR	I0.3	过载保护		Q1.0	变频器起停
变频器的继电器输出	I0.4	故障信号			

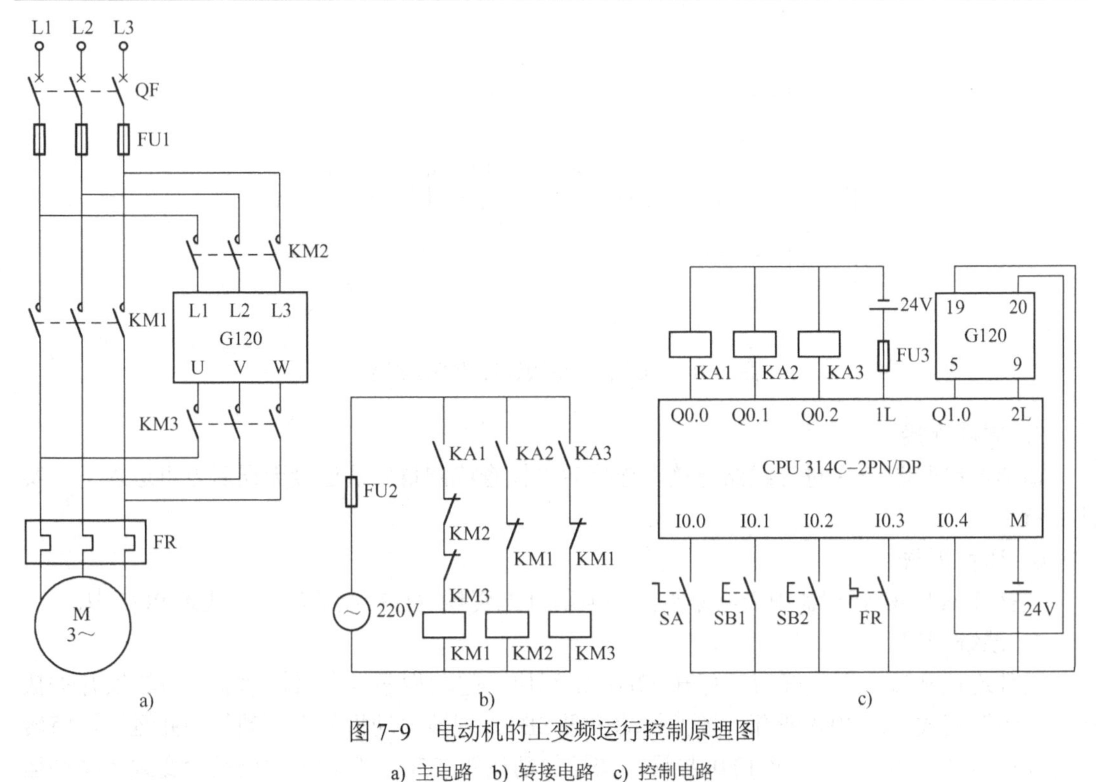

a)　b)　c)

图 7-9　电动机的工变频运行控制原理图

a) 主电路　b) 转接电路　c) 控制电路

2．参数设置

本项目中设置 DI0 为起停信号及固定转速 1，变频器故障从 DO0 发出，电动机工变频运行控制的参数设置如表 7-14 所示。

表 7-14　电动机工变频运行控制的参数设置

参数号	参数值	说　明	备 注
P0015	2	预定义宏参数选择固定转速，单方向两个固定转速	需设置
P0730	52.3	变频器故障	
P1016	1	固定转速模式采用直接选择方式	默认值
P1020	722.0	将 DI0 作为固定设定值 0 的选择信号，r722.0 为 DI0 状态的参数	
P1001	40	定义固定设定值 1，单位为 r/min	需设置

3．硬件组态

新建一个电动机工变频运行控制的项目，再打开 SETP 7 软件的“HW Config（硬件组态）”窗口，按 1.2.3 节讲述的方法进行 PLC 的硬件组态，在此组态导轨、紧凑型的 CPU314C 模块，并将集成的数字量输入输出模块的起始地址改为 0。

4．软件编程

电动机工变频运行的控制程序如图 7-10 所示。

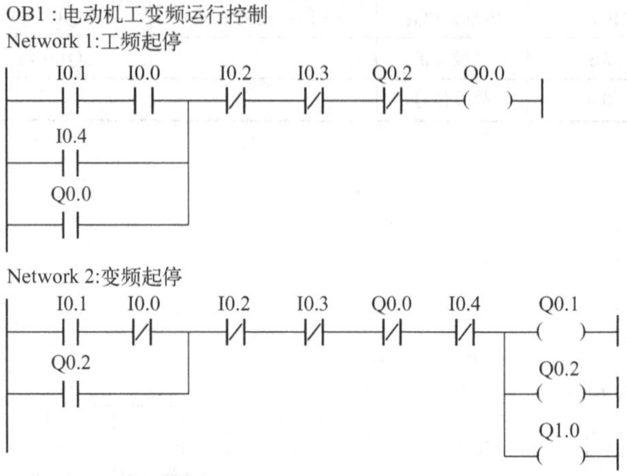

OB1 : 电动机工变频运行控制
Network 1:工频起停
I0.1 I0.0 I0.2 I0.3 Q0.2 Q0.0
I0.4
Q0.0
Network 2:变频起停
I0.1 I0.0 I0.2 I0.3 Q0.0 I0.4 Q0.1
Q0.2
Q0.2
Q1.0

图 7-10　电动机工变频运行的控制程序

5．硬件连接

请读者参照图 7-9 进行线路连接，连接后再检查或测量确认连接无误后方可进入下一实训环节。

6．项目下载

选择 SIMATIC 管理器中 300 站点，将电动机工变频运行控制的项目下载到 PLC 中。

7．系统调试

硬件连接和项目下载好后，打开 OB1 组织块，起动程序状态监控功能。将转换开关拨至“工频”模式，即 I0.0 断开，按下起动按钮 SB1，观察电动机是否工频起动并运行。将转换开关拨至“变频模式”，即 I0.0 导通，按下起动按钮 SB1，观察电动机是否变频起动并运行。在变频运行状态下，人为接通触点 I0.4，观察电动机能否从变频状态切换到工频运行状态。如上述内容调试成功，则实训任务完成。

7.4.4 实训拓展

控制要求同上，控制系统还要求电动机在“变频”运行时，若发生过载或报警，立即切换到“工频”模式运行，并有相应的切换信号指示。

7.5 习题与思考

1．G120 变频器的数字量输入端子分别有哪些？

2．如何将变频器的模拟量输入端扩展成数字量输入端？
3．预定义接口宏的作用是什么？控制单元 CU240E-2 为用户提供多少种接口宏？
4．如何修改宏参数？
5．固定设定值运行有哪几种模式？有何区别？
6．使用二进制选择模式，最多能实现多少种不同转速？
7．G120 变频器提供几路数字量输出？
8．继电器型输出和晶体管型输出有何异同？

第8章　G120变频器的模拟量应用

8.1　模拟量输入

8.1.1　端子及连接

G120 变频器控制单元 CU240E-2 为用户提供两路模拟量输入。端子 3、4 是模拟量输入 AI0，端子 10、11 是模拟量输入 AI1，如图 6-4 所示。

8.1.2　相关参数

两路模拟量输入的控制参数相同，其 AI0、AI1 相关参数分别在下标[0]、[1]中设置。G120 变频器提供多种模拟量输入模式，可以使用参数 P0756 进行选择，模拟量输入参数 P0756 功能如表 8-1 所示。

表 8-1　模拟量输入参数 P0756 功能

参 数 号	设 定 值	功　能		说　明
P0756	0	单极性电压输入	0～10V	“带监控”是指模拟量输入通道具有监控功能，能够检测断线
	1	单极性电压输入，带监控	2～10V	
	2	单极性电流输入	0～20 mA	
	3	单极性电流输入，带监控	4～20 mA	
	4	双极性电压输入（出厂设置）	-10～+10V	
	8	未连接传感器		

注意：*必须正确设置模拟量输入通道对应的 DIP 拨码开关的位置。该开关位于控制单元正面保护盖的后面。*

- 电压输入：开关位置 U （出厂设置）
- 电流输入：开关位置 I

参数 P0756 修改了模拟量输入的类型后，变频器会自动调整模拟量输入的标定。线性标定曲线由两个点（P0757、P0758）和（P0759、P0760）确定，也可以根据需要调整标定。

以 P0756[0] = 4 模拟量输入 AI0 标定为例，模拟量输入 AI0 参数设置如表 8-2 所示。

表 8-2　模拟量输入 AI0 参数设置

参 数 号	设 定 值	说　明	曲 线 图
P0757[0]	-10	输入电压-10V 对应-100%的标度，即-50Hz	% y2=100 P0760 x1=-10 P0757 0 x2=10 P0759 V y1=-100 P0758
P0758[0]	-100		
P0759[0]	10	输入电压+10V 对应 100%的标度，即 50Hz	
P0760[0]	100		
P0761[0]	0	死区宽度	

8.1.3 预定义宏

G120 变频器为模拟量输入功能提供了 6 种预定义宏，分别为 13、15、17～20，模拟量输入预定义宏程序如表 8-3 所示。

表 8-3 模拟量输入预定义宏程序

宏程序 13：端子起动模拟量给定设定值，带安全功能			宏程序 15：模拟给定设定值和电动电位器（MOP）切换，DI3 断开时选择模拟量设定方式；DI3 接通时选择电动电位器（MOP）设定方式					
5	DI0	ON/OFF1	5	DI0	ON/OFF1	5	DI0	ON/OFF1
6	DI1	换向	6	DI1	外部故障	6	DI1	外部故障
7	DI2	应答	7	DI2	应答	7	DI2	应答
8	DI3		8	DI3	LOW	8	DI3	HIGH
16	DI4	预留用于	16	DI4	…	16	DI4	MOP升高
17	DI5	安全功能	17	DI5	…	17	DI5	MOP降低
3 4	AI0	设定值 I□■U-10…10V	3 4	AI0	设定值 I□■U-10…10V	3 4	AI0	…
10 11	AI1	…	10 11	AI1	…	10 11	AI1	…
18 19 20	DO0	故障	18 19 20	DO0	故障	18 19 20	DO0	故障
21 22	DO1	报警	21 22	DO1	报警	21 22	DO1	报警
12 13	AO0	转速 0–20mA	12 13	AO0	转速 0–20mA	12 13	AO0	转速 0–20mA
26 27	AO1	电流 0–10V	26 27	AO1	电流 0–10V	26 27	AO1	电流 0–10V

宏程序 17：双线制控制，方法 2 宏程序 18：双线制控制，方法 3			宏程序 19：三线制控制，方法 1			宏程序 20：三线制控制，方法 2		
5	DI0	ON/OFF1/正转	5	DI0	使能/OFF1	5	DI0	使能/OFF1
6	DI1	ON/OFF1/反转	6	DI1	ON/正转	6	DI1	ON
7	DI2	应答	7	DI2	ON/反转	7	DI2	换向
8	DI3	…	8	DI3	…	8	DI3	应答
16	DI4	…	16	DI4	…	16	DI4	…
17	DI5	…	17	DI5	…	17	DI5	…
3 4	AI0	设定值 I□■U-10…10V	3 4	AI0	设定值 I□■U-10…10V	3 4	AI0	设定值 I□■U-10…10V
10 11	AI1	…	10 11	AI1	…	10 11	AI1	…
18 19 20	DO0	故障	18 19 20	DO0	故障	18 19 20	DO0	故障
21 22	DO1	报警	21 22	DO1	报警	21 22	DO1	报警
12 13	AO0	转速 0–20mA	12 13	AO0	转速 0–20mA	12 13	AO0	转速 0–20mA
26 27	AO1	电流 0–10V	26 27	AO1	电流 0–10V	26 27	AO1	电流 0–10V

8.2 实训 18 电位器调速的电动机运行控制

8.2.1 实训目的

1）掌握模拟量输入信号的连接。

2）掌握模拟量输入参数的设置。

8.2.2 实训任务

使用外部电位器实现电动机运行速度的实时调节，要求最低运行速度为 20r/min，最高运行速度为 50r/min。在很多机床加工设备中，针对不同材料或工艺要求，由电动机驱动的加工装置的运行速度需要连续可调，常通过外部电位器进行调节。

8.2.3 实训步骤

1．原理图绘制

根据项目控制要求可知，G120 变频器的模拟量信号来自于外部电位器，电位器两端的直流电压在此取自 G120 变频器内部 10V 电源，电位器调速的电动机运行控制原理图如图 8-1 所示，本项目选用电压信号输入，将第一个拨码开关拨向“U”位置。

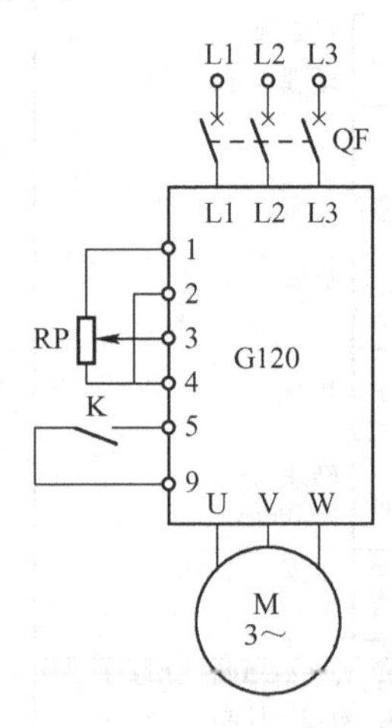

图 8-1 电位器调速的电动机运行控制原理图

2．参数设置

本项目中设置 DI0 为起停信号，模拟量信号从 AI0 输入，电位器调速的电动机运行控制的参数设置如表 8-4 所示，设电动机额定转速为 60r/min。

表 8-4 电位器调速的电动机运行控制的参数设置

参 数 号	参 数 值	说 明
P0015	13	预定义宏参数，选择端子起动模拟量给定设定值
P0756	0	单极性电压输入 0～10V
P0757	0	0V 对应频率为 0Hz，即 0r/min
P0758	0	
P0759	10	10V 对应频率为 50Hz，即 60r/min
P0760	100	
P0761	3.3	3.3V 对应最小速度为 20r/min
P1082	50	最大速度为 50r/min

注意：相关参数必须分别在下标[0]中设置。

根据表 8-4 所设置的参数，电位器调速的电动机运行控制速度曲线图如图 8-2 所示。

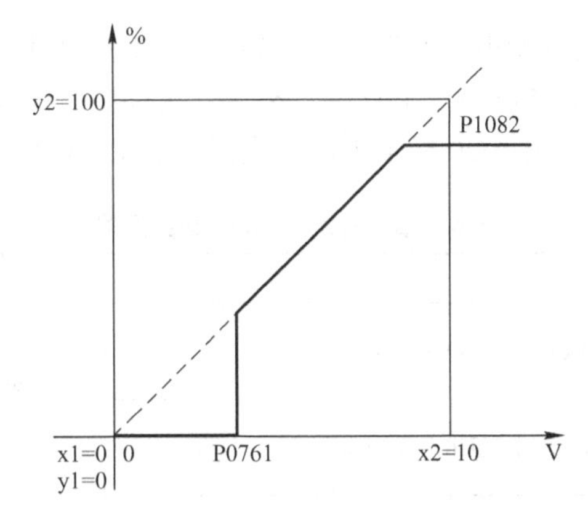

图 8-2　电位器调速的电动机运行控制速度曲线图

3．硬件连接

请读者参照图 8-1 进行线路连接，连接后再检查或测量确认连接无误后方可进入下一实训环节。

4．系统调试

硬件连接和参数设置好后，合上开关 K，将电位器调节到最小值，即输入电压为 0V，观察电动机是否运行，若运行其运行速度值为多少？然后调节电位器，使输入电压分别为 2V、4V、6V、8V 和 10V，分别观察电动机的运行速度，是否与图 8-2 中曲线对应值一致？如断开开关 K，电动机能否停止运行？如上述调试内容与控制要求一致，则实训任务完成。

8.2.4　实训拓展

控制要求同 8.2.2，使用最小速度和最大速度限制参数实现。观察两种参数设置方法下电动机运行速度有何不同？

8.3　模拟量输出

8.3.1　端子及连接

G120 变频器控制单元 CU240E-2 为用户提供两路模拟量输出。端子 12、13 是模拟量输出 AO0，端子 26、27 是模拟量输出 AO1，如图 6-4 所示。

8.3.2　相关参数

两路模拟量输出的控制参数相同，其 AO0、AO1 相关参数分别在下标[0]、[1]中设置。G120 变频器提供多种模拟量输出模式，可以使用参数 P0776 进行选择，模拟量输出参数 P0776 功能如表 8-5 所示。

表 8-5　模拟量输出参数 P0776 功能

参数号	设定值	功能	说明
P0776	0	电流输出（出厂设置）　0～20mA	模拟量输出信号与所设置的物理量呈线性关系
	1	电压输出　0～10V	
	2	电流输出　4～20mA	

参数 P0776 修改了模拟量输出的类型后，变频器会自动调整模拟量输出的标定。线性标定曲线由两个点（P0777、P0778）和（P0779、P0780）确定，也可以根据需要调整标定。

以 P0776[0] = 2 模拟量输出 AO0 标定为例，模拟量输出 AO0 参数设置如表 8-6 所示。

表 8-6　模拟量输出 AO0 参数设置

参 数 号	设 定 值	说　　明	曲 线 图
P0777[0]	0	0%对应输出电流 4mA	mA y2=20 P0780 y1=4 P0778 x1=0 P0777 x2=100 P0779 %
P0778[0]	4		
P0779[0]	100	100%对应输出电流 20mA	
P0780[0]	20		
P0781[0]	0	死区宽度	

模拟量输出功能的相应设置参数如表 8-7 所示。

表 8-7　模拟量输出功能的相应设置参数

模拟量输出编号	端　子　号	对 应 参 数
模拟输出 0，AO0	12、13	P0771[0]
模拟输出 1，AO1	26、27	P0771[1]

以模拟量输出 AO0 为例，模拟量输出常用功能设置表如表 8-8 所示。

表 8-8　模拟量输出常用功能设置表

参 数 号	参 数 值	说　　明
P0771[0]	21	电动机转速（同时设置 P0775 = 1，否则电动机反转时无模拟量输出）
	24	变频器输出频率
	25	变频器输出电压
	27	变频器输出电流

注意：在任意宏程序下，模拟量均有输出。AO0 默认是根据电动机转速输出 0～20mA 电流信号；AO1 默认是根据变频器输出电流输出 0～10V 电压信号，可以参见以上宏程序。

8.4　实训 19　电动机运行速度的实时监测

8.4.1　实训目的

1）掌握模拟量输出信号的连接。

2）掌握模拟量输出参数的设置。

3）掌握模拟量输出数值的应用及编程。

8.4.2　实训任务

通过 G120 变频器运行时模拟量输出实现对电动机运行速度的实时监测。要求电动机运行速度小于 20r/min 时，低速指示灯 HL1 亮；速度在 20～50r/min 之间时，中速指示灯 HL2 亮；速度大于 50r/min 时，高速指示灯 HL3 亮。在此，电动机额定转速为 60r/min。

8.4.3 实训步骤

1．原理图绘制

项目要求用三盏指示灯对电动机运行速度值进行监控，同时要求通过变频器的模拟量输出监测运行速度值，在此，使用 S7-300 PLC 实现上述控制要求。将起动按钮 SB1、停止按钮 SB2 常开触点作为 PLC 的输入信号，中间继电器 KA 和三盏指示灯作为 PLC 的输出信号，电动机运行速度的实时监测 PLC 的 I/O 地址分配表如表 8-9 所示。电动机运行速度的实时监测控制原理图如图 8-3 所示。在此项目中，使用外部电位器实现电动机运行速度的调节。

表 8-9　电动机运行速度的实时监测 PLC 的 I/O 地址分配表

输　入			输　出		
元　件	输入继电器	作　用	元　件	输出继电器	作　用
按钮 SB1	I0.0	电动机起动	中间继电器 KA	Q0.0	变频器起停
按钮 SB2	I0.1	电动机停止	指示灯 HL1	Q0.1	低速指示
			指示灯 HL2	Q0.2	中速指示
			指示灯 HL3	Q0.3	高速指示

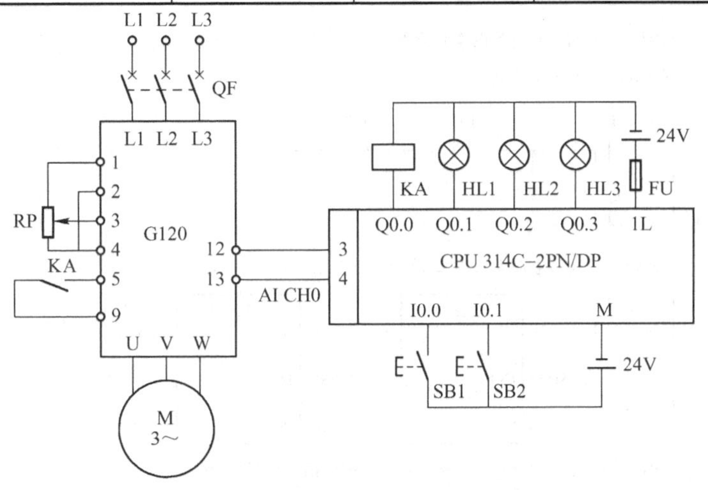

图 8-3　电动机运行速度的实时监测控制原理图

2．参数设置

本项目中使用模拟量输入作为电动机运行速度的调节，使用模拟量输出作为电动机运行速度的监控，电动机运行速度实时监测的参数设置如表 8-10 所示。

表 8-10　电动机运行速度实时监测的参数设置

参　数　号	参　数　值	说　　明
P0015	13	预定义宏参数选择端子起动模拟量给定设定值
P0756	0	单极性电压输入 0～10V
P0757	0	0V 对应频率为 0Hz，即 0r/min
P0758	0	

（续）

参 数 号	参 数 值	说 明
P0759	10	10V 对应频率为 50Hz，即 60r/min
P0760	100	
P0771	21	根据电动机转速输出模拟信号
P0776	0	电流输出 0～20mA
P0777	0	0%对应输出电流 0mA
P0778	0	
P0779	100	100%对应输出电流 20mA
P0780	20	

3．硬件组态

新建一个电动机运行速度实时监测的项目，打开 SETP 7 软件的“HW Config（硬件组态）”窗口，按 1.2.3 节讲述的方法进行 PLC 的硬件组态，在此组态导轨、紧凑型的 CPU314C 模块，并将集成的数字量输入输出模块的起始地址改为 0。参照 4.1.3 节将 CPU 集成的模拟量通道 0 设置为电流输入，范围为 0～20mA。

4．软件编程

电动机运行速度实时监测控制程序如图 8-4 所示。

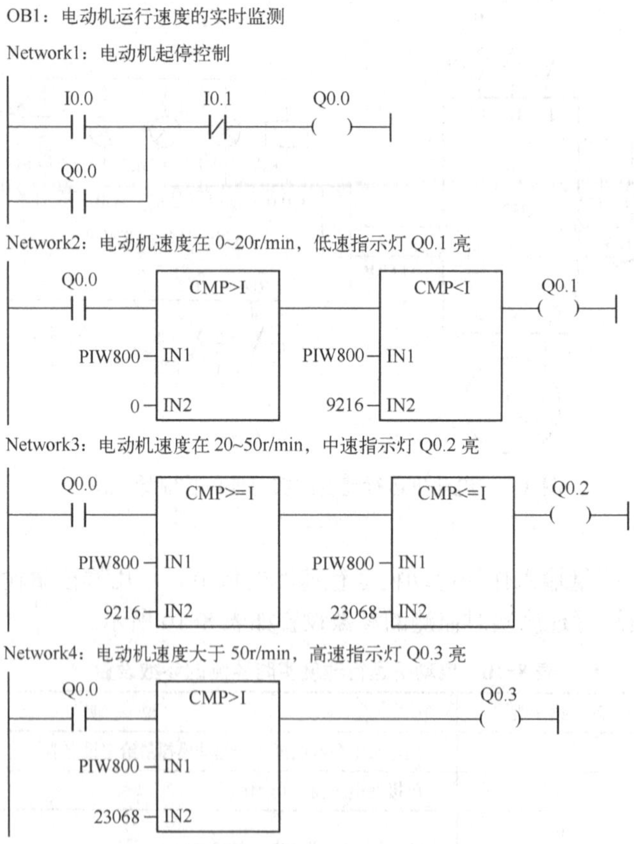

图 8-4　电动机运行速度实时监测控制程序

5．硬件连接

请读者参照图 8-3 进行线路连接，连接后再检查或测量确认连接无误后方可进入下一实训环节。

6．程序下载

选择 SIMATIC 管理器中 300 站点，将电动机运行速度的实时监测项目下载到 PLC 中。

7．系统调试

硬件连接、参数设置和项目下载好后，打开 OB1 组织块，起动程序状态监控功能。按下起动按钮 SB1，手动调节外部电位器调节电动机的转速，观察三盏指示灯亮灭情况是否与项目要求一致？如上述调试现象符合项目控制要求，则实训任务完成。

8.4.4 实训拓展

使用 S7-300 PLC 和 G120 变频器实现电动机的工变频运行，即电动机根据工作模式可工作在“变频”或“工频”状态。在“变频”运行时，运行速度超过电动机额定转速的 90%时，切换到“工频”状态。

8.5 习题与思考

1．G120 变频器分别提供几路模拟量输入和模拟量输出？

2．模拟量输入设置时应注意哪几个方面？

3．模拟量输入涉及哪几个参数？

4．模拟量输入有几种模式？

5．如何确定模拟量输入曲线？

6．模拟量输入模式中“带监控”的含义？

7．模拟量输入有哪几个预定义宏参数？

8．模拟量输入时，如何连接其硬件电路？

9．模拟量输入设置死区的作用是什么？

10．模拟量输出涉及哪几个参数？

11．模拟量输出信号类型有几种？

12．如何确定模拟量输出曲线？

13．模拟量输出是根据哪些参数来实现？

14．如何实现模拟量电压信号的输出？

15．模拟量输出设置死区的作用是什么？

第 9 章　G120 变频器的 PROFINET 网络通信应用

9.1　PROFINET 网络通信应用

G120 变频器的控制单元 CU240E-2PN-F 集成有以太网 PROFINET（简称为 PN）通信接口，即此变频器可作为 S7-300 PLC 的 PROFINET IO 设备，与 S7-300 PLC 通过以太网进行通信。G120 变频器与 S7-300 PLC 通过以太网通信的组态步骤如下。

9.1.1　硬件组态

（1）打开 STEP 7 软件

用鼠标双击桌面的 SIMATIC 管理器图标，打开 STEP 7 软件。

（2）创建项目

用鼠标单击工具栏上新建图标，输入项目名称和项目保存位置后，用鼠标单击“OK”按钮确定。

（3）插入 300 站点

用鼠标单击工具栏“Insert（插入）”，选择“Station（站点）”，在弹出的选项中选择“SIMATIC 300 Station”。

（4）硬件组态

用鼠标双击“SIMATIC 300”图标，在出现的窗口右侧用鼠标双击“Hardware（硬件）”图标，打开“HW Config（硬件组态）”窗口，用鼠标单击硬件组态窗口右侧“SIMATIC 300”，打开 300 模块，首先用鼠标双击 RACK-300 选项下的“Rail”图标添加导轨；再用鼠标双击 CPU 314C-2 PN/DP 模块下的 V3.3 版本图标添加 CPU 模块，在弹出的对话框中新建 PROFINET 网络，网络名称默认为 Ethernet（1），用鼠标单击“OK”按钮确认。

（5）修改输入/输出地址

用鼠标双击“HW Config（硬件组态）”窗口中的 CPU 模块的子模块 24DI/16DO，打开属性框后用鼠标单击“Address（地址）”选项，修改输入/输出起始地址，在此将起始地址修改为 0。

（6）添加 PROFINET IO 节点

用鼠标单击“HW Config（硬件组态）”窗口右侧 PROFINET IO 选项，打开 PROFINET IO 节点设置，选择“Drivers（驱动器）”项目下的“SINAMICS”选项，再用鼠标单击“SINAMICS G120”选项，选择 G120 CU240E-2 PN F 选项下的 V4.6 版本变频器（选择 G120 变频器类型如图 9-1 所示），并将其拖到 PROFINET 总线上，修改其变频器的“IP 地址”，使其 IP 地址与实物一致。用鼠标双击总线上的变频器图标（连接到以态网上的变频器如图 9-2 所示），打开属性对话框，可修改其名称和 IP 地址；用鼠标单击生成网络图标生成网络，这时会看到 300 PLC 和变频器都已接入 PROFINET 网络总线上；用鼠标单击编译保存图标，并将硬件组态下载到 PLC 中。

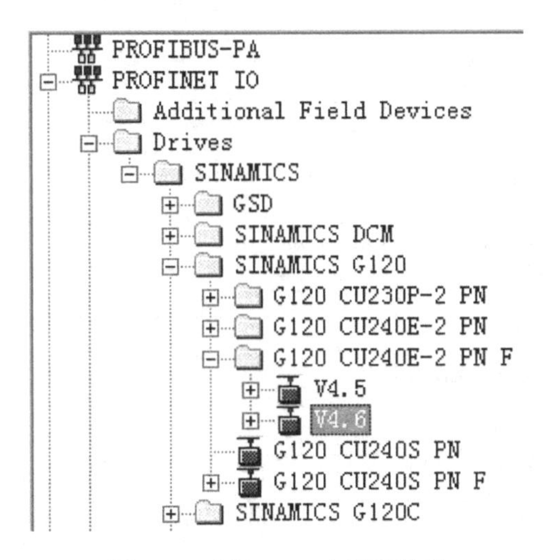

图 9-1　选择 G120 变频器类型

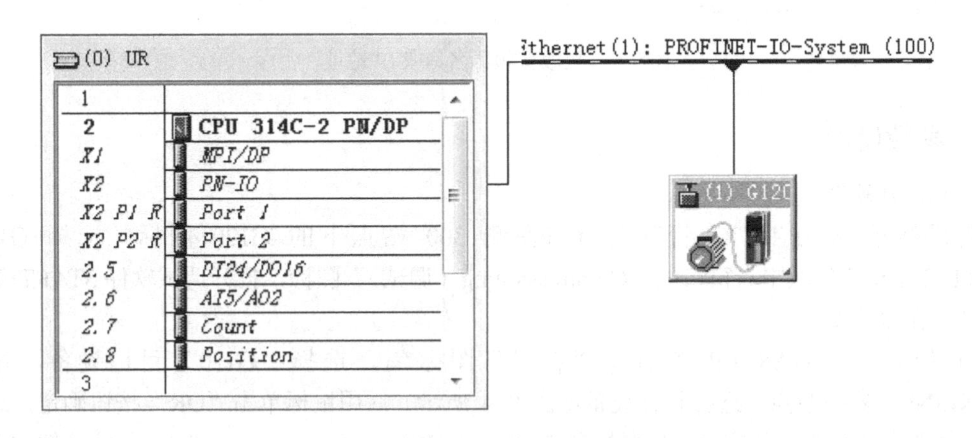

图 9-2　连接到以太网上的变频器

（7）查看和修改在线的变频器或 PLC 的 IP 地址

打开 SIMATIC 管理器，选择工具栏中 PLC 选项下的“Edit Ethernet Node...（编辑以太网节点）”，并用鼠标单击“Browse...（浏览）”按钮，这时会看到 Ethernet 网上的各节点设备的相关信息，如变频器的名称为 g120，IP 地址为 192.168.0.3，若变频器的名称和 IP 地址与网络组态时不一致，可在此更改。用鼠标双击变频器选项，打开“Edit Ethernet Node（编辑以太网节点）”对话框（更改变频器名称或 IP 地址如图 9-3 所示），如将变频器名称改为 G120，并用鼠标单击“Assign Name（更改名称）”按钮；若更改变频器的 IP 地址，则在“IP address（IP 地址）”栏中输入新的 IP 地址，然后单击“Assign IP Configuration（更改 IP 地址）”按钮确认。用鼠标单击“HW Config（硬件组态）”窗口工具栏上的图标，对以上组态信息进行编译并保存。

图 9-3　更改变频器名称或 IP 地址

9.1.2　参数设置

（1）打开软件

用鼠标单击 SIMATIC 管理器窗口左侧 300 站点下的 G120 图标，选择 G120_CU240E_2_PN_F 后双击右窗口的“Commissioning（调试）”图标，打开调试软件 STARTER。

（2）在线连接

用鼠标单击 STARTER 软件中“在线”图标，选择“G120”目标设备，选择“S7ONLINE”网络节点（选择目标设备如图 9-4 所示）后用鼠标单击“OK”按钮确定，这时出现变频器在线时的相关信息，用鼠标单击“Load HW configuration to PG（装载硬件配置到编程设备）”按钮，上载变频器的相关信息，上载后用鼠标单击“Close（关闭）”按钮关闭其装载硬件配置窗口，这时调试软件 STARTER 窗口中 G120 项目图标左侧变为绿色，说明变频器的相关信息已上载成功。

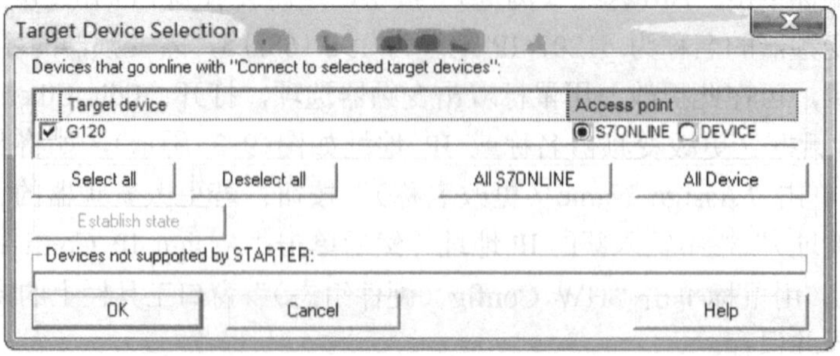

图 9-4　选择目标设备

（3）修改参数

根据实际需要进行复位和快速调试。打开参数专家列表，修改相关参数，这时注意宏参数 P0015 应选择 PROFINET 总线控制类型，如 7。

现场总线控制的宏程序如表 9-1 所示。

表 9-1　现场总线控制的宏程序

<table>
<tr><td>宏程序 4：PROFIBUS 或 PROFINET</td><td>宏程序 5：PROFIBUS 或 PROFINET，带安全功能</td><td>宏程序 6：PROFIBUS 或 PROFINET，带两个安全功能</td></tr>
<tr>
<td>PROFIdrive 报文 352
5 DI0 …
6 DI1 …
7 DI2 应答
8 DI3 …
16 DI4 …
17 DI5 …
3、4 AI0 …
10、11 AI1 …
18、19、20 DO0 故障
21、22 DO1 报警
12、13 AO0 转速 0～20mA
26、27 AO1 电流 0～10V</td>
<td>PROFIdrive 报文 1
5 DI0 …
6 DI1 …
7 DI2 应答
8 DI3 …
16 DI4、17 DI5 预留给安全功能
3、4 AI0 …
10、11 AI1 …
18、19、20 DO0 故障
21、22 DO1 报警
12、13 AO0 转速 0～20mA
26、27 AO1 电流 0～10V</td>
<td>PROFIdrive 报文 1
5 DI0、6 DI1 预留给安全功能 1
7 DI2 …
8 DI3 应答
16 DI4、17 DI5 预留给安全功能 2
3、4 AI0 …
10、11 AI1 …
18、19、20 DO0 故障
21、22 DO1 报警
12、13 AO0 转速 0～20mA
26、27 AO1 电流 0～10V
只针对配备 CU240E-2F、CE240E-2DP-F 和 CE240E-2PN-F 的变频器</td>
</tr>
<tr><td colspan="3">宏程序 7：通过 DI3 在现场总线和 JOG 之间切换
带 PROFIBUS 或 PROFINET 接口的变频器的出厂设置</td></tr>
<tr>
<td>PROFIdrive 报文 1
5 DI0 …
6 DI1 …
7 DI2 应答
8 DI3 LOW
16 DI4 …
17 DI5 …
3、4 AI0 …
10、11 AI1 …
18、19、20 DO0 故障
21、22 DO1 报警
12、13 AO0 转速 0～20mA
26、27 AO1 电流 0～10V</td>
<td colspan="2">5 DI0 JOG1
6 DI1 JOG2
7 DI2 应答
8 DI3 HIGH
16 DI4 …
17 DI5 …
3、4 AI0 …
10、11 AI1 …
18、19、20 DO0 故障
21、22 DO1 报警
12、13 AO0 转速 0～20mA
26、27 AO1 电流 0～10V</td>
</tr>
</table>

9.1.3 控制字设置

用鼠标单击“HW Config（硬件组态）”窗口中变频器图标，在窗口下方可以看到变频器的相关信息，在输入和输出地址列中可以看到控制单元作为 S7-300 PLC 以太网外部设备的输入/输出地址，默认为 256～259。PQW256 为变频器的命令控制字，PQW258 为变频器的运行频率控制字；PIW256 为变频器的运行状态反馈字，PIW258 为变频器实际运行速度反馈字。变频器 G120 命令控制字 0～15 位的含义如表 9-2 所示。

表 9-2 变频器 G120 命令控制字 0～15 位的位含义

位	功　能
0	ON/OFF1（起动/停止）
1	OFF2（按惯性自由停止）
2	OFF3（快速停止）
3	脉冲使用
4	RFG 使能（斜坡函数发生器使能）
5	RFG（斜坡函数发生器开始）
6	设定值使能
7	复位（故障确认）
8	---（未使用）
9	---（未使用）
10	PLC 控制
11	反向（设定值取反）
12	---（未使用）
13	电动机电位器（MOP）增大
14	电动机电位器（MOP）减小
15	---（未使用）

9.1.4 软件编程

打开 OB1 组织块编写程序，以太网控制变频器运行程序如图 9-5 所示。

程序说明：

在网络 1 中，停止变频器运行，其控制字为 16#047E。用鼠标双击硬件组态窗口中的 G120 变频器，可以看到它作为 S7-300 PLC 的一个 PROFINET IO 设备，其输入和输出地址均为 256～259，这是组态时默认地址，可以更改。

在网络 2 中，起动变频器，其控制字为 16#047F。

在网络 3 中，给定变频器的运行频率，给定数据 16#0000～16#4000 对应于给定频率 0～50Hz，即对应于 0 至额定转速。

在网络 4 中，监控变频器的运行状态，是否运行，是否有故障等。

在网络 5 中，监控变频器驱动电动机的实际运行转速。16#0000～16#4000 对应于 0 至额定转速。

注意：变频器的起动和停止信号均为脉冲信号。

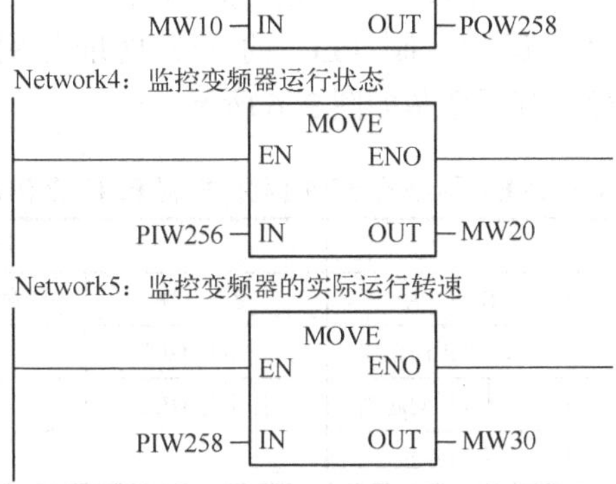

图 9-5 以太网控制变频器运行程序

9.1.5 下载调试

程序编写好后，进行编译并保存。在 SIMATIC 管理器窗口选中整个站点并下载，打开 OB1 并起动监控功能。为了可调节电动机的转速，并能监控电动机的运行，在此建立变量表，可在线修改变频器的运行转速值。在起动变频器之前最好先触发变频器停止信号，然后再触发变频器起动信号。

打开新建变量表，在“Address（地址）”栏中输出地址 MW10、MW20 和 MW30，单击“在线”图标，建立在线连接。在“Modify value（修改值）”栏输入 16#0000～16#4000 之间某一数值，用鼠标单击“修改变量”图标，然后再用鼠标单击“监控”图标，起动监控功能，观察电动机转速是否变化。同时，观察电动机运行速度与控制速度是否一致。

9.2 实训 20 基于 PROFINET 网络的电动机运行控制

9.2.1 实训目的

1）掌握 PROFINET I/O 设备的网络组态。

2）掌握现场总线控制变频器的参数设置。

3）掌握现场总线控制变频器的程序编写。

9.2.2 实训任务

通过 PROFINET 网络控制电动机的运行，要求若按下正向起动按钮 SB1，由 G120 变频器驱动的电动机正向运行且正向运行指示灯 HL1 亮，运行速度为 50r/min；若按下反向起动按钮 SB2，电动机反向运行且反向运行指示灯 HL2 亮，运行速度为 30r/min。按下停止按钮 SB3 时，电动机停止。

9.2.3 实训步骤

1．原理图绘制

根据项目要求分析可知：正向起动按钮 SB1，反向起动按钮 SB2，停止按钮 SB3 等常开触点作为 PLC 的输入信号，电动机正反向运行指示灯 HL1 和 HL2 作为 PLC 的输出信号，基于 PROFINET 网络的电动机运行控制 PLC 的 I/O 地址分配表如表 9-3 所示。基于 PROFINET 网络的电动机运行控制原理图如图 9-6 所示。

表 9-3 基于 PROFINET 网络的电动机运行控制 PLC 的 I/O 地址分配表

输　入			输　出		
元　件	输入继电器	作　用	元　件	输出继电器	作　用
按钮 SB1	I0.0	电动机正向起动	指示灯 HL1	Q0.0	正向指示
按钮 SB2	I0.1	电动机反向起动	指示灯 HL2	Q0.1	反向指示
按钮 SB3	I0.2	电机停止			

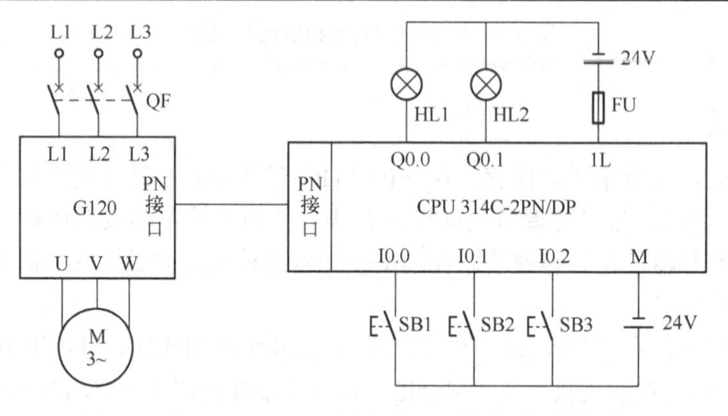

图 9-6 基于 PROFINET 网络的电动机运行控制原理图

2．参数设置

本项目中使用现场总线控制电动机的运行，在此选择预定义宏参数 P0015 为 7，电动机的相关参数务必与电动机的铭牌数据一致。

3．硬件组态

新建一个基于 PROFINET 网络的电动机运行控制项目，打开 SETP 7 软件的“HW Config（硬件组态）”窗口，按 1.2.3 节讲述的方法进行 PLC 的硬件组态，在此组态导轨、紧凑型的 CPU314C 模块，并将集成的数字量输入/输出模块的起始地址改为 0。网络组态请参考 9.1.1 节进行。

4．软件编程

基于 PROFINET 网络的电动机运行控制程序如图 9-7 所示。

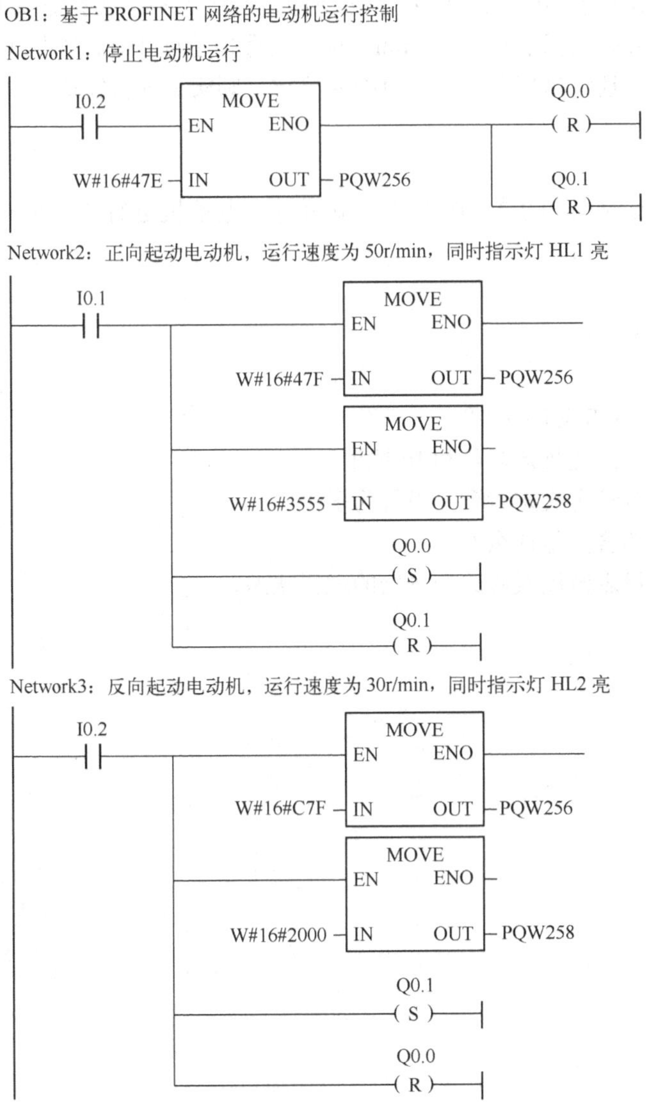

OB1：基于 PROFINET 网络的电动机运行控制

Network1：停止电动机运行

I0.2 MOVE EN ENO Q0.0 (R)
W#16#47E IN OUT PQW256 Q0.1 (R)

Network2：正向起动电动机，运行速度为 50r/min，同时指示灯 HL1 亮

I0.1 MOVE EN ENO
W#16#47F IN OUT PQW256
MOVE EN ENO
W#16#3555 IN OUT PQW258
Q0.0 (S)
Q0.1 (R)

Network3：反向起动电动机，运行速度为 30r/min，同时指示灯 HL2 亮

I0.2 MOVE EN ENO
W#16#C7F IN OUT PQW256
MOVE EN ENO
W#16#2000 IN OUT PQW258
Q0.1 (S)
Q0.0 (R)

图 9-7　基于 PROFINET 网络的电动机运行控制程序

5．硬件连接

请读者参照图 9-6 进行线路连接，连接后再检查或测量确认连接无误后方可进入下一实训环节。

6．程序下载

选择 SIMATIC 管理器中 300 站点，将基于 PROFINET 网络的电动机运行控制项目下载到 PLC 中。

7．系统调试

硬件连接、参数设置和项目下载好后，打开 OB1 组织块，起动程序状态监控功能。首先按下停止按钮 SB3，然后按下正向起动按钮 SB1，观察电动机是否正向起动并运行于 50r/min，正向运行指示灯 HL1 是否点亮，按下停止按钮 SB3，再按下反向起动按钮 SB2，观察电动机是否反向起动并运行于 30r/min，反向运行指示灯 HL2 是否点亮（反向运行控制字为 16#0C7F）。如上述调试现象符合项目控制要求，则实训任务完成。

9.2.4 实训拓展

项目控制其他要求同 9.2.2，按下停止按钮时，电动机运行于 15r/min，5s 后，再停止运行。

9.3 习题与思考

1．如何组态 PROFINET 网络？

2．如何查看和修改变频器名称和 IP 地址？

3．现场总线控制预定义宏参数可设置为多少？

4．控制字各位的含义是什么？

5．如何使用变量表监控或修改变频器的运行状态？

第3篇　西门子TP177B触摸屏的应用

触摸屏是操作人员与PLC之间双向沟通的桥梁，是目前最简单、方便、自然的一种人机交互方式。本篇以西门子TP177B触摸屏作为讲授对象，重点讲述触摸屏基本知识及组态软件的应用，按钮、开关及指示灯的组态，域的组态，图形对象的组态等。

第10章　按钮及指示灯的组态

10.1　HMI简介

10.1.1　人机界面

人机界面（Human Machine Interface）又称为人机接口，简称为HMI。从广义上说，HMI泛指计算机（包括PLC）与操作人员交换信息的设备。在控制领域，HMI一般特指用于操作人员与控制系统之间进行对话和相互作用的专用设备。西门子公司的手册将人机界面装置统称为HMI设备。

人机界面是按工业现场环境应用设计的，防护等级较高，坚固耐用，其稳定性和可靠性与PLC相当，能够在恶劣的工业环境中长时间连续运行，因此人机界面是PLC的最佳搭档，可承担以下任务。

1）过程可视化：在人机界面上动态显示过程数据。

2）操作人员对过程的控制：操作人员通过图形界面来控制过程。

3）显示报警：过程的临界状态会自动触发报警。

4）记录功能：顺序记录过程值和报警信息，用户可以检索以前的生产数据。

5）输出过程值和报警记录：可输出生产过程中参数的过程数据及报警数据等。

6）过程和设备的参数管理：将过程和设备的参数存储在配方中，可以一次性将这些参数从人机界面下载到PLC中，以便改变产品的品种。

人机界面几乎都使用液晶显示屏，显示颜色有单色和彩色之分，按显示方式的不同，可以将人机界面产品分成文本显示器、操作员面板和触摸屏。

1．文本显示器

文本显示器（Text Display，TD）是一种廉价的单色操作员界面，一般只能显示几行数字、字母、符号和文字，不能显示图形。

西门子的TD 200（文本显示器TD 200如图10-1所示）和TD 200C价格较低，与该公司的小型PLC S7-200配套使用，可以显示两行信息，每行20个数字或字符，或每行显示10个汉字。可以用S7-200的编程软件STEP 7-Micro/WIN中的文本显示向导为TD 200和TD

200C 组态。

TD 400C（文本显示器 TD 400 如图 10-2 所示）是西门子公司的新一代文本显示器，可以使操作人员或用户与应用程序进行交互，具有极高的性价比，与 S7-200 通过高速 PPI 通信，速率可达 187.5kb/s。它通过 TD/CPU 电缆从 S7-200 CPU 获得供电，或者由 24V 直流电源供电，蓝色背光 LCD 显示，可以显示 2 行（大字体）或 4 行（小字体），具有 8 个可自由定义的功能按键与 7 个系统按键。

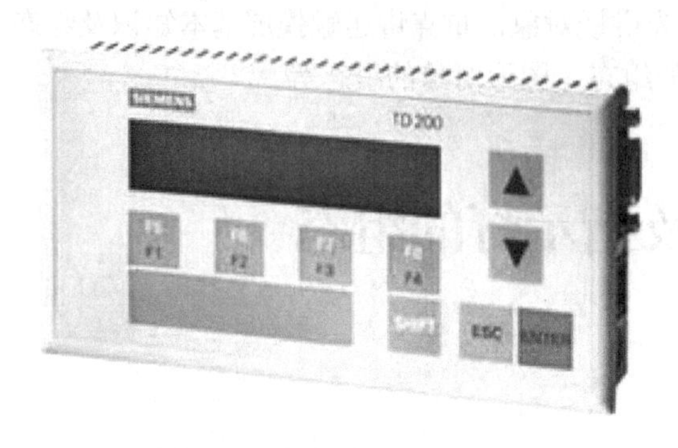

图 10-1 文本显示器 TD 200

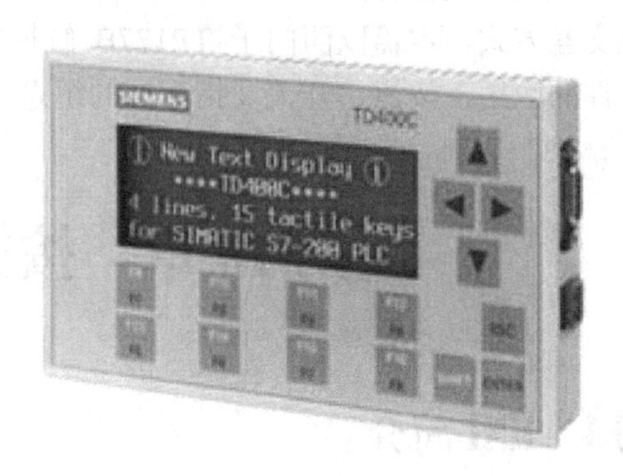

图 10-2 文本显示器 TD 400C

2. 操作员面板

西门子的操作员面板（Operator Panels，OP），也称为键控式面板，它使用液晶显示器和薄膜按键，有的操作员面板的按键多达数十个。操作员面板的产品有 OP 73、OP77 A、OP 77B（操作员面板 OP 77B 如图 10-3 所示）、OP 177B 和 OP 277（操作员面板 OP 277 如图 10-4 所示）等。

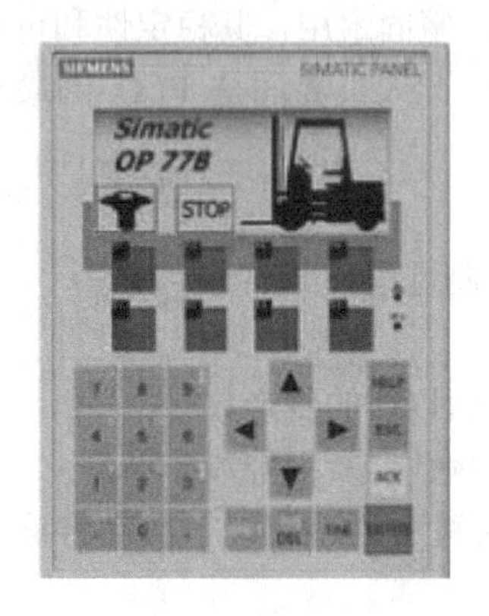

图 10-3 操作员面板 OP 77B

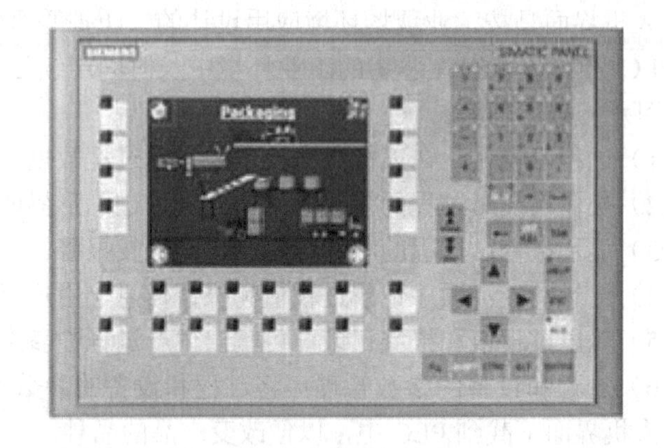

图 10-4 操作员面板 OP 277

3. 触摸屏

触摸面板（Touch Panel，TP），一般俗称为触摸屏（触摸屏 TB 177B 如图 10-5 所示），触摸屏是人机界面的发展方向。可以由用户在触摸屏画面上设置具有明确意义和提示信息的触摸式按键。触摸屏的面积小，使用直观方便。

用户可以用触摸屏上组态的文字、按钮、图形和数字信息等，来处理或监控不断变化的信息。触摸屏上还可以用画面上的按钮和指示灯等来代替相应的硬件元件，以减少 PLC 需要的 I/O 点数，使机器的配线标准化、简单化，降低了系统成本和故障率。

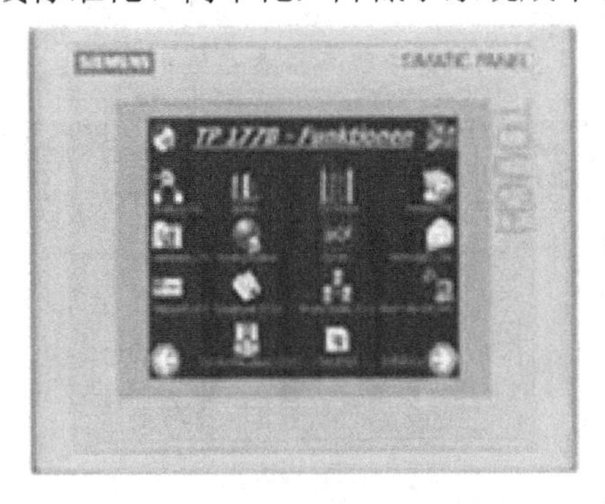

图 10-5　触摸屏 TP 177B

10.1.2　组态软件

1．软件简介

在使用人机界面时，需要解决画面设计和与 PLC 通信的问题。人机界面生产厂家用组态软件解决了上述问题。组态软件使用方便、易学易用。

西门子的人机界面过去是用 ProTool 组态，SIMATIC WinCC flexible 是在被广泛认可的 ProTool 组态软件的基础上发展而来的，并且与 ProTool 保持了一致性，多种语言使它可以遍及全球。ProTool 适用于单用户系统，WinCC flexible 可以满足各种需求，从单用户、多用户到基于网络的工厂自动化控制与监视。大多数 SIMATIC HMI 产品可以用 ProTool 或 WinCC flexible 组态，某些 HMI 新产品只能用 WinCC flexible 组态。可以非常简单地将 ProTool 组态的项目移植到 WinCC flexible 中。

WinCC flexible 具有开放简易的扩展功能，带有 Visual Basic 脚本功能，集成了 ActiveX 控件，可以将人机界面集成到 TCP/IP 网络。

WinCC flexible 简单、高效，易于上手，功能强大，提供智能化的工具，如图形导航和移动的图形化组态。

WinCC flexible 带有丰富的图库，提供大量的对象给用户使用，其缩放比例和动态性能都是可变的。使用图库中的元件，可以快速方便地生成各种美观的画面。

2．WinCC flexible 的操作界面

（1）菜单和工具栏

菜单和工具栏是软件应用的基础，通过操作了解菜单中的各种命令和工具栏中各个按钮的作用。菜单中浅灰色的命令和工具栏中浅灰色的按钮在当前条件下不能使用。用鼠标右键单击工具栏，在出现的快捷菜单中，可以打开或关闭选择的工具栏。

（2）项目视图

图 10-6 所示为 WinCC flexible 的操作界面。图中左上角的窗口是项目视图，包含了可以组态的所有元件。生成项目时自动创建了一些元件，例如名为“画面_1”的画面和画面模板等。

项目中的各组态部分在项目视图中以树形结构显示，分为 4 个层次：项目、HMI 设备、文件夹和对象。

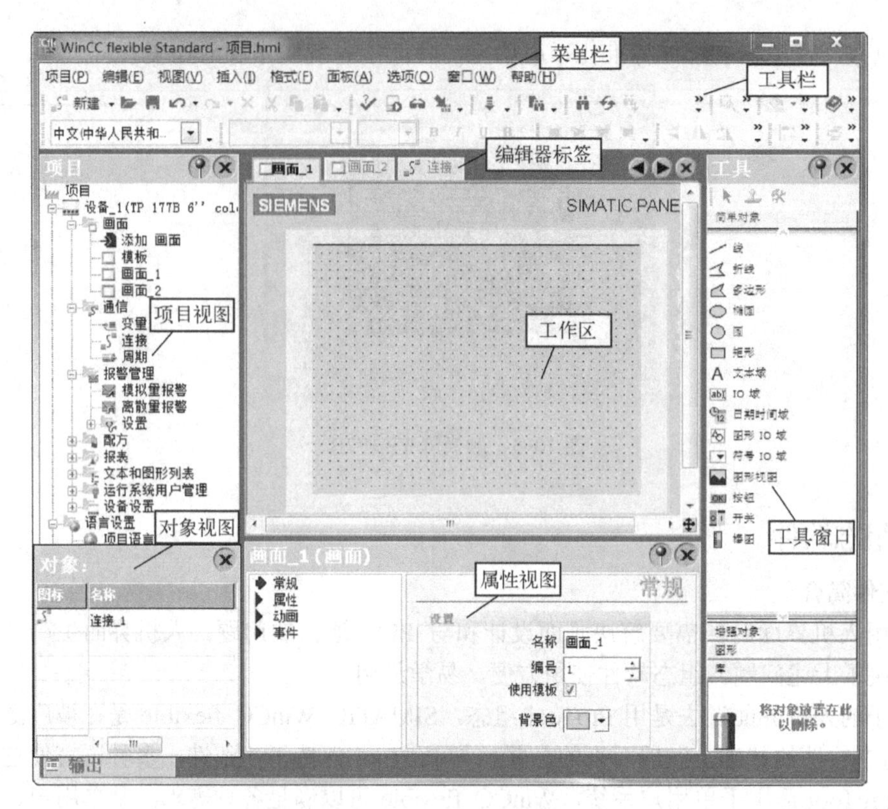

图 10-6　WinCC flexible 的操作界面

作为每个编辑器的子元件，用文件夹以结构化的方式保存对象。在项目窗口中，还可以访问 HMI 的设备设置、语言设置和版本管理。

（3）工作区

用户在工作区编辑项目对象，除了工作区之外，可以对其他窗口进行移动、改变大小和隐藏等操作。用鼠标单击工作区右上角的按钮☒，将会关闭当前被打开（即被显示）的编辑器。同时打开多个编辑器时，用鼠标单击图 10-6 中编辑器工作区上部标签，可以打开对应的编辑器，最多可以同时打开 20 个编辑器。如果不能全部显示被同时打开的编辑器标签，可以用◀和▶按钮来左右移动编辑器的标签。

（4）属性视图

属性视图用于设置在工作区中所选取对象的属性，输入参数后按〈Enter〉键生效。属性视图一般在工作区的下面。

在编辑画面时，如果未激活画面中的对象，在属性对话框中将显示该画面的属性，可以对画面的属性进行编辑。

出现输入错误时，将显示出提示信息。如允许输入的最大画面编号为 32767，若超出 32767，将会显示“只允许介于 1~32767 之间的数值！”。如果按〈Enter〉键或用鼠标单击其他视图，输入的数字将自动变为 32767。

（5）工具箱中的对象

工具箱中可以使用的对象与 HMI 设备的型号有关。

工具箱包含过程画面中需要经常使用各种类型的对象。如图形对象或操作员控制元件，工具箱还提供许多库，这些库包含许多对象模板和各种不同的面板。

可以用“视图”中的“工具”命令显示或隐藏工具箱视图。

根据当前激活的编辑器，“工具箱”包含不同的对象组。打开“画面”编辑器时，工具箱提供的对象组有简单对象、增强对象、图形和库。不同的人机界面可以使用不同的对象。简单对象中有线、折线、多边形、矩形、文本域、图形视图、按钮、开关和 IO 域等对象。增强对象提供增强的功能，这些对象的用途之一是显示动态过程，如配方视图、报警视图和趋势图等。库是工具箱视图元件，是用于存储常用对象的中央数据库。只需对库中存储的对象组态一次，以后便可以多次重复使用。

WinCC flexible 的库分为全局库和项目库。全局库存放在 WinCC flexible 安装文件的一个文件夹中，全局库可用于所有的项目，它存储在项目的数据中，可以将项目库中的元件复制到全局库中。

（6）输出视图

输出视图用来显示在项目投入运行之前自动生成的系统报警信息，如组态中存在的错误等信息会在输出视图中显示。

可以用“视图”菜单中的“输出”命令来显示或隐藏输出视图。

（7）对象视图

对象窗口用来显示在项目视图中指定的某些文件夹或编辑器中的内容，执行“视图”菜单中的“对象”命令，可以打开或关闭对象视图。

（8）对窗口和工具栏的操作

WinCC flexible 允许自定义窗口中工具栏的布局。可以隐藏某些不常用的窗口以扩大工作区。

用鼠标单击输出视图右上角的按钮，按钮中“操作杆”的方向将会变化。位于垂直方向时，输出视图不会隐藏；位于水平方向时，用鼠标单击输出视图之外的其他区域，该视图被隐藏，同时在屏幕左下角出现相应的图标（见图 10-6）。将鼠标放到该图标上，将会重新出现输出视图。

用鼠标单击图 10-6 中对象视图右上角的按钮，对象视图被关闭。执行菜单命令“视图”→“对象视图”，该视图将会重新出现。

执行“视图”菜单中的“重新设置布局”命令，窗口的排列将会恢复到生成项目时的初始状态。

（9）组态界面设置

执行菜单命令“选项”→“设置”，在出现的对话框中，可以设置 WinCC flexible 的组态界面（组态界面设置如图 10-7 所示）。其中最重要的是设置 WinCC flexible 的菜单、对话框等组态界面使用的语言。如果安装了几种语言，可以切换它们。

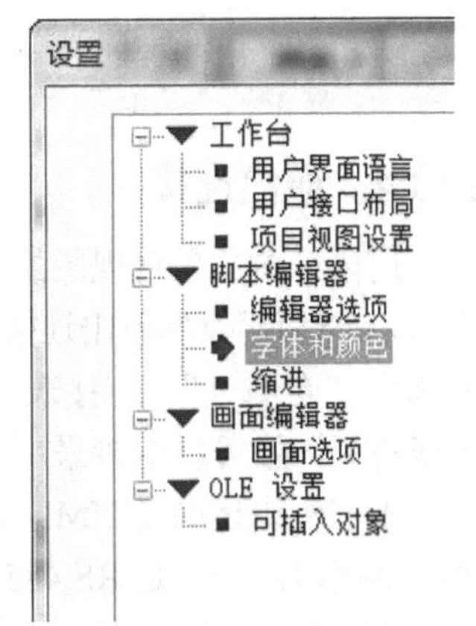

图 10-7　组态界面设置

10.1.3 创建项目

项目是组态用户界面的基础，在项目中可创建画面、变量和报警等对象。画面用来描述被监控的系统，变量用来在人机界面和被控设备（PLC）之间传送数据。报警用来指示被监控系统的某些运行状态。

用鼠标双击 Windows 桌面上 WinCC flexible 的图标，将打开 WinCC flexible 项目向导。项目向导有 4 个选项（打开最新编辑过的项目、使用项目向导创建一个新项目、打开一个现有的项目、创建一个空项目），选择“创建一个空项目”选项。在出现的“设备类型”对话框（选择 HMI 设备的型号如图 10-8 所示）中，用鼠标双击“Panels\170”选项上的 TP 177B 6” color PN/DP 图标，或选中 TP 177B 6” color PN/DP 图标，用鼠标单击“确定”按钮，创建一个新的项目。在项目视图中，可修改项目名称。执行菜单命令“文件”→“另存为”，设置保存项目的文件夹。

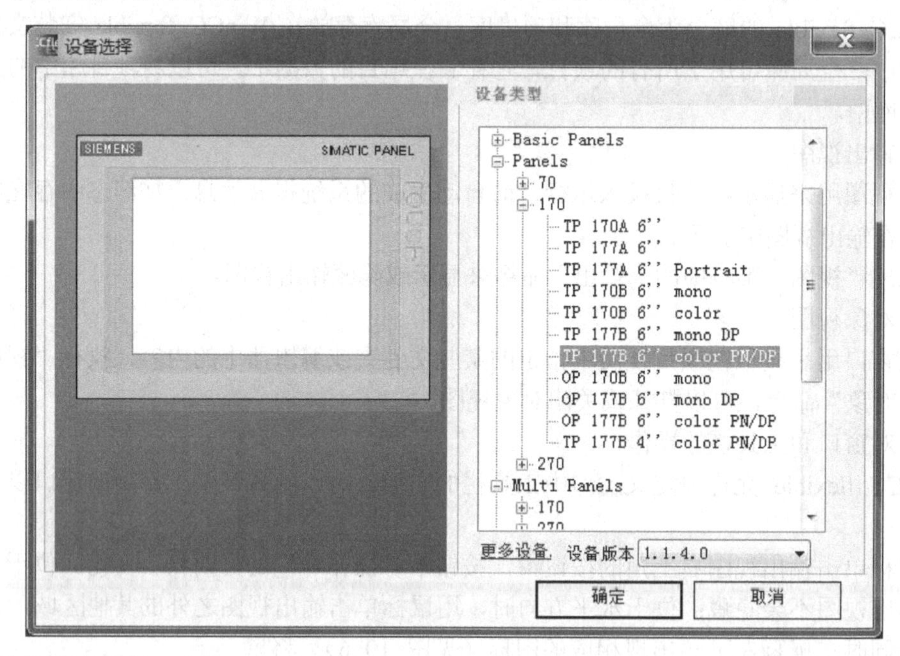

图 10-8　选择 HMI 设备的型号

10.1.4　通信连接

用鼠标单击项目视图的“通信”文件夹中的“连接”图标，打开连接编辑器（如图 10-9 所示），然后用鼠标单击连接表中的第一行，将会自动出现与 S7-300/400 的连接，连接的默认名称为“连接_1”。连接表的下方是连接属性视图。图中的参数为默认值，是项目向导自动生成的。一般可以直接采用默认值，用户也可以修改这些参数。

本书所讲述的是 HMI 与 S7-300 PLC 之间的连接，TP 177B 6” color PN/DP 触摸屏有两个类型接口，一个是 RS 485 接口，一个是以太网接口。若接口类型选择 RS 485（IF1B），则 HMI 与 S7-300 PLC 之间可采用 MPI 和 DP 两种网络方式进行数据通信；若接口类型选择以太网，则 HMI 与 S7-300 PLC 之间则采用以太网方式进行数据通信。通信波特率 19.2kbit～12Mbit。网络栏中配置文件有“MPI”“DP”“标准的”和“通用的”4 种选择。PLC 设备栏的扩展插槽必须填入 2，因为与 S7-300 PLC 通信时，其 CPU 安装在机架的第 2 号槽上。

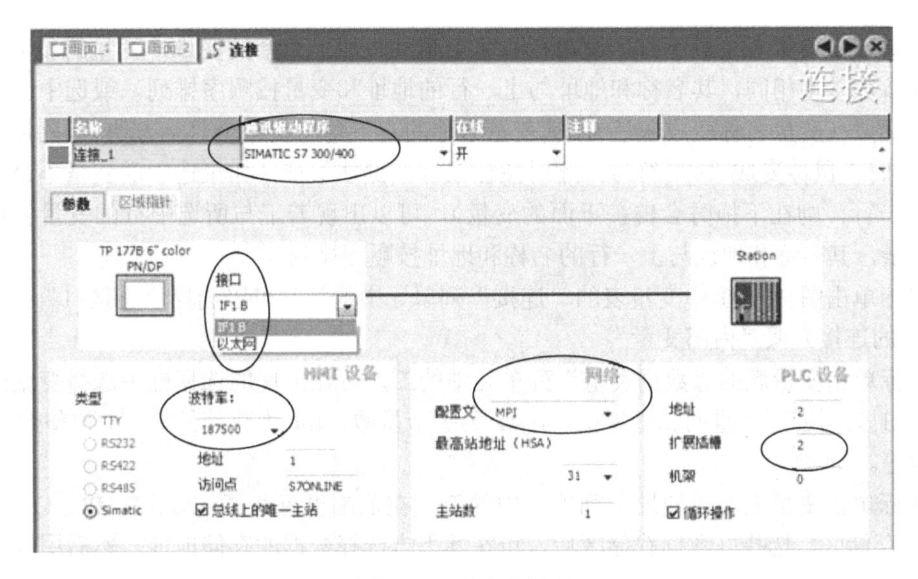

图 10-9　连接编辑器

10.1.5　生成变量

1．变量的分类

变量（Tag）分为外部变量和内部变量，每个变量都有一符号名和数据类型。外部变量是操作单元（人机界面）与 PLC 进行数据交换的桥梁，是 PLC 中所定义存储单元的映像，其值随 PLC 程序的执行而改变。可以在 HMI 设备和 PLC 中访问外部变量。

内部变量存储在 HMI 设备的存储器中，与 PLC 没有连接关系，只有 HMI 设备能访问内部变量。内部变量用于 HMI 设备内部的计算或执行其他任务。内部变量用名称来区分，没有地址。

2．变量的生成与属性设置

变量编辑器用来创建和编辑变量。用鼠标双击项目视图中的“变量”图标，将打开变量编辑器。图 10-10 为变量编辑器，可在工作区的表格中或在表格下方的属性视图中编辑变量的属性。

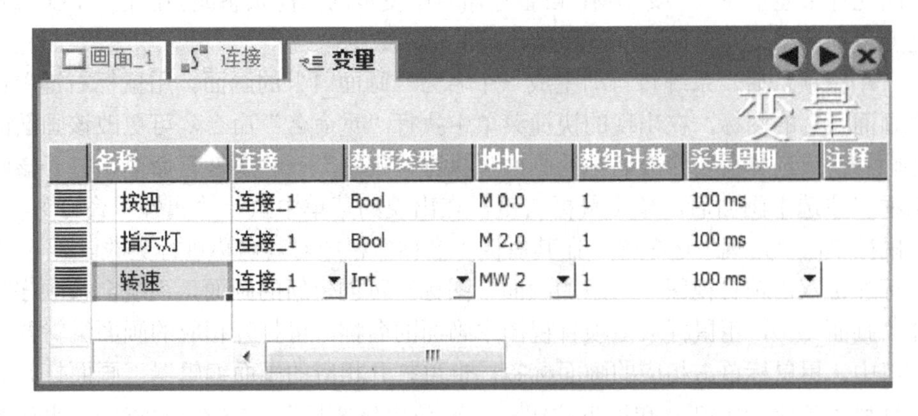

图 10-10　变量编辑器

用鼠标双击变量表中最下方的空白行，将会自动生成一个新的变量，变量的参数与上一行变量的参数基本相同，其名称和地址与上一行的地址和变量按顺序排列。或选中已建变量中的某一变量（变量名称变成灰色），其变量名称的右下角出现一个“小方块”，鼠标靠近此“小方块”时，鼠标变成“+”符号，此时按住鼠标左键往下拖（如果选中的变量不是已建变量的最后一行，则在下拖时会覆盖下面的变量），可以出现若干与所选中行的变量参数基本相同的变量，其名称和地址与上一行的名称和地址按顺序排列。

用鼠标单击图 10-10 中变量表的“连接”列单元中的▾，可以选择“连接_1”（HMI 设备与 PLC 的连接）或“内部变量”。

用鼠标单击变量表的“数据类型”列单元中的▾，可在出现的选择框中选择变量的数据类型。Bool 为用于开关量的二进制位，Byte 为字节型数，Int 为有符号的 16 位整数，Word 为字型数等。

用鼠标单击变量表的“地址”列单元中的▾，在范围里可选择 DB、I、PI、Q、PQ 和 M 等数据存储区，选择好数据存储区后，可在其下方选择数据的存储地址，然后用鼠标单击图标☑确认。

用鼠标单击变量表的“采集周期”列单元中的▾，选择数据采集的周期值，范围为 100ms ～1h，选择好采集周期值后，然后用鼠标单击图标☑确认。采集周期用来确定画面的刷新频率。在设置时需要考虑过程值的变化速度。

变量表中“注释”列，可以对所定义变量进行注释。

用鼠标单击变量表中变量名称前面的图标≣，即选中该变量，按下〈Delete（删除）〉键可删除选中的变量。

10.1.6 生成画面

人机界面用画面中可视化的画面元件来反映实际的工业生产过程，也可以在画面中修改工业现场的过程设定值。

画面由静态元件和动态元件组成。静态元件（如文本或图形对象）用于静态显示，在运行时它们的状态不会变化，不需要变量与之连接，它们不能由 PLC 更新。

动态元件的状态受变量控制，需要设置与它连接的变量，用图形、字符、数字趋势图和棒图等画面元件来显示 PLC 或 HMI 设备存储器中变量的当前状态或当前值。PLC 或 HMI 设备通过变量和动态元件交换过程值和操作员的输入数据。

创建一个空项目后，系统将自动生成一个名为“画面_1”的画面。用鼠标右键单击项目视图中“画面_1”的图标，在出现的快捷菜单中执行“重命名”命令，可更改该画面的名称（如初始画面）；或选择需要修改名称的画面，执行“视图”→“属性”命令，打开该画面的属性对话框（或选中画面后，单击鼠标右键，在出现的菜单中执行“属性”命令），在属性对话中用鼠标单击“常规”选项卡，在其右侧“名称”栏中对其名称进行更改。

用鼠标左键双击项目视图中“添加画面”图标，可创建新的画面，系统会按顺序产生画面名（如“画面_2”），用鼠标双击项目视图中画面的名称，可打开相应的画面编辑器，或在编辑器窗口中，用鼠标单击相应的画面标签，也可打开相应的画面编辑器。画面打开后，可以使用工具栏中的放大按钮和缩小按钮，或放大倍选择框（25%～400%），来放大或缩小显示的画面。

在画面编辑器下方属性对话框的“常规”选项卡中，可以设置画面的名称、编号和背景颜色。用鼠标单击“背景色”选择框中的▾，在出现的颜色列表中选择画面的背景色为白色。用鼠标单击画面下方属性视图（见图 10-6）中的“使用模板”复选框，使其中的“√”消失，则选择在组态时不显示模板中的对象。

10.1.7 项目模拟

WinCC flexible 提供了一个仿真器软件，在没有 HMI 设备的情况下，可以使用 WinCC flexible 的运行系统模拟 HMI 设备，用它来测试项目，调试已组态的 HMI 设备功能。

执行“项目”菜单下“编译器”中的“使用仿真器启动运行系统”命令或用鼠标单击工具栏中的按钮，可直接从正在运行的组态软件中起动仿真器。

如果起动仿真器之前没有预先编译项目，则系统自动起动编译，编译成功后才能模拟运行。编译的相关信息将显示在输出视图中。

当首次模拟项目时，模拟器将起动一张新的空白模拟表与 WinCC flexible Runtime 画面。WinCC flexible Runtime 画面与真实 HMI 设备上的画面相当，在模拟表中可以输入用于项目的变量和区域指针的参数。这样就可以模拟 PLC 上运行的变量了。

10.1.8 项目传送

项目调试完成后需要将项目传送到 HMI 设备中，传送前，首先需要将 HMI 设备与组态的 PC 连接，其连接方式取决于 HMI 设备的型号；其次分别在组态软件 WinCC flexible 与 HMI 设备上设置通信参数，该参数要与实际连接方式一致；最后才能将项目从组态 PC 传送到 HMI 设备。本书以 TP 177B PN/DP 为介绍对象。

1．HMI 设备与组态 PC 的连接

TP 177B PN/DP 有一个 USB 接口、一个 RS422/RS485 接口和一个 PROFINET I/O 以太网接口。TP 177B PN/DP 与组态的 PC 之间有 4 种连接方式供用户选择，分别是通过以太网连接、RS232/PPI 多主站电缆连接、MPI/DP 连接、USB 连接。

2．设置 HMI 设备与组态软件的通信参数

（1）设置 HMI 设备的通信参数

用户根据 HMI 设备与组态 PC 的连接方式来设置 HMI 设备的通信参数。HMI 上电后，在“Loader（装载程序）”对话框中，按下“Control Panel（控制面板）”按钮，在打开的界面中用鼠标双击“Transfer（传送）”图标，弹出“Transfer Settings（传送设置）”对话框。

在“Channel（通道）”标签中，通过 RS232/PPI 多主站电缆方式进行数据传送需要对“Channel 1（通道 1）”进行设置。若是通过以太网连接、MPI/DP 连接、USB 连接方式进行数据传送，可以通过下拉菜单进行选择，对“Channel 2（通道 2）”进行设置。根据 HMI 设备与组态 PC 的连接情况激活相应的“Enable Channel（传输通道）”复选框和“Remote Control（远程控制）”复选框。“Remote Control（远程控制）”表示无需手动退出运行系统即可下载项目到触摸屏中。

选择使用“Channel 2（通道 2）”进行下载时，若是通过以太网连接、MPI/DP 连接方式，还需要通过用鼠标单击“Advanced（高级）”按钮设置总线参数，如站地址（MPI 或 PROFIBUS 地址）、IP 地址、传输速率和网络最高站地址等。

● 若选择的连接方式为“MPI”，需要设置 HMI 设备的 MPI 地址、超时时间、数据传输速率与网络最高站地址。如果在 MPI 网络中没有定义任何其他的设备作为主站，则激活“HMI 是网络中唯一的主站”复选框。如果另一个设备（如 S7-300 PLC）已被定义为主站，则取消复选框的选择。
● 若选择的连接方式为“PROFIBUS”，需要设置 HMI 设备的 PROFIBUS 地址、超时时间、数据传输速率、网络最高站地址与总线类型。如果在 PROFIBUS-DP 网络中没有定义任何其他的设备作为主站，则激活“HMI 是网络中唯一的主站”复选框。
● 若选择的连接方式为“Ethernet（以太网）”，则需单击“Properties（属性）”按钮，设置 HMI 设备的 IP 地址、子网掩码地址与默认网关地址。

注意：若选择的连接方式为以太网，则需将 HMI 设备的 IP 地址和用于组态的 PC IP 地址设置在同一个网段中。

设置完成后，单击“OK”按钮回到传送“Loader（下载）”对话框中，按下“Transfer（传送）”按钮，进入数据传送模式，HMI 设备等待从组态 PC 中传送项目。

（2）设置组态软件 WinCC flexible 的通信参数

用户根据 HMI 设备与组态 PC 的连接方式来设置组态软件 WinCC flexible 的通信参数。

打开用户的工程项目后，执行“项目”→“传送”→“传送设置”命令或用鼠标单击工具栏中的按钮，出现“选择设备进行传送”对话框。

用户需要进一步设置通信参数。根据 HMI 设备与组态 PC 的连接方式来进行模式的设置。

● 以太网：HMI 设备与组态 PC 通过以太网连接进行数据传输，需要设置项目传送到的触摸屏的 IP 地址。

注意：此处 IP 地址不是用于组态 PC 的 IP 地址。

● RS232/PPI 多主站电缆：HMI 设备与组态 PC 通过 RS232/PPI 多主站电缆连接进行数据传输。选择串行模式，需要设置连接的串口号及波特率，使用 RS232/RS485 适配器。

注意：该波特率的设置与 RS232/RS485 适配器上 DIP 开关的设置一致。

● MPI/DP：HMI 设备与组态 PC 通过 MPI 或 PROFIBUS-DP 连接进行数据传输，需要输入触摸屏的 MPI 站地址或 PROFIBUS 站地址。选择 MPI 接口进行连接时，可用 PC Adapter 适配器。
● USB：使用 USB/PPI 多主站电缆连接方式进行数据传输。

3．传送项目

通信参数设置完成后，用鼠标单击传送窗口中的“传送”按钮，即可将用户的工程项目下载到 HMI 设备中。这时 WinCC flexible 软件开始编译项目，若在编译过程中发现错误，将在输出视图中产生错误提示信息，并终止编译过程。若编译成功，系统将检查 HMI 设备的版本，并建立连接。

如果在 WinCC flexible 软件中选择的设备版本与实际 HMI 的设备版本不一致，将导致不能把计算机上所组态的项目下载到 HMI 设备中。此时，需要对设备进行“OS 更新”。执行“项目”→“传送”→“OS 更新”命令，在弹出的对话框中用鼠标单击“更新 OS”按钮，对 HMI 设备进行更新。

如果连接成功，在组态 PC 的屏幕上将会出现“传送状态”窗口显示传送进度，项目将被传送到 HMI 设备中。如果传送失败，将出现错误提示信息，提示不能建立连接。这时需要检查相关的设置、接口和电缆。

10.2 按钮的组态

按钮是 HMI 设备上的虚拟键，可以用来控制生产过程。按钮的模式共有 3 种：文本按钮、图形按钮和不可见按钮。

10.2.1 文本按钮

组态一个按钮，使其具有点动的功能，将该按钮与一个 Bool 型变量连接，如变量_1，按下该按钮时“变量_1”被置位，释放该按钮时“变量_1”被复位。

使用工具箱中的“简单对象”，选择“按钮”，将其拖放到某个画面区域，通过鼠标的拖动调整其大小。在该按钮属性视图的“常规”类对话框中，设置“按钮模式”为“文本”。在“文本”区域，选中“文本”单选按钮。设置“‘OFF’状态文本”，在其中输入“点动”。由于未激活复选框“‘ON’状态文本”，则该按钮按下时和弹起时显示相同的文本。

在该按钮属性视图的“事件”类对话框中，组态按下该按钮时所执行的系统函数。用鼠标单击视图右侧最上面一行，再用鼠标单击它右侧出现的按钮（单击前被隐藏），在出现的“系统函数”列表中选择“编辑位”文件夹中的函数“SetBit（置位）”。

连接变量，用鼠标单击函数列表中第二行右侧隐藏的按钮，在出现的变量列表中选择“变量_1”，组态文本按钮按下时操作的变量如图 10-11 所示。这样，在 HMI 设备运行时，按下该按钮，“变量_1”将被置为“1”。

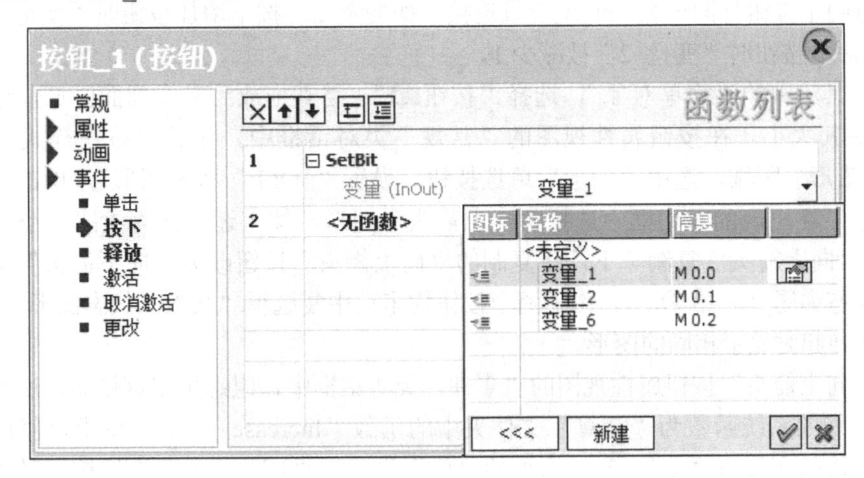

图 10-11 组态文本按钮按下时操作的变量

使用同样的方法，组态在释放该按钮时所执行的系统函数。选择的系统函数为“编辑位”文件夹中的函数“ResetBit（复位）”，所连接的变量为“变量_1”。

用鼠标单击 WinCC flexible 工具栏中的按钮，起动带模拟器的运行系统，开始离线模拟运行，文本按钮的模拟运行如图 10-12 所示。在模拟器的“变量”列表中选择“变量_1”，在模拟器的“开始”列表下方“变量_1”前的方框内打上“√”，用鼠标单击 WinCC flexible Runtime 窗口中“点动”按钮（即按下该按钮），这时“变量_1”被置位。在模拟器的“当前值”列会显示“–1”（在模拟器中 Bool 型变量的最小值被定义为“–1”，最大值被定义为“0”）；当“点动”按钮被释放时，“变量_1”被复位，在模拟器的“当前值”列会显示“0”。

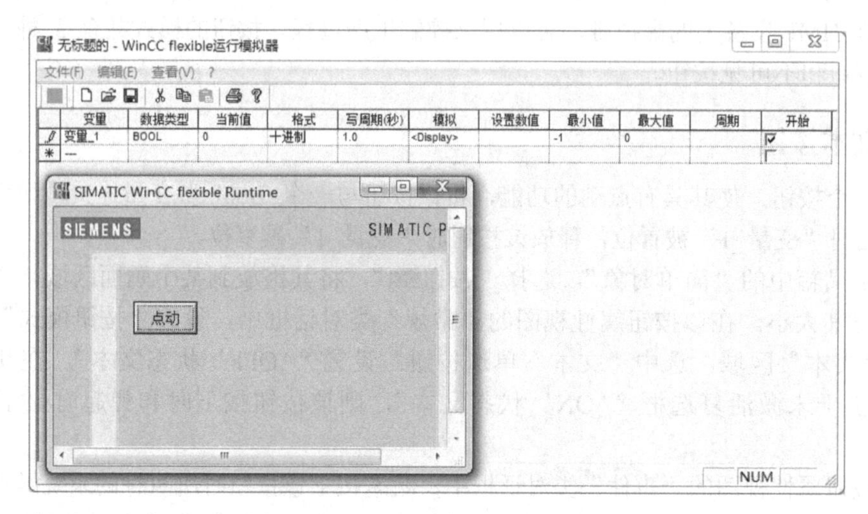

图 10-12　文本按钮的模拟运行

10.2.2　图形按钮

组态两个按钮，分别为增加和减少按钮，其中增加按钮增加变量的值，减少按钮减少变量的值，将两个按钮与同一个 Int 型变量连接，如变量_2。按下增加按钮时“变量_2”被增加 1，按下减少按钮时“变量_2”被减少 1。

使用工具箱中的“简单对象”，选择“按钮”，将其拖放到某个画面区域，通过鼠标的拖动调整其大小。在按钮属性视图的“常规”类对话框中，设置“按钮模式”为“图形”。在“图形”区域，选中“图形”单选按钮。设置“‘OFF’状态图形”，单击选择框右侧的按钮，在出现的对话框中选择“向上箭头”图形。按上述方法再组态一个“向下箭头”，或将“向上箭头”复制一下，将复制的“向上箭头”按钮改为“向下箭头”按钮，图形按钮的组态如图 10-13 所示。由于两个按钮均未选中复选框“‘ON’状态图形”，则该按钮按下时和弹起时显示相同的图形。

选中“向上箭头”按钮属性视图的“事件”类对话框中，组态单击该按钮时所执行的系统函数。选择的系统函数为“计算”文件夹中的函数“Increase Value（将指定值加到变量上）”，所连接的变量为“变量_2”，增加的“值”设置为“1”，组态单击该按钮时执行的系统函数如图 10-14 所示。如果增加的“值”设置为“5”，则每按下增加按钮，其“变量_2”

的值增加 5。

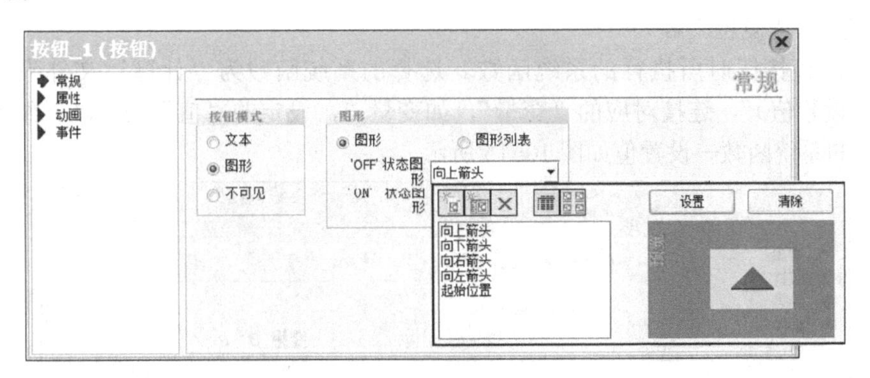

图 10-13　图形按钮的组态

图 10-14　组态单击该按钮时执行的系统函数

选中“向下箭头”按钮属性视图的“事件”类对话框中，组态单击该按钮时所执行的系统函数。选择的系统函数为“计算”文件夹中的函数“Decrease Value（将变量减少指定的值）”，所连接的变量为“变量_2”，减少的“值”设置为“1”。如果减少的“值”设置为“10”，则每按下减少按钮，其“变量_2”的值减少 10。

用鼠标单击 WinCC flexible 工具栏中的按钮，起动带模拟器的运行系统，开始离线模拟运行。在模拟器的“变量”列表中选择“变量_2”，在模拟器的“开始”列表下方“变量_2”前的方框内打上“√”，用鼠标单击 WinCC flexible Runtime 窗口中“向上箭头”按钮，在模拟器的“当前值”列显示“变量_2”被增加“1”，可连续用鼠标单击几次“向上箭头”按钮。然后用鼠标单击“向下箭头”按钮，这时“变量_2”的当前值会被减少 1。

10.2.3　按钮的其他应用

按钮除了可以控制设备点动、起停、加减变量的值外，还可以完成其他任务，如设置变量的值、增加触摸屏的对比度、画面切换等。

1．设置变量的值

使用工具箱中的“简单对象”，选择“按钮”，将其拖放到某个画面区域，通过鼠标拖动调整其大小。在按钮属性视图的“常规”类对话框中，设置“按钮模式”为“文本”。

在“文本”区域，选中“文本”单选按钮。设置“‘OFF’状态文本”，在其中输入“初始值”（或“清 0”、“复位”等）。

组态单击该按钮时所执行的系统函数。选择的系统函数为“计算”文件夹中的函数“SetValue（设置值）”，连接对应的“变量”，如变量_3，设定的“值”为 100，组态单击该按钮时执行的系统函数—设置值如图 10-15 所示。

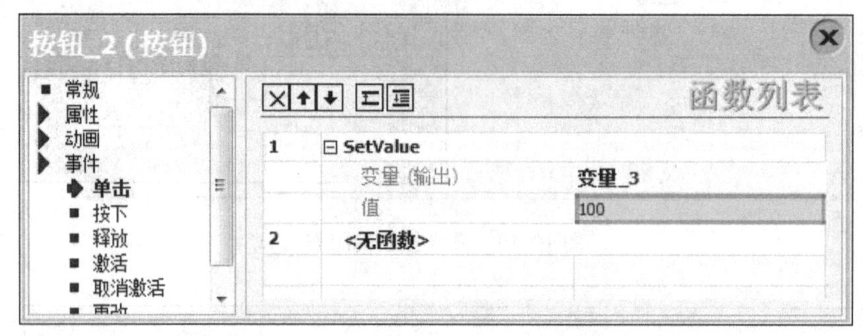

图 10-15　组态单击该按钮时执行的系统函数—设置值

用鼠标单击 WinCC flexible 工具栏中的按钮，起动带模拟器的运行系统，开始离线模拟运行，可用上述方法通过调节“向上箭头”或“向下箭头”使变量_3 的值为其他值，或直接用鼠标单击“初始值”按钮，“变量_3”将被赋值为 100。

2．增加对比度

使用工具箱中的“简单对象”，选择“按钮”，将其拖放到某个画面区域，通过鼠标拖动调整其大小。在按钮属性视图的“常规”类对话框中，设置“按钮模式”为“文本”。在“文本”区域，选中“文本”单选按钮。设置“‘OFF’状态文本”，在其中输入“增加对比度”。

组态单击该按钮时所执行的系统函数。选择的系统函数为“系统”文件夹中的函数“AdjustContrast（调节对比度）”，将调整行设置为“增加”，组态单击该按钮时执行的系统函数—调节对比度如图 10-16 所示。

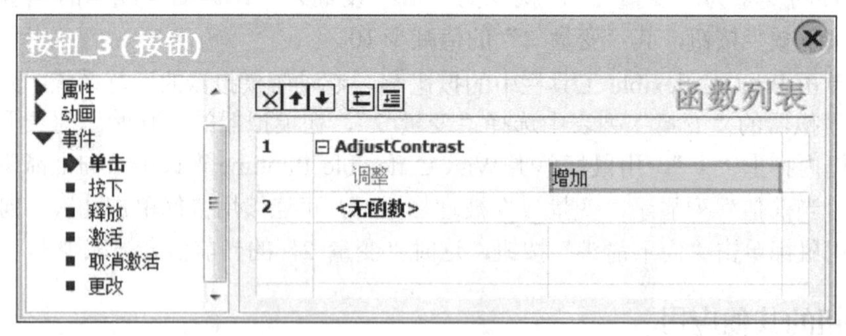

图 10-16　组态单击该按钮时执行的系统函数—调节对比度

该功能无法使用模拟器测试。只有将项目下载到 HMI 设备后，按下该按钮，HMI 设备屏幕的对比度才会增加。

3．画面切换

生成两幅画面，画面_1 和画面_2。为了区分两幅画面，在画面_1 和画面_2 中分别放入一个按钮，设置为“画面 1“和”画面 2”。

组态单击该按钮时所执行的系统函数。选择的系统函数为“画面”文件夹中的函数“ActivateScreen（切换到指定画面）”，在画面名中设置为“画面_2”，组态单击该按钮时执行的系统函数—画面切换如图 10-17 所示。

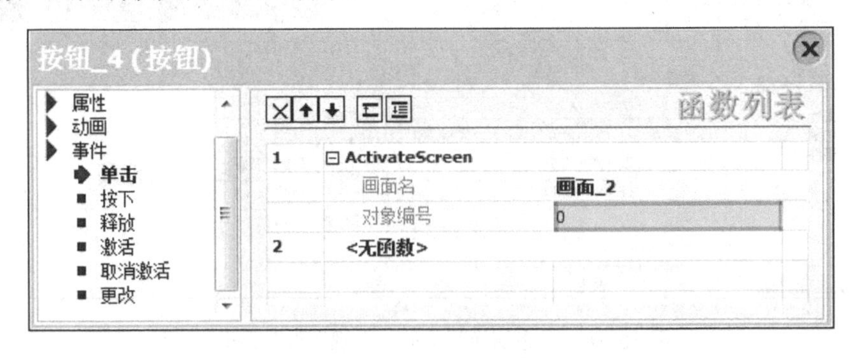

图 10-17　组态单击该按钮时执行的系统函数—画面切换

使用同样的方法，在画面_2 中放入一个按钮“画面 1”，组态单击该按钮时所执行的系统函数。选择的系统函数为“画面”文件夹中的函数“ActivateScreen（切换到指定画面）”，在画面名中设置为“画面_1”。

用画面直接拖放方式也可以组态画面切换按钮，方法如下：

打开“画面_1”，在项目视图的项目栏中，用鼠标左键按住“画面_2”图标并将其拖放到画面_1 中，在画面_1 中自动生成“画面_2”按钮；用同样方法打开画面_2，在项目栏中，用鼠标左键按住“画面_1”图标并将其拖放到画面_2 中，在画面_2 中自动生成“画面_1”按钮。

用鼠标单击 WinCC flexible 工具栏中的按钮，起动带模拟器的运行系统，开始离线模拟运行。可以看到，在画面_1 中用鼠标单击“画面 2”按钮，画面将会被切换到画面_2。在画面_2 中用鼠标单击“画面 1”按钮，画面将会被切换到画面_1。

10.3 开关的组态

开关同样是 HMI 设备上的虚拟键，可以用来控制生产过程。按开关切换模式分 3 种：切换、通过文本切换和通过图形切换。

10.3.1 切换开关

使用工具箱中的“简单对象”，选择“开关”，将其拖放到某个画面区域，通过鼠标拖动调整其大小。在按钮属性视图的“常规”类对话框中，设置开关切换方式为“切换”。在“标签”中输入开关用途，如“进料开关”“电动机起停开关”等；设置开关切换时，在“‘ON’状态文本”中输入“开”或“起”等，在“‘OFF’状态文本”中输入“关”或“停”等，设置开关切换时的“过程变量”为“变量_4”，组态切换开关的“常规”类对话框如图 10-18 所示。它的上部是文字标签，中间是打开和关闭时所对应的文本，下部是带滑块的推拉式开关。

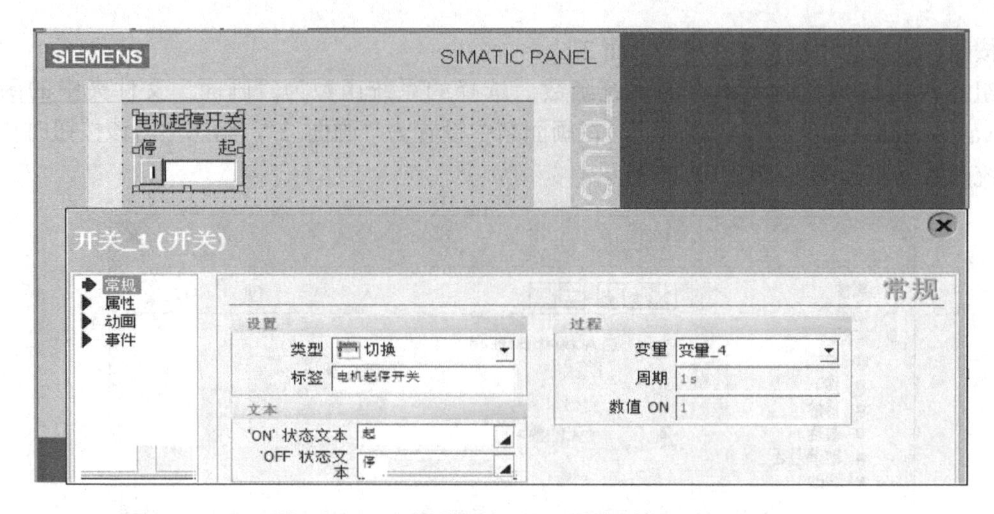

图 10-18　组态切换开关的“常规”类对话框

切换开关的两种状态均按开关的形式显示，开关的位置指示当前状态。在运行期间，通过滑动开关来改变状态。对于这种类型的开关，在其属性视图的“属性”类“布局”对话框中，可以设置开关的方向。

用鼠标单击 WinCC flexible 工具栏中的按钮，起动带模拟器的运行系统，开始离线模拟运行。可以看到，用鼠标双击该开关的滑块，滑块将向运动另一侧，与之相连接的“变量_4”的值也随之发生变化。

10.3.2　文本切换开关

使用工具箱中的“简单对象”，选择“开关”，将其拖放到某个画面区域，通过鼠标的拖动调整其大小。在按钮属性视图的“常规”类对话框中，设置开关切换方式为“通过文本切换”。设置开关切换时，在“‘ON’状态文本”中输入“开”，在“‘OFF’状态文本”中输入“关”，设置开关切换时的“过程变量”为“变量_5”，组态通过文本切换开关的“常规”类对话框如图 10-19 所示。它的外观与按钮相同。

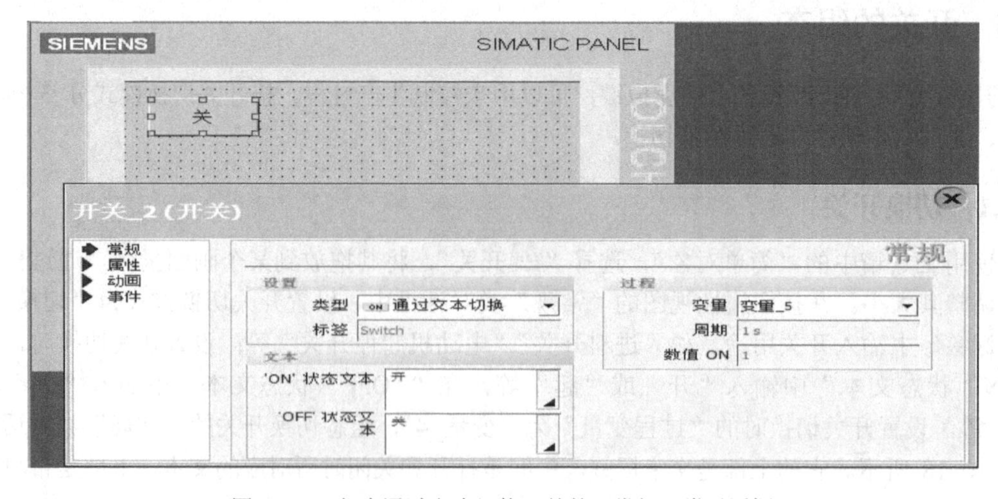

图 10-19　组态通过文本切换开关的“常规”类对话框

通过文本切换的开关显示为一个按钮。其当前状态通过文本来显示。在运行期间单击即可起动开关。

用鼠标单击 WinCC flexible 工具栏中的按钮，起动带模拟器的运行系统，开始离线模拟运行。可以看到，用鼠标单击该开关，开关上的文本在“开”和“关”之间切换，与之相连接的变量_5 的值也在“1”和“0 之间切换。

10.3.3 图形切换开关

使用工具箱中的“简单对象”，选择“开关”，将其拖放到某个画面区域，通过鼠标拖动调整其大小。在按钮属性视图的“常规”类对话框中，设置开关切换方式为“通过图形切换”。设置开关切换时，将“‘ON’状态图形”设置为“”，将“‘OFF’状态文本”设置为“”，设置开关切换时的“过程变量”为“变量_6”。如果没有找到想要的图形，则可以通过添加库文件来寻找。选中工具箱中的“库”文件，用鼠标右击库工作区中的空白处，在弹出的快捷菜单中选择“库...”→“打开”命令。在出现的对话框中，用鼠标单击“系统库”，选择右侧窗口中“Button_and_switches.wlf”，用鼠标单击“打开”按钮，这时在工具窗口“库”中已添加了“Button_and_switches”库。

通过图形切换的开关也显示为一个按钮，其当前状态通过图形来显示。在运行期间用鼠标单击即可起动开关。

用鼠标单击 WinCC flexible 工具栏中的按钮，起动带模拟器的运行系统，开始离线模拟运行。可以看到，用鼠标单击该开关，开关上的图形在“”和“”之间切换，与之相连接的“变量_6”的值也在“1”和“0 之间切换。

10.4 指示灯的组态

在此，通过矢量对象组态指示灯。在 WinCC flexible 中，用户可以简单直接地选择组态各种类型的矢量对象，如线、折线、多边形、椭圆、圆和矩形，并且可以任意调整其尺寸、大小等各种属性。

在此，利用系统提供的圆这一矢量对象组态一个指示灯。“圆”对象是可用一种颜色或图案填充的封闭对象，可以对其尺寸、颜色及动态属性进行修改。

使用工具箱中的“简单对象”，选择“圆”，将其拖放到某个画面区域。在其“属性”对话框中，设置圆的静态属性，可以设置其“边框颜色”“填充颜色”等。

在“动画”类的“外观”对话框中，首先激活“启用”复选框，其次选择连接相应的变量，如变量_7，然后在“类型”中选择“位”单选按钮，编辑该位的状态，当该位的值为“0”时，将其前景色设为“黑色”，背景色设为“灰色”，让其不“闪烁”；当该位的值为“1”时，将其前景色设为“黑色”，背景色设为“绿色”，让其“闪烁”。组态矢量对象（指示灯）的外观动态属性如图 10-20 所示。

用鼠标单击 WinCC flexible 工具栏中的按钮，起动带模拟器的运行系统，开始离线模拟运行。可以看到，在“设置数值”列中输入“1”，即“变量_7”的值为“1”，运行画面中的指示灯会在“绿色”和“黑色”之间不断闪烁。在“设置数值”列中输入“0”，即“变量_7”的值为“0”，运行画面中的指示灯为“灰色”，并且不会闪烁。

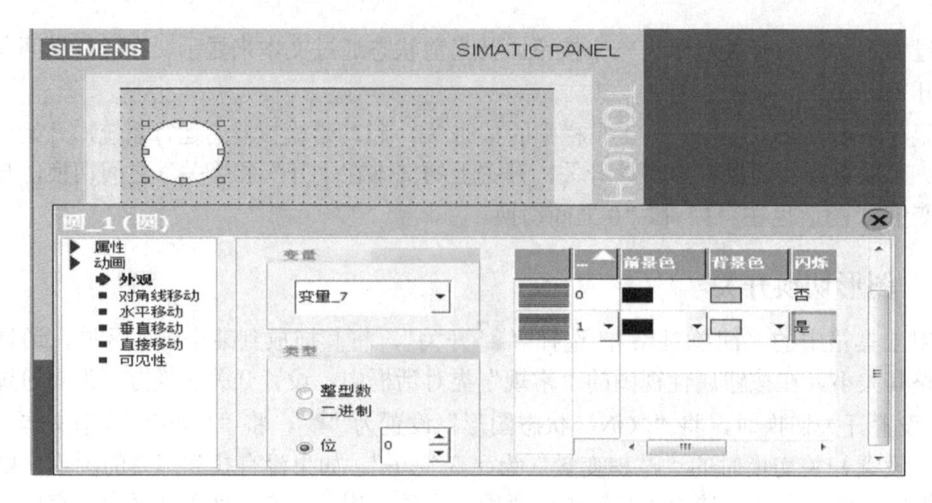

图 10-20　组态矢量对象（指示灯）的外观动态属性

也可以通过“Button_and_switches”库文件组态指示灯，请读者参考其他相关资料自行组态。

10.5　实训 21　电动机的点动和连动运行控制

10.5.1　实训目的

1）掌握按钮的组态。

2）掌握开关的组态。

3）掌握指示灯的组态。

4）掌握使用 PLCSIM 和 WinCC flexible 模拟控制系统运行方法。

10.5.2　实训任务

使用触摸屏 HMI 控制电动机的点动和连动运行控制，即在触摸屏 HMI 中通过切换开关决定电动机的运行模式，若切换开关指向“点动”位置，按下起动按钮时，电动机点动运行；若切换开关拨向“连动”位置，按下起动按钮时，电动机连续运行，按下停止按钮电动机停止运行。

10.5.3　实训步骤

1．元件组态

打开 WinCC flexible 软件，创建一个空白项目，选择 TP 177B PN/DP 触摸屏。首先进行通信连接，即选择连接 S7-300/400 PLC，接口选为“IF1B”，配置网络选为“DP”，即 PLC 与 HMI 使用 PROFIBUS-DP 连接，扩展插槽为“2”；其次设置 4 个外部变量，分别为“切转换开关”“起动”“停止”和“指示灯”，数据类型均为 Bool，地址分别为 M0.0、M0.1、M0.2 和 M0.3，采集周期均为 100ms，电动机点动和连动运行控制的变量如图 10-21 所示。在画面_1 中对各元件进行组态。

名称	连接	数据类型	地址	数组计数	采集周期	注释
切换开关	连接_1	Bool	M 0.0	1	100 ms	
起动	连接_1	Bool	M 0.1	1	100 ms	
停止	连接_1	Bool	M 0.2	1	100 ms	
指示灯	连接_1	Bool	M 0.3	1	100 ms	

图 10-21　电动机点动和连动运行控制的变量

（1）按钮的组态

使用工具箱中的“简单对象”，选择“按钮OK”，将其拖放到“画面_1”工作区域，“按钮模式”设置为“文本”，在按钮名称改为“起动”；在“事件”对话框中，组态按下该按钮时为“置位”，释放该按钮时为“复位”，对应的变量选择“起动（M0.1）”，如图 10-22 所示。

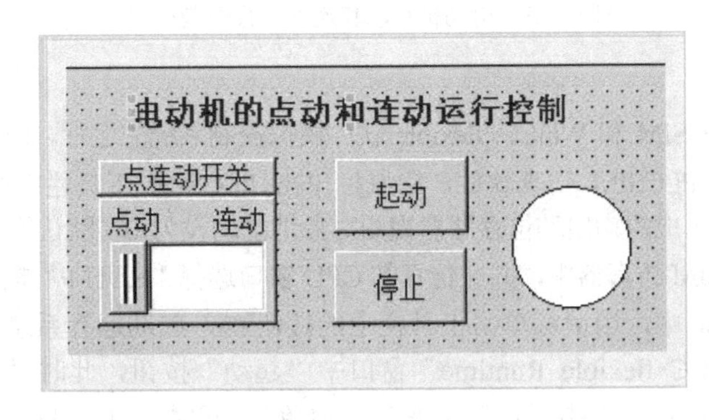

图 10-22　元件的组态画面

同样，再组态一个停止按钮，对应的变量选择“停止（M0.2）”，如图 10-22 所示。

（2）切换开关的组态

使用工具箱中的“简单对象”，选择“开关”，将其拖放到“画面_1”工作区域，将“标签”改为“点连动开关”；设置“‘ON’状态文本”为“连动”，“‘OFF’状态文本”为“点动”，设置相对应的变量为“切换开关（M0.0）”，元件的组态画面如图 10-22 所示。

（3）指示灯的组态

使用工具箱中的“简单对象”，选择“圆”，将其拖放到“画面_1”工作区域。在“动画”类的“外观”对话框中，首先激活“启用”复选框，选择连接变量“指示灯（M0.3）”，“类型”选择“位”，将“值”为“1”的“背景值”栏设为“绿色”，其他采用默认值，如图 10-22 所示。

（4）静态文本的组态

使用工具箱中的“简单对象”，选择“A文本域”，将其拖放到“画面_1”工作区域。在其属性视图的“常规”类的“文本”对话框中输入文本“电动机的点动和连动运行控制”；在其“属性”的“文本”类对话中将其“样式”设为“粗体”，“大小”设为“12”，如图 10-22

所示。关于文本域的组态将在 11.1.1 节中详细介绍。

2．硬件组态

新建一个电动机点动和连动运行控制项目，打开 SETP 7 软件的“HW Config（硬件组态）窗口”，按 1.2.3 节讲述的方法进行 PLC 的硬件组态，在此组态导轨、紧凑型的 CPU314C 模块，并将集成的数字量输入/输出模块的起始地址改为 0。

3．软件编程

电动机点动和连动运行控制程序如图 10-23 所示，程序中 Q0.0 为电动机起停控制的交流接触器。

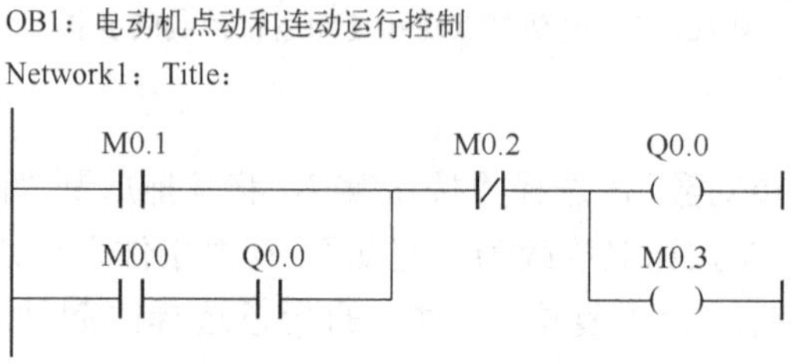

OB1：电动机点动和连动运行控制

Network1：Title：

M0.1 M0.2 Q0.0

M0.0 Q0.0 M0.3

图 10-23　电动机点动和连动运行控制程序

4．软件仿真

在此，先利用 PLCSIM 和 WinCC flexible 软件模拟控制系统的运行。用鼠标单击 SIMATIC 管理器的按钮打开 PLCSIM 仿真软件，用鼠标单击 PLCSIM 工具栏中的（输出）和（位存储器）按钮，将生成的输出和位存储器视图对象地址均设为 0（默认值），选中整个站点，将软硬件下载到 PLCSIM 仿真器中，并在仿真的 CPU 窗口选择“RUN-P”模式。

在 WinCC flexible 中，用鼠标单击工具栏中的按钮，起动运行系统，开始在线模拟，按住“SIMATIC WinCC flexible Runtime”窗口中“起动”按钮，此时“指示灯”变为“绿色”；松开“起动”按钮后，“指示灯”又变为“白色”，同时，PLCSIM 仿真器“输出”对象视图的 Q0.0 和“位存储器”对象视图的 M0.1 及 M0.3 也从“1”变为“0”。说明电动机处于“点动”工作状态，电动机“点动”工作状态模拟调试如图 10-24 所示。

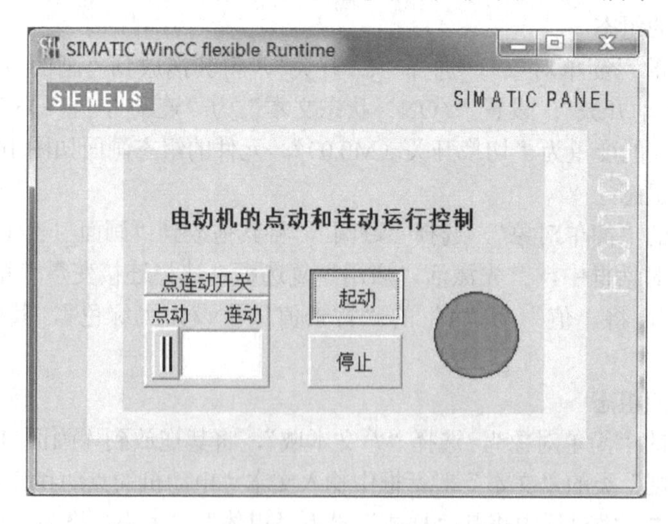

图 10-24　电动机“点动”工作状态模拟调试

将“点连动开关”拨至“连动”位置，再次按下“SIMATIC WinCC flexible Runtime”窗口中“起动”按钮后再松开，此时“指示灯”一直为“绿色”，说明电动机处于“连动”工作状态。

5．硬件连接

请读者参照图 1-45a、b 的主电路进行线路连接，再使用 PROFIBUS-DP 总线电缆将 PLC 和 HMI 相连，连接后再检查或测量确认连接无误后方可进入下一实训环节。

6．组态画面及程序下载

用鼠标单击 WinCC flexible 中按钮 ，输入触摸屏的“IP”地址，将画面组态项目下载到触摸屏中。

选择 SIMATIC 管理器中 300 站点，将电动机点动和连动运行控制项目下载到 PLC 中。

7．系统调试

硬件连接和项目下载好后，打开 OB1 组织块，起动程序状态监控功能。将“切换开关”拨至“点动”位置，按住触摸屏上“起动”按钮一段时间后再释放，观察电动机是否能从起动运行状态切换到停止状态。同时，观察触摸屏上的“指示灯”是否从“绿色”又变为“白色”。将“切换开关”拨至“连动”位置，按下触摸屏上“起动”按钮，观察电动机是否能起动并运行。同时，观察触摸屏上的“指示灯”是否一直处于“绿色”状态。按下触摸屏上“停止”按钮，观察电动机能否停止运行，同时，触摸屏上的“指示灯”能否变为“白色”。如果调试现象与控制要求一致，则实训任务完成。

10.5.4 实训拓展

控制要求同 10.5.2，系统还要求：当转换开关处于“点动”位置时，按住触摸屏上“起动” 按钮期间，触摸屏上“指示灯”处于秒级闪烁状态。

10.6 习题与思考

1．HMI 的作用是什么？

2．描述创建项目的步骤。

3．如果使用以太网模式下载 HMI 组态画面，该如何设置 HMI 和组态软件的通信参数？

4．按钮的作用有哪些？

5．如何实现在不同画面间切换操作？

6．按钮的主要功能是什么？分为几种类型？每种类型各有什么特点？

7．如何组态具有点动功能的按钮？

8．开关有哪些基本功能？分为几种类型？每种类型各有什么特点？

9．如何组态一个静态且闪烁的指示灯？

10．如何组态一个能根据变量值大小位置随着变化的动态指示灯？

第 11 章　域 的 组 态

11.1　域的组态

WinCC flexible 软件为用户提供了 5 种类型的域，分别为文本域、IO 域、符号 IO 域、图形 IO 域和日期时间域，可用于输入或显示输出各种类型的数据。

11.1.1　文本域

文本域用于设置文本标签，是不与 PLC 链接的文本，运行时它不能在操作单元上修改。文本域可用于标记控件和输入/输出域。

1．文本域静态属性的组态

使用工具箱中的“简单对象”，选择“A文本域”，将其拖放到某个画面区域。在其属性视图的“常规”类的“文本”对话框中输入文本，如“电动机的点动控制”。在其“属性”类的“外观”对话框中可以对该文本的颜色、背景色及填充式等进行设置和修改，文本域静态属性的组态如图 11-1 所示。因此文本未与任何变量相连接，所以此文本为静态文本。

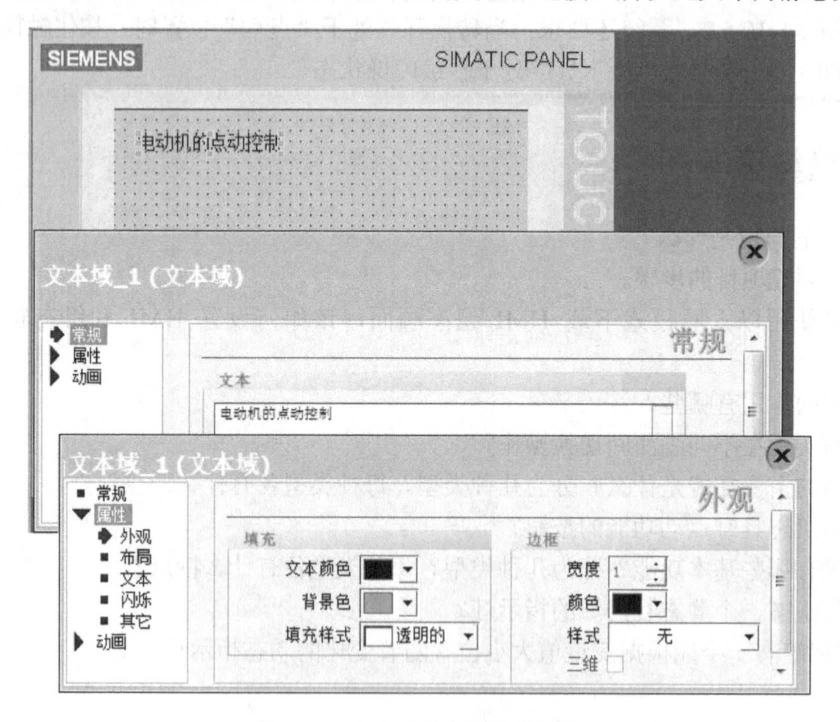

图 11-1　文本域静态属性的组态

2．文本域动态属性的组态

使用工具箱中的“简单对象”，选择“A文本域”，将其拖放到某个画面区域。在其属性视图的“常规”类的“文本”对话框中输入文本，如“电动机控制”。在其“动画”类的“外观”对话框中，首先激活“启用”复选框，其次选择连接相应的变量，如变量_11（M1.0），然后在“类型”中选择“位”单选按钮，编辑该位的状态，当该位的值为“0”时，让其不“闪烁”（在闪烁列下选择“否”）；当该位的值为“1”时，让其“闪烁”（在闪烁列下选择“是”），文本域动态属性的组态如图 11-2 所示。

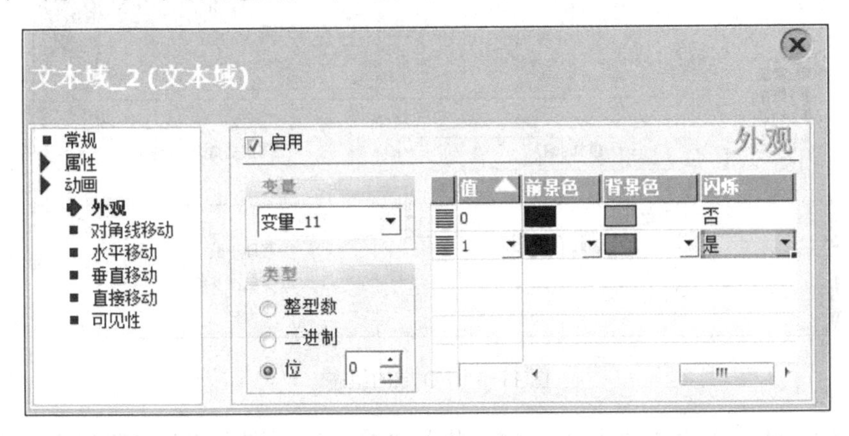

图 11-2　文本域动态属性的组态

用鼠标单击 WinCC flexible 工具栏中的按钮，起动带模拟器的运行系统，开始离线模拟运行。可以看到，当变量_11（M1.0）的值为“0”时，运行画面中的“电动机控制”文本以静态文本方式显示；当变量_11（M1.0）的值为“1”时，运行画面中的“电动机控制”文本不断闪烁。

11.1.2　I/O 域

I/O 域是用来输入或输出显示过程值的。I/O 域有 3 种类型，分别是输入域、输出域和输入/输出域。输入域用于输入要传送到 PLC 的数字、字母或符号，将输入的数值保存到指定的变量中。输出域可以在 HMI 设备上显示来自 PLC 的当前值，可以选择以数字、字母或符号的形式输出数值。输入/输出域同时具备输入和输出的功能，操作员可以用它来修改变量中数值，并将修改后的数值显示出来。

I/O 域的数据格式类型可分“二进制”“十进制”“十六进制”“字符串”“日期”与“时间”等。十六进制格式只能显示整数。如果数值超出了组态的位数，I/O 域将以“###”显示。

注意：I/O 域的数据格式类型要与所连接的变量的数据类型相匹配。

1．I/O 域的组态

使用工具箱中的“简单对象”，选择“abI/O 域”，将其拖放到某个画面区域，通过鼠标拖动调整其大小。在 I/O 域属性视图的“常规”类对话框中，可以选择 I/O 域的类型、显示格式和样式，选择所要连接的变量，如变量_12（数据类型为 Int 整数），将“模式”设置为

"输入"，I/O 域的组态如图 11-3 所示。

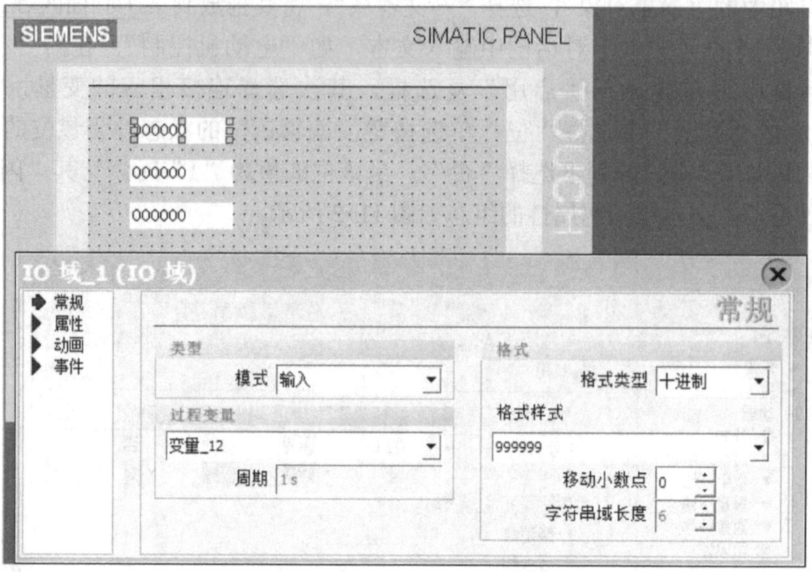

图 11-3　I/O 域的组态

用同样的方法，再生成两个 I/O 域，将其"模式"分别设置为"输出"和"输入/输出"，或将第一个 I/O 域复制两次，再将其"模式"分别设置为"输出"和"输入/输出"。

用鼠标单击 WinCC flexible 工具栏中的按钮，起动带模拟器的运行系统，开始离线模拟运行。可以看到，用鼠标单击"输出"文本框时，系统没有反应。用鼠标单击"输入"或"输入/输出"文本框时，将出现一个键盘，用户可以输入某一数值，如 30211，该值将直接写入变量_12，HMI 设备上与变量_12 所连接的"输入""输出"和"输入/输出"文本框中将显示 30211。若在"输入/输出"文本框中输入数值 31008，这时在 HMI 设备上与变量_12 所连接的"输出"和"输入/输出"文本框中显示 31008，而与其连接的"输入"文本框中仍显示之前的数值 30211，I/O 域组态的模拟运行如图 11-4 所示。

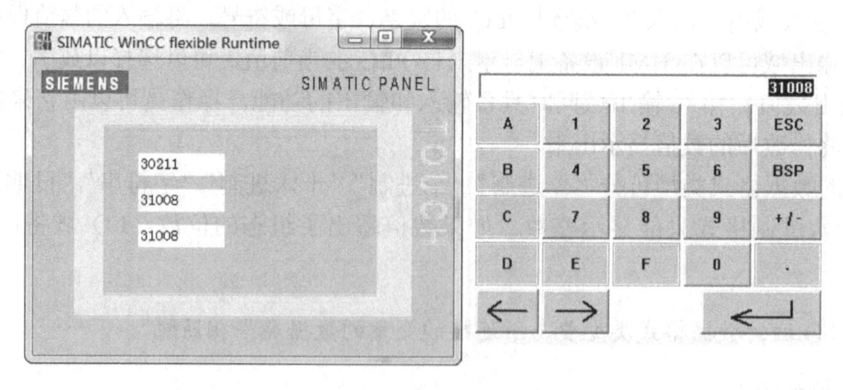

图 11-4　I/O 域组态的模拟运行

2．I/O 域的隐藏输入

在 HMI 设备的运行过程中，用户输入要传送到 PLC 的数字、字母或符号时，可以选择正常显示输入值，也可以选择加密输入内容，如口令密码的隐藏输入。在隐藏输入过程中，系统使用“*”显示每个字符。

在 I/O 域的属性视图中，在“属性”类的“安全”对话框中，激活“隐藏输入”复选框。这样，在文本框中输入数字、字母或符号时，文本框中将显示相应个数的“*”。

11.1.3 符号 I/O 域

符号 I/O 域用于组态一个下拉列表框来显示和输入运行时的文本。

1. 符号 I/O 域的组态

使用工具箱中的“简单对象”，选择“符号 I/O 域”，将其拖放到某个画面区域，通过鼠标拖动调整其大小。在符号 I/O 域属性视图的“常规”类对话框中，可以选择符号 I/O 域的类型，共有 4 种模式，分别是“输入”“输出”“输入/输出”和“双状态”。通过选择，既能从 PLC 中控制文本的输出，也可以直接从 HMI 设备面板中进行文本的输入，还可以同时进行文本的输入与输出。另外，还支持两个状态的显示模式。在这 4 种模式中，“输出”模式和“双状态”模式不支持下拉列表操作。对于下拉列表，还可设置其可见项目数。

此外，如果将符号 I/O 域的模式设置为“输入”“输出”和“输入/输出”，还需要设置索引过程变量，选择文本列表，使文本列表与索引过程变量相连接。如果文本列表未定义，可以通过用鼠标单击“新建”按钮建立一个文本列表，符号 I/O 域输入/输出、输入或输出模式的组态如图 11-5 所示。

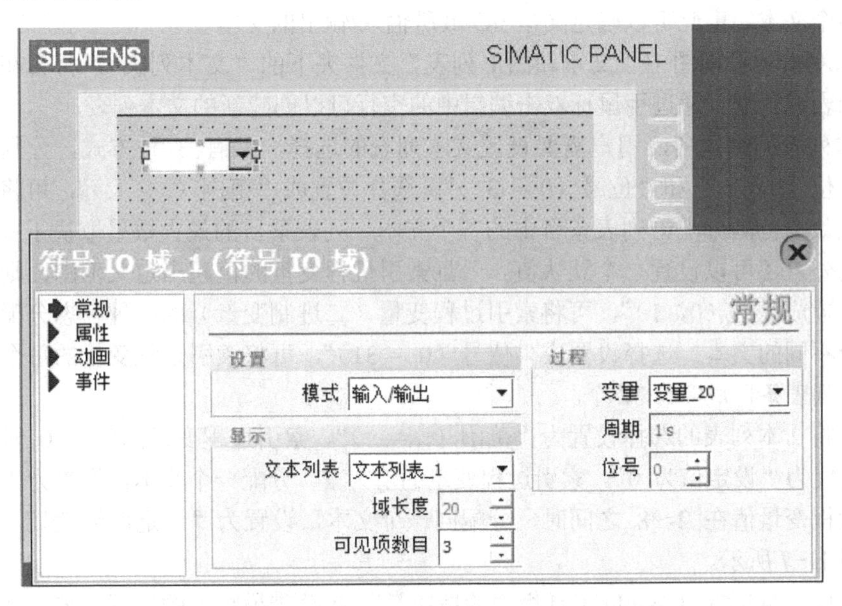

图 11-5　符号 I/O 域输入/输出、输入或输出模式的组态

如果将符号 I/O 域的模式设置为“双状态”，除了需要设置索引过程变量外，还需要设置“‘ON’状态数值”“‘ON’状态文本”和“‘OFF’状态文本”，符号 I/O 域双状态模式的组态如图 11-6 所示。这种模式的符号 I/O 域仅用于显示，并且最多可具有两种状态。

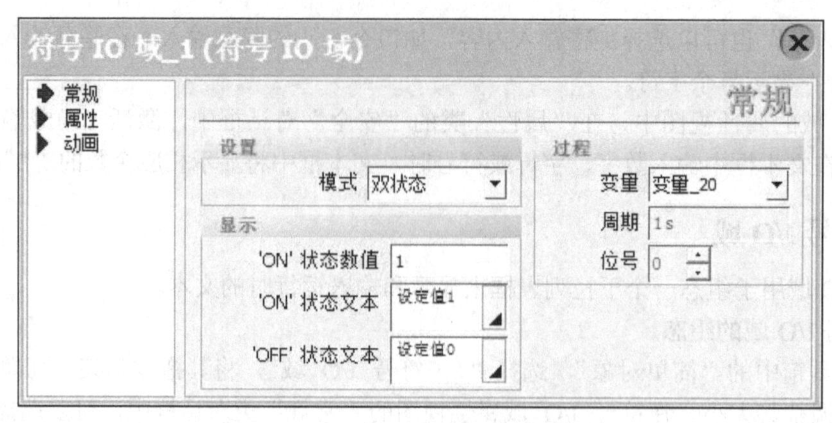

图 11-6　符号 I/O 域双状态模式的组态

在画面中创建 3 个符号 I/O 域对象，分别将其模式设置为“输入/输出”“输出”和“双状态”。将“输入/输出”模式和“输出”模式的符号 I/O 域对象的索引过程变量都设置为“变量_20（MW20，数据类型为 Int）”，新建并选择文本列表_1。将“双状态”模式的符号 I/O 域对象的索引过程变量设置为“变量_20”，设置“‘ON’状态数值”为“1”“‘ON’状态文本”为“设定值为 1”“‘OFF’状态文本”为“设定值为 0”。

2．文本列表的组态

为了显示或输入不同的文本，还需要组态文本列表。在文本列表中，将索引过程变量的值分配给各个文本。由此可以确定文本 I/O 域所输入/输出的文本。

用鼠标双击项目视图中“文本和图形列表”文件夹下的“文本列表”，将会在工作区中打开文本列表编辑器。通过用鼠标双击编辑中的空行可以创建新的文本列表。

在文本列表编辑器中，用户需要设置文本列表的选择，共有 3 种方式，分别是“范围（...–...）”“位（0，1）”和“位号（0 – 31）”。选择设置成“范围（...–...）”，可将索引过程变量的值或数据范围分配给列表条目中的各个文本。列表条目的最大数量取决于 HMI 设备的型号，此外，还可以设置一个默认值。一旦索引过程变量的值超出定义范围，则显示该文本。选择设置成“位（0，1）”，可将索引过程变量（二进制变量）的两种状态分配给列表条目中的两个不同的文本。选择设置成“位号（0 – 31）”，可将索引过程变量的每个位分配不同的文本，列表条目最多为 32 个。

在此，将文本列表的选择设置为“范围（...–...）”。索引过程变量的值为 0 时，分配一个文本，设置为“设定值为 0”。索引过程变量的值为 1，分配一个文本，设置为“设定值为 1”。索引过程变量值在 2～8 之间时，分配同一个文本，设置为“设定值无效!”，文本列表的组态如图 11-7 所示。

用鼠标单击 WinCC flexible 工具栏中的按钮，起动带模拟器的运行系统，开始离线模拟运行。在模拟器中，改变变量_20 的值。当变量_20 的值为“0”时，可以看到，3 个符号 I/O 域都显示“设定值为 0”；当变量_20 的值为“1”时，3 个符号 I/O 域都显示“设定值为 1”；　当变量_20 的值为“5”时，“输出”模式和“输入/输出”模式的符号 I/O 域都显示“设定值无效!”而“双状态”模式的符号 I/O 域却显示“设定值为 0”；　当变量_20 的值为“9”时，由于该值超出文本列表中所定义的文本，所以“输出”模式和“输入/输出”模式的符号 I/O 域都没有显示，而“双状态”模式的符号 I/O 域却显示“设定值为 0”。

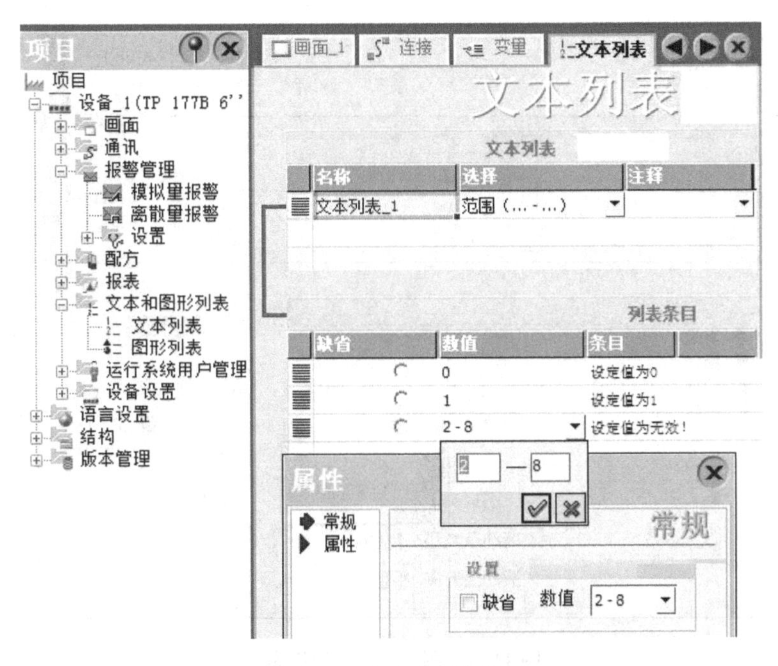

图 11-7　文本列表的组态

11.1.4　图形 I/O 域

通过图形 I/O 域可以显示生产过程的图形，也可以输入生产过程中所需要的图形。

1．图形 I/O 域的组态

使用工具箱中的“简单对象”，选择“ 图形 I/O 域”，将其拖放到某个画面区域，通过鼠标拖动调整其大小。在图形 I/O 域的属性视图的“常规”类对话框中，可以选择图形 I/O 域的类型，共有 4 种模式，分别是“输入”“输出”“输入/输出”和“双状态”。通过选择，既能从 PLC 中控制图形的输出，也可以直接从 HMI 设备面板中进行图形的输入，还可以同时进行图形的输入与输出。另外，还支持两个状态的显示模式。在这 4 种模式中，“输出”模式不支持滚动条操作。

此外，需要设置索引过程变量，选择图形列表，使图形列表与索引过程变量相连接。如果图形列表未定义，可以通过用鼠标单击“新建”按钮建立一个图形列表，图形 I/O 域的组态如图 11-8 所示。

在画面中创建两个图形 I/O 域对象，分别将其“模式”设置为“输入/输出”和“输出”。将这两个图形 I/O 域对象的索引过程变量都设置为“变量_30（MB30，数据类型为 Byte）”，新建并选择图形列表_1。

2．图形列表的组态

为了显示或输入不同的图形，还需要组态图形列表。在图形列表中，将索引过程变量的值分配给各种画面或图形。由此可以确定图形 I/O 域所输入/输出的图形。

用鼠标双击项目视图中“文本和图形列表”文件夹下的“图形列表”，将会在工作区中打开图形列表编辑器。通过用鼠标双击编辑器中的空行可以创建新的图形列表。

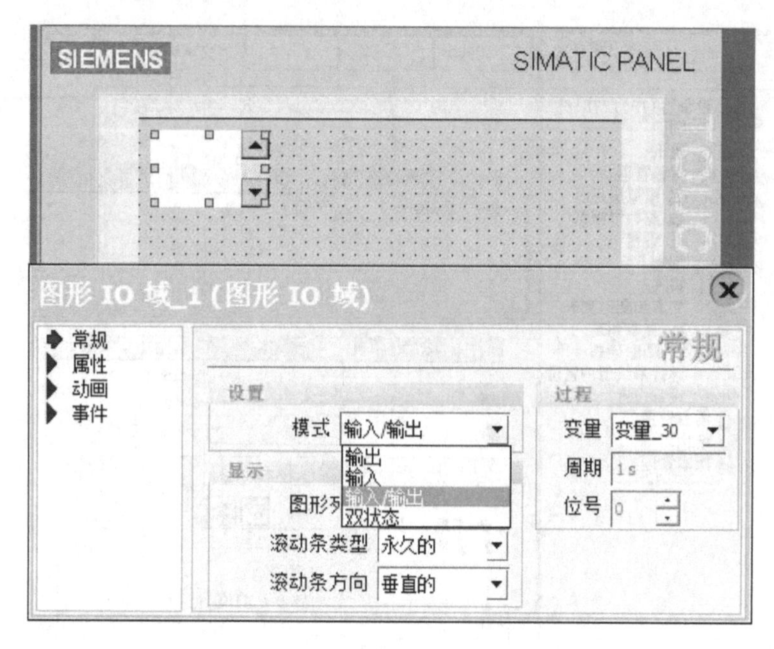

图 11-8　图形 I/O 域的组态

在图形列表编辑器中，用户需要设置图形列表的选择，共有 3 种方式，分别是“范围（...–...）”“位（0，1）”和“位号（0 – 31）”。选择设置成“范围（...–...）”，可将索引过程变量的值或数据范围分配给列表条目中的各个图形。列表条目的最大数量取决于 HMI 设备的型号，此外，还可以设置一个默认值。一旦索引过程变量的值超出定义范围，则显示该图形。选择设置成“位（0，1）”，可将索引过程变量（二进制变量）的两种状态分配给列表条目中的两个不同的图形。选择设置成“位号（0 – 31）”，可将索引过程变量的每个位分配不同的图形，列表条目最多为 32 个。

图形 I/O 域与文本 I/O 域的不同之处就是文本 I/O 域显示的是“文本”，图形 I/O 域显示的是“图形”，在此不再赘述。

11.1.5　日期时间域

除了可以使用 I/O 域组态日期时间外，WinCC flexible 软件单独提供了一个画面对象——日期时间域，用于方便快捷组态日期时间。

使用工具箱中的“简单对象”，选择“日期时间域”，将其拖放到某个画面区域，通过鼠标拖动调整其大小。在日期时间域属性视图的“常规”类对话框中，可以选择日期时间域的类型，共有两种模式，分别是“输出”和“输入/输出”。如果设置为“输出”，只用于显示；如果设置为“输入/输出”，可以作为输入域来修改当前的日期时间。

设置日期时间域的显示格式，单独显示日期，还是单独显示时间，或者同时显示日期和时间。此外，还可以组态为长格式（如 2015-10-8　9：21：23）来显示日期/时间。

设置日期时间域的显示值，显示的值可以是 HMI 设备的系统时间，也可以使用变量来输入输出日期时间，需激活“显示系统时间”单选按钮，日期时间域的组态如图 11-9 所示。

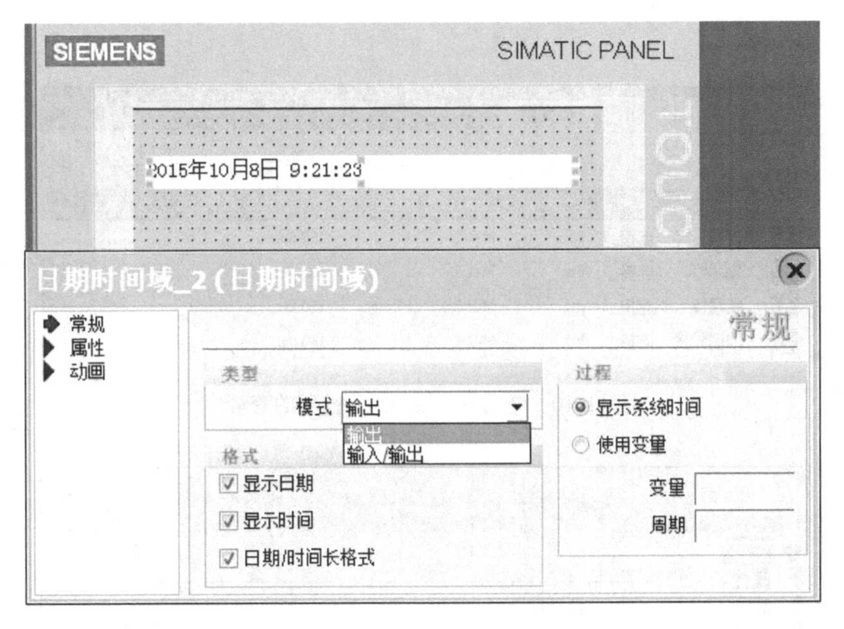

图 11-9　日期时间域的组态

11.2　实训 22　电动机的三段速运行控制

11.2.1　实训目的

1）掌握 I/O 域的组态。

2）掌握符号 I/O 域的组态。

3）掌握文本列表的组态。

4）掌握文本按钮动态显示组态的方法。

11.2.2　实训任务

使用触摸屏 HMI 控制电动机的三段速运行控制，即在触摸屏 HMI 上按下动态显示“起动”按钮起动电动机，电动机的转速通过符号 I/O 域进行选择，分别为“低速”“中速”和“高速”，同时，电动机的运行速度值通过触摸屏上的“I/O 域”加以显示。按下触摸屏 HMI 上的动态显示“停止”按钮停止电动机的运行。

11.2.3　实训步骤

1．元件及域的组态

前期工作可参照 10.5.3 节内容进行，电动机三段速运行控制的变量如图 11-10 所示。

（1）按钮的组态

使用工具箱中的“简单对象”，选择“按钮OK”，将其拖放到“画面_1”工作区域，“按钮模式”设置为“文本”；在“文本”区域，选中“文本列表”单选按钮，新建并选择文本列表_1；设置索引过程变量，在“变量”下拉列表框中选择“起停（M0.0）”，文本按钮的组态如图 11-11 所示。

名称	连接	数据类型	地址	数组计数	采集周期	注释
起停	连接_1	Bool	M 0.0	1	100 ms	
指示灯	连接_1	Bool	M 0.1	1	100 ms	
转速值	连接_1	Int	MW 2	1	100 ms	
转速设置	连接_1	Int	MW 4	1	100 ms	

图 11-10　电动机三段速运行控制的变量

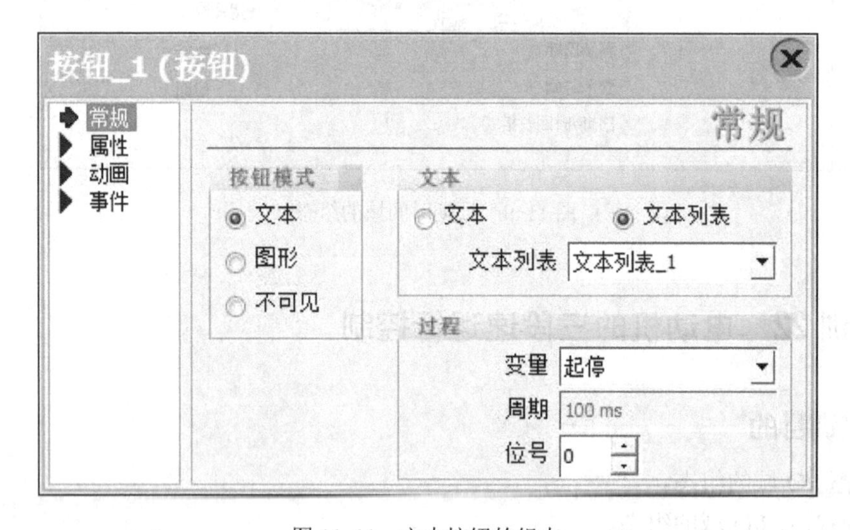

图 11-11　文本按钮的组态

打开文本列表编辑器，组态文本列表_1。设置文本列表的选择为“位（0，1)”。索引过程变量的值为 0 时，分配一个文本，设置为“起动”； 索引过程变量的值为 1 时，分配一个文本，设置为“停止”。

组态单击该按钮时所执行的系统函数。选择的系统函数为“编辑位”文件夹中的函数“InvertBit（位取反)”，所连接的变量为“起停（m0.0)”组态文本按钮单击时操作的变量如图 11-12 所示。

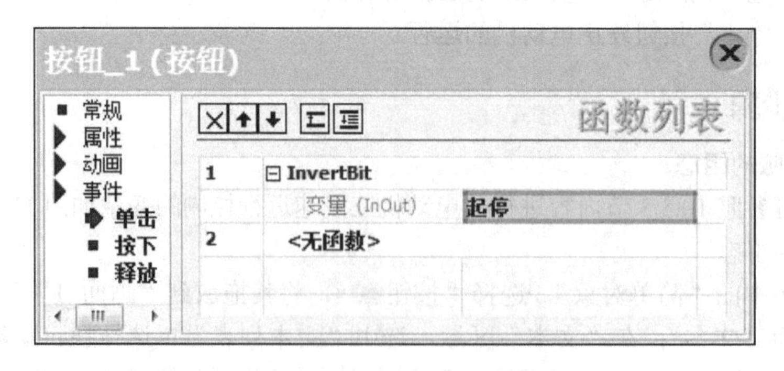

图 11-12　组态文本按钮单击时操作的变量

（2）指示灯的组态

指示灯的组态可参照 10.5.3 节内容进行。

（3）I/O 域的组态

使用工具箱中的“简单对象”，选择“ abI/O 域”，将其拖放到“画面_1”工作区域。在其属性视图的“常规”类对话框中，选择其类型为“输出”，索引过程变量为“转速值（MW2）”，显示格式类型为“十进制”，显示样式为“999”。

（4）符号 I/O 域的组态

使用工具箱中的“简单对象”，选择“ 图形 I/O 域”，将其拖放到“画面_1”工作区域。在其属性视图的“常规”类对话框中，设置为“输入”模式，新建“文本列表_2”，索引过程变量为“转速设置（MW4）”。

打开文本列表编辑器，组态文本列表_2。设置文本列表的选择为“位号（0-31）”。索引过程变量的位号为 0 时，分配一个文本，设置为“无转速设置”；索引过程变量的位号为 1 时，分配一个文本，设置为“低速”；索引过程变量的位号为 2 时，分配一个文本，设置为“中速”；索引过程变量的位号为 3 时，分配一个文本，设置为“高速”。符号 I/O 域文本列列表_2 的组态如图 11-13 所示。

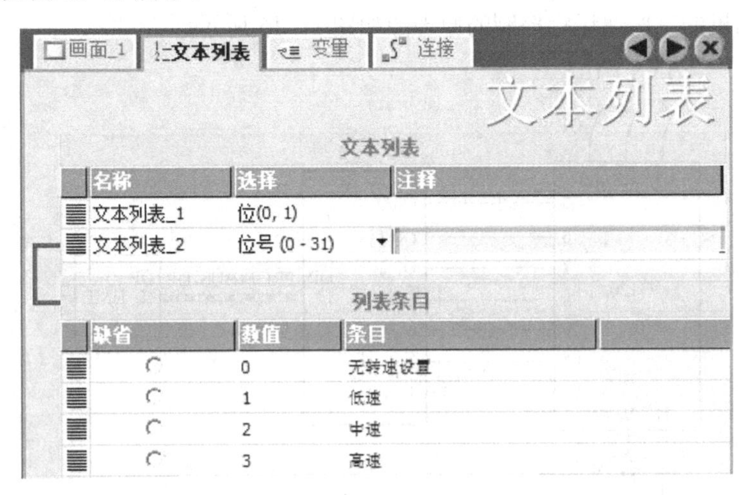

图 11-13　符号 I/O 域文本列表_2 的组态

（5）静态文本的组态

使用工具箱中的“简单对象”，选择“ A文本域”，将其拖放到“画面_1”工作区域。在其属性视图的“常规”类“文本”对话框中输入文本“电动机的三段速运行控制”；同样，再组态“电动机转速值”“电动机转速设置”“电动机运行”等静态文本，电动机三段速运行控制的文本组态如图 11-14 所示。

2．硬件组态

新建一个电动机的三段速运行控制项目，打开 SETP 7 软件的“HW Config（硬件组态）”窗口，按 1.2.3 节讲述的方法进行 PLC 的硬件组态，在此组态导轨、紧凑型的 CPU314C 模块，并将集成的数字量输入/输出模块的起始地址改为 0。参照 4.1.3 节将 CPU 模块集成的模拟量通道 0 设置为电流输入，范围为 0～20mA。

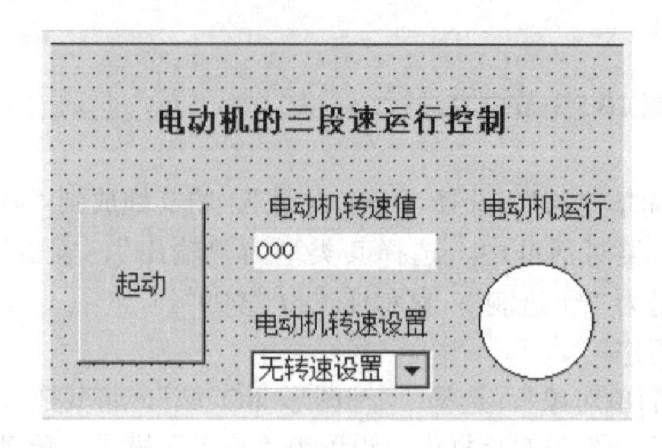

图 11-14　电动机三段速运行控制的文本组态

3．原理图绘制

根据项目控制要求可知，G120 变频器的 5 号端子可作为“起停“信号，6 号端子可作为“低速”运行信号，7 号端子可作为“中速”运行信号，8 号端子可作为“高速”运行信号，分别与 PLC 的 Q0.0、Q0.1、Q0.2 和 Q0.3 相连。模拟量输出端子 12、13 与 PLC 的模拟量输入通道 CH0 的端子 3、4（电流输入端）相连；通过 PROFIBUS-DP 总线电缆将 PLC 和 HMI 相连，电动机的三段速运行控制的原理图如图 11-15 所示。

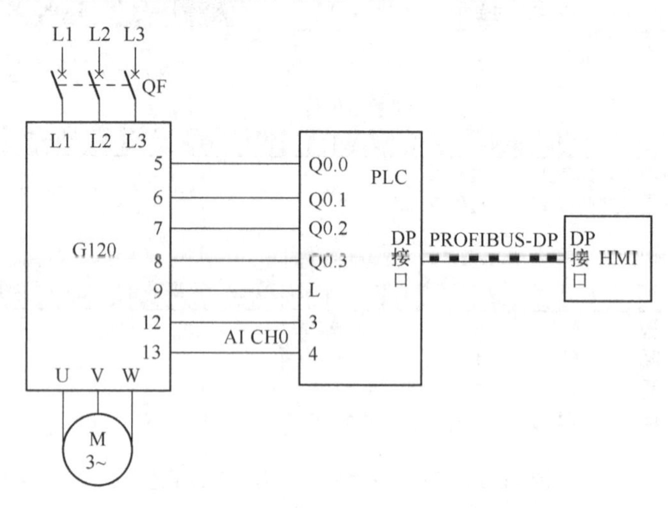

图 11-15　电动机的三段速运行控制的原理图

4．软件编程

电动机的三段速运行控制程序如图 11-16 所示，当在触摸屏 HMI 选择“低速”运行信号时，程序中 M5.1 触点闭合；当在触摸屏 HMI 选择“中速”运行信号时，程序中 M5.2 触点闭合；当在触摸屏 HMI 选择“高速”运行信号时，程序中 M5.3 触点闭合。

电动机的转速在 0～n_N 之间时，输出 0～20mA 的电流信号，读取到 PLC 中为 0～27648。而希望在 HMI 上显示时仍为 0～n_N 之间，要么在程序中进行数据处理，即将 MW_2 中数据除以 27648/n_N，要么在 HMI 中将变量 MW2 加以处理，即线性变换，用鼠标双击 HMI 中“转速值”变量，打开其属性，在其“属性”类的“线性转换”对话框中，选择“启用”功能，在“PLC”的“上限值”栏中输入“27648”，在“HMI 设备”的“上限值”栏中输入电动机的额定转速，在此输入 100r/min，变量“转速值”的线性转换如图 11-17 所示。

OB1：电动机的三段速运行控制

Network1：电动机起动控制及运行指示

M0.0 Q0.0

M0.1

Network2：低速运行

M5.1 Q0.2 Q0.3 Q0.1

Network3：中速运行

M5.2 Q0.1 Q0.3 Q0.2

Network4：高速运行

M5.3 Q0.1 Q0.2 Q0.3

Network5：模拟量读取

MOVE

EN ENO

PIW800 IN OUT MW2

图 11-16 电动机的三段速运行控制程序

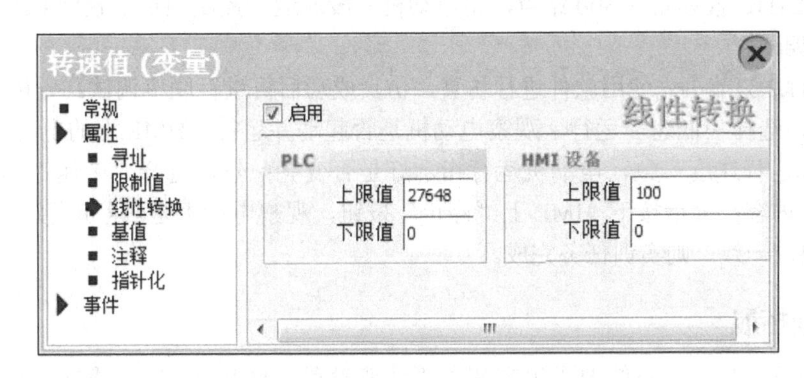

图 11-17 变量“转速值”的线性转换

5．参数设置

本项目中设置 DI0 为起动信号，模拟量信号从 AO0 输出，电动机的三段运行控制的参数设置如表 11-1 所示，设电动机额定速度为 100r/min。

表 11-1 电动机的三段速运行控制的参数设置

参数号	参数值	说明
P0015	1	预定义宏参数选择固定转速，双线制控制，两个固定频率
P1016	1	固定转速模式采用直接选择方式
P1020	722.1	将 DI1 作为固定设定值 1 的选择信号，r722.1 为 DI1 状态的参数
P1021	722.2	将 DI2 作为固定设定值 2 的选择信号，r722.2 为 DI2 状态的参数

（续）

参 数 号	参 数 值	说 明
P1022	722.3	将 DI3 作为固定设定值 3 的选择信号，r722.3 为 DI3 状态的参数
P1001	30	定义固定设定值 1，单位 r/min
P1002	60	定义固定设定值 2，单位 r/min
P1003	90	定义固定设定值 3，单位 r/min
P0771	21	根据电动机转速输出模拟信号
P0776	0	电流输出 0～20mA
P0777	0	0%对应输出电流 0mA
P0778	0	
P0779	100	100%对应输出电流 20mA
P0780	20	

6．硬件连接

请读者参照图 11-15 进行线路连接，连接后再检查或测量确认连接无误后方可进入下一实训环节。

7．组态画面及程序下载

用鼠标单击 WinCC flexible 中按钮，输入触摸屏的“IP”地址，将画面组态项目下载到触摸屏中。

选择 SIMATIC 管理器中 300 站点，将电动机三段速运行控制项目下载到 PLC 中。

8．系统调试

可参照 11.2.3 节事先使用软件进行仿真，仿真成功后再进行联机调试。先按下 HMI 上“起动”按钮，选择“低速”运行，观察电动机是否起动并运行，HMI 上的电动机转速显示值是否与实际运行速度一致，电动机运行指示灯是否变亮；然后选择“中速”和“高速”，同样观察上述内容；最后按下 HMI 上“停止”按钮，观察电动机是否停止运行。如果调试现象与控制要求一致，则实训任务完成。

11.2.4 实训拓展

控制要求同 11.2.2，系统要求组态变量“转速设置（MW4）”时，将文本列表_2 选择“范围（...-...）”进行组态，并编程实现上述控制要求。

11.3 习题与思考

1．试描述文本域的组态过程。
2．如何组态动态文本域？
3．I/O 域的模式有几种？分别是什么？
4．试描述 I/O 域的组态过程。
5．如果输入的数值超过了 I/O 域定义的范围，I/O 域中会显示什么？
6．试描述符号 I/O 域的组态过程。

7. 试描述图形 I/O 域的组态过程。

8. 在文本或图形列表中的选择，共有几种方式？每种方式下的各条目分别与变量中什么相对应？

9. 用输出域将变量中的 6 位整数显示为 4 位整数和 2 位小数，在“常规”属性窗口中应怎样组态显示的格式？

10. 试使用文本列表组态按钮按下和释放时显示不同的文本，释放时显示“起动”，按下时显示“停止”。

第12章　图形对象及动画的组态

12.1　图形对象的组态

WinCC flexible 软件为用户提供了几种图形对象，如滚动条、棒图和量表等，可用于过程数据的输入或输出。以图形作为数据输入或输出而言，更为形象和直观。

12.1.1　滚动条

滚动条用于输入或监控变量的数字值，是一种动态输入显示对象。操作员可以通过改变滚动条的位置来进行输入，并且通过滚动条的位置或其下方显示的数据都可进行当前现场过程值的显示。

使用工具箱中的“增强对象”，选择“滚动条”，将其拖放到某个画面区域，通过鼠标拖动调整其大小。在滚动条属性视图的“常规”类对话框中，设置滚动条的最大值和最小值，设置所连接的变量（如“变量_1 MW0，数据类型为 Int”），滚动条的常规属性组态如图 12-1 所示。

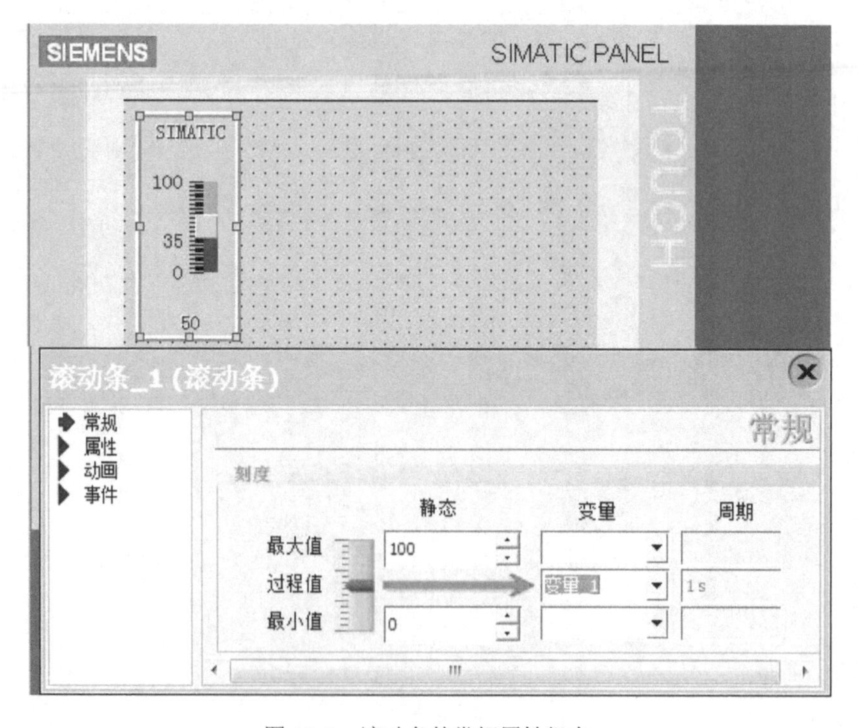

图 12-1　滚动条的常规属性组态

在滚动条属性视图的“属性”类“图样”对话框中，设置滚动条的标签和背景等，滚动条的“图样”属性组态如图 12-2 所示。

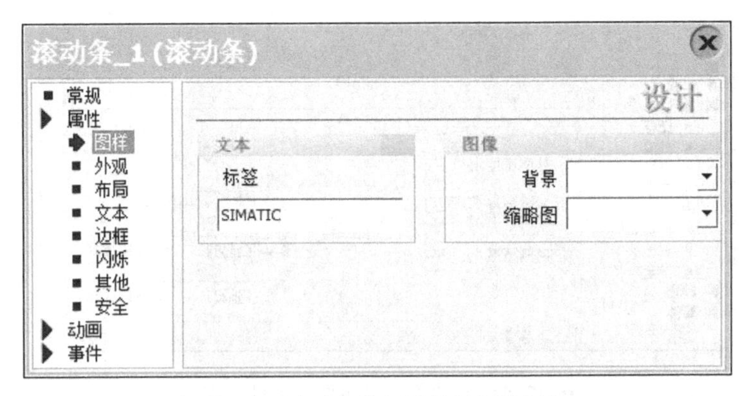

图 12-2　滚动条的“图样”属性组态

在滚动条属性视图的“属性”类“外观”对话框中，设置滚动条的颜色及背景填充样式等，背景填充样式可选“实心的”，如果选“透明的”将隐藏背景和边框，滚动条的“外观”属性组态如图 12-3 所示。

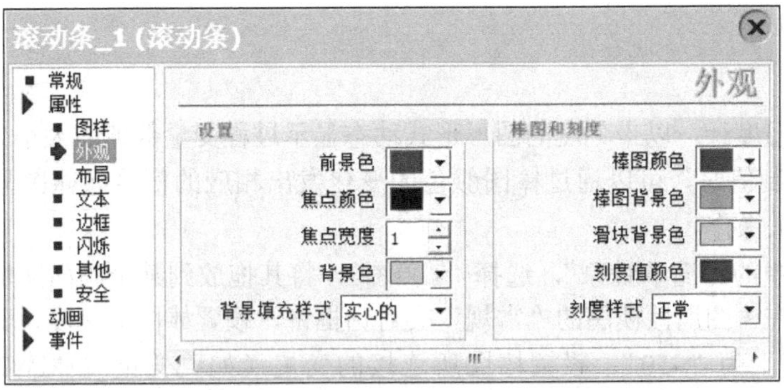

图 12-3　滚动条的“外观”属性组态

在滚动条属性视图的“属性”类“布局”对话框中，设置滚动条布局的位置、显示或隐藏哪些部件（显示当前值、显示滑块、显示控制范围、显示刻度值、显示刻度）等。“标签刻度”指刻度旁边的刻度值，滚动条的“布局”属性组态如图 12-4 所示。

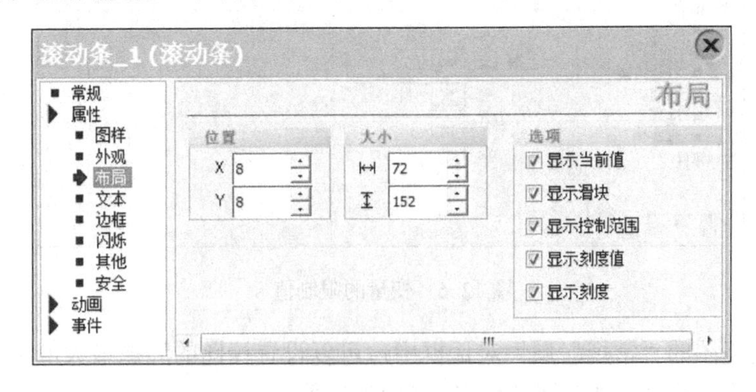

图 12-4　滚动条的“布局”属性组态

在滚动条属性视图的“属性”类“边框”对话框中，用图形形象地说明了边框各参数的意义，滚动条的“边框”属性组态如图 12-5 所示。

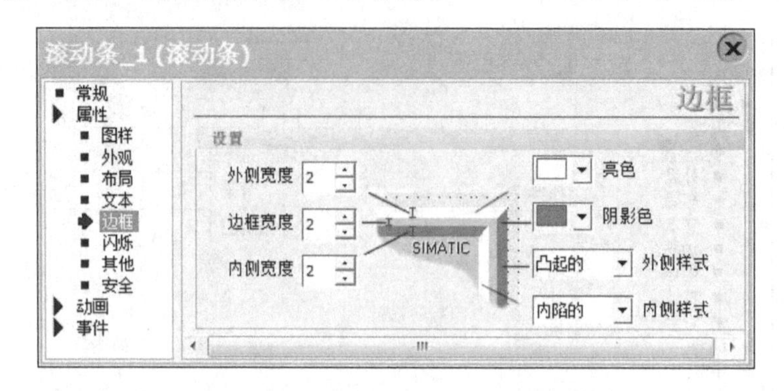

图 12-5　滚动条的“边框”属性组态

读者可以按照以上所述，组态一个滚动条，然后用鼠标单击 WinCC flexible 工具栏中的按钮，起动带模拟器的运行系统，开始离线模拟运行。在模拟器中，读者使用滑块滑动滚动条时，可以看到，变量_1 中的数值在相应地变化，并且该值也在滚动条的下方显示出来。

12.1.2　棒图

棒图类似于温度计，以带刻度的图形形式动态显示过程变量数值的大小。当前值超出限制值或未达到限制值时，可以通过棒图颜色的变化发出相应的信号。棒图只能用于显示数据，不能进行相关操作。

使用工具箱中的“简单对象”，选择“棒图”，将其拖放到某个画面区域，通过鼠标拖动调整其大小。在棒图属性视图的“常规”类对话框中，设置棒图的刻度，其“最大值”为“500”，“最小值”为“–50”。设置棒图所连接的变量（如“变量_2 MW2，数据类型为 Int”），在变量属性视图的“属性”类“限制值”对话框中，可设置其“上限”值，和“下限”值，在此分别设为“100”和“0”，变量的限制值如图 12-6 所示。

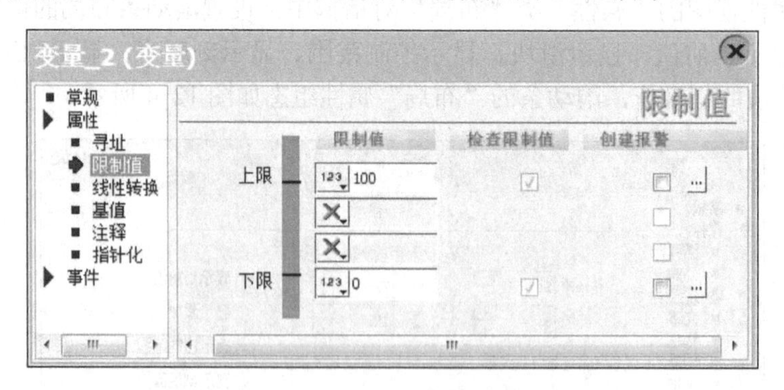

图 12-6　变量的限制值

在棒图属性视图的“常规”属性对话框中，可以设置棒图的静态最大值、过程值、最小值及过程变量，棒图的“常规”属性组态如图 12-7 所示。

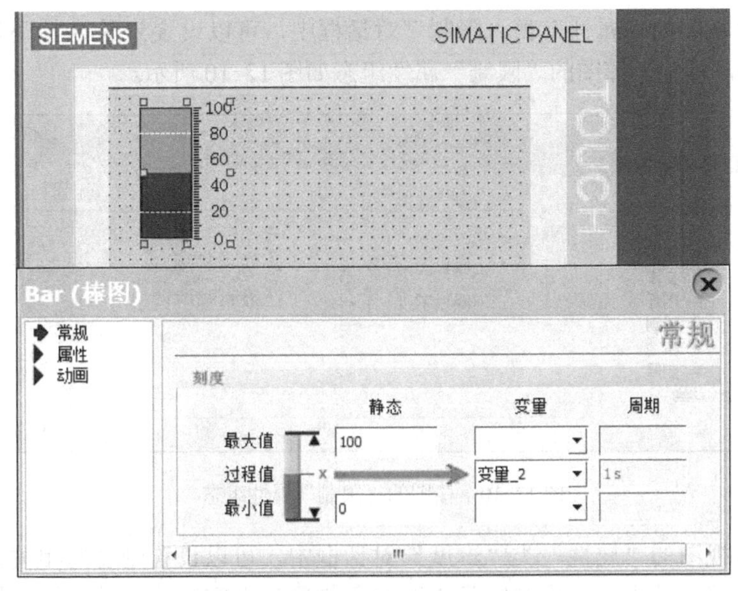

图 12-7　棒图的“常规”属性组态

在棒图属性视图的“属性”类“外观”对话框中，可以设置棒图的颜色与边框，棒图的“外观”属性组态如图 12-8 所示。

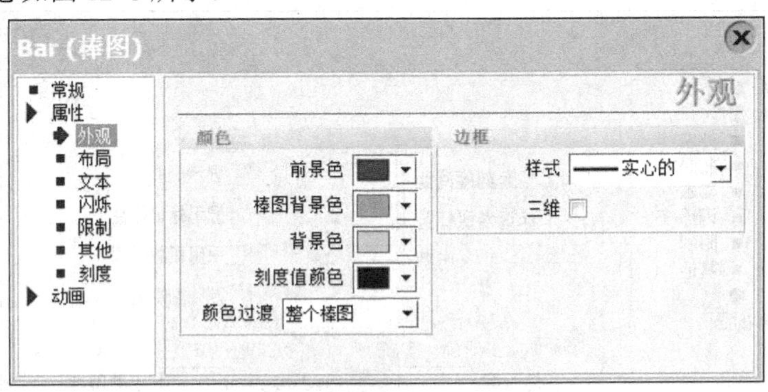

图 12-8　棒图的“外观”属性组态

在棒图属性视图的“属性”类“布局”对话框中，除了可以设置棒图位置和刻度外，还可以设置棒图的刻度位置和棒图的方向，棒图的“布局”属性组态如图 12-9 所示。

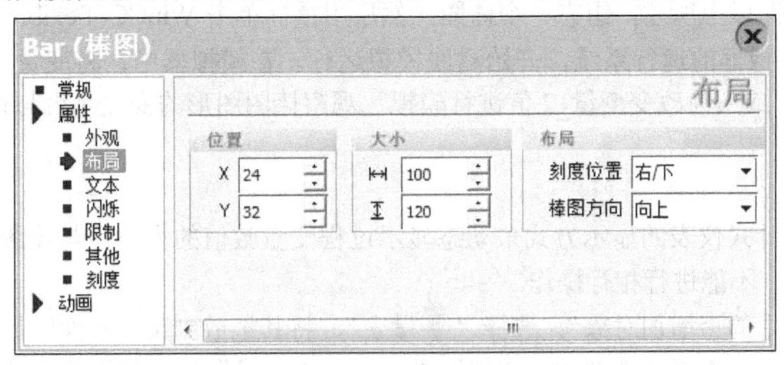

图 12-9　棒图的“布局”属性组态

在棒图属性视图的“属性”类“限制”对话框中，可以设置棒图的上/下限颜色、是否显示限制线和限制标记，棒图的“限制”属性组态如图 12-10 所示。

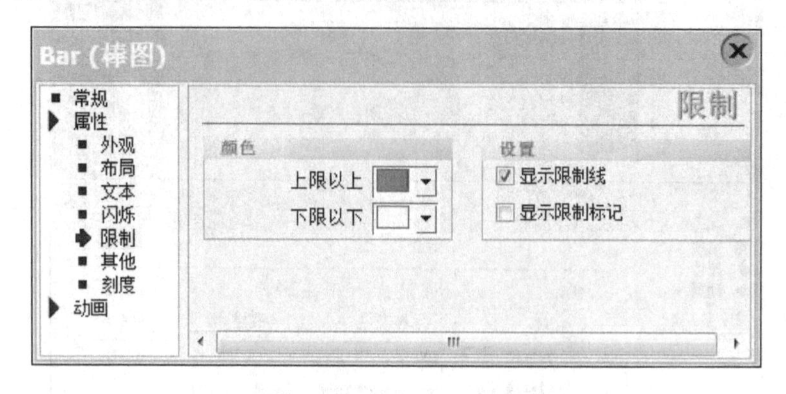

图 12-10　棒图的“限制”属性组态

在棒图属性视图的“属性”类“刻度”对话框中，可以设置刻度的相关元素，是否显示刻度和标记标签。其中大刻度间距是指两个主刻度线之间的分度数；标记增量标签的数值是指标签中所含主刻度的数目；份数是指细分刻度的数目，棒图的“刻度”属性组态如图 12-11 所示。

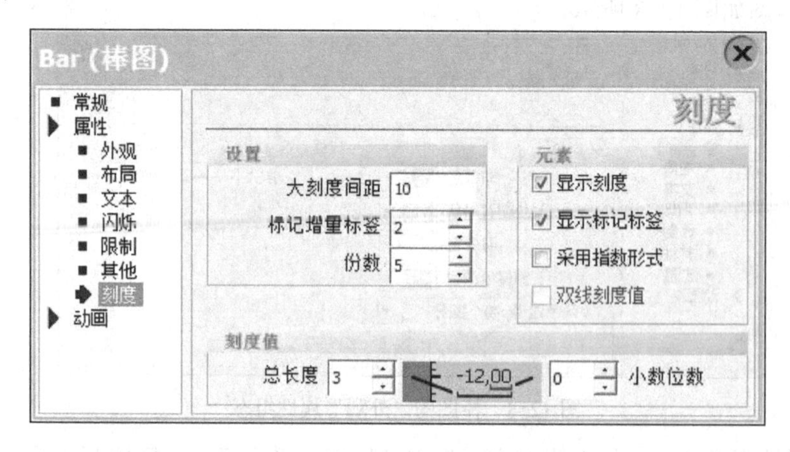

图 12-11　棒图的“刻度”属性组态

读者可以按照以上所述，组态一个棒图，然后用鼠标单击 WinCC flexible 工具栏中的按钮，起动带模拟器的运行系统，开始离线模拟运行。在模拟器中，将变量_2 的模拟模式设置为“随机”，或人为改变变量_2 值进行模拟，观察棒图图形的变化是否与设置一致？

12.1.3　量表

量表是以指针式仪表的显示方式来动态显示过程变量数值的大小。与棒图一样，量表只能用于显示数据，不能进行相行操作。

使用工具箱中的“增加对象”，选择“量表”，将其拖放到某个画面区域，通过鼠标拖动调整其大小。在量表属性视图的“常规”类对话框中，设置量表的标签（即所显示的物理量的名称），设置量表的单位（即所显示物理量的单位），设置所连接的变量（如“变量_3

MW4，数据类型为 Int”），选择是否显示小数位，是否显示峰值（峰值是记录指针所达到的最大值和最小值），以及是否使用不返回型的指针来指示实际测量范围，量表的“常规”属性组态如图 12-12 所示。

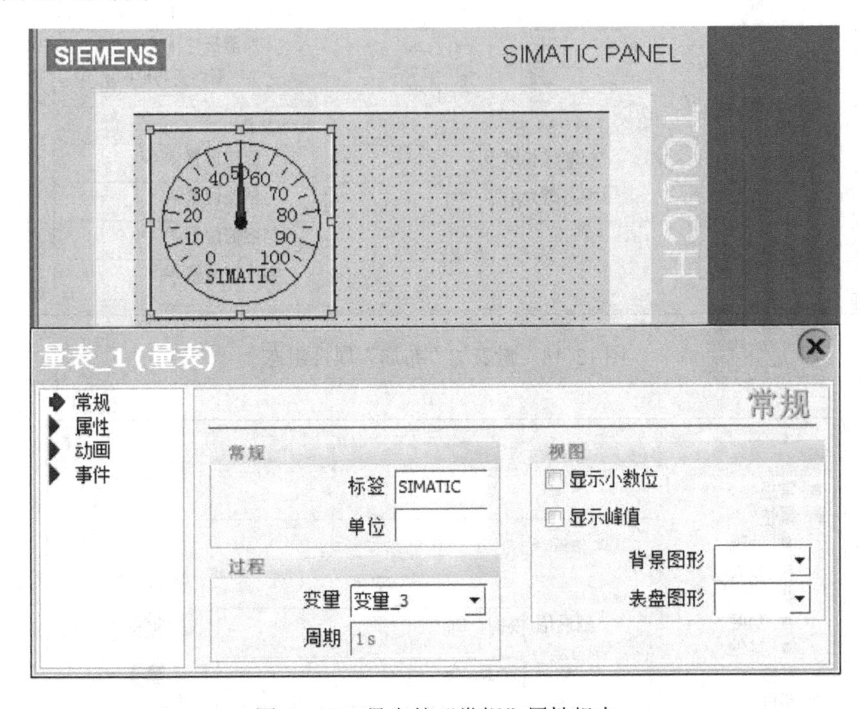

图 12-12　量表的“常规”属性组态

在量表属性视图“属性”类“外观”对话框中，可以设置量表背景和刻度的颜色及前景和表盘的填充样式等，量表的“外观”属性组态如图 12-13 所示。

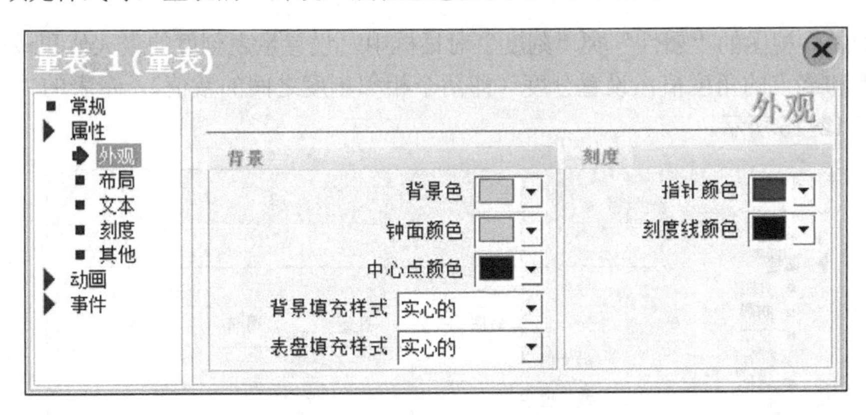

图 12-13　量表的“外观”属性组态

在量表属性视图“属性”类“布局”对话框中，可以设置量表各组成部分的位置和尺寸，量表的“布局”属性组态如图 12-14 所示。

在量表属性视图的“属性”类“文本”对话框中，可以设置“刻度值”“标题”和“单位文本”的字体、大小和颜色等，量表的“文本”属性组态如图 12-15 所示。

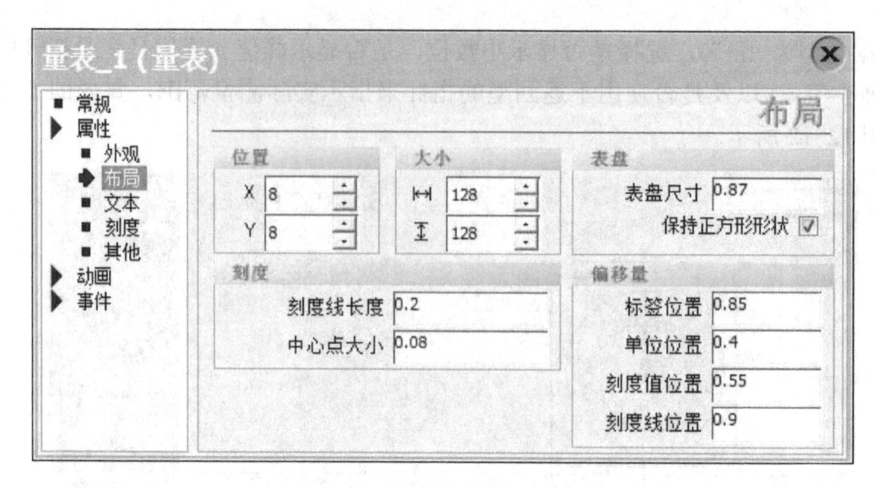

图 12-14　量表的“布局”属性组态

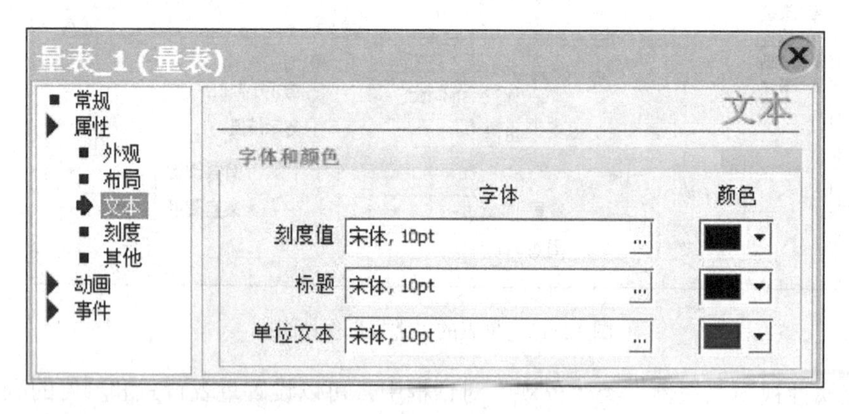

图 12-15　量表的“文本”属性组态

在量表属性视图的“属性”类“刻度”对话框中，设置量表刻度的最大值和最小值，以及圆弧起点和终点的角度值，设置分度（即两个相邻刻度之间的数值），量表的“刻度”属性组态如图 12-16 所示。

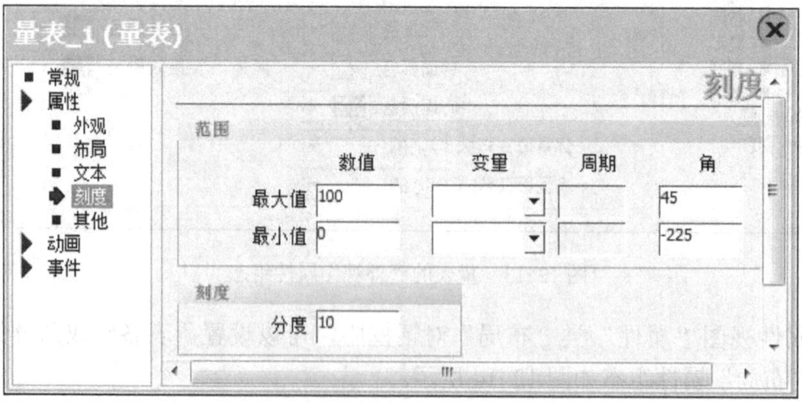

图 12-16　量表的“刻度”属性组态

读者可以按照以上所述，组态一个量表，然后用鼠标单击 WinCC flexible 工具栏中的按钮，起动带模拟器的运行系统，开始离线模拟运行。在模拟器中，将变量_3 的模拟模式设置为“随机”，或人为改变变量_3 值进行模拟，观察量表指针的变化是否与设置一致。

12.2 动画的组态

在图形对象的组态过程中，其“属性”对话框中均有“动画”属性，在此，以圆为例，介绍其动画的组态过程。

先通过矢量对象组态一个圆，可参照 10.4 节内容进行圆的组态。在圆“属性”视图的“动画”对话框中，可设置圆的动态属性，可以设置其“外观”“对角线移动”“水平移动”“垂直移动”“直接移动”等。在此，设置该圆的“水平移动”属性，首先激活“启用”复选框，其次在“变量”中选择“变量_4”，再将“范围”设置为“0”到“10”，组态图形对象的动态属性如图 12-17 所示。此外，还可以设置圆的“起始位置”与“结束位置”。

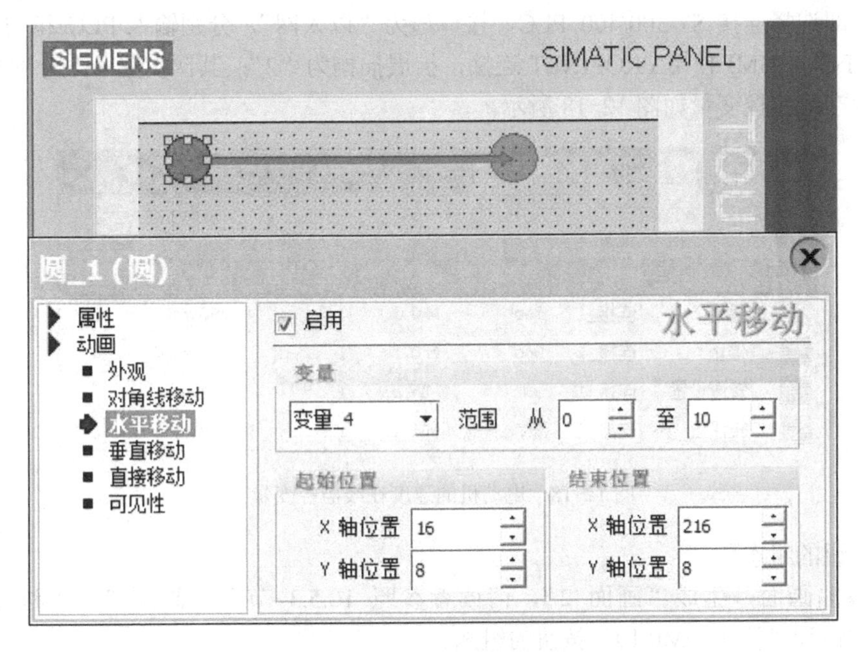

图 12-17 组态图形对象的动态属性

用鼠标单击 WinCC flexible 工具栏中的按钮，起动带模拟器的运行系统，开始离线模拟运行。可以看到，当变量_4 中的值从 0 变为 10 时，这个红色的圆从起始位置移动到结束位置。

12.3 实训 23 电动机的速度在线监控

12.3.1 实训目的

1）掌握滚动条的组态。

2）掌握棒图的组态。

3）掌握量表的组态。

4）掌握永久性窗口的设置。

5）掌握 PLC 与变频器及 HMI 的 PROFINET 网络通信控制方法。

12.3.2 实训任务

电动机的速度在线监控，即使用触摸屏 HMI 的滚动条作为电动机速度的输入，使用棒图和量表来显示电动机的实时转速，PLC 与变频器及 HMI 之间通过 PROFINET 网络进行数据通信。

12.3.3 实训步骤

1. 元件组态及窗口设置

打开 WinCC flexible 软件，创建一个空白项目，选择 TP 177B PN/DP 触摸屏。首先进行通信连接，即选择连接 S7-300/400 PLC，接口选为“以太网”，分别输入 PLC 和 HMI 的 IP 地址，即 PLC 与 HMI 使用 PROFINET 连接，扩展插槽为“2”；其次设置 4 个外部变量，电动机的速度在线监控变量如图 12-18 所示。

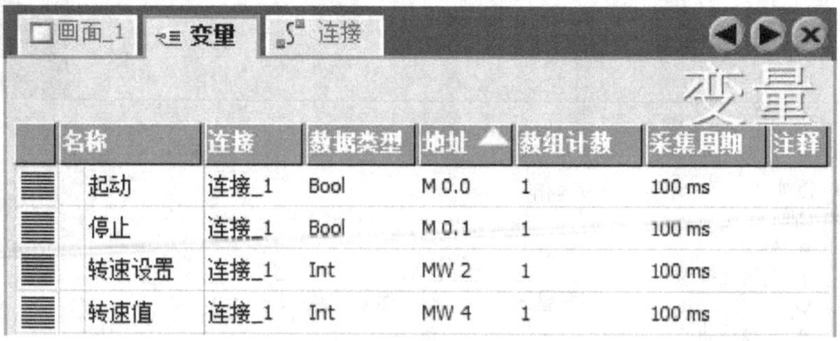

画面_1　变量　连接

变量

名称	连接	数据类型	地址	数组计数	采集周期	注释
起动	连接_1	Bool	M 0.0	1	100 ms	
停止	连接_1	Bool	M 0.1	1	100 ms	
转速设置	连接_1	Int	MW 2	1	100 ms	
转速值	连接_1	Int	MW 4	1	100 ms	

图 12-18　电动机的速度在线监控变量

（1）按钮的组态

通过添加画面，生成“画面_2”，请读者参照 10.5.3 节在“画面_2”中进行“起动（M0.0）”按钮和“停止（M0.1）”按钮的组态。

（2）滚动条的组态

使用工具箱中的“增强对象”，选择“滚动条”，将其拖放到“画面_2”工作区域。在其属性视图的“常规”类对话框中，设置滚动条的最大值和最小值分别为 100 和 0，过程值所连接的变量为“转速设置（MW2）”。在其“属性”类“图样”对话框中，将“标签”改为“转速输入”，其他采用默认值，电动机的速度在线监控元件组态如图 12-19 所示。

（3）棒图的组态

使用工具箱中的“简单对象”，选择“棒图”，将其拖放到“画面_2”工作区域。在棒图属性视图的“常规”类对话框中，设置棒图的刻度最大值和最小值分别为 100 和 0，过程值所连接的变量为“转速值（MW4）”。在其“属性”类“限制”对话框中，将“上限以上”设置为“红色”，“下限以下”设置为“黄色”，并设置显示限制线。其他采用默认值，如图 12-19 所示。

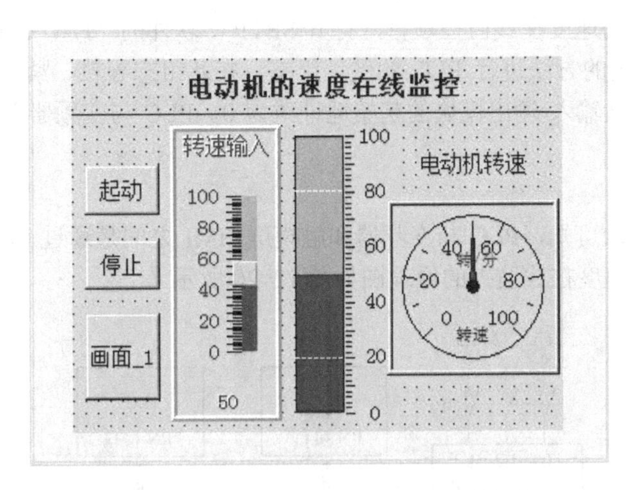

图 12-19　电动机的速度在线监控元件组态

用鼠标双击变量“转速值”，打开其属性，在属性视图的“属性”类“限制值”对话框中，设置其“上限”值和“下限”值分别为“80”和“20”，可参照图 12-6 进行组态。

（4）量表的组态

使用工具箱中的“增加对象”，选择“量表”，将其拖放到“画面_2”工作区域。在其属性视图的“常规”类对话框中，设置量表的标签为“转速”，设置量表的单位为“转/分”，设置所连接的变量为“转速值（MW4）”；在其“属性”类“刻度”对话框中，将“分度”设置为“20”，其他采用默认值，如图 12-19 所示。

（5）静态文本的组态

使用工具箱中的“简单对象”，选择“A文本域”，将其拖放到“画面_2”工作区域。在其属性视图“常规”类的“文本”对话框中输入文本“电动机的速度在线监控”；同样，再组态“电动机转速”，如图 12-19 所示。在画面_1 中组态静态文本为“电动机的速度在线监控”、“设计者：####”等。

（6）画面切换按钮的组态

打开“画面_2”，用鼠标左键按住“项目”窗口“画面”文件夹下“画面_1”图标，将其拖放到“画面_2”的“停止”按钮下方，自动生成“画面_1”的画面切换按钮，如图 12-19 所示。同样，打开“画面_1”，用鼠标左键按住“项目”窗口“画面”文件夹下“画面_2”图标，将其拖放到“画面_1”的某个位置，自动生成“画面_2”的画面切换按钮。

（7）永久性窗口的设置

在画面_1 和画面_2 中均有“电动机的速度在线监控”的项目名称，可按上述方法，分别在每个画面中添加其相应的文本。如果在组态多个画面时，常希望每个画面都有项目名称，也不必使用上述方法多次重复添加其相应文本，可通过永久性窗口来设定。每个画面的顶部都有一条黑色实线，用鼠标将这条黑色实线向下拖动，黑线上面为永久性窗口，这个窗口中的对象将在所有画面中出现，且运行时不会出现分割永久性窗口的水平线。可以在任意一个画面中修改永久性窗口的对象。在永久性窗口中，可放置需要共享的日期时间域、项目名称等。

2．硬件组态

新建一个电动机的速度在线监控项目，打开 SETP 7 软件的“HW Config（硬件组态）”窗口，按 1.2.3 节讲述的方法进行 PLC 的硬件组态，在此组态导轨、紧凑型的 CPU314C 模块，并将集成的数字量输入/输出模块的起始地址改为 0。PLC 与变频器之间的以太网组态请参照 9.1 节进行。

3．原理图绘制

根据项目控制要求可知，PLC 与变频器和触摸屏 HMI 之间是通过 PROFINET 网络进行数据通信，电动机的速度在线监控的原理图如图 12-20 所示。

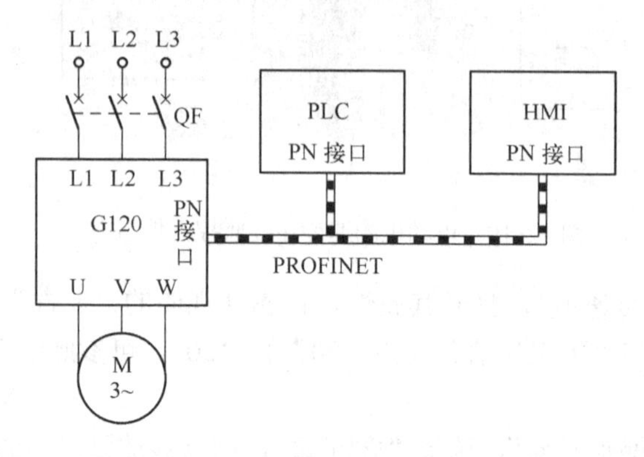

图 12-20　电动机的速度在线监控的原理图

4．软件编程

电动机的速度在线监控程序如图 12-21 所示。

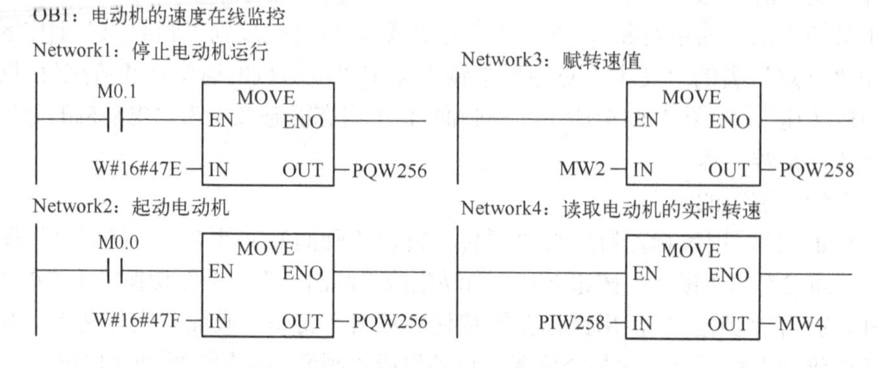

图 12-21　电动机的速度在线监控程序

通过 PROFINET 总线控制电动机的转速在 0～n_N 之间时，寄存器 PQW258 中的值在 16#0000～16#4000，即 0～16384。可在程序中进行数据处理，即将 MW2 中数据乘以 16384/n_N 后再传送给 PQW258；或对 HMI 的变量 MW2 加以处理，即线性变换，在 HMI 中打开“转速设置”变量属性，在其“属性”类的“线性转换”对话框中，选择“启用”功能，在“PLC”的“上限值”栏中输入“16384”，在“HMI 设备”的“上限值”栏中输入电动机的额定转速，在此输入 100，可参照图 11-17 进行组态。在此通过变量的“线性转换”，来实现两者在数值上的对应关系。同样，也对变量“转速值”进行“线性转换”处理。

G120 变频器控制字如表 9-2 所示。

5．参数设置

本项目中使用现场总线控制电动机的运行，在此选择预定义宏参数 P0015 为 7，变频器中电动机的相关参数与电动机的铭牌数据一致即可。

6．硬件连接

请读者参照图 12-20 进行线路连接，线路连接非常简单，只要使用 PROFINET 网络电缆将 PLC 和变频器及 HMI 相连接即可，也可以将 PLC、变频器和 HMI 均通过 PROFINET 网络电缆连接到交换机上。正确连接后方可进入下一实训环节。

7．组态画面及程序下载

用鼠标单击 WinCC flexible 中按钮，输入触摸屏的“IP”地址，将画面组态项目下载到触摸屏中。

选择 SIMATIC 管理器中 300 站点，将电动机的速度在线监控项目下载到 PLC 中。

8．系统调试

首先按下 HMI 上“起动”按钮，然后通过“滚动条”的滑动进行电动机运行速度值的给定，观察电动机是否起动并运行。HMI 上“棒图”和“量表”中显示的数值是否与电动机的实际运行速度一致。将速度设定值分别滑动到 80 转/分以上和 20 转/分以下，观察“棒图”上的显示是否变为“红色”和“黄色”。如果调试现象与控制要求一致，则实训任务完成。

12.3.4 实训拓展

控制要求同 12.2.2，系统还要求在 HMI 上增设“反向”功能，并用 PLC 中的变量表监控电动机的运行状态和速度反馈值。

12.4 习题与思考

1．滚动条的作用和特点是什么？
2．棒图的作用和特点是什么？
3．量表的作用和特点是什么？
4．滚动条与棒图和量表的最大不同之处是什么？
5．试描述滚动条的组态过程。
6．试描述棒图的组态过程。
7．试描述量表的组态过程。
8．试描述图形对象的动态组态过程。

附录　S7-300 PLC 的指令一览表

指令助记符	说　明
+	累加器 1 的内容与 16 位或 32 位双整数常数相加，运算结果在累加器 1 中
=	赋值
)	右括号
+ AR1	AR1 的内容加上累加器 1 中的地址偏移量，结果存放在 AR1 中
+ AR2	AR2 的内容加上累加器 2 中的地址偏移量，结果存放在 AR2 中
+ D	将累加器 1、2 中的双整数相加，运算结果在累加器 1 中
– D	将累加器 2 的双整数减去累加器 1 中的双整数，运算结果在累加器 1 中
* D	将累加器 1、2 中的双整数相乘，运算结果在累加器 1 中
/ D	将累加器 2 的双整数除以累加器 1 中的双整数，32 位商在累加器 1 中，余数被丢掉
? D	比较累加器 2 和累加器 1 中的双整数是否= =，<>，>，<，> =，< =，如果条件满足，RLO = 1
+ I	将累加器 1、2 中的整数相加，运算结果在累加器 1 的低字中
– I	将累加器 2 低字中的整数减去累加器 1 低字中的整数，运算结果在累加器 1 的低字中
* I	将累加器 1、2 低字中的整数相乘，运算结果在累加器 1 中
/ I	将累加器 2 低字中的整数除以累加器 1 低字中的整数，商在累加器 1 的低字中，余数在累加器 1 的高字中
? I	比较累加器 2 和累加器 1 低字中的整数是否= =，<>，>，<，> =，< =，如果条件满足，RLO = 1
+ R	将累加器 1、2 中的浮点数相加，运算结果在累加器 1 的低字中
– R	将累加器 2 中的浮点数减去累加器 1 中的浮点数，运算结果在累加器 1 中
* R	将累加器 1、2 中的浮点数相乘，运算结果在累加器 1 中
/ R	将累加器 2 中的浮点数除以累加器 1 中的浮点数，商在累加器 1 中，余数被丢掉
? R	比较累加器 2 和累加器 1 低字中的浮点数是否= =，<>，>，<，> =，< =，如果条件满足，RLO = 1
A	AND，逻辑与，电路或触点串联
A（	逻辑与加左括号
ABS	求累加器 1 中浮点数的绝对值
ACOS	求累加器 1 中浮点数的反余弦函数
AD	将累加器 1 和累加器 2 中的双字的对应位相与，结果存放在累加器 1 中
AN	AND NOT，逻辑与非，常闭触点串联
AN（	AND NOT 加左括号
ASIN	求累加器 1 中浮点数的反正弦函数
ATAN	求累加器 1 中浮点数的反正切函数
AW	将累加器 1 和累加器 2 中的低字的对应位相与，结果存放在累加器 1 的低字中

（续）

指令助记符	说　明
BE	块结束
BEC	块条件结束
BEU	块无条件结束
BLD < number >	程序显示指令，并不执行什么功能，只是用于编程设备（PG）的图形显示
BTD	将累加器 1 的 7 位 BCD 码转换成双整数
BTI	将累加器 1 的 3 位 BCD 码转换成整数
CAD	交换累加器 1 中 4B 的顺序
CALL	调用功能（FC）、功能块（FB）、系统功能（SFC）或系统功能块（SFB）
CAR	交换地址寄存器 1 和地址寄存器 2 中的数据
CAW	交换累加器 1 低字中两个字节的位置
CC	RLO = 1 时条件调用
CD	减计数
CDB	交换共享数据块与背景数据块
CLR	清除 RLO（逻辑运算结果）
COS	求累加器 1 中浮点数的余弦函数
CU	加计数
DEC	累加器 1 的最低字节减 8 位常数
DTB	将累加器 1 中的双整数转换成 7 位 BCD 码
DTR	将累加器 1 中的双整数转换成浮点数
EXP	求累加器 1 中浮点数的自然对数
FN	下降沿检测
FP	上升沿检测
FR	使能计数器或使能定时器，允许定时器再起动
INC	累加器 1 低字节加 8 位常数
INVD	求累加器 1 中的双整数的反码
INVI	求累加器 1 低字中的 16 位整数的反码
ITB	将累加器 1 中的整数转换成 3 位 BCD 码
ITD	将累加器 1 中的整数转换成双整数
JBI	BR = 1 时跳转
JC	RLO = 1 时跳转
JCB	RLO = 1 时跳转，将 RLO 复制到 BR
JCN	RLO = 0 时跳转
JL	多分支跳转，跳转目标号在累加器 1 的最低字节中
JM	运算结果为负时跳转
JMZ	运算结果小于或等于 0 时跳转

（续）

指令助记符	说　明
JN	运算结果非 0 时跳转
JNB	RLO = 0 时跳转，将 RLO 复制到 BR
JNBI	BR = 0 时跳转
JO	OV = 1 时跳转
JOS	OS = 1 时跳转
JP	运算结果为正时跳转
JPZ	运算结果大于或等于 0 时跳转
JU	无条件跳转
JUO	指令执行出错时跳转，例如除数为 0、使用了非法的指令、浮点数比较时使用了非法的格式等
JZ	运算结果为 0 时跳转
L < 地址 >	装入指令，将数据装入累加器 1 中，累加器 1 原有的数据装入累加器 2 中
L　DBLG	将共享数据块的长度装入累加器 1 中
L　DBNO	将共享数据块的编号装入累加器 1 中
L　DILG	将背景数据块的长度装入累加器 1 中
L　DINO	将背景数据块的编号装入累加器 1 中
L　STW	将状态字装入累加器 1 中
LAR1	将累加器 1 中的内容（32 位指针常数）装入地址寄存器 1 中
LAR1　<D>	将 32 位双指针<D>装入地址寄存器 1 中
LAR1　AR2	将地址寄存器 2 的内容装入地址寄存器 1 中
LAR2	将累加器 1 中的内容（32 位指针常数）装入地址寄存器 2 中
LAR2　<D>	将 32 位双指针<D>装入地址寄存器 2 中
LC	定时器或计数器的当前值以 BCD 码的格式装入到累加器 1 中
LN	求累加器 1 中浮点数的自然对数
LOOP	循环跳转
MCR（	打开主控继电器区
）MCR	关闭主控继电器区
MCRA	起动主控继电器功能
MCRD	取消主控继电器功能
MOD	累加器 2 中的双整数除以累加器 1 中的双整数，32 位余数在累加器 1 中
NEGD	求累加器 1 中双整数的补码
NEGI	求累加器 1 低字中 16 位整数的补码
NEGR	求累加器 1 中浮点数的符号位取反
NOP　0	空操作指令，指令各位全为 0
NOP　1	空操作指令，指令各位全为 1
NOT	将 RLO 取反

（续）

指令助记符	说　明
O	OR，逻辑或，电路或触点并联
O（	逻辑或加左括号
OD	将累加器 1 和累加器 2 中双字的对应位相或，结果存放在累加器 1 中
ON	OR NOT，逻辑或非，常闭触点并联
ON（	OR NOT 加左括号
OPN	打开数据块
OW	将累加器 1 和累加器 2 中低字的对应位相或，结果存放在累加器 1 中
POP	出栈，堆栈由累加器 1、2 组成
PUSH	入栈，堆栈由累加器 1、2 组成
R	RESET，复位指定的位或定时器、计数器
RET	条件返回
RLD	累加器 1 中双字循环左移
RLDA	累加器 1 中双字通过 CC1 循环左移
RND	将浮点数转换为四舍五入的双整数
RND –	将浮点数转换为小于或等于它的最大双整数
RND +	将浮点数转换为大于或等于它的最小双整数
RRD	累加器 1 中的双字循环右移
RRDA	累加器 1 中的双字通过 CC1 循环右移
S	SET，将指定的位置位，或设置计数器的预置值
SAVE	将状态字中的 RLO 保存到 BR 位
SD	接通延时定时器
SE	扩展脉冲定时器
SET	将 RLO 置位为 1
SF	断开延时定时器
SIN	求累加器 1 中浮点数的正弦函数
SLD	将累加器 1 中双字逐位左移指定的位数，空出的位添 0，移位位数在指令中或在累加器 2 中
SLW	将累加器 1 低字的 16 位逐位左移指定的位数，空出的位添 0，移位位数在指令中或在累加器 2 中
SP	脉冲定时器
SQR	求累加器 1 中浮点数的平方
SQRT	求累加器 1 中浮点数的平方根
SRD	将累加器 1 中双字逐位右移指定的位数，空出的位，移位位数在指令中或在累加器 2 加中
SRW	将累加器 1 低字的 16 位逐位左移指定的位数，空出的位，移位位数在指令中或在累加器 2 加中
SS	保持型接通延时定时器
SSD	将累加器 1 中有符号双整数逐位右移指定的位数，空出的位添上与符号位相同的数
SSI	将累加器 1 低字的有符号整数逐位右移指定的位数，空出的位添上与符号位相同的数

（续）

指令助记符	说　明
T< 地址 >	传送指令，将累加器 1 的内容写入目的存储区，累加器 1 的内容不变
T　STW	将累加器 1 中的内容传送到状态字中
TAK	交换累加器 1、2 的内容
TAN	求累加器 1 中浮点数的正切函数
TAR1	将地址寄存器 1 的数据传送到累加器 1 中，累加器 1 中的数据保存到累加器 2 中
TAR1　<D>	将地址寄存器 1 的内容传送到 32 位指针<D>中
TAR1　AR2	将地址寄存器 1 的内容传送到地址寄存器 2 中
TAR2	将地址寄存器 2 的数据传送到累加器 1 中，累加器 1 中的数据保存到累加器 2 中
TAR2　<D>	将地址寄存器 2 的内容传送到 32 位指针<D>中
TRUNC	将浮点数转换为截位取整的双整数
UC	无条件调用
X	XOR，逻辑异或，两个逻辑变量的状态相反时运算结果为 1
X（	逻辑异或加左括号
XN	XOR NOT，逻辑异或非，两个逻辑变量的状态相同时运算结果为 1
XN（	XOR NOT 加左括号
XOD	将累加器 1 和累加器 2 中双字的对应位相异或，结果存放在累加器 1 中
XOW	将累加器 1 和累加器 2 中低字的对应位相异或，结果存放在累加器 1 的低字中

参 考 文 献

[1] 侍寿永. S7-200 PLC 编程及应用项目教程[M]. 北京: 机械工业出版社, 2013.

[2] 侍寿永. 机床电气与 PLC 控制技术项目教程[M]. 西安: 西安电子科技大学出版社 , 2013.

[3] 史宜巧, 侍寿永. PLC 技术及应用项目教程[M]. 2 版. 北京: 机械工业出版社, 2014.

[4] 廖常初. S7-300/400 PLC 应用技术[M]. 2 版. 北京: 机械工业出版社, 2013.

[5] 廖常初. 跟我动手学 S7-300/400 PLC[M]. 北京: 机械工业出版社, 2013.

[6] 秦益霖. 西门子 S7-300 PLC 应用技术[M]. 北京: 电子工业出版社, 2014.

[7] 西门子公司. S7-300 CPU 31×C 技术功能操作说明, 2008.

[8] 西门子公司. G120 变频器操作说明, 2012.

[9] 西门子公司. TP177B 触摸屏操作说明, 2008.

[10] 廖常初. 西门子人机界面（触摸屏）组态与应用技术[M]. 北京: 机械工业出版社, 2007.

[11] 席巍. 人机界面组态与应用技术[M]. 北京: 机械工业出版社, 2012.

[12] 阳胜峰, 吴志敏. 西门子 PLC 与变频器 触摸屏综合应用教程[M]. 北京: 中国电力出版社, 2013.